生物农业专利预警分析

刘 锋 刘长威 王峻岭 主 编

U0250831

哈尔滨工程大学出版社
Harbin Engineering University Press

内 容 简 介

本书以我国生物农业专利产业应用为研究目标,分析了我国生物农业专利产业化的现状和存在的问题,运用专利分析的方法,从生物育种、生物农药、生物肥料三个生物农业中的主要领域进行全球生物农业专利信息分析,并根据专利信息分析结果,提出了我国生物农业产业发展的对策与建议。

本书可以为生物农业技术领域的企业、科研单位等的技术研发提供参考。

图书在版编目(CIP)数据

生物农业专利预警分析/刘锋,刘长威,王峻岭主编. —哈尔滨:
哈尔滨工程大学出版社,2018.11
ISBN 978 - 7 - 5661 - 2112 - 7

Ⅰ.①生…　Ⅱ.①刘… ②刘… ③王…　Ⅲ.①生物学
–农业科学 – 专利 – 研究 – 中国　Ⅳ.①S18

中国版本图书馆 CIP 数据核字(2018)第 254630 号

选题策划　张　玲
责任编辑　张忠远
封面设计　李海波

出版发行	哈尔滨工程大学出版社
社　　址	哈尔滨市南岗区南通大街 145 号
邮政编码	150001
发行电话	0451 – 82519328
传　　真	0451 – 82519699
经　　销	新华书店
印　　刷	哈尔滨市石桥印务有限公司
开　　本	880mm×1 230mm　1/16
印　　张	20
字　　数	612 千字
版　　次	2018 年 11 月第 1 版
印　　次	2018 年 11 月第 1 次印刷
定　　价	79.80 元

http://www.hrbeupress.com
E-mail:heupress@ hrbeu.edu.cn

编委会成员

主　编	刘　锋	刘长威	王峻岭
参编人员	刘熙东	何效平	程燕锋
	刘　洋	叶广海	熊呈润
	王　茹	王中海	吴贤奇
	全　锋	郑雪宜	

前　言

　　生物农业技术是指生物技术在农业领域的应用,它主要用于品种选育的基因工程、细胞工程以及化学工业、制药工业和食品工业中的酶工业及发酵工业。近年来,迅猛发展的生物农业技术已成为新的农业科技革命的核心和支柱,不仅在实现传统产业向现代化农业跨越中发挥重大作用,而且可以为增加食物产量,改善农产品品质,提高资源利用率,减轻农作物、畜禽和水产品的病虫危害,保护生态环境,开发后备可再生资源等提供高效和可行的技术手段,存在着巨大的潜在商业利益和机会,具有难以估量的经济效益和社会效益,并能产生新的生产、生活方式和新的伦理、观念和文化,进而引发深远的社会革命。

　　我国是一个人口大国、农业大国,农业是关系到我国国民经济发展全局稳定的大问题。自20世纪90年代中后期以来,我国农业发展速度减缓,农业成本不断上升,政府干预空间越来越小,农民对农业投资信心不足。不仅如此,入世后,我国的农产品还面临着国际农产品市场竞争的巨大压力和挑战。因此,光靠发展传统农业是没有出路的,必须依靠农业生物技术产业化来确保我国农业的可持续发展。

　　专利文献是最能及时反映当今技术发展的信息渠道,其具有数量巨大、内容广博的特点,包含技术、法律、经济等信息,有较强的实用性,传播最新的科学技术,且高度的标准化、规范化和网络化。为了更客观地说明问题,研究人员一般采用计量分析来描述当前的科技发展状况和预测未来可能的发展趋势,因此,计量分析也能支持技术政策的制定。通过专利分析与绘制的图谱,由潜在的信息化与可视化技术可获知农业生物技术的现状、发展趋势和竞争模式。本书从专利管理、专利技术和专利权利这三个层面,对相关专利文献进行预警分析,揭示我国生物农业技术的发展现状,从而为该领域的企业、科研单位等的技术研发提供参考。

　　本书以我国生物农业专利产业应用为研究目标,分析了我国生物农业专利产业化的现状和存在的问题,运用专利分析的方法,从生物育种、生物农药、生物肥料三个生物农业中的主要领域进行全球生物农业专利信息分析,并根据专利信息分析结果,提出了我国生物农业产业发展的对策与建议。因此,本书的出版具有较好的理论意义和社会应用价值。

编著者

2018 年 10 月

目 录

第一篇   生物农业专利预警分析概述

第1章 生物农业专利概述 ………………………………………………………… 3
　　1.1 生物技术与生物技术专利的界定 ………………………………………… 3
　　1.2 生物农业与生物农业专利的界定 ………………………………………… 4
第2章 生物农业专利预警概述 …………………………………………………… 6
　　2.1 专利预警理论基础 ………………………………………………………… 6
　　2.2 生物农业专利预警 ………………………………………………………… 7

第二篇   植物生物育种专利预警分析

第1章 植物生物育种专利概述 …………………………………………………… 13
　　1.1 植物生物育种相关概述 …………………………………………………… 13
　　1.2 生物育种专利检索内容和范围 …………………………………………… 17
　　1.3 生物育种专利技术分解 …………………………………………………… 22
　　1.4 生物育种专利检索结果汇总 ……………………………………………… 23
第2章 国内外植物生物育种专利分析 …………………………………………… 30
　　2.1 国外植物生物育种专利分析 ……………………………………………… 30
　　2.2 国内植物生物育种专利分析 ……………………………………………… 44
第3章 植物生物育种核心专利 …………………………………………………… 61
　　3.1 核心专利介绍及检索结果 ………………………………………………… 61
　　3.2 生物育种核心专利技术来源分析 ………………………………………… 61
　　3.3 生物育种核心专利主要专利权人及竞争力分析 ………………………… 62
　　3.4 生物育种核心专利技术进展分析 ………………………………………… 63
　　3.5 国内外生物育种核心专利 ………………………………………………… 64
第4章 创世纪植物生物育种专利分析 …………………………………………… 65
　　4.1 检索方法及范围 …………………………………………………………… 65
　　4.2 检索结果 …………………………………………………………………… 65
　　4.3 专利申请趋势分析 ………………………………………………………… 66
　　4.4 专利发明人分析 …………………………………………………………… 67
　　4.5 专利技术点分析 …………………………………………………………… 67
　　4.6 重要生物育种专利列举 …………………………………………………… 68

第三篇   生物肥料专利预警分析

第1章 生物肥料专利概述 ………………………………………………………… 73
　　1.1 生物肥料相关概述 ………………………………………………………… 73

1.2 生物肥料专利检索策略与结果 ·· 76

第2章 国内外生物肥料专利分析 ·· 80

2.1 国外生物肥料专利分析 ·· 80

2.2 国内生物肥料专利分析 ·· 94

第3章 生物肥料核心专利 ·· 102

3.1 核心专利介绍及检索结果 ·· 102

3.2 国外生物肥料核心专利技术来源分析 ································ 102

3.3 生物肥料核心专利主要专利权人 ···································· 103

第4章 佛山金葵子植物营养有限公司专利分析 ···················· 107

4.1 金葵子专利申请情况 ·· 107

4.2 地衣芽孢杆菌或枯草芽孢杆菌生物肥料专利分析 ·············· 110

4.3 土壤重金属专利分析 ·· 115

第四篇　生物农药专利预警分析

第1章 生物农药专利概述 ·· 123

1.1 生物农药相关概述 ·· 123

1.2 生物农药专利检索策略与结果 ···································· 126

第2章 国内外生物农药专利分析 ···································· 132

2.1 国外生物农药专利分析 ·· 132

2.2 国内生物农药专利分析 ·· 147

第3章 生物农药核心专利 ·· 160

3.1 核心专利介绍及检索结果 ·· 160

3.2 全球生物农药核心专利技术来源分析 ······························ 160

3.3 生物农药核心专利主要专利权人及竞争力分析 ·················· 161

3.4 生物农药核心专利技术进展分析 ··································· 162

3.5 国内外生物农药核心专利清单 ······································ 163

第4章 诺普信生物农药专利分析 ··································· 164

4.1 诺普信生物农药专利介绍 ··· 164

4.2 阿维菌素专利分析 ·· 170

4.3 小桐子(麻疯树)油溶剂专利分析 ·································· 174

第五篇　生物农业专利产业发展政策建议

第1章 发展我国生物农业专利产业的SWOT分析 ················ 183

1.1 发展的优势 ·· 183

1.2 发展的劣势 ·· 183

1.3 面临的机遇 ·· 184

1.4 面临的挑战 ·· 185

第2章 我国生物农业产业专利产业发展存在的问题 ············ 187

2.1 基础研究薄弱,人才队伍不稳定 ·································· 187

2.2 专利政策导向作用滞后,企业专利产业化发展不足 ············ 187

2.3 国家研究与开发资金投入不足且融资渠道狭窄 ················ 189

　　2.4　中国在生物农业产业国际竞争力不强 ································ 189

第 3 章　生物农业专利产业化发展的政策建议 ·························· 190

　　3.1　政府要加强宏观调控,落实生物农业政策与措施 ··············· 190

　　3.2　构建"小而精"生物农业产业布局 ······························ 191

　　3.3　完善"大而全"生物农业产业推广手段 ························· 192

　　3.4　建立生物农业专利保护体系 ···································· 193

　　3.5　加快培育生物农业产业的领军单位 ····························· 193

　　3.6　加强生物农业核心技术形成自主创新 ·························· 194

　　3.7　完善生物农业风险投资机制 ···································· 195

　　3.8　完善合作机制,促进产业协调发展 ····························· 195

附录 ·· 196

　　附表 1　生物育种领域主要的高价值核心专利 ······················ 196

　　附表 2　生物肥料领域主要的高价值核心专利 ······················ 233

　　附表 3　生物农药领域主要的高价值核心专利 ······················ 261

参考文献 ·· 309

第一篇　生物农业专利预警分析概述

农业是国民经济的基础,生物农业产业的发展越来越受到重视,在我国提出培育发展战略性新兴产业时,生物农业被列为七大战略性新兴产业之一,在国家《生物产业发展"十二五"规划》中,生物农业排在第一位。《中华人民共和国国民经济和社会发展第十三个五年规划纲要》中也明确指出加快生物育种、绿色增产等技术攻关,走产出高效、安全、节约、友好的农业现代化道路。因此,生物农业是农业发展新的增长点,大力发展生物农业将推进农业生产方式的变革,为维护我国食品安全、解决"三农"问题、为整个经济社会绿色发展提供强劲动力。

根据国家发改委制定的《战略性新兴产业重点产品和服务指导目录》,将生物农业产业划分为生物育种、生物农药、生物肥料、生物饲料等类别,并对各类别的研究范畴做了详细规定。因此,本书选择其中与种植业相关的生物育种、生物农药、生物肥料等三个类别专利为研究对象,对其专利预警信息进行分析,为我国生物农业产业化发展决策提供信息支持。

第1章 生物农业专利概述

1.1 生物技术与生物技术专利的界定

1.1.1 生物技术

1917 年,匈牙利工程师 K. Ereky 首先提出生物技术的概念。自 20 世纪 70 年代开始,生物技术被用来描述有关研究或测绘人类基因的技术,这些技术的主要目标基本锁定在通过基因功能调控以改善人体健康。随着生物科学和技术领域中一系列突破、生物技术产业化的推进,生物技术目前已被用来描述更大范围的技术和相应产业,其目标在于研究、转变或引导有机细胞的功能,包括植物、动物与人类,并相当普遍地与大学、私营企业、非政府组织或政府研究机构等词汇相关联。美国商务部认为,生物技术是用生物体或者它们的细胞、亚细胞或者分子成分来生产产品或者修饰携带特定特征的植物、动物和微生物的技术。生物技术包含基因重组技术、分子生物学和其他领域发展出来的疾病治疗方法、动物和植物驯化技术、发酵技术、生物信息学技术等。这个定义不但涵盖了目前最新的生物技术,如生物信息学技术,而且涵盖了一些古老的生物技术,如发酵技术。生物技术有广义和狭义之分。广义的生物技术包括传统的生物技术和现代生物技术。传统的生物技术主要是指发酵技术,它主要是用来制造酱、醋、酒、面包、奶酪和酸奶等产品,但也有一些用传统方法制备细菌疫苗和病毒疫苗的技术属于传统的生物技术;现代生物技术是 20 世纪 50 年代初至 70 年代末发展起来的,在分子生物学基础上以基因工程为核心,利用生物有机体(从微生物直至高等动物)或其组成部分(器官、组织、细胞等),创建新的生物类型或新生物机能的新兴科学。狭义的生物技术是指现代生物技术。由于本书所研究的生物技术专利制度创新主要根源于现代生物技术,因此,本书主要讨论狭义的生物技术专利,即现代生物技术及其制度建设的问题。

1.1.2 生物技术专利内涵及其特征

专利一般包括发明专利、实用新型专利和外观设计专利。生物技术专利主要是指生物技术发明专利,包括关于生物材料及其方法的发明专利。生物技术专利是指针对某项具体的生物技术发明成果由特定专利机构授予其发明者的、在一定期限内对其发明成果所依法享有的独占实施权。除了拥有一般专利所拥有的特性以外,比如财产权、先占权等预期利益,生物技术专利还具有自己的独特特性。

第一,各类生物技术主题引发的专利性问题各不相同。美国专利法规虽然规定对符合新颖性、创造性和使用条件的生物技术领域的发明都可以授予专利,但对各类生物技术专利主题的可专利性评价基准差异很大,如对多核普酸分子发明和动植物发明的可专利性评价在实用性、创造性方面的要求就差异很大,前者对实用性、创造性要求很高,而后者则基本没人讨论。还有,对生物技术药物的可专利性几乎没有人反对,但对是否给予人类克隆技术以专利保护却争议很大。

第二,权利要求过于宽泛,很多上游生物技术专利的权利要求大多是"类权利要求",而且大都撰写得极为宽泛,这常常是引发国际社会对生物技术专利制度进行强烈批评的主要原因,过于宽泛的权利要求往往给其他利益主体带来某种权利伤害,这也凸显了现代生物技术专利制度的不公平性或非正义性。

第三,大量生物技术授权专利主要用于科学研究,而非商业活动。如美国专利商标局(USPTO)关于基因片段的专利授权。据统计,美国专利商标局已授权了大量基因片段专利,其每年受理的基因片段专利数以百万计。这种针对基础研究成果的专利授权也引发众多争论,如这类生物技术专利是否会侵害科学研究活动等。

1.2 生物农业与生物农业专利的界定

1.2.1 生物农业

生物农业作为农业生物技术产业化的结果,是现代生物技术与传统农业的深度融合,国内外学者对生物农业的概念还未形成一个统一的认识。生物农业这一名词最早由瑞典学者 Mueller(1940)提出,他认为生物农业是一个采用生物学方法维持土壤肥力、抑制病虫害,进而促进农业生产和生态环境平衡的系统。1991 年出版的《环境科学大辞典》明确提出,生物农业是采取生物学的手段和方式对传统农业进行改造、提升和拓展的一种农业系统功能,并能够维持系统最佳生产力及保持良好的环境。随后,国内一些学者从农业生物技术产业化的角度对生物农业的概念进行了界定。刘超(2004)认为,随着农业生物技术的加快突破和不断应用,由农业生物技术与传统农业相融合而形成的一种新兴产业就是生物农业。李振唐和雷海章(2005)认为农业生物技术产业化是一个动态的概念,即农业生物技术在农业生产过程中的深度应用并不断实现融合化、规模化的过程。吴楠等(2006)认为,农业生物产业是指为改变农业生物有机体的性状特征,将生物工程技术应用于动植物、微生物等中,进而更好地为农业生产经营服务的同类生产经营活动的统称。马春艳(2008)认为,农业生物技术产业是利用现代生物工程技术,改良农作物、微生物性状或者培育出动植物新品种的产业化生产过程。关于生物农业较为权威的定义由中国农业科学院万建民院士 2010 年提出,他认为生物农业是按照生物学规律,综合运用现代生物技术手段,培育品质更优、产量更高的农业新品种,以生产高效、生态、安全的农产品,并维持系统最佳生产力的现代农业发展模式。陈岩和谢晶(2011)将农业生物产业定义为将现代生物技术产业化应用于农业生产过程中,并由此获取投资回报和收益的同类生产经营活动的总和。在国务院发布的《"十二五"国家战略性新兴产业发展规划》和《生物产业发展规划》中,生物农业被确立为生物产业的重要发展方向,并将生物农业划分为生物育种、生物兽药及疫苗、生物农药、生物肥料和生物饲料五大领域。

结合上述研究观点,本书将生物农业定义为以生命科学和遗传学理论为基础,以农业应用为目的,运用基因工程、细胞工程、发酵工程、酶工程等现代生物工程技术,围绕改良动植物及微生物品种生产性状、培育动植物及微生物新品种形成的同类生产经营活动的集合。生物农业具体包括以下四个方面的内容:①生物农业本质上属于高新技术产业,它是采用现代农业生物技术手段,通过促进自然过程和生物循环来改良农业品种和提升农产品性能,在保持良好的生态平衡状况下,实现农业高效持续发展;②生物农业是以细胞生物学、分子生物学等作为基础理论,并不断整合利用其他学科和门类的先进理论与技术,以产业化应用为目标的新型产业发展模式;③其生产经营通过现代企业来实现,即在各类产品生产过程中融入现代生物技术成果,实现专业化、规模化和市场化;④按照功能层次的不同,生物农业可以划分为生物育种、生物兽药及疫苗、生物农药、生物肥料和生物饲料五大类别。

1.2.2 生物农业专利概念的界定及其特征

1.生物农业专利的含义

生物农业专利是指由国家专利行政部门按照专利法的有关规定,授予申请人(公民、法人和非法人单位)在一定时间内对其在生物农业科技领域的发明创造成果所享有的独占、使用和处分的专有权利。生物农业专利包含的种类非常广泛,比如植物杂交制种方法、饲料、农药、植物生长调节剂、肥料产品、食品、饮料等。生物农业专利权既是一种财产权利，又是一种精神权利。与其他财产权相比，其具有无形性、专有性、地域性、时间性等特点。根据现代产权经济理论，可将生物农业专利权归结为以下四维结构：①技术所有权；②技术使用权；③技术处置（让渡）权；④技术收益权。

2. 生物农业专利特征

第一，无形性。产权与其他有形财产权（如物品）的最大不同之处在于其"无形性"的特点。正是由于其"无形性"，生物农业专利的权利人通常只有在其主张自己权利的诉讼中，才表现出自己是权利人。这种"无形性"也导致了生物农业专利贸易中"标的物"只能是生物农业专利这种无形财产权中的使用权。同样由于生物农业专利的"无形性"，不占据一定的空间，难以实际控制，容易脱离生物农业专利所有人的控制；并且，生物农业专利所有权人即使在其权利全部转让后，仍有可利用其创造的智力成果获取利益的可能性。因而，法律上有关生物农业专利的保护、生物农业专利侵权的认定、生物农业专利贸易等变得比有形商品更为复杂。

第二，专有性。生物农业专利作为智力劳动的成果，其无形性决定了它在每一次被利用后会引起全部或部分的消失或损耗，却并不可能全部被消灭。生物农业专利不同于有形财产，它可以为多数人同时拥有，并能够为同时使用它的多数人带来利益。因此，作为无形财产的生物农业专利，其在使用、占有、收益、处分等方面的一系列特点使其有别于有形财产的占有、使用、收益与处分。这种所有权只能通过对智力劳动成果的所有人授予专有权才能有效地加以保护，这就决定了生物农业专利的"专有性"特点。生物农业专利的专有性表现为其独占性和排他性，这种独占性和排他性表现为生物农业专利的所有人对自己所创造的智力劳动成果享有的权利，任何人非经权利人许可都不得享有或使用其劳动成果，否则属于侵犯权利人的专有权，并且权利人在法律允许的范围内可以合适的方式使用自己的智力劳动成果，并获得一定的利益。此外，生物农业专利的专有性还决定了某项生物农业专利的权利人只能是一个，不可能有两个或两个以上的自然人或法人拥有相同的某项生物农业专利的专有权。当然，这种专有性还决定了生物农业专利只能授予一次，而不能两次或两次以上地授予权利人专有权。

第三，有限性。生物农业专利所有权人拥有的权利不是无限期的存在，具有时间性的特点，即生物农业专利仅在一个法定的期限内受到保护，法律对生物农业专利的有效期作了限制，权利人只能在一定的期限内对其智力劳动成果享有专有权，超过这一期限，权利便终止，其智力劳动成果便进入公有领域，成为人类均可共享的公共知识、成果，任何人都可以任何方式使用而不属侵权现象。由于各国对生物农业专利不同对象的保护期限存在差别，因而同一生物农业专利对象在不同国家可能获得的保护期限是不同的。例如，有的国家对发明专利的保护期为15年，有的国家则为20年；实用新型和外观设计专利有的国家保护期限为7年，有的为10年。与生物农业专利时间性相伴生的是生物农业专利的地域性，即生物农业专利是以一个国家的法律确认和保护的，一般只在该国领域内具有法律效力。在其他国家原则上不发生效力。这种地域性的特征从根本上说是生物农业专利的本性所决定的，因为生物农业专利是由国家法律直接确认。权利不是天然就能拥有，而必须以法律对这些权利直接而具体的规定为前提，通过履行特定的申请、审查、批准等手续才能获得。但是，也有一些国家对某些生物农业专利的获得并不完全都通过申请、审查、批准等手续。

第四，可复制性。生物农业专利作为智力劳动的成果。它必然通过一定的有形物或一定的载体表现出来。无论是专利、商标、专有技术，还是著作权、商业秘密，都必然要通过产品、作品或其他有形物加以体现。这样才能将生物农业专利作为财产权的性质表现出来。这就决定了生物农业专利具有可复制性的特性，并通过这种复制进一步表现生物农业专利的财产及价值。

第 2 章　生物农业专利预警概述

自 2003 年我国提出建立知识产权预警机制以来,专利作为知识产权最重要的部分,逐渐被我国研究者意识到了重要性,与其相关的研究越来越多。截至目前,CNKI 学术文献总库收录的我国关于专利预警研究的文献有 150 篇左右,内容主要集中于基本理论、预警主体、预警系统、指标体系的研究。本章将对我国专利预警的研究现状进行梳理,并指出需要解决的重点问题和下一步的研究方向。

2.1　专利预警理论基础

2.1.1　专利预警的概念

专利预警在实质上是一种危机预警。企业专利预警是指企业通过收集、整理和分析判断与本企业主要产品和技术相关的技术领域的专利和非专利文献信息、国内外市场信息和其他信息,对可能发生的重大专利侵权争端和可能产生的危害程度等情况向企业决策层发出警报。专利预警是以专利情报分析为基础,系统地对关键性的专利指标及其他指标所蕴含的信息进行评价,判断企业可能或者将要面临的由专利诱发的危机所实施的实时监控和预测报警。专利预警按层次和范围可划分为国家专利预警、行业专利预警和企业专利预警,但其本质和思路是相同的。

2.1.2　专利预警的基本要素分析

第一,警源。警源是指导致风险发生的根源性因素,企业需要将专利风险中的某些关键性因素控制在一定的范围,这些因素如果发生异常将会影响企业的经营,甚至使企业陷入危机。专利预警的警源除包括专利因素外,还应包括市场因素、法律因素、人力资源因素等。

第二,警兆。警兆是指专利风险发生前的征兆信息或风险因素的异动。任何专利风险的出现都会有预兆,通过对所收集整理的专利信息进行分析,对专利预警指标值的监控对比,判断企业是处于正常状态或危机状态。

第三,警情。警情是指专利预警的警源中各种因素的不良变化,在发展到一定程度时所产生的对企业的负面影响或威胁。警源是辨析警兆发生的依据,警情则是警兆出现后企业受风险因素影响而发生的变化。由于警情在爆发之前必然有警兆,分析警兆及其报警区间便可预报警情。

第四,警度。预警系统会根据实际警度值与警度临界值的差距,判断是否发出预警信号以及发出哪一个等级的预警信号。警度临界值设置的准确性是保证专利预警准确有效的关键,应根据企业的具体情况和预警的实际需要进行适度调整,保持企业战略目标和专利战略目标相一致,避免出现预警失误或失效。

2.1.3　专利预警的基本原理

专利预警可划分为两个阶段进行,即专利预警监控、分析和专利风险预控、处理。在确定专利风险警源后,选取关键性的指标运用相关分析方法建立专利预警指标体系,实时监控和分析各指标的变动情况。根据警度的级别采取相应的应急处理措施,降低风险对企业的损害。在企业摆脱风险危机后,预警系统继续实施预警监控,专利预警监控与分析是专利预警的基础,专利信息的收集、整理对专利预警机制的建立起着至关重要的作用。

2.1.4　专利预警的目标和作用

第一,识别陷阱,规避风险。建立专利预警机制,通过全面而严密的专利信息检索与分析,可规避在先技术、防范侵权风险、抢占市场份额、节约研发时间和经费,识别和预控专利运作风险。我国企业通过专利的申请和布局建立起完善的专利防御体系,实现制造优势向自主知识产权优势的转变。

第二,警示风险,快速应对危机。建立专利预警机制,实时跟踪相关专利情况和相关的政策、法规等关键信息,利用企业的预警信息发布平台动态发布警情监测报告。

第三,完善制度,规范市场。建立专利预警机制,增强企业的专利风险管理意识并建立有效运行机制,提高企业专利纠纷的应对能力,完善企业与政府的沟通协调机制,最终保护企业的利益不受损害。政府通过监测和预报重点领域、重要行业或者重大研究课题的专利状况、发展趋势和竞争态势,进一步推动我国知识产权保护水平的提高和投资环境的完善,维护国家信誉、经济安全和市场经济秩序。

第四,促进自主创新,增强竞争力。专利纠纷的最根本原因是我国自主创新能力薄弱、自主知识产权核心技术匮乏。建立起完善的专利预警机制,在开发某项技术或产品时先检索、分析在先专利,寻找技术空白和技术发展趋势,主动避开并超越在先专利,开发出具有自主知识产权的产品或者技术,促进技术创新,从根本上提高企业的竞争力。

2.2　生物农业专利预警

2.2.1　生物农业专利预警的内涵与作用

1. 生物农业专利预警的内涵及其内容

生物农业专利预警通常以生物农业专利情报搜集分析为基础,系统地对关键性的生物农业专利指标及其他指标所蕴含的信息进行评价,判断生物农业企业可能或者将要面临的由专利诱发的危机,实施实时监控和预测报警,可以说生物农业专利预警实质上就是一种危机预警。

生物农业专利预警的内容主要包括:提前预测哪些生物农业企业可能发生有关知识产权诉讼,对手是谁,目的何在;预测我国生物农业企业可能面临实质性损害威胁,防风险于未然,打信息安全的主动仗。生物农业专利预警通过对国内外生物农业专利信息的收集、整理、分析和整合等,来应对或减少专利诉讼纠纷,变被动应诉为主动防御。

2. 生物农业专利预警的作用

第一,在生物农业企业可能受到生物农业专利诉讼时发出前瞻性警示信号。通过对生物农业专利信息全面而严密的分析,明确生物农业企业现有的对手和潜在的竞争对手,及时发出生物农业专利风险警示,并据此建立生物农业专利战略,规避生物农业专利风险,使生物农业企业在市场竞争中处于有利地位。

第二,缩短反应过程,及时应对危机。政府、行业协会、生物农业企业应时刻监控相关产品专利情况和发展趋势,掌握与生物农业专利有关的政策、法规,对可能发生的危机及时拿出应对措施,当危机真正发生时从容面对并能迅速反击。

第三,提高执法信息化程度,完善市场经济秩序。通过有效的生物农业专利预警机制的建立和运行,提高生物农业企业对生物农业专利纠纷的应对能力,完善投资环境,维护国家经济安全和市场经济秩序。

第四,促进生物农业自主知识产权创新,提高生物农业知识产权的保护水平。我国生物农业企业多以生产仿制为主,缺乏有自主知识产权的核心技术,通过建立生物农业专利预警机制,提高生物农业企业的知识产权战略意识,促进技术创新,及时更正或终止尚处于研发状态下有可能触犯他人的生物农业知识产权,把有限的资金和精力放在发展生物农业专利产品上,增强生物农业企业的市场竞争能力。

2.2.2 生物农业专利预警机制

1. 生物农业专利预警的内涵

概括国内对生物农业专利预警的研究可把其概念总结为,通过收集和整理生物农业专利信息和非专利信息,通过与生物农业预警指标对比,得到生物农业预警对象目前所处的预警状态,提醒有关生物农业企事业单位及时采取措施应对。专利预警只有形成相应的机制,才能更全面、系统地实施,从本质上说,生物农业专利预警机制是指实现生物农业专利预警的管理体制和运作程序。

生物农业专利预警机制分为国家生物农业专利预警机制、行业专利预警机制和企业专利预警机制3个层次。不同层次的生物农业专利预警机制需要从不同角度去理解,生物农业企业层次的专利预警机制是从私权的角度界定;政府和国家生物农业专利预警机制是从公权保护的角度界定;而生物农业行业专利预警机制是二者兼而有之。层次不同,预警的内容和范围有所不同,在进行生物农业专利预警的理论及实践时应有所区别。

2. 生物农业专利预警机制的主要内容

第一,了解生物农业企业竞争对手的技术信息。一是生物农业专利检索——从生物农业专利数据库中检索竞争对手生物农业专利技术的信息以及生物农业专利的法律状态,包括生物农业专利申请、撤回、授权、驳回、终止或无效等情况;二是非生物农业专利检索——从非生物农业专利数据库中检索竞争对手技术研发信息,包括生物农业企业出版物、会议资料、项目发布、招投标、融资、广告、合作、访问等信息。

第二,制定生物农业自主专利权策略。一是制定生物农业技术研发的策略。通过立项前的生物农业专利信息检索和生物农业专利数据分析,可以明确创新项目的技术现状、了解潜在的竞争对手或合作者的生物农业专利布局、掌握生物农业技术竞争前沿并找到生物农业技术创新突破口,从而提高研发起点与效率,避免重复研发;二是决定生物农业专利申请的时机、公开的内容、保护范围和保护地域。生物农业专利权的保护具有时效性和地域性,所以可以根据竞争对手在不同国家的生物农业专利布局来决定专利申请的时机和地域;一份生物农业专利文件既包括由权利要求书限定的保护范围,也包括说明书公开的内容。这两部分内容分别关系到生物农业专利侵权和无效的判定以及生物农业专利性的判断,都是生物农业企业最需要关注的内容;三是重视生物农业专利审查意见的答复和保护范围的调整。专利审查员通过检索后会根据《中华人民共和国专利法》的要求提出审查意见,针对审查意见进行答复和相应的修改会使获得的生物农业专利权更为稳定,最大限度地减少生物农业专利被无效的可能;四是确定生物农业专利申请授权后的实施、许可和转让方案。一项生物农业专利申请被授予专利权并不意味着在实施该项专利的时候对他人的专利不构成侵权,所以在获得生物农业专利权后还要分析该项专利在实施、许可和转让过程中可能涉及的专利权纠纷;五是通过防御与进攻策略完善生物农业专利权的保护。在技术空白区做进攻型的专利保护策略,在技术壁垒较多的区域做防御型的专利保护策略,这些都是专利预警需要考虑的内容。

3. 生物农业专利预警机制的原则

第一,系统性原则。系统性原则是整个生物农业专利预警机制建立应遵循的首要原则。建立生物农业专利预警机制是一项系统工程,各层面生物农业专利预警机制的建设都必须遵循这一原则。生物农业专利预警机制是一个循序、系统、连贯运行的整体,从整体出发,才能使其发挥最大的效力。生物农业专利预警机制的建立应该具有目的性,各环节工作的最终目标应一致,偏离这一目标,就会失去建立该机制的意义。

第二,严谨性原则。严谨性是针对生物农业专利特点而提出的原则,生物农业专利的侵权判定标准严谨具体,所以生物农业专利预警系统中各类数据、指标必须准确,尤其是生物农业专利预警指数体系要分类科学、层次清晰,各类生物农业专利预警信号的产生要具有客观性。

第三,可行性原则。可行性原则是指生物农业专利预警机制的建立和运行是可行的,从政府到企事业单位,从政策到人力、物力、财力支持等,我国必须有建设生物农业预警机制并保证其正常运转的能力。

第四,适应性原则。适应性原则是指生物农业专利预警机制的建立不仅要适应当前我国生物农业专利的现状,更要看到未来我国生物农业专利各方面的发展趋势,不仅要适合目前我国生物农业企业或行业的实际情况,对未来可能发生的变化也要有补充或修改的空间,整个生物农业专利预警机制应是一个适应社会发展的动态机制。

4. 生物农业专利权和生物农业技术秘密的管理

第一,对生物农业专利技术的实施许可与生产许可的规定。

第二,对生物农业专利申请、专利权的转让规定。

第三,对生物农业企业职工发明创造的申请权和专利权归属的规定,以及对发明人奖励的规定,以防止技术的转移。

第四,制定防止生物农业商业秘密(包括技术秘密)泄露的规定。

第五,启动临时措施与边境措施的时机选择。

第六,政府奖励的申报,包括文件的准备和数据统计,并要防止生物农业商业秘密的泄露。

第二篇 植物生物育种专利预警分析

    生物产业被列为我国七大国家战略性新兴产业之一,其中包含生物农业,要着力发展生物育种产业。国务院关于印发《"十三五"国家科技创新规划》的通知中指出,发展高效安全生态的现代农业技术,生物育种研发以农作物、畜禽水产和林果花草为重点,突破种质资源挖掘、工程化育种、新品种创制、规模化测试、良种繁育、种子加工等核心关键技术,发展以动植物组学为基础的设计育种关键技术,培育具有较强核心竞争力的现代种业企业,显著提高种业自主创新能力。同时《全国农业现代化规划(2016—2020 年)》也指出,推进现代种业创新发展,加强杂种优势利用、分子设计育种、高效制繁种等关键技术研发。大力发展现代农业生物育种技术,强化科技创新,对驱动我国农业生产方式转型发展、提升种业国际竞争力、保障粮食安全和农产品有效供给具有重大意义。

第1章 植物生物育种专利概述

1.1 植物生物育种相关概述

1.1.1 植物生物育种定义

生物育种指运用生物学技术原理培育生物品种的过程。其通常包括杂交育种、诱变育种、单倍体育种、多倍体育种、细胞工程育种、基因工程育种等多种技术手段和方法。目前,育种研究已经从传统育种转向依靠生物技术育种阶段。生物育种是目前发展最快、应用最广的一个领域。中国是一个人口大国,也是粮食消费大国,但干旱、洪涝以及病虫害等问题的存在会严重威胁到粮食安全,因此,加强生物育种技术是增强作物抵御病虫灾害能力、确保粮食产量的有效途径,是推动现代农业科技创新、产业发展和环境保护等的有效手段。

本章的研究对象为植物类的生物育种。植物有明显的细胞壁和细胞核,其细胞壁由葡萄糖聚合物——纤维素构成,包含如树木、灌木、藤类、青草、蕨类及绿藻地衣等熟悉的生物。本章以粮食类和经济类作物的种子培育研究为主要研究对象。

种子是指农作物和林木的种植材料或者系列材料,包括籽粒、果实、根、茎、苗、芽、叶等。农作物种子具体包括粮、棉、油、麻、茶、糖、菜等以及其他使用的籽粒、果实和根、茎、苗、芽、叶等系列材料。种子按照经营品种划分,可分为粮食作物种子(玉米、水稻、大豆、小麦等)、经济作物种子(油料、糖类)、蔬菜瓜果种子和花卉种子等。其中,本章的主要农作物指的是玉米、水稻、小麦、棉花、油菜、大豆、马铃薯;大田作物是指在大片田地上种植的作物,如小麦、水稻、高粱、玉米、棉花、牧草等。

植物新品种是指经过人工培育或对发现的野生植物加以开发,使其具备新颖性、特异性、一致性和稳定性并有适当命名的植物品种。植物新品种保护制度是指植物新品种权审批机关,根据品种权申请人的请求,对经过人工培育的或者对发现并加以开发的野生植物的新品种,依据品种权的授权条件,按照法定程序进行审查,决定该品种能否被授予植物新品种权。植物新品种保护制度同专利、商标、著作权制度一样,是一种知识产权保护制度。品种权是知识产权的重要组成部分,其核心是育种者所育成的品种被别人作为商品使用时,需要交付给育种者一定的费用。

种业就是种子产业,是以种子为载体,从事育种、繁种、加工和销售的产业。如图2-1-1,种子产业链包括品种培育、种子生产加工、种子经营等系统,以及种质资源收集、植物育种、原种(亲本)繁育、育种生产、良种干燥、良种精选、育种精选分级、良种包装、良种销售、良种售后服务等环节。

种子公司或企业是指依照公司法设立的,从事种子科研、生产、经营及售后服务,以营利为目的的企业法人。

"育、繁、推"一体化企业:既有独立的科研能力,也有独立加工的能力和制种基地,同时还有自己的销售体系。

"繁、推"一体化企业:该类企业的特点主要是购买或特许经营一些品种,进行繁育制种和销售,需向上游科研企业购买品种使用权或缴纳高额的特许使用费,未建立起自身的育种体系和实力。这种模式主要适合一些生产管理能力和销售能力较强的中型种子企业,企业的长期持续发展能力和营利水平会受到较大的影响。

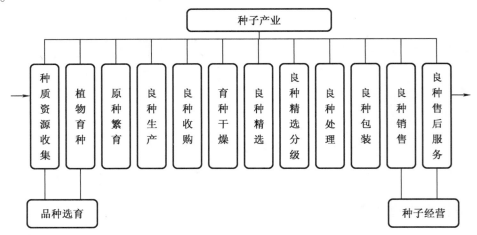

图2-1-1 种子产业链

经销型企业:主要适合中小规模种子企业,不从事科研育种和制种扩繁工作,主要是依靠自身的销售网络优势、代理销售其他企业的品种。

代繁企业:依靠自身拥有的土地和农业生产管理经验,为其他企业繁育制种,主要适合某些国有农场及农民合作组织。

种子居于农业生产链条的最上源,是农业生产中最基本、最重要的生产资料,也是人类生存和发展的基础。种子质量具有重要作用,其优劣不仅影响农作物的产量,而且影响农作物的品质。本报告中的专利数据分析主要针对植物育种部分进行。

1.1.2 植物生物育种技术

1. 基因工程育种

基因工程(genetic engineering)是在分子水平上对基因进行操作的复杂技术,是将外源基因通过体外重组后导入受体细胞内,使这个基因能在受体细胞内复制、转录、翻译表达的操作。它是用人为的方法将所需要的某一供体生物的遗传物质——DNA大分子提取出来,在离体条件下用适当的工具酶进行切割后,把它与作为载体的DNA分子连接起来,然后与载体一起导入某一更易生长、繁殖的受体细胞中,让外源物质在其中"安家落户",进行正常的复制和表达,从而获得新物种的一种崭新技术。其原理是基因重组(或异源DNA重组),方法和步骤是:提取目的基因→装入载体→导入受体细胞→基因表达→筛选出符合要求的新品种。

转基因育种技术是基因工程中的重要技术之一,其是根据育种目标,从供体生物中分离目的基因,经DNA重组与遗传转化或直接运载进入受体作物,经过筛选获得稳定表达的遗传工程体,并经过田间试验与大田选择育成转基因新品种或种质资源。它涉及目的基因的分离与改造、载体的构建及其与目的基因的连接等DNA重组技术;通过农杆菌介导、基因枪轰击等方法使重组体进入受体细胞或组织以及转化体的筛选、鉴定等遗传转化技术和相配套的组织培养技术;获得携带目的基因的转基因植株(遗传工程);遗传工程体在有控条件下的安全性评价以及大田育种研究直至育成品种。与常规育种技术相比,转基因育种在技术上较为复杂,要求也很高,但是具有常规育种所不具备的优势。主要体现在:①转基因育种技术体系的建立使可利用的基因资源大大拓宽。实践表明,从动物、植物、微生物中分离克隆的基因,通过转基因的方法可使其在三者之间相互转移利用。②转基因育种技术为培育高产、优质、高抗,适应各种不良环境条件的优良品种提供了崭新的育种途径。这既可大大减少杀虫剂、杀菌剂的使用,有利于环境保护,也可以提高作物的生产能力、扩大作物品种的适应性和种植区域。③利用转基因育种技术可以对植物的目标性状进行定向变异和定向选择,同时随着对基因认识的不断深入和转基因技术手段的完善,对多个基因进行定向操作也将成为可能,这在常规育种中是难以想象的。④利用转基因技术可以大大提高选择效率,加快育种进程。此外,通过转基因的方法,还可将植物作为生物反应器生产药物等生物制品。正是由于转基因技术育种具有上述强大的优势,使得转基因技术从发现到如今仅仅30年的历史就得到了快速的发展。

2. 细胞工程育种

细胞工程育种是指用细胞融合的方法获得杂种细胞,利用细胞的全能性,用组织培养的方法培育杂种植株的方法。其主要的原理是细胞膜的流动性和细胞全能性。用于植物育种的具体方法是指:去细胞壁→细胞融合→组织培养。其物质基础是:所有生物的DNA均由四种脱氧核苷酸组成。其结构基础是:所有生物的DNA均为双螺旋结构。一种生物的DNA上的基因之所以能在其他生物体内得以进行相同的表达,是因为它们共用一套遗传密码。在该育种方法中需两种工具酶(限制性内切酶、DNA连接酶)和运载体(质粒),质粒上必须有相应的识别基因,便于基因检测。

3. 染色体工程育种

染色体工程有狭义和广义之分,狭义的染色体工程是指人工分离染色体或染色体片段,导入受体原生质体,再经过原生质体培养再生细胞壁、愈伤组织,直至再生出完整植株的过程。广义的染色体工程是指应用细胞遗传学技术通过有性杂交和回交、细胞组织培养和体细胞杂交等方法,按预定目标有计划有步骤地转移染色体组、染色体或染色体片段。本书中的染色体工程植物育种技术是指狭义上的染色体工程,分单倍体育种和多倍体育种。

单倍体育种,是指通过单倍体配子的培养分化成完整的单倍体个体,并通过染色体加倍技术获得纯合二倍体,可以在较短时间内获得纯系。目前诱导单倍体的方法大致分为3类:第1类是花药和花粉培育,诱导小孢子产生愈伤组织,分化再生出单倍体植株,从中选出单倍体植株用秋水仙素处理,促使染色体加倍,产生正常的二倍体植株,形成自交系;第2类是利用物理和化学诱变产生单倍体植株,再加倍成为二倍体纯合自交系,此方法效率低,较少使用;第3类是利用单倍体诱导系结合标记性状诱发和筛选单倍体和二倍体植株。

多倍体育种,是指由受精卵发育而来并且体细胞中含有三个或三个以上染色体组的个体。多倍体产生机制:通过卵细胞第二极体的保留或受精卵早期有丝分裂的抑制而实现。多倍体育种利用人工诱变或自然变异等,通过细胞染色体组加倍获得多倍体育种材料,用以选育符合人们需要的优良品种。最常用、最有效的多倍体育种方法是用秋水仙素或低温诱导来处理萌发的种子或幼苗。秋水仙素能抑制细胞有丝分裂时形成纺锤体,但不影响染色体的复制,使细胞不能形成两个子细胞,而染色数目加倍,属于染色体组工程的研究范畴。

4. 诱变育种

诱变育种是指用物理、化学因素诱导植物的遗传特性发生变异,再从变异群体中选择符合人们某种要求的单株,进而培育成新的品种或种质的育种方法。通过近几十年的研究人们对诱变原理的认识也逐步加深。众所周知,常规杂交育种基本上是染色体的重新组合,这种技术一般并不会使染色体发生变异,更难以触及基因。物理、化学因素的诱导作用使得植物细胞的突变率比平时高出千百倍,有些变异是其他手段难以得到的。我国的诱变育种在过去的几十年中,经诱变育成的品种数一直占到同期育成品种总数的10%左右。如水稻品种原早,小麦品种山农辐63,还有玉米鲁原单4号、大豆铁丰18、棉花鲁棉1号等都是通过诱变育成的。当然与其他技术一样,诱变育种也有自身的弱点。因此,诱变育种应该与其他技术相结合,同时谋求技术上的自我完善。

5. 杂交育种

杂交育种是重要的育种手段之一,是与其他育种途径相配套的重要程序。杂交育种可以实现基因重组,能分离出更多的变异类型,可为优良品种的选育提供更多的机会,通常叫做常规育种。此种方法是通过不同种群、不同基因型个体间进行杂交,并在其杂种后代中通过选择而育成纯合品种的方法。基因重组可以将双亲控制不同性状的优良基因结合于一体,或将双亲中控制同一性状的不同微效基因积累起来,产生在该性状上超过亲本的类型。正确选择亲本并予以合理组配是杂交育种成败的关键。

6. 分子育种

植物分子育种是指不经过有性过程,将外源 DNA 导入植物,诱发可遗传的变异,以选育带目的性状的优良品种的育种技术。分子育种广义地讲包括两个层次的生物工程技术:①外源 DNA 导入植物的技术,即将带有目的性状的基因的供体总 DNA 片段导入植物,筛选获得目的性状表达的后代,培育新品种;②植物基因工程技术,即将目的基因分离出来,在体外构建重组分子再导入植物细胞,然后通过离体培养并筛选获得目的基因表达的植株,培育新品种。本书所指的分子育种技术是指狭义上的分子育种,即外源 DNA 导入植物的技术。

7. 杂种优势利用育种

杂种优势利用是重要育种手段之一,是指利用两个遗传组成不同的生物体杂交后的杂种一代在生长势、生活力、抗逆性、产量和品质等方面优于亲本的表现,达到生产要求。它与培育纯品种为目的的杂交育种不同之处,在于选用亲本、配置组合时特别强调杂种一代的优势表现。杂种优势强弱是针对所观察的性状而言,通常以杂种一代某一性状超越双亲相应性状平均值的百分率即平均优势,或超过较好亲本值的百分率即超亲优势,或超过对照品种值的百分率即超标优势来表示。杂种优势以杂种一代最大,杂种二代大为减退,以后逐代下降至一定程度。所以这种方法主要是利用第 1 代杂种。

方法杂种优势的利用目标因作物种类和育种任务而异,如提高粮油作物子粒的产量和品质,增进蔬菜作物营养体的产量和品质,提早或延迟熟期以满足市场需要及适应贮藏、保鲜、加工等收获后的要求等,提高对抗病虫害等的抗逆能力以保证其稳产性则是普遍的要求。

利用杂种优势时所遵循的亲本选配原则与常规杂交育种相同(见作物杂交育种),但需特别注意两点:一是选配强优势的优良组合。要求两亲的亲缘关系较远、性状差异较大、优缺点互相弥补、配合力好、纯度高。二是杂交简便、制种成本低。这要求两亲的开花期尽可能相近,并以丰产性较好的为母本,花粉量大的作父本,以利制种。利用杂种优势的方法因作物的传粉方式、繁殖方法和遗传特点不同而有区别。

异花授粉作物其群体遗传基础复杂,基因型众多,同一个体在遗传上也是杂合的。因此首先要通过多代的人工选株自交,同时测定其配合力,选育出高度纯合的优良自交系,再组配成强优势的杂交种。大体步骤是:①从原始育种群体(包括农家品种、综合群体、经轮回选择改良的群体以及单交种、双交种等)中选择优良单株;②连续进行几代自交和选择,培育出性状整齐的优良自交系;③在自交的同时进行测交,从中选择配合力好的自交系彼此杂交;④经产量比较试验,选出经济价值大的组合供生产利用。

自交系间杂交种按参与杂交的亲本数目和组配方式分为单交种(自交系×自交系)、三交种(单交种×自交系)、双交种(单交种×单交种)、顶交种(自交系×品种)和综合品种(若干自交系或杂交种种子混合,令其相互自由传粉)。单交种性状整齐一致,优势强,增产效果好;但制种产量偏低,种子成本较高。顶交种通常是选用当地的优良品种作为亲本之一,容易适应当地的环境条件;但产量不及自交系间杂交种高。三交种是在高产的单交种基础上配成的,制种产量高,但手续繁复。双交种的遗传基础比单交种广泛,适应性较好,制种产量高,种子成本低;但产量和整齐度不及单交种,而且制种时需要 7 个隔离区,手续复杂。综合品种的遗传基础更广泛,适应性广,杂种优势比较稳定,制种程序简单,一次制种可连续种植几年;但整齐度较差,增产效果不及单交、三交和双交种。

1.1.3　植物生物育种技术原理及其优缺点

生物育种的技术种类众多,相应的原理和优缺点也有所不同,具体详见表 2 - 1 - 1。

表 2 - 1 - 1　主要生物育种方法的原理及其优缺点比较

育种方法	原理	优点	缺点
杂交育种	基因重组	可定向培养需要的品种,操作简单易懂	周期长,不能产生新性状,工作量大
诱变育种	基因突变	变异频率高,育种技术简单,速度快,可大幅度改良某些性状	诱发突变的方法难以掌握,诱变体难集中多个理想性状
单倍体育种	染色体变异	可缩短育种时间,并可获得纯合子植株,保持后代性状的稳定性	技术复杂,需要杂交育种配合,成本较高
多倍体育种	染色体变异	培育出自然界没有的生物品种,产量高,营养丰富	技术复杂,发育延迟,一般只适合于植物
细胞工程育种	细胞的全能性	目的性强,育种周期短	技术复杂,工作量大,操作烦琐
转基因育种	基因重组	目的性强、周期短、效率高,能够实现不同物种间优良基因的转移	新品种商业化推广须经科学评估,并依法管理,审批程序较为复杂
分子育种	基因编辑	优化育种程序,大幅度提高育种效率	技术起步晚,多处于研发阶段,产业化程度低

1.2　生物育种专利检索内容和范围

1.2.1　生物育种领域在 IPC 中涉及的主要分类位置及说明

生物育种专利技术主要集中在 A 部和 C 部:不仅涉及农业领域的 A01H,还涉及化学领域的 C07D、C07H、C07K,以及微生物或酶的 C12N 等小类。生物育种领域涉及的主要分类号及其内容如表 2 - 1 - 2 所示。本书根据不同的检索主题和范围进行具体检索分类号的确定以及加强其与关键词的配合使用,提高检索结果的准确性。

表 2 - 1 - 2　生物育种领域在 IPC 中涉及的主要分类位置

领域细分	小类	技术主题		小类索引或说明
植物遗传育种以及组织培养	A01H	新植物或获得新植物的方法;通过组织培养技术的植物再生	A01H 1/00　改良基因型的方法(如杂交、诱变、染色体工程等育种技术)	方法
			A01H 3/00　改良表现型的方法(诱变)	产品
			A01H 4/00　通过组织培养技术的植物再生	
			A01H 5 /00　有花植物,即被子植物	
			A01H 7/00 - A01H 17/00　裸子作物;蕨类植物;苔藓植物;藻类;真菌、地衣;包括一种或多种新植物的共生或寄生组合	

表2-1-2(续)

领域细分	小类		技术主题		小类索引或说明
有机化合物	C07D	杂环化合物	C07D 4/00	含有最多20个氨基酸的肽;其衍生物	
	C07H	糖类及其衍生物;核苷酸;核酸	C07H 14/00	具有多于20个氨基酸有肽	
			C07H 21/00	化合物包含2个或多个单核苷酸有独立的磷酸盐,连接核糖类	
	C07K	肽	C07K 5/00	缩胺酸,含有四个氨基酸	
			C07K 14/00	缩胺酸奶,含有20个氨基酸	
			C07K 16/00	免疫球蛋白,例如单克隆或多克隆抗体	
			C07K 17/00	载体结合的或固定的肽	
微生物、酶或其组合物	C12N	微生物或酶;其组合物;繁殖、保藏或维持微生物;变异或遗传工程;培养基	C12N 1/00;C12N 3/00;C12N 5/00;C12N 7/00;C12N 11/00	如微生物,如原生动物,预备抗原或抗体合成物,微生物繁殖过程等	微生物;孢子;未分化的细胞;病毒
			C12N 9/00;C12N 11/00	酶,如连接酶;酶原;其组合物;与载体结合的或固相化的酶;与载体结合的或固相化的微生物细胞;其制备等	酶
			C12N 13/00	用电或波能,如磁、声波处理微生物或酶	用电或波能处理
			C12N 15/00	突变或遗传工程;遗传工程涉及的DNA或RNA,载体(如质粒)或其分离、制备或纯化;所使用的宿主	突变或基因工程

1.2.2　生物育种领域相关关键词

生物育种领域的相关关键词涉及育种对象、育种技术和育种功效等方面,因此,本课题组通过查阅相关专利与非专利文献资料、了解行业背景和技术发展情况以及咨询行业专家等方式,对主要相关关键词进行列举,详见表2-1-3。其中,生物育种领域关键词检索中存在的较突出的问题如下:

(1)"忠实表达困难"问题。很多情况下,很难简单地用关键词来忠实地表达本子项目所真正需要检索的内容,由表达困难导致了检索困难。

(2)"词汇孤岛"问题。人脑中的概念与其他概念之间总是存在各种各样的联系,而在生物育种领域的信息检索中,由于数据库自身的原因,这种概念之间的联系是很难表示和描述的。

(3)筛选极限或筛选瓶颈问题。过分追求高的查全率会导致检索结果的数量过于庞大,导致没有时间和精力处理检索得到的所有结果。检索过程中,须时时注意上述问题,并根据具体情况采取适当策略。

为使检索结果尽可能全面和准确,本书从以下3个层次对相关关键词进行表达和处理:

(1)形式上准确和完整。充分考虑同一关键词表达的各种形式,如英文检索词的不同词性、单复数词形、英美不同拼写形式等,并通过使用截词符来概括表达。

(2)意义上准确和完整。充分考虑并列全相关关键词的各种同义词、反义词、上位词、下位词、等同特征等。

(3)角度上准确和完整。除了从技术方案直接相关的技术手段角度进行检索外,还要从该技术手段所起的作用、具备的功能、带来的技术效果、用途等角度进行检索。

表2-1-3 生物育种领域关键词及其表达

范围	检索关键词	同义词近义词	下位词	扩展表达	相关词
育种对象	植物	植物(plant, vegetation),植物学(botany),绿化(greenery)	乔木、灌木、亚灌木、草本植物、禾本科植物、木本植物、锦葵科植物等 ; trees, shrubs, herbs, grasses, woody plants, etc	大豆、蚕豆、豌豆、绿豆、赤豆、豇豆、菜豆、藕豆、木豆、落花生、紫云英、苜蓿、合欢、黄檀、皂角、格木、红豆、槐、马腱、槐花、木蓝、苏木、甘薯、稻谷、高粱、荞麦、棉花、玉米、油菜、葡萄、蓖麻、花椰菜、木瓜、草莓、油茶、烟草、茄子、青蓝、马铃薯、生菜、小麦、甘蔗、香蕉、甘蓝、萝卜、大麦、杨树、油白菜、番茶瓜、白杨、黑麦、桃、甜菜、辣椒、番木瓜、柑橘、茄花、荔枝、梨、苹果、甜椒、曙樱桃、麻、疯树、兰花、水稻、山茶花、红掌、石斛兰	soybean, bean, oil, sugarcane, cotton, corn, maize, sorghum, mungbean, millet, buckwheat, adzuki bean, kidney bean, sweet potato, crop, rape, grape, castor, broccoli, papaya, cauliflower, strawberry, tobacco, oil, tea, eggplant, cucumber, potato, lettuce, wheat, plant, sugar cane, banana, cabbage, turnip, barley, beet, aspen, tomato, pepper, rye, poplar, chili, orange, apple, litchi, pear, peach, orange, jatropha, orchid, rice, red palm, camellia, dendrobium, etc.
育种技术	杂交育种	—	杂交、回交 ; cross breeding, hybridization, back-cross, back cross	有性杂交、远缘杂交、单交、复交、三交、双交、四交、聚合杂交、逐步回交、聚合回交、回交选择	sexual crossbreeding, distant hybridization, wide cross, somatic hybridization, single cross, multiple cross, tri-cross, doublecross, tetra-cross, tetracross, convergent cross, stepwise backcross, convergent ackcross, etc.
	细胞工程育种	组培	细胞组织培养、组织培养、组培养苗 ; cell culture, biocytoculture, embryo culture, culture, plantlets, seeding	花药培养、花粉培养、幼胚培养无性繁殖、微繁、快速繁殖、自发融合、诱导融合、PEG融合、电融合	anther culture, pollen culture, microspore culture, propagation, micropropagation, rapid clone propagation, protoplast fusion, spontaneous fusion, induced fusion, PEG fusion, electric fusion, etc.
	染色体工程育种	—	染色体倍性 ; chromosome engineering	单倍体、二倍体、多倍体、三倍体、四倍体、六倍体、八倍体、十倍体、同源多倍体、异源多倍体等	haploid, diploid, polyploid, triploid, tetraploid, hexaploid, octaploid, decaploid autopolyploids, allopolyploid, etc.
	诱变育种	—	化学诱变、物理诱变 ; induced mutation by chemicals, induced mutation by physical methods	射线、紫外线、中子、激光、辐照、辐射、超声波、Γ射线、空间诱变、氯化锂、甲基磺酸乙酯、乙硫亚胺、亚硝基乙基脲、亚硝酸钠、叠氮化钠、秋水仙素等	ultraviolet rays, uv, neutron, laser, irradiation, radiation, ultrasonic wave, γ-rays irradiation, space mutation, lithium chloride, EMS, ethyl methanesulfonate, EI, ENU, NEU, ENH, NEH, DES, diethyl sulfate, sodium azide, colchicine, etc.

表 2－1－3（续1）

范围	检索关键词	同义词近义词	下位词	扩展表达	相关词
育种技术	基因工程育种	遗传工程	转基因,基因(组)编辑 (clone, cloning, transformation)	逆转录PCR,反转录PCR,图位克隆,基因定位克隆,文库扣除杂交,转座子标签,T-DNA标签,mRNA差异显示反转录PCR,抑制消减杂交,代表性差异分析,根癌农杆菌介导号,发根农杆菌介导号,病毒介导号;基因直接导入;基因枪转化法.聚乙二醇法(PEG转化),脂质体法,电击法,超声波法,激光微束法,显微注射法和碳化硅纤维介导号等;种质系统法:花粉管通道法,浸泡转化,胚囊和子房注射法,TALEN,CRISP/Cas9,ZFN等	T-DNA, differential display reverse transcript PCR, DDRT-PCR, suppression subtractive hybridization, SSH, representational difference analysis, RDA, reverse transcription PCR, reverse transcription-PCR, RT-PCR, RACE, rapid-amplification of cDNA end, map-based cloning, positional cloning, agrobacterium mediated, particle bombardment, gene gun, gun bombardmen, shotgun, shot gun, electroporation, polyethylene glycol, PEG, pollen tube, pollen-tube, inverse transcription, microprojectile bombardment, micro-projectile bombardment, biolistics, injection, electroinjection, microinjection, rotation, TALEN, CRISP/Cas9, ZFN, etc.
	分子育种	—	分子标记辅助育种,全基因组选择 (molecular marker, Genome wide choice)	限制性片段长度多态性,表达序列标记,表达序列中间区域,简单重复序列标记,简单重复序列间区多态性标记,数量性状位点,质量性状位点,随机扩增片段长度多态性,扩增片段长度多态性,酶切扩增多态性,双脱氧指纹法,DNA单链构象多态性,单引物扩增反应,序列特异性扩增区域,DNA扩增指纹印迹,序列标志位点,随机扩增多态性DNA,核苷酸多态性,序列特征化扩增区域,可变数目串联重复序列,微卫星序列,遗传连锁图谱等	molecular design, ssr, simple sequence repeat, restriction fragment length polymorphism, RFLP, polymerase chain reaction, random amplified polymorphic, RAPD, amplified fragment length polymorphism, AFLP, single nudeotide polymorphism, SNP, expressed sequence stags, EST, retro transposon, inter simple sequence repeats polymorphisms, ISSR, sequence characterized amplified region, SCAR, sequence-tagged sites, STS, amplification fingerprinting, DAF, variable number tandem repeat, minisatellites, microsatellites, cleaved amplification polymorphism sequence, Dideoxy Fingerprints, DDF, Single Strand Conformation Polymorphism, SSCP, single primer amplification reaction, SPAR, sequence-characterized amplified region, DNA amplification fingerprinting, CAPs, genetic linkage map, genetic map, quantitative trait locus, single feature polymorphism, SFP, etc.

表2-1-3(续2)

范围	检索关键词	同义词近义词	下位词	扩展表达	相关词
育种技术	杂种优势利用	—	一系法、二系法、三系法	保持系,恢复系,光温敏不育系,野败型不育系,反光温敏不育系,红莲型不育系	
育种功效	提纯、改良、优化	—	抗虫,抗病,抗寒,抗逆,抗除草剂,耐旱,耐盐,耐涝,耐热,耐碱,高产,抗胁迫,耐酸	insect resistance, disease resistance, herbicide resistance, cold resistance, drought tolerance, salt tolerance, waterlogging resistance, heat resistance, alkali resistance, high yield, resistance to stress, arid resistance	棉盲蝽,绿盲蝽,三点盲蝽,苜蓿盲蝽,棉蚜,烟粉虱,小白蛾,蓟马,棉叶螨,棉铃虫,红铃虫,夜蛾,棉大卷叶螟,玉米螟,棉尖象,地老虎,蝼蛄,蚜虫,蛴螬,红腐病,红粉病,立枯病,角斑病,稻曲病,白叶枯病,萝卜霜霉病,稻瘟病,恶苗病,黑星病,青枯病,全蚀病,条锈病,茎锈病,青枯病,灰霉病,烟草赤星病,黑斑病,红斑病,纹枯病,细菌性叶枯病,白叶枯病,细菌性叶疫病,镰刀菌素,头孢霉,赤霉病,白粉病,黄锈病,条锈病,叶锈病,茎锈病,炭疽病,环腐病,叶枯病,枯萎病,黄豆象,害虫,跳虫,象耳豆根结线虫,爪哇根结线虫,二化螟,褐稻虱,蚜虫,棉铃虫,飞虱类,褐飞虱,虱子,草甘膦,草丁膦,双丙氨膦,咪唑啉酮,麦草畏,异恶唑草酮,异恶唑,溴苯腈,降植酸,矮化等　adelphocoris fasciaticollis, adelphocoris lineolatus (Goeze), aphis gossypii glover, red spider, bemisia tabaci (Gennadius), whiteflies, small moths thrips, empoasca biguttula (Ishida), helicoverpa armigera Hubner, pink worm, pink bollworm, pectinophora gossypiella, noctuid, spodoptera litura, sympis rufibasis, rufibasis, xestia efflorescens, sylepta derogata fabricius, apanteles opacus, leafroller, ostrinia nubilalis, phytoscaphus gossypii chao, euxoasegetumschiffer-muller, gryllotalpa, Agriolimax agrestis Linnaeus, fusarium moniliforme, greensickness, green sickness, cyanosis, cephalothecium roseum, pink rot, brown rot, anthracnose, blight, Rhizoctoniosis, Rhizoctonia solani KChn, Colletotrichum gossypii Southw, fusarium wilt, false smut, ustilaginoidea virens, sheath blight, banded sclerotial blight, radish downy mildew, rice blast, leaf blight, bacterial blight, bakanae, fusarium head blight, scab, powdery mildew, yellow dwarf, take-all, yellow rust, stripe rust, leaf rust, stem rust, culm rust, pathogen, fusarium, abiotic, germ, bacillus, pseudomonas, agrobacterium, serratia flavobacterium, ring rot, brown spot, sharp eyespot, red rot, fusarium wilt, insecticide, pesticide, pest, insect, Nematode, boll worm, caterpillar, budworm, hopper, lepidoptera, borer, aphid, Chilosuppressalis, glyphosate, phosphinothricin, bialaphos, sulfony-lureas, Nilaparvata Lugens Stal, lice, sulfonylurea, bentazon, imidazolinone, Dicamba, Isoxaflutole, Isoxazole, Bromoxynil, thiazolopyrimidine, herbicide, napropamid, amchem, veynolate, oxyfluorfen, stomp, clethodim, propisochl, diquat, fenoxaprop-p-ethyl, sulfometuron, basta, phytic reduce, dwarf, etc.

1.2.3 生物育种专利检索式构建

鉴于植物种类繁多、范围广,育种技术既分类明显又存在育种原理异中存同且技术复合使用的现象等,单纯靠育种技术关键词进行检索与分类统计,容易导致检索结果的全面性和准确性过低,技术分析结果过于宏观或者交叉明显等情况。为了提高检索的全面性和准确性,实现对专利研究技术细化、有针对性地进行统计与分析,本书将采取运用技术关键词和专利主IPC双结合的方法进行。其中,专利检索内容范围涉及以下几方面:

① 主IPC检索:涉及的IPC主要有IPC_A01H000;

② 辅助IPC检索:涉及育种技术尤其是生物技术的IPC主要有C12N 15/00、C12N 9/00、C12N 5/00、C07K 、C07H、C07D等(详见表2-3-4);

③ 育种对象关键词范围:禾本科植物、草本植物、乔木、灌木、亚灌木、木本植物、锦葵科等植物(以粮、油、棉、麻、糖、果蔬、花卉类植物为重点列举对象);

④ 育种技术关键词范围:基因工程育种、细胞工程育种、杂交育种、诱变育种、染色体工程育种、分子育种、杂种优势利用等;

⑤ 育种功效关键词范围:抗逆、高产、提产、品质改良、抗病、抗虫、抗除草剂、抗胁迫等;

⑥ 排除的IPC:IPC_A01k061、IPC_A01k067、IPC_A23K001、A61P003、A61K031等;

⑦ 排除词:病人、动物、微生物、真菌、设备、设施、调剂盒、糖尿病、高血糖等;

基于上述,生物育种专利检索式构建为:(①+②)*③*(④+⑤)-⑥-⑦。

1.3 生物育种专利技术分解

为提高数据检索的全面性和准确性,以及为后续技术分析作铺垫,本课题组通过查阅相关专利与非专利文献资料、了解行业背景和技术发展情况以及咨询行业专家等途径,对相关生物育种技术进行了分解与整理,具体技术内容详见表2-1-4。

表2-1-4 生物育种技术分解表

一级技术分类	二级技术分类	三级技术分类
基因工程育种	转基因/基因(组)编辑	农杆菌介导、发根农杆菌介导、病毒介导、基因枪转化法、聚乙二醇法(PEG转化)、脂质体法、电击法、超声波法、激光微束法、显微注射法、碳化硅纤维介导、花粉管通道法、浸泡转化、胚囊和子房注射法、基因枪法、DNA直接导入原生质体的电击法、TALEN、CRISP/Cas9、ZFN
细胞工程育种	组织与细胞培养	花药培养、花粉培养、幼胚培养、无性繁殖、微繁、快速繁殖
	细胞融合	自发融合、诱导融合、PEG融合、电融合
染色体工程育种	单倍体	自然孤雌生殖、远缘花粉授粉、延迟授粉、理化因素诱变、诱发基因及核质互作、染色体有选择的消失、花药培养、未授粉的子房和胚珠培
	多倍体	温度骤变、机械创伤、电离辐射、非电离辐射、离心力等物理处理、秋水仙素、富民农、吲哚乙酸等处理

表 2 - 1 - 4(续)

一级技术分类	二级技术分类	三级技术分类
诱变育种	物理诱变	紫外线、X 射线、γ 射线、快中子、激光、微波、离子束、常压室温等离子体、空间诱变
	化学诱变	烷化剂(包括 EMS、EI、NEU、NMU、DES、MNNG、NTG 等)处理、天然碱基类似物(包括氯化锂、亚硝基化合物、叠氮化物、抗生素、羟胺和吖啶等)、秋水仙素、硫酸二乙酯等处理
杂交育种	杂交	有性杂交、远缘杂交、单交、复交、三交、双交、四交、聚合杂交、轮回选择
	回交	逐步回交、聚合回交
分子育种	分子标记辅助育种	形态标记、细胞学标记、生化标记、分子标记、限制性片段长度多态性、表达序列标签、简单重复序列中间区域、简单重复序列间区多态性标记、简单重复序列、数量性状位点、质量性状位点、随机扩增片段多态性、扩增片段长度多态性、单核苷酸多态性、序列特征化扩增区域、序标位、可变数目串联重复序列、微卫星标记、遗传连锁图谱、关联分析、功能型分子标记
	全基因组选择	
杂种优势利用	一系法	保持系、恢复系、光温敏不育系、野败型不育系、红莲型不育系、反光温敏不育系
	二系法	
	三系法	

1.4　生物育种专利检索结果汇总

　　结合上述检索关键词、数据源、IPC 分类及时间范围等条件,共检索出全球生物育种领域的申请专利共 75 704 件,详细检索结果见表 2 - 1 - 5 至表 2 - 1 - 21。

表 2 - 1 - 5　生物育种领域专利数据统计

申请人所在地域	申请专利/件			授权专利/件			授权比例/%	有效专利/件			有效比例/%
	发明	实用新型	总量	发明	实用新型	总量		发明	实用新型	总量	
全球	75 468	236	75 704	29 654	243	29 897	39.5	23 506	72	23 578	31.1
国外	64 544	102	64 646	24 228	108	24 336	37.6	19 783	4	19 787	30.6
中国	10 924	134	11 058	5 426	135	5 561	50.3	3 723	68	3 791	34.3
广东	694	2	696	349	2	351	50.4	244	2	246	35.3

备注:授权比例 = 授权专利总量/申请专利总量;有效专利量指截至检索日得到的已授权且仍处于维持状态的专利量;有效比例 = 有效专利总量/专利申请总量(下同)。

表 2 - 1 - 6　中国生物育种领域主要专利技术输入情况统计

申请人国别	申请专利/件			授权专利/件			授权比例/%	有效专利/件			有效比例/%
	发明	实用新型	总量	发明	实用新型	总量		发明	实用新型	总量	
中国	10 198	135	10 333	5 304	135	5 439	52.6	3 615	68	3 683	35.6
美国	1 659	1	1 660	526	1	527	31.7	464	1	465	28.0

表 2 - 1 - 6（续）

申请人 国别	申请专利/件			授权专利/件			授权比例 /%	有效专利/件			有效比例 /%
	发明	实用新型	总量	发明	实用新型	总量		发明	实用新型	总量	
日本	399	0	399	211	0	211	52.9	146	0	146	36.6
欧洲	326	0	326	145	0	145	44.5	130	0	130	39.9
德国	209	0	209	40	0	40	19.1	30	0	30	14.4
瑞士	105	0	105	24	0	24	22.9	11	0	11	10.5
英国	101	0	101	41	0	41	40.6	32	0	32	31.7
荷兰	98	0	98	29	0	29	29.6	14	0	14	14.3
韩国	96	0	96	53	0	53	55.2	42	0	42	43.8
丹麦	90	3	93	36	0	36	38.7	25	0	25	26.9

备注：数据只统计前十名专利技术来源国家或地区。

表 2 - 1 - 7　中国生物育种领域专利技术输出情况统计

申请国家	申请专利/件	授权专利/件	授权比例/%	有效专利/件	有效比例/%
世界知识产权组织	285	—	—	—	—
美国	97	43	44.3	38	39.2
加拿大	43	7	16.3	6	14.0
澳大利亚	43	12	27.9	9	20.9
欧洲	42	10	23.8	10	23.8
日本	22	1	4.5	1	4.5
墨西哥	11	0	0	0	0
巴西	10	0	0	0	0
阿根廷	8	2	25	2	25
韩国	4	2	50	2	50
俄罗斯	4	0	0	0	0
印度	2	0	0	0	0
巴基斯坦	1	1	100	1	100

表 2 - 1 - 8　中国主要省份生物育种领域（国内外）专利布局情况统计

省份	申请专利/件	授权专利/件	授权比例/%	有效专利/件	有效比例/%
北京市	2 288	1 432	62.6	1 052	46.0
江苏省	1 122	539	48.0	352	31.4
上海市	814	390	47.9	291	35.7
浙江省	748	317	42.4	215	28.7
广东省	696	351	50.4	246	35.3
湖北省	684	403	58.9	264	38.6
山东省	539	242	44.9	132	24.5
四川省	415	202	48.7	133	32.0
云南省	324	165	50.9	107	33.0
河南省	258	124	48.1	81	31.4

备注：数据只统计至专利申请数量排名前十的省份。

表 2 - 1 - 9　中国主要省份生物育种领域国内专利布局情况统计

序号	范围	申请专利/件			授权专利/件			授权比例/%	有效专利/件			有效比例/%
		发明	实用新型	总量	发明	实用新型	总量		发明	实用新型	总量	
1	北京市	2 149	9	2 158	1 401	9	1 410	65.3	1 030	4	1 034	47.9
2	江苏省	1 104	10	1 114	528	10	538	48.3	347	4	351	31.5
3	上海市	725	1	726	374	1	375	51.7	275	1	276	38.0
4	浙江省	709	14	723	300	14	314	43.4	203	10	213	29.5
5	湖北省	597	7	604	381	7	388	64.2	248	4	252	41.7
6	广东省	571	2	573	342	2	344	60.0	239	2	241	42.2
7	山东省	520	11	531	230	11	241	45.4	128	3	131	24.7
8	四川省	382	7	389	191	7	198	50.9	124	5	129	33.2
9	云南省	322	2	324	163	2	165	50.9	106	1	107	33.0
10	河南省	247	7	254	116	7	123	48.4	75	5	80	31.5

备注:数据只统计至专利申请数量排名前十的省份。

表 2 - 1 - 10　中国生物育种领域国内专利布局的主要省份专利权人类别及其专利质量

省份	专利权人类别	申请专利/件	授权专利/件	授权比例/%	有效专利/件	有效比例/%
北京市	公司	193	98	50.8	82	42.5
	高校、科研院所	1 880	1 080	57.4	948	50.4
	个人	85	22	25.9	4	4.7
江苏省	公司	183	60	32.8	48	26.2
	高校、科研院所	862	464	53.8	296	34.3
	个人	69	14	20.3	7	10.1
上海市	公司	72	37	51.4	25	34.7
	高校、科研院所	635	332	52.3	246	38.7
	个人	19	6	31.6	5	26.3
浙江省	公司	59	34	57.6	32	54.2
	高校、科研院所	632	269	42.6	176	27.8
	个人	32	11	34.4	5	15.6
湖北省	公司	36	20	55.6	17	47.2
	高校、科研院所	551	361	65.5	232	42.1
	个人	17	7	41.2	3	17.6
广东省	公司	158	112	70.9	111	70.3
	高校、科研院所	382	216	56.5	122	31.9
	个人	33	16	48.5	8	24.2

备注:申请人为 2 个或 2 个以上的专利权人类别仅以第一申请人的类别进行定义,其他申请人则不参与划分,即一件申请专利的专利权人类别只有一种。

表2-1-11　全球水稻育种专利情况

范围	申请专利/件			授权专利/件			授权比例/%	有效专利/件			有效比例/%
	发明	实用新型	总量	发明	实用新型	总量		发明	实用新型	总量	
全球	13 240	10	13 250	4 370	10	4 380	33.1	3 376	5	3 381	25.5
国外	10 931	0	10 931	3 230	0	3 230	29.5	2 520	0	2 520	23.1
中国	2 309	10	2 319	1 140	10	1 150	49.6	856	5	861	37.1
广东	192	1	193	124	1	125	64.8	109	1	110	57.0

表2-1-12　中国水稻育种主要专利技术输入情况统计

申请人国别	申请专利/件			授权专利/件			授权比例/%	有效专利/件			有效比例/%
	发明	实用新型	总量	发明	实用新型	总量		发明	实用新型	总量	
中国	2 106	10	2 116	1 100	10	1 110	52.5	822	5	827	39.1
美国	504	0	504	105	0	105	20.8	94	0	94	18.7
欧洲	127	0	127	42	0	42	33.1	35	0	35	27.6
日本	104	0	104	39	0	39	37.5	28	0	28	26.9
德国	70	0	70	4	0	4	5.7	3	0	3	4.3
比利时	59	0	59	6	0	6	10.2	5	0	5	8.5
瑞士	29	0	29	8	0	8	27.6	4	0	4	13.8
英国	26	0	26	6	0	6	23.1	4	0	4	15.4
韩国	16	0	16	5	0	5	31.3	5	0	5	31.3
法国	11	0	11	2	0	2	18.2	2	0	2	18.2

备注:主要统计前十名专利技术来源国家或地区。

表2-1-13　中国水稻育种专利技术输出情况统计

申请国家	申请专利/件	授权专利/件	授权比例/%	有效专利/件	有效比例/%
世界知识产权组织	71	—	—	—	—
美国	39	13	33.3	11	28.2
加拿大	19	3	15.8	2	10.5
澳大利亚	14	4	28.6	2	14.3
欧洲	13	2	15.4	2	15.4
墨西哥	5	0	0	0	0
韩国	3	1	33.3	2	66.7
日本	2	1	50	1	50
巴西	2	0	0	0	0
南非	1	0	0	0	0

表 2 - 1 - 14　中国水稻育种领域国内专利申请的主要省市分布情况

省份	申请专利/件	授权专利/件	授权比例/%	有效专利/件	有效比例/%
北京市	549	337	61.4	270	49.2
浙江省	249	106	42.6	69	27.7
江苏省	229	94	41.0	59	25.8
湖北省	187	114	61.0	79	42.2
广东省	177	124	70.5	109	61.6
上海市	152	77	50.7	62	40.8
湖南省	85	39	45.9	20	23.5
四川省	78	55	70.5	37	47.4
山东省	55	23	41.8	15	27.3
天津市	34	14	41.2	10	29.4

备注:数据只统计专利申请量排名前十的省份。

表 2 - 1 - 15　全球玉米育种专利情况

范围	申请专利/件			授权专利/件			授权比例/%	有效专利/件			有效比例/%
	发明	实用新型	总量	发明	实用新型	总量		发明	实用新型	总量	
全球	16 839	10	16 849	7 163	10	7 173	42.6	6 197	4	6 201	36.8
国外	15 749	4	15 753	6 749	4	6 753	42.9	5 907	0	5 907	37.5
中国	1 090	6	1 096	414	6	420	38.3	290	4	294	26.8
广东	55	0	55	20	0	20	36.4	19	0	19	34.5

表 2 - 1 - 16　中国玉米育种主要专利技术输入情况统计

申请人国别	申请专利/件			授权专利/件			授权比例/%	有效专利/件			有效比例/%
	发明	实用新型	总量	发明	实用新型	总量		发明	实用新型	总量	
中国(大陆)	970	6	976	388	6	394	40.4	268	4	272	27.9
美国	692	0	692	172	0	172	24.9	163	0	163	23.6
欧洲	116	0	116	30	0	30	25.9	23	0	23	19.8
德国	81	0	81	4	0	4	4.9	3	0	3	3.7
比利时	60	0	60	8	0	8	13.3	6	0	6	10.0
瑞士	42	0	42	9	0	9	21.4	6	0	6	14.3
英国	28	0	28	4	0	4	14.3	3	0	3	10.7
日本	25	0	25	15	0	15	60.0	11	0	11	44.0
法国	15	0	15	3	0	3	20.0	3	0	3	20.0
韩国	14	0	14	2	0	2	14.3	2	0	2	14.3

备注:数据统计专利申请量排名前十的主要专利技术来源国家或地区。

表 2-1-17　中国玉米育种专利技术输出情况统计

申请国家	申请专利/件	授权专利/件	授权比例/%	有效专利/件	有效比例/%
世界知识产权组织	34	—	—	—	—
美国	27	11	40.7	11	40.7
加拿大	13	1	7.7	1	7.7
欧洲	12	1	8.3	1	8.3
澳大利亚	8	1	12.5	1	12.5
墨西哥	2	0	0	0	0
韩国	1	1	100	1	100
阿根廷	1	0	0	0	0
巴西	1	0	0	0	0

表 2-1-18　中国玉米育种国内专利申请的主要省市分布情况

省份	申请专利/件	授权专利/件	授权比例/%	有效专利/件	有效比例/%
北京市	313	155	49.5	121	38.7
山东省	82	24	29.3	14	17.1
四川省	76	33	43.4	19	25.0
广东省	52	20	38.5	19	36.5
上海市	49	11	22.4	10	20.4
江苏省	43	18	41.9	9	20.9
浙江省	41	13	31.7	6	14.6
吉林省	37	23	62.2	11	29.7
安徽省	36	13	36.1	10	27.8
辽宁省	34	10	29.4	3	8.8

备注:数据只统计专利申请量排名前十的省份。

表 2-1-19　全球棉花育种专利情况

范围	申请专利/件			授权专利/件			授权比例/%	有效专利/件			有效比例/%
	发明	实用新型	总量	发明	实用新型	总量		发明	实用新型	总量	
全球	8 578	18	8 596	2 624	18	2 642	30.7	1 724	8	1 732	20.1
国外	7 680	0	7 680	2 241	0	2 241	29.2	1 472	0	1 472	19.2
中国	988	18	1 006	383	18	401	39.9	252	8	260	28.4
广东	126	0	126	12	0	12	9.5	11	0	11	8.9

表 2-1-20 中国棉花育种主要专利技术输入情况统计

申请人国别	申请专利/件			授权专利/件			授权比例/%	有效专利/件			有效比例/%
	发明	实用新型	总量	发明	实用新型	总量		发明	实用新型	总量	
中国(大陆)	782	18	800	373	18	391	48.9	243	8	251	31.4
美国	421	0	421	96	0	96	22.8	87	0	87	20.7
欧洲	53	0	53	15	0	15	28.3	13	0	13	24.5
德国	45	0	45	2	0	2	4.4	1	0	1	2.2
比利时	35	0	35	7	0	7	20.0	7	0	7	20
瑞士	20	0	20	6	0	6	30.0	4	0	4	20
英国	15	0	15	3	0	3	20.0	2	0	2	13.3
澳大利亚	13	0	13	2	0	2	15.4	1	0	1	7.7
日本	10	0	10	6	0	6	60.0	4	0	4	40
丹麦	9	0	9	4	0	4	44.4	2	0	2	22.2

备注:数据统计专利申请量排名前十的主要专利技术来源国家或地区。

表 2-1-21 中国棉花育种专利技术输出情况统计

申请国家	申请专利/件	授权专利/件	授权比例/%	有效专利/件	有效比例/%
世界知识产权组织	104	—	—	—	—
美国	24	5	20.8	3	12.5
加拿大	10	0	0	0	0
欧洲	9	0	0	0	0
澳大利亚	8	5	62.5	3	37.5
墨西哥	2	0	0	0	0
韩国	2	1	50	1	50
印度	2	0	0	0	0
英国	1	0	0	0	0
巴基斯坦	1	1	100	1	100

第2章　国内外植物生物育种专利分析

2.1　国外植物生物育种专利分析

2.1.1　专利申请热点国家和地区分布情况

专利申请国(Source Jurisdiction)可以体现专利权人需要在哪些国家或地区保护该发明。这一参数也反映了该发明未来可能的实施国家或地区。将国外关于生物育种方面研究的共 64 646 件申请专利按进行专利申请热点国家和地区(Source Jurisdiction)进行统计分析,得到表 2 – 2 – 1。

表 2 – 2 – 1　国外专利申请热点国家和地区

	国家或地区	数量/件
国外专利布局分布	美国	16 755
	澳大利亚	5 684
	加拿大	5 185
	日本	4 392
	英国	3 475
	韩国	1 967
	巴西	1 606
	阿根廷	1 568
	墨西哥	1 393
	新西兰	913
	南非	604
	匈牙利	352
	俄罗斯	342
	德国	261
	波兰	238
	法国	205
	以色列	197
PCT 国际专利申请	世界知识产权组织(WIPO)	8 359
	欧洲专利申请(EPO)	7 085
	欧亚专利组织(OAPI)	215

美国为生物育种专利重点和热点的申请国家,这与其作为农业大国高度重视农业技术的应用且其本

身也是农业专利大国等因素有关。而澳大利亚、加拿大因其农业种植面积广、经济发达、农业技术开发和应用需求量大等原因,成为了各国关于生物育种专利布局的主要对象和潜在的市场战略范围,即主要的专利技术流入国。与此同时,国外专利中,关于生物育种的PCT国际专利申请分别占国外专利申请总量的13.0%、11.0%,说明国外专利权人非常注重技术的区域保护,利用WIPO和EPO专利申请的同时对多个国家或者地区申请保护的意识强。

2.1.2　国外生物育种专利主要技术来源国家分布情况

将国外关于生物育种方面研究的申请专利64 646件,按主要专利技术来源国(Inventor Location)进行统计分析,得到表2-2-2。

表2-2-2　国外专利主要技术来源国

国别	数量/件
美国	33 733
日本	5 429
德国	4 016
英国	2 314
法国	2 068
韩国	2 034
欧洲专利申请(EPO)	1 919
加拿大	1 666
澳大利亚	1 636
以色列	826
西班牙	562
印度	483
新西兰	379
瑞士	375
巴西	243
芬兰	242
意大利	230

由表2-2-2得知,国外专利技术来源国主要是美国,专利申请数量达33 733件,占国外专利申请总量的52.2%,成为全球最大的生物育种专利技术来源地,专利技术优势明显,其投入的科研经费不断加大,品种选育已明显走向商业化和专利化。这与美国作为当今世界农业最发达国家、世界上唯一一个人均粮食年产量超1吨的国家、最大的粮食出口国,其拥有得天独厚的自然条件和强大的农业科技实力等因素有关。紧随美国后面的分别是日本(5 429件)、德国(4 016件)、英国(2 314件)、法国(2 068件)、韩国(2 034件),这些国家或地区的专利申请量均占国外专利申请总量的9%以下。由此可见,生物育种技术已随着各国之间企业并购、企业间合作而广泛传播到世界各国,而美日欧发达国家中的几大农业生物技术和化工巨头企业,掌握着全球主要生物育种先进技术和销售市场,其中,以美国在该研究领域中的技术垄断尤为明显。

2.1.3 国外植物生物育种专利主要发明人分布情况

将国外关于生物育种专利申请量排名在前20、前10的专利发明人（Inventor）进行统计分析，分别得到图2-2-1和表2-2-3。

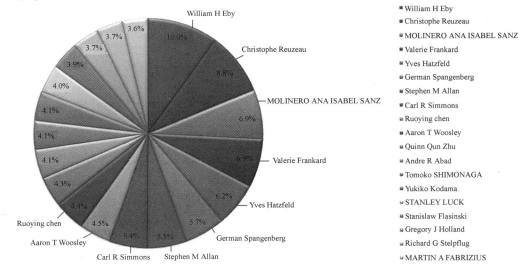

图2-2-1 国外主要专利申请发明人专利份额%（前20）

表2-2-3 国外生物育种专利申请量前10名的专利发明人信息表

序号	发明人	申请专利/件	主要所属公司	所属国家或地区
1	William H Eby	343	孟山都	美国
2	Christophe Reuzeau	301	巴斯夫	德国
3	Molinero Ana Isabel Sanz	237		
4	Valerie Frankard	236		
5	Yves Hatzfeld	216		
6	German Spangenberg	193	维多利亚农业技术服务有限公司	澳大利亚
7	Stephen M Allen	189	杜邦	美国
8	Carl R Simmons	183		
9	Aaron T Woosley	153	陶氏	美国
10	Ruoying Chen	152	巴斯夫	德国

从图2-2-1、表2-2-3可看出，国外关于生物育种研究领域中的前10位专利发明人中的German Spangenberg个人拥有193件申请专利，且隶属澳大利亚的维多利亚农业技术服务有限公司外，其他9位发明人则分别均隶属于美国的孟山都、杜邦、陶氏和德国的巴斯夫等龙头农业生物技术公司和化工巨头公司。其中，以来自孟山都的William H Eby个人拥有的专利量最多，为343件，占国外专利申请量排名前20的专利申请权人专利申请总量的10%，其次是以来自巴斯夫的Christophe Reuzeau，Molinero Ana Isabel Sanz，Valerie Frankard，Yves Hatzfeld。由上述主要发明人国家分布情况可以看出，美国和德国在生物育种研究领域上具有强大的科研团队和实力，且核心团队和技术壁垒较集中。

2.1.4　国外生物育种专利申请人竞争力分析

将检索得到国外关于生物育种研究的相关专利进行专利权人(Organization)分析,并利用 Innography 的竞争力分析功能,对国外关于生物育种研究的专利权人进行竞争力分析,得到图 2-2-2 气泡图。其中,专利权人气泡图的横坐标由专利权人专利数量、分类和引证量三个指标构成,代表专利权人的专业性;纵坐标由专利权人的收入、位置和诉讼情况三个指标构成,代表专利权人在市场的活跃性;从理论上讲,横轴越往右,意味着专利权人持有的专利越专业(相对于特定技术领域越重要),纵轴越往上,意味着专利权人在市场上越活跃。而气泡的大小则代表专利数量的多少。

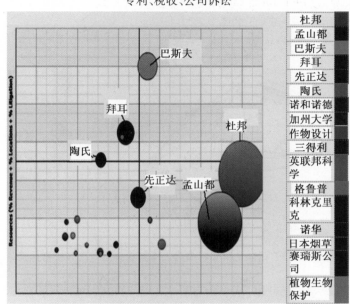

图 2-2-2　国外主要机构专利竞争力分析气泡图

由图 2-2-2 可以看出,国外关于利用生物技术进行植物育种方面的竞争力情况如下。

第一,国外在生物育种研究领域竞争力较强的专利权人以美国和德国的跨国农业生物技术公司和化工公司为主,如杜邦、孟山都、巴斯夫、拜耳等。

第二,从技术实力上来看,杜邦和孟山都两家公司的气泡最大,同时处于气泡图的右方,说明两家机构的专利技术性最强,针对该研究领域已经申请了大量的核心专利,拥有较大的研发实力和技术优势。

第三,从公司经济实力上分析,巴斯夫的气泡大小次于杜邦和孟山都,但其位置处于气泡图的偏右边的最上方,说明该公司的经济实力雄厚,市场活跃度高,其次是拜耳,但两者关于利用生物技术进行植物育种方面研究的专利数量相对较少,专利技术性相对较弱。显示出较强技术竞争力和企业实力的公司还有诺和诺德、陶氏、先正达等公司,尽管在专利质量和数量上,他们与上述公司存在一定的差距,但也是该技术领域里的主要竞争者和追随者。

第四,生物育种技术经过多年的发展,国外当前技术竞争力差距明显,已进入三大板块的不同发展状态。从竞争力分析来看,大部分的核心技术被美国和德国等农业巨头公司所垄断,企业技术壁垒较为明显。

与此同时,专利强度(Patent Strength)是 Innography 的核心功能之一,它是专利价值判断的综合指标。通过专利强度分析功能,可以快速从大量专利中筛选出核心专利,帮助判断该技术领域的研发重点。专利强度受专利权利要求项数量、引用文献量与被引用次数(Citations)、是否涉案、专利年龄、专利剩余寿命、专利涉及研究领域、专利时间跨度、同族专利数量等因素影响,其中,权利要求项数量代表专利保护范围的广度,涉案专利的权利要求项数目通常高于非涉案专利,而涉案专利的价值通常高于非涉案专利;引用文献量与被引用量越高,其专利诉讼的可能性越大;专利年龄是指专利授权后至今已消耗的保护时间,而专利年龄适当小的其诉讼率通常高于专利年龄大的;专利申请时长是指专利从申请日起至公开日或授权日的时间跨度,通常涉案专利的申请时长大于非涉案专利等。以上因素和指标的强度高低可以综合反映出该专利的文献价值大小。将国外竞争力表现明显的5家机构就生物育种研究方面进行专利价值指标分析,即在 Innography 中的公司对比(Company Comparison)中分别输入杜邦、孟山都、拜耳、巴斯夫、先正达等5家公司名称,然后通过精炼输入关于生物技术育种方面检索式,得到 27 249 件专利,然后按专利强度(Strength),并选取专利权利要求项数量(Claims)、引用(References)、被引用次数(Citations)、是否涉案(Litigation)、专利剩余寿命(Remaining Life)、专利涉及研究领域(Industries)、发明人(Inventors)等7个指标进行相对比较分析,得到图2-2-3的雷达图。

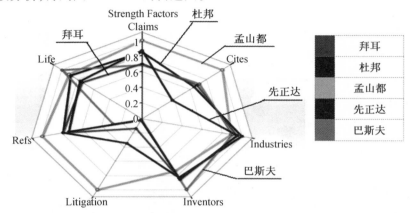

图2-2-3 国外主要专利申请人专利竞争力对比分析雷达图

结合图2-2-2和图2-2-3可知,从生物育种专利布局和数量竞争来看,5家公司中仍以孟山都和杜邦的专利持有率最高,在数量上占明显优势,紧跟其后的分别是巴斯夫、拜耳、先正达,后三者的数量则相当,差异不大。

从图2-2-2和图2-2-3专利强度各项评价指标来看,孟山都关于生物育种专利领域中的权利要求项数量、引用文献量、被引用次数、涉案数量等平均值均达到最大比例值,这足以说明孟山都关于生物育种的综合专利文献价值高、其掌握了该领域的核心技术,在同行中受关注度高、影响力大。其专利发明人数量、专利年龄和专利涉及领域等指标相对值较低,这与孟山都的业务不同于杜邦、先正达、拜耳等化工公司有关,其业务主要与农业种植业及其相关产品开发相关,专业性和专注度高,研发队伍集中,孟山都的专利剩余寿命指标仅次于巴斯夫,这也说明了孟山都关于该领域研究的专利产出量源源不断,技术创新力度大、竞争力强。

杜邦关于生物育种专利领域中的专利数量仅次于孟山都,其专利的权利要求项数量、引用文献量、涉案数量等指标均仅次于孟山都,排第2,专利涉及领域指标则居五者之首,但专利被引用次数、发明人数量、专利剩余寿命指标则相对较弱,这与杜邦作为跨国巨头的生化公司,其涉及的业务范围和市场拓展广等有关。

巴斯夫关于生物育种专利领域中的专利被引用次数指标仅次于孟山都的,排第2,其发明人数量和专利剩余寿命指标相对较强,均位居第一,说明巴斯夫关于生物育种专利技术创新力度和研发投入力度持续或不断加大,在同行中的受关注度和影响力相对较大。但其专利涉案数量、权利要求项数量、引用文献量、专利涉及领域等相对薄弱,前三项在5家公司中均排第五。

拜耳和先正达两家公司关于生物育种专利领域中的发明人数量、专利涉及领域和专利剩余寿命、引用文献量等4项指标的排名相差不大,基本在5家公司中排名居中或最后,而在专利被引用次数和涉案专利量方面,拜耳明显强于先正达。

因此,综上所述,孟山都、杜邦、巴斯夫、拜耳、先正达5家公司关于生物育种的专利强度均较强且各项指标各有特色,但从检索结果和综合分析来看,5家公司关于生物育种专利领域的专利综合强度为孟山都>杜邦>巴斯夫>拜耳>先正达。

2.1.5　国外生物育种专利主要申请人分布情况

国外关于生物育种申请专利共由3 577个专利权人所拥有,其中对专利申请量排名在前20、前10的专利申请人进行统计分析,分别得到图2-2-4、表2-2-4。

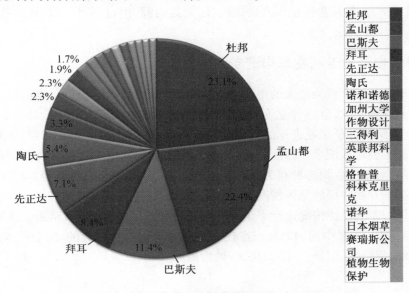

图2-2-4　国外主要专利申请人

表2-2-4　国外生物育种专利申请量前10名的专利申请人信息表

序号	申请人	申请专利/件	占国外专利申请总量的比例/%	所属区域	机构属性
1	杜邦公司	6 636	10.3	美国	
2	孟山都公司	6 429	9.9	美国	
3	巴斯夫公司	3 269	5.1	德国	
4	拜耳公司	2 414	3.7	德国	
5	先正达集团	2 054	3.2	瑞士	企业
6	陶氏化学公司	1 557	2.4	美国	
7	诺和诺德公司	960	1.5	丹麦	
8	克罗普迪塞恩股份有限公司	663	1.0	比利时	
9	加利福尼亚大学	655	1.0	美国	高校
10	三得利控股有限公司	533	0.8	日本	企业

由图2-2-4、表2-2-4可看出,国外对生物育种研究并进行专利保护的申请人以企业为主,高校和研究院所仅有加利福尼亚大学,由此可见,国外关于生物育种技术领域的研究已趋于成熟,商业化程度较高。与此同时,国外生物育种专利的申请人分布呈现集中趋势,杜邦、孟山都、巴斯夫、拜耳、先正达是全球五大农化巨头,同时也是全球排名前五的生物育种专利申请人,这五家公司20年内共申请专利

20 802 件,占国外专利申请总量的 32.2%,说明国外生物育种领域专利分布集中度高,并有专利技术垄断趋势。

国外生物育种领域前 10 位的专利申请人中,有 4 位为美国公司,且有 2 位居于榜首,分别是美国杜邦–先锋公司(以下简称杜邦)和美国孟山都公司(以下简称孟山都),其所持有的生物育种领域专利申请量最多,分别是 6 636 件、6 429 件,分别占国外专利申请量总量的 10.3% 和 9.9%,由此可见,美国对生物育种技术领域颇为重视且投入资金方面实力雄厚。另外,德国巴斯夫股份公司(BASF SE,以下简称巴斯夫)、德国拜耳集团(Bayer Ag,以下简称拜耳)、瑞士先正达参股股份有限公司(Syngenta Ag,以下简称先正达)、美国陶氏集团(Dow Chemical Company,以下简称陶氏)等,其专利申请总量分别占国外专利申请总量的 5.1%~2.4%,竞争优势虽远不及美国的杜邦、孟山都,但也不可小觑,在生物育种技术领域分别占据了一席之地。

2.1.6　国外生物育种专利在华申请专利分析

中国种业市场显然是一个极为诱人的市场,且中国种子市场巨大的潜力一直吸引着国际种业公司。随着种子市场大门的逐渐开放,世界种业巨头积极在中国种业排兵布阵。作为全球最重要的种业市场之一,中国正在成为这些跨国种子企业进军的目标市场。目前,中国仅次于澳大利亚、加拿大,成为了全球生物育种专利技术的主要输入国家。因此,对国外申请人在华专利情况进行分析,有利于掌握国外申请人在华专利布局情况,对中国生物育种相关研究机构及企业提供跟踪学习及预警作用。

1. 国外申请人在华专利布局的总体情况

对国外来华布局的专利总体情况进行了统计分析,得到表 2-2-5 所示结果。从表可看出,国外来华的申请专利共 3 474 件,占了中国国家知识产权局受理的申请专利总数的 25.2%,而国外在华的专利授权比例和有效比例,与全球、国外、中国的相比,均为最低。

表 2-2-5　国外申请人在华专利布局情况

申请专利/件		授权专利/件	授权比例/%	有效专利/件	有效比例/%
总量	审中				
3 474	664	1 268	36.5	962	27.7

2. 国外申请人在华专利申请趋势分析

从图 2-2-5 可看出,国外在华申请专利布局的趋势与国外申请专利布局的趋势基本一致,即除了 2001 年至 2002 年的年申请量稍有下降外,1995 年至 2008 年期间基本呈快速增长趋势,2004 年及其后面的增长尤为明显,2008 年专利申请量达到最高峰,为 356 件,占来华申请总量的 10.2%,这与 21 世纪之初,随着《中华人民共和国种子法》的颁布实施,我国种子行业开始真正进入市场化阶段,外资种业企业进入中国的步伐明显加快,其中专利布局是其进入中国市场的重要方式之一等有关。2009 年及以后,年申请量则呈平稳下降趋势。

3. 国外申请人在华专利授权情况分析

根据图 2-2-6,以申请年份为划分标准,对国外申请人在华专利授权情况进行分析,发现在华专利授权数量跟申请数量也有类似的趋势。从 2003 年开始,国外申请人在华专利年授权数量达到 100 件以上,2005 年达到 136 件的年授权量。由于专利从申请公开到授权需要较长的审查时间,所以国外专利从申请到授权一般需要三年或者三年以上的审查时间,2011 年后的专利授权数据暂不列入趋势分析范围。

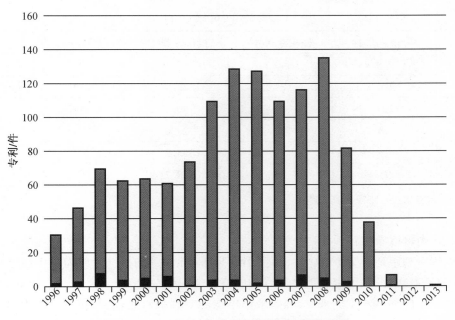

图 2 - 2 - 5　国外申请人在华专利申请趋势图

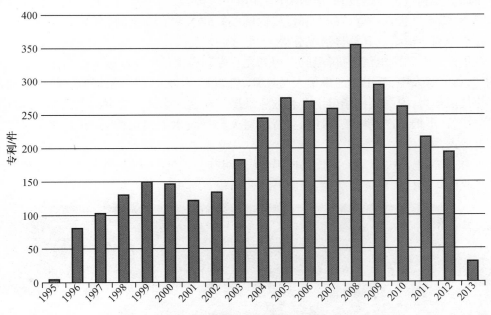

图 2 - 2 - 6　国外申请人在华专利授权趋势图

对主要国家和地区来华专利布局的情况及其专利质量进行了统计分析,得到表2-2-6所示结果。

表 2 - 2 - 6　国外来华生物育种专利布局情况

申请人国别	申请专利/件	授权专利/件	授权比例/%	有效专利/件	有效比例/%
美国	1 660	527	31.7	465	28
日本	399	211	52.9	146	36.6
欧洲	326	145	44.5	130	39.9

表2－2－6（续）

申请人国别	申请专利/件	授权专利/件	授权比例/%	有效专利/件	有效比例/%
德国	209	40	19.1	30	14.4
瑞士	105	24	22.9	11	10.5
英国	101	41	40.6	32	31.7
荷兰	98	29	29.6	14	14.3
韩国	96	53	55.2	42	43.8
丹麦	93	36	38.7	25	26.9

备注：主要统计前十名专利技术来源国家或地区。

从表2－2－6中可以看出：

①美国来华的专利申请量为1 660件，约占国外来华申请总量的一半，成为了中国主要的技术来源国家，紧随其后的日本、欧洲等国家和地区的专利申请数量则相对较少；

②从专利授权比例和有效比例来看，韩国来华申请的专利相对比较少，仅96件，但其专利授权率和有效率为最高，而申请量排名第2的日本的专利授权率和有效率分别排名第二和第三，由此可见，这两个国家的来华布局的专利质量普遍较好，值得关注；而申请量排名第一的美国，其专利授权率和有效率下降至第六和第五，均低于生物育种全球的专利授权比例（39.5%）和有效比例（31.1%）。

4.国外在华专利申请人及其趋势情况分析

对国外在华申请专利按申请人进行划分，得到在华专利申请的主要申请人图（图2－2－7）。可以发现，国外在华专利申请人中，最主要的申请人是杜邦、巴斯夫，其次分别是先正达、拜耳、孟山都、陶氏，这六家申请人的气泡最大，说明其在华申请专利数量最多。在这六家最主要申请人之外，还有诺维信、三得利控股株式会社、日本烟草产业株式会社独立行政法人科学技术振兴机构、克罗普迪塞恩股份有限公司等其他主要申请人。

就公司实力来看，巴斯夫、拜耳、陶氏偏向黑色，说明其公司实力雄厚；而杜邦、三得利控股株式会社和日本烟草产业株式会社颜色偏向灰色，说明公司实力相对弱些。

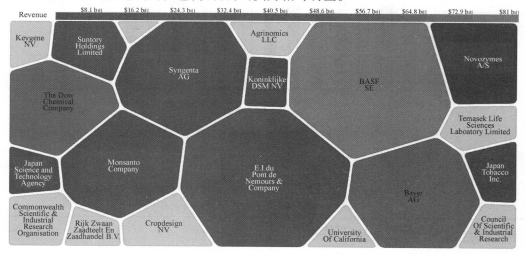

图2－2－7　国外在华专利主要申请人图

5.国外在华专利布局预警

与失效专利相比，国外来华进行布局的有效授权专利的危机性更强。因此，对目前国外来华进行布局的有效授权专利进行统计与分析,有利于我国专利权人更有效地了解与利用相关专利情报,制定专利战略,从而有针对性地避免重复投入、提高研究起点、防范专利风险等。

有效专利分为申请的有效专利(处于审中状态的专利)和已获授权的有效专利两部分。本节针对有效授权专利(962件)进行论述如下。

第一,国外在华主要专利申请人情况。国外来华专利布局的有效授权专利权人仍以孟山都(90件)、杜邦(70件)、拜耳(66件)、巴斯夫(50件)、先正达(40件)、三得利控股株式会社(36件)、诺维信(30件)、克罗普迪塞恩股份有限公司(24件)、陶氏(17件)等为主,由此可见,这些国外专利权人来华布局的专利数量和质量方面均表现较好优势,对中国种业市场的占据也志在必得。

第二,国外在华主要专利合作申请机构。限于我国农业部四部委颁布的《关于设立外商投资农作物种子企业审批和登记管理的规定》,我国暂不允许设立外商投资经营销售型农作物种子企业和外商独资农作物种子企业,而且外商若想投资设立粮、棉、油作物种子企业,中方投资比例应大于50%。外资进入我国种业市场主要有注资入股、并购、项目合作、共同研发和免费供种、供肥等方式。通常情况下,跨国种子企业多以设立研发机构、资助国内科研机构进行共同研发等非商业形式迈出进入中国的第一步。而近年来,跨国种业企业基本上通过在中国设立合资公司开展在华业务。因此,外资来华合作研发的方式也是比较普遍和常见的,但从表2-2-7得知,国外来华布局的授权有效专利权人仍以独立机构或个人为主,机构联合申报的情况不多见,且所合作的机构仍以国外机构为主,与国内机构合作申报的情况不多见甚至为零,这些足以显示跨国种子企业对于自主知识产权的重视程度,而对于很多国内外合资公司来说,名义上是合资、中方控股,实质上是由外资控股,且被外资企业牢牢地掌握着主要的核心技术,国内合作企业大多数情况下只是分享合资企业带来的利润而无法获取育种等核心技术。

表2-2-7　国外来华的授权有效专利的主要合作申请情况

申请人	合作专利数	合作者数	主要合作者及次数	
			合作者	合作次数
纳幕尔杜邦公司	8	3	先锋国际良种公司	6
			先锋高级育种国际公司	2
			加州大学评议会	1
先锋国际良种公司	6	1	纳幕尔杜邦公司	6
嘉士伯酿酒有限公司	3	1	海尼肯供应链股份有限公司	3
海尼肯供应链股份有限公司	3	1	嘉士伯酿酒有限公司	3
LG化学株式会社	3	1	韩国科学技术院	3
韩国科学技术院	3	1	LG化学株式会社	3
出光兴产株式会社	2	2	国立大学法人奈良先端科学技术大学院大学	2
			国立大学法人带广畜产大学	1
国立大学法人奈良先端科学技术大学院大学	2	2	国立大学法人带广畜产大学	1
			出光兴产株式会社	2
先锋高级育种国际公司	2	2	纳幕尔杜邦公司	2
			加州大学评议会	1
孟山都技术公司	2	1	佐治亚大学研究基金会	2

第三,国外在华专利技术研究领域。中国粮食等大宗种子市场一直是外资种业企业关注的对象,21世纪以来跨国种业企业进军我国主粮种子市场的步伐开始加快。从图2-2-8可看出,国外来华专利布

局且获授权的作物品种专利研究份额中,玉米占据了 36.4% 的研究份额,远高于其他作物的研究力度,这一方面充分显示了外资企业、国外种业巨头等玉米育种技术的优势;另一方面,由于中国不是玉米的原产国,相较于水稻、小麦和大豆,玉米种植资源相对贫乏,国外种业企业伺机对中国玉米市场实行垄断的野心和趋势日渐扩大。国外来华专利技术布局的品种中,紧随玉米其后的是水稻、小麦、大豆等。

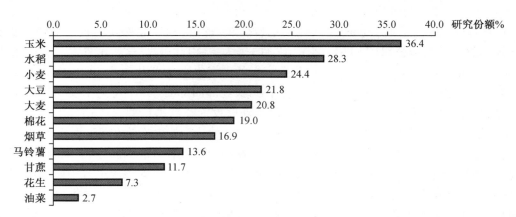

图 2－2－8　国外在华生物育种申请专利的作物品种研究份额分布图

从专利 IPC(图 2－2－9)来看,国外来华申请专利技术研究主要基于利用突变或遗传工程等基因工程、分子标记技术进行育种研究;对于杂交、诱变、染色体工程等育种技术的专利布局则非常少。

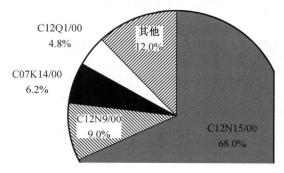

图 2－2－9　基于 IPC 分类的国外来华授权有效的生物育种专利技术研究

2.1.7　国外主要专利申请国及其进入的目标申请国

某一国家专利技术申请量的多寡从一定程度上代表了该国技术的发展水平,而专利申请的进入则代表了申请人对于专利技术的战略。表 2－2－8 反映了全球生物育种领域专利申请主要的目的国和流向,从中可以看出,八国的知识产权部门所受理的非本国申请人的专利申请数量排名分别是:澳大利亚、加拿大、美国、中国、日本、英国、法国和德国。其中,澳大利亚和加拿大两国的知识产权部门受理的非本国申请人申请的专利量分别占受理专利总量的 93.1%、91.7%,成为了生物育种领域的主要技术流入国;美国和中国两国的知识产权部门所受理的专利申请数量最多,但均以本国申请人的专利申请为主,专利技术流出相对较少;与美中两国相比,法国和德国两国的知识产权部门受理的专利申请量较少,且两国的申请人也极少在国外申请专利;英国和日本两国的技术流入量和流出量几乎持平,约各占一半。而我国国家知识产权局所受理的非本国申请人的专利申请中,申请数量排名第一的是美国申请人,可见美国公司十分看重中国生物育种市场,注重在中国的专利布局。

表2-2-8　生物育种领域全球八大专利申请目的地及流向(单位:件)

目的地 申请提出国	美国专利 商标局	日本 特许厅	中国国家 知识 产权局	德国专利 商标局	英国知识 产权局	法国工业 产权局	澳大利亚 知识 产权局	加拿大 知识 产权局	合计
美国	11 529	1 597	1 660	1	13	9	3 428	2 596	20 833
日本	803	1 782	399	7	10	10	336	352	3 699
中国	217	26	10 333	2	2	1	43	52	10 676
德国	654	171	209	252	5	2	245	443	1 981
英国	312	189	101	1	28	3	349	216	1 199
法国	400	63	61	1	1	180	102	216	1 024
澳大利亚	329	66	71	0	1	0	334	144	945
加拿大	599	6	45	0	5	0	35	365	1 055
合计	14 843	3 900	12 879	264	65	205	4 872	4 384	41 412

2.1.8　国外生物育种专利主要技术点归纳对比

为了更好地对比分析近年国外生物育种专利在研究技术点方面的最新研究进展,将2010—2014年的专利作为一个复合与1995—2009年的专利技术点进行比较,利用Innography进行IPC分类统计和文本聚类分析,从大量的专利文本中辨别研究热点,分别得到1995—2009年生物育种专利技术点和2010—2014年生物育种专利技术点。

1.1995—2004年国外生物育种专利主要技术特点

从图2-2-10和图2-2-11可知,1995—2009年国外生物育种专利主要以大豆、玉米为主要作物培育品种,分别以转基因、组织培养、杂交为主要育种技术的研究。

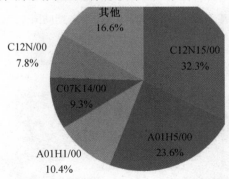

图2-2-10　基于IPC分类的1995—2009年期间国外生物育种技术研究

2.2010—2014年国外生物育种专利主要技术特点

从图2-2-12和图2-2-13可知,2010—2014年国外生物育种专利依然主要以大豆、玉米为主要作物培育品种,以转基因、组织培养、杂交为主要育种技术的研究,而对大豆品种的选育研究的攻克力度明显加大。

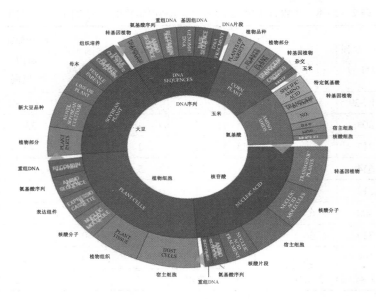

图 2 – 2 – 11　1995—2009 年国外生物育种专利技术点

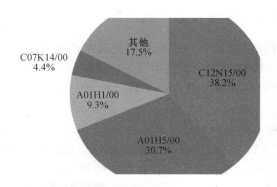

图 2 – 2 – 12　基于 IPC 分类的 2010—2014 年期间国外生物育种技术研究

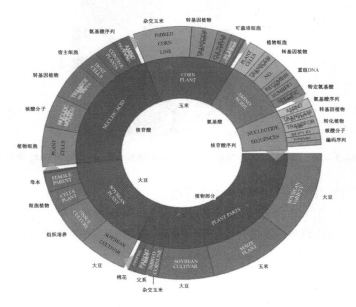

图 2 – 2 – 13　2010—2014 年国外生物育种专利技术点

3. 不同时期国外生物育种专利主要技术特点对比分析

将2010—2014年与1995—2009年的主要专利技术点进行对比分析,发现这两个阶段国外生物育种研究的技术热点呈现以下几个特点:

第一,国外跨国公司越来越重视上游相关领域基础性研究,育种研发不断向基因发掘、分子标记、遗传分析、生物信息处理等基础研究领域延伸。其中,转基因技术一直是国外生物育种技术研究的热点和核心,且近年对其研究的力度有加大的趋势,其应用也取得了突破性进展;

第二,国外对组织培养等细胞工程育种技术的研究力度仅次于基因工程,研究份额由2010年的23.6%上升至2010年后的30.7%。由此可见,国外种业研究已从传统的常规育种技术进入了依靠以基因工程和细胞工程为主的生物技术育种阶段;

第三,国外对杂交、诱变、染色体工程等育种技术专利布局相对较少;

第四,国外对玉米、大豆功效研究的攻克力度非常大且成效明显,这与国外企业尤其是国外跨国公司对这两类主要作物的育种研发投入力度大,研发实力强等因素有关。

2.1.9　国外生物育种专利申请趋势分析

将国外专利按申请年份排列,截取1995年至2014年20年间的专利申请数据得到图2-2-14。

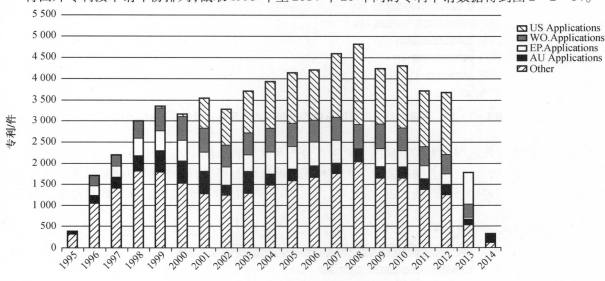

图2-2-14　国外生物育种专利申请趋势

从图2-2-14及其相关数据可知,国外关于生物育种专利申请量自1995年至2008年期间基本保持快速增长,其中以1998年、2001年和2007年的增势尤为明显,2008年专利申请量达到最高峰,为4 838件,占总量的7.5%;此后,可能遇到新的技术瓶颈或技术研发达到一定成熟度后的成果实施、转化等原因,2009年及以后,国外在该领域的研究开始进入稳定阶段,年专利申请量甚至出现不升反跌的趋势。2012年专利申请量为3 703件,相比2008年,下降了23.5%。2013年和2014的申请专利公开还不充分,部分专利数据还没收录,因此暂不列入趋势分析的范畴。

2.2　国内植物生物育种专利分析

2.2.1　中国生物育种专利主要省市分布及其专利质量分析

对中国生物育种领域总体专利布局情况按照主要申请人所在的省份进行统计,得到排名前10的省份,详见图2-2-15。从图可看出,申请量最多的省份是北京市,共2 288件,占全国申请专利总量的五分之一以上,远高于其他省市,紧随其后是江苏省、上海市、浙江省等,而广东省的申请专利数量则位居全国第5。现将中国生物育种领域国内外专利布局的主要省份分布情况及其专利质量等分析如下。

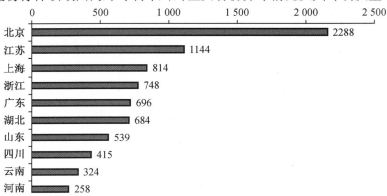

图2-2-15　中国生物育种领域总体专利布局的主要省市分布图(单位:件)

1. 中国生物育种领域国内专利布局的主要省市分布及其专利质量

如图2-2-16所示,全国各省份关于生物育种领域的国内专利申请排名中,申请量最多的七个省市依次为:北京市、江苏省、上海市、浙江省、湖北省、广东省、山东省,这七个省市的申请数量也明显领先于其他省市。

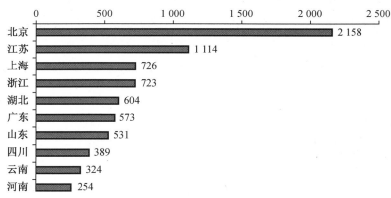

图2-2-16　中国生物育种国内申请专利的主要申请省市分布图(单位:件)

从表2-2-9中的国内申请专利排名前十的省市专利申请、授权及有效专利数量及其比例统计结果可以看出:北京市的国内专利申请数量、专利授权数量、授权比例、授权有效专利数量和授权有效比率均在全国之首,而江苏省、上海市、浙江省虽然在专利申请数量上排名前茅,但在专利授权比例和有效比例方面却排在广东省和湖北省之后,尤以浙江省、江苏省的下降为明显,授权率分别降至十省市中的第八、第十,而有效率则分别降至第七、第九。这些说明了北京市、广东省、湖北省的生物育种专利的申请质量较高,所申请的专利具有较好的新颖性、创造性和实用性,在专利管理水平、国内专利竞争力方面具有较高的水平等,所以其专利的授权比例和有效比例均名列前茅。

表 2 - 2 - 9　中国部分省市生物育种领域国内专利布局情况统计

序号	范围	申请专利/件			授权专利/件			授权比例/%	有效专利/件			有效比例/%
		发明	实用新型	总量	发明	实用新型	总量		发明	实用新型	总量	
1	北京市	2 149	9	2 158	1 401	9	1 410	65.3	1 030	4	1 034	47.9
2	江苏省	1 104	10	1 114	528	10	538	48.3	347	4	351	31.5
3	上海市	725	1	726	374	1	375	51.7	275	1	276	38.0
4	浙江省	709	14	723	300	14	314	43.4	203	10	213	29.5
5	湖北省	597	7	604	381	7	388	64.2	248	4	252	41.7
6	广东省	571	2	573	342	2	344	60.0	239	2	241	42.2
7	山东省	520	11	531	230	11	241	45.4	128	3	131	24.7
8	四川省	382	7	389	191	7	198	50.9	124	5	129	33.2
9	云南省	322	2	324	163	2	165	50.9	106	1	107	33.0
10	河南省	247	7	254	116	7	123	48.4	75	5	80	31.5

备注:数据只统计至专利申请数量排名前十的省份。

2. 中国生物育种领域国外专利布局的主要省市分布及其专利质量分析

对全国生物育种海外申请专利按照申请人所在的省份进行统计,得到图 2 - 2 - 17。从图可看出,我国关于生物育种领域的国外专利申请排名中,申请量最多的十个省市分别是:北京市、广东省、上海市、湖北省、四川省、浙江省、吉林省、湖南省、江苏省、山东省,这十个省市的海外申请数量共 510 件,占全国生物育种领域海外专利申请总量的 92.9%。

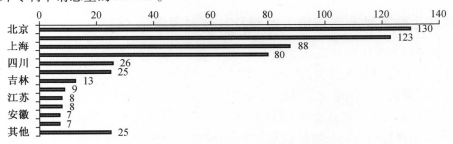

图 2 - 2 - 17　中国生物育种专利海外申请情况图(单位:件)

从表 2 - 2 - 10 中的国内申请专利排名前十的省市专利申请、授权及有效专利数量及其比例统计结果可以看出:北京市、广东省、上海市、湖北省四省市的专利申请数量排名上虽然名列前茅,但其专利授权比例和有效比例方面却排在吉林省、甘肃省、河南省、湖南省之后,尤以广东省的下降最为明显,广东省的海外申请数量较多,仅次于北京市,位列全国第2,但其专利授权比例和有效比率却仅为 5.7% 和 4.1%,居全国第十二,说明海外申请专利质量及其有效性有待进一步提高。

表 2 - 2 - 10　中国各省份生物育种国外专利情况

范围	申请专利/件	授权专利/件	授权比例/%	有效专利/件	有效比例/%
北京市	130	22	16.9	18	13.8
广东省	123	7	5.7	5	4.1

表 2 - 2 - 10（续）

范围	申请专利/件	授权专利/件	授权比例/%	有效专利/件	有效比例/%
上海市	88	15	17.0	15	17.0
湖北省	80	15	18.8	12	15.0
四川省	26	4	15.4	4	15.4
浙江省	25	3	12.0	2	8.0
吉林省	13	4	30.8	4	30.8
湖南省	9	2	22.2	2	22.2
江苏省	8	1	12.5	1	12.5
山东省	8	1	12.5	1	12.5
安徽省	7	0	0	0	0
山西省	7	0	0	0	0
河北省	5	0	0	0	0
重庆市	5	0	0	0	0
甘肃省	4	1	25	1	25
河南省	4	1	25	1	25
广西壮族自治区	2	0	0	0	0
辽宁省	2	0	0	0	0
天津市	1	0	0	0	0
福建省	1	0	0	0	0

2.2.2 中国生物育种专利申请人类别及其专利质量

1. 中国生物育种专利申请人类别总体情况

我国生物育种领域的 11 058 件国内外申请专利共由 1 935 个单位或个人参与申请，其中高校和科研院所拥有的申请专利数量占全国申请总量的 80.7%，成为了生物育种领域的主要创新主体，而参与专利申请的企业仅 542 家，约为全国种业企业总数的十分之一，其拥有的申请专利数量仅占全国申请总量的 11.8%，平均每家企业拥有的申请专利数量为 2.4 件，说明中国种业企业的专利创新意识和重视程度较差，创新能力和创新成果非常薄弱。导致这一现象的主要原因有内部和外部因素之分。外部因素主要有三方面。一，科研双轨制导致科研与生产严重脱节，制约科技创新。私人企业只能通过自我投入开展品种研发，而公益性科研单位则运用国家公共资源从事竞争性产品研发，并实现单位和个人创收。这造成企业与科研单位之间严重的不公平竞争，扭曲技术市场的价值规律，制约科技创新，严重抑制企业科研投入；二，种业企业准入门槛过低，以及种子管理体制不顺和市场监管不力等情况下，涌现一大批低素质企业，通过侵权牟取暴利、买种卖种、以次充好，种业市场环境恶劣、混乱，严重抑制了企业科研创新的积极性和投入，不利于知识产权保护和种业的长期、健康发展；三，基于行业技术特点以及法律保护力度的加大，植物新品种保护引起了高校、科研院所尤其是企业的高度重视，而专利保护却容易被忽略(目前企业申请植物品种保护数量占国内主体申请总量的 45.4%，而专利申请数量占国内主体申请的 11.8%)。分析内部因素主要有：农作物品种选育需要长期大量的基础材料积累，耗时较长。一般而言，一个新品种从开始选育到通过审定推向市场需要 5 年～8 年，进入市场后，从产品介绍期到成长阶段需要 2 年～3 年。另外，种子研发需要大量投入，非一般企业所能承受。由于资本缺乏、融资渠道有限、创新意识和高素质高科技人才缺乏、害怕风险和失败等原因,使企业不重视技术创新,对科技创新投入严重不足(平均研发投入不到销售额的1%),与高校、科研单位的合作也比较少(企业与高校、科研院所之间的专利合作申请仅占全国申请专利总量的1.8%),无法从根本上提高企业科研创新能力,开发出具有自主知识产权的技术成果。

表2-2-11　中国生物育种申请专利的申请人信息表

专利权人类别	专利权人总数/个	申请专利		平均每个专利权人拥有的申请专利数量/(件/个)
		总数/件	占全国的比例/%	
企业	542	1 302	11.8	2.4
高校、科研院所	853	8 929	80.7	10.5
个人	540	827	7.5	1.5

备注:当一件专利中的专利申请人在两个或以上的,专利权人类别以第一申请人类别而定,下同。

参与专利申请的主要企业代表,按申请专利数量由高至低进行排序分别为创世纪种业有限公司、深圳华大基因科技有限公司、北京未名凯拓作物设计中心有限公司、镇江瑞繁农艺有限公司、北京金色农华种业科技有限公司、北京大北农科技集团股份有限公司等。

2. 中国生物育种领域主要省市专利申请人类别及其专利质量情况

我国生物育种领域的专利仍以本土申请为主,即国内申请为主,其数量占了国内外申请专利总量的93%以上。对全国6个主要省市(北京市、江苏省、上海市、浙江省、湖北省、广东省)的生物育种国内专利申请主体进行分析,可得知,高校、科研院所高居首位,其专利申请量共4 942件,约占国内生物育种专利申请总量的50%,远高于企业和个人的申请量,成为了我国生物育种领域科研创新力度和创新成果的重要的活跃主体;6省市企业生物育种专利申请量共701件,仅占国内生物育种专利申请总量的6.8%。其中,以6省市中的企业专利贡献力度来看,广东省企业专利申请数量占该省申请专利总量的27.6%,为6省市之最,乃至全国之首,且远高于其他省市,由此可见,广东省企业的创新意识和创新力度相对于其他省市的要超前,紧跟其后的分别是江苏省(16.4%)、上海市(9.9%)、北京市(8.9%)、浙江省(8.2%)、湖北省(6.0%)。

在全国6个主要省市中,高校、科研院的专利获授权比例由高至低分别为:湖北省、北京市、广东省、江苏省、上海市、浙江省,专利授权有效比率由高至低分别为:北京市、湖北省、上海市、江苏省、广东省、浙江省。由此可见,北京市和湖北省高校科研院所的专利质量和有效率较大,而广东省的专利授权率虽然也较高,但其专利有效率则有待进一步提高。6省市中,企业的专利授权比例和有效比率的排名均比较一致,前3名均是广东省、浙江省、湖北省,而广东省企业专利授权率和有效率均在70%以上,为6省市之最。

表2-2-12　中国生物育种国内申请的主要省份专利申请人类别及其专利质量

省份	专利权人类别	申请专利数量	授权专利数量	授权比例/%	有效授权专利数量	有效比例/%
北京市	公司	193	98	50.8	82	42.5
	高校、科研院所	1 880	1 080	57.4	948	50.4
	个人	85	22	25.9	4	4.7
江苏省	公司	183	60	32.8	48	26.2
	高校、科研院所	862	464	53.8	296	34.3
	个人	69	14	20.3	7	10.1

表 2 - 2 - 12（续）

省份	专利权人类别	申请专利数量	授权专利数量	授权比例/%	有效授权专利数量	有效比例/%
上海市	公司	72	37	51.4	25	34.7
	高校、科研院所	635	332	52.3	246	38.7
	个人	19	6	31.6	5	26.3
浙江省	公司	59	34	57.6	32	54.2
	高校、科研院所	632	269	42.6	176	27.8
	个人	32	11	34.4	5	15.6
湖北省	公司	36	20	55.6	17	47.2
	高校、科研院所	551	361	65.5	232	42.1
	个人	17	7	41.2	3	17.6
广东省	公司	158	112	70.9	111	70.3
	高校、科研院所	382	216	56.5	122	31.9
	个人	33	16	48.5	8	24.2

备注:申请人为 2 个或 2 个以上的专利权人类别仅以第一申请人的类别进行定义,其他申请人则不参与划分,即一件申请专利的专利权人类别仅且只有一种。

2.2.3　中国生物育种专利申请人竞争力分析

1. 中国生物育种专利申请人竞争力比较

将检索得到中国关于生物育种研究的相关专利进行专利权人(Organization)分析,并利用 Innography 的竞争力分析功能,对中国关于生物育种研究的前 20 名专利权人进行竞争力分析,得到图 2 - 2 - 18 气泡图。气泡分析图是直观体现专利权人之间技术差距与实力对比的分布图。气泡大小代表专利多少;横坐标与专利比重、专利分类、引用情况相关,横坐标越大说明其专利技术性越强;纵坐标与专利权人的收入高低、专利国家分布、专利涉案情况有关,纵坐标越大说明专利权人实力越强。

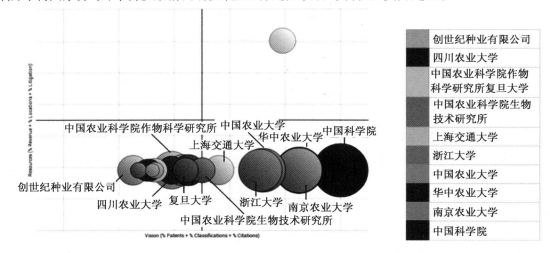

图 2 - 2 - 18　中国生物育种专利申请人竞争力分析气泡图

由图 2 - 2 - 18 可看出,国内关于生物育种专利研究机构的竞争力情况呈现以下特点:

第一,从事生物育种研究领域并表现出明显技术竞争实力的机构仍以高校和研究院所为主。

　　第二,从竞争态势上看,国内专利权人的气泡出现技术实力分块明显的现象,其中华中农业大学、南京农业大学、中国农业大学、中国科学院遗传与发育生物学研究所、浙江大学等5家高校和研究院所表现尤为突出,说明这5家机构在中国关于生物育种专利研究上的实力和技术竞争力较强大;其他机构则相对落后,是该研究领域的追随者。

　　第三,从技术竞争力来看,华中农业大学位居国内榜首,其次是南京农业大学,中国农业大学、中国科学院遗传与发育生物学研究所、浙江大学等3家机构的技术竞争力则差异不大。

　　2. 中国生物育种主要专利申请人竞争力构成分析

　　将中国竞争力表现明显的5家机构进行生物育种领域的专利状况分析,得到图2-2-19的雷达图。由图可知,中国科学院遗传与发育生物学研究所的专利在专利权利要求数量、涉及研究领域、被引用次数以及专利寿命等指标方面均占一定优势,在遗传与发育生物学领域研究的投入大且创新性强,专利影响力大,而华中农业大学的专利在被引用次数、引用文献量、专利寿命等方面仅次于中国科学院遗传与发育生物学研究所。浙江大学在生物育种领域的研发投入相对较早,但专利影响力(被引次数)和研究队伍建设方面则有待进一步提高。

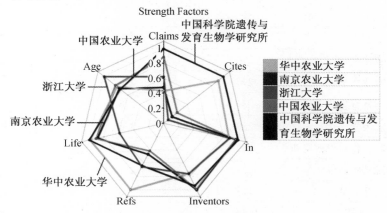

图2-2-19　中国主要专利申请人专利竞争力对比雷达图

　　3. 中国生物育种主要专利申请人研究方向分析

　　为了研究中国生物育种专利申请人之间的研究方向的差异,本报告选取专利申请数量最多的三家机构,通过专利的IPC分类来判断其研究方向。从表2-2-13可以发现,华中农业大学的研究技术领域相对比较集中,主要是突变或遗传工程技术(69.8%),其次是杂交(14.2%)和组织培养(8.5%)技术;南京农业大学主要研究突变或遗传工程技术(52.2%),其次是杂交技术;中国农业大学除了主要研究突变或遗传工程技术研究外(占35.7%),在有机化学方向也有一定数量的发明专利。

表2-2-13　国内主要申请人专利主IPC分布表

IPC 分类号	C12N15/00(%)	A01H1/00(%)	A01H4/00(%)	C12Q1/00(%)	C07K14/00(%)	C12N9/00(%)
IPC 分类含义	遗传工程	杂交	组织培养	酶的检测	肽	酶
华中农业大学	69.8	14.2	8.5	5.1	0.3	0.7
南京农业大学	52.2	15.7	8.7	10.9	4.5	2.2
中国农业大学	35.7	7.0	6.6	9.4	32.9	4.9

注:此表中数值为该类IPC专利占全部专利的百分值。

2.2.4　中国生物育种专利主要申请人分布分析

将 11 058 件申请专利中排名前 10 名的专利权人（Organization）进行统计分析,得到表 2 - 2 - 14。

从图 2 - 2 - 20 可看出,中国关于生物育种方面研究且专利申请量在排名前 9 的申请人全是高校和研究院所,尤以高校为主,而未见有一家公司出现,可见公司关于该领域的研究并申请专利保护的情况不明显,这一现象与国外的截然相反,后者关于利用生物技术进行植物育种研究并申请专利保护的申请人则以公司为主,高校和研究院所的为数不多。上述情况从侧面说明中国关于生物育种方面的研究目前仍倾向或停留在理论和基础研究等科研层面,也足以体现国内外在生物育种研发与应用上的差距和不足。

申请量排名第 10 的专利权人归属于广东省的创世纪种业有限公司,也是全国唯一一家企业进入全国排名前 10,由此可见,该公司对生物育种科研的重视和投入力度之大。

表 2 - 2 - 14　中国生物育种专利申请量排名前 10 的专利申请人信息表

序号	申请人	专利数量/件	占中国专利申请总量的比例/%	机构所属省份	机构属性
1	南京农业大学	312	2.8	江苏省	高校
2	华中农业大学	296	2.7	湖北省	
3	中国农业大学	290	2.6	北京市	
4	中国科学院遗传与发育生物学研究所	289	2.6	北京市	科研院所
5	浙江大学	287	2.6	浙江省	高校
6	中国农业科学院作物科学研究所	242	2.2	北京市	科研院所
7	中国科学院植物研究所	228	2.1	北京市	
8	江苏省农业科学院	173	1.6	江苏省	
9	创世纪种业有限公司	154	1.4	广东省	企业
10	上海交通大学	154	1.4	上海市	高校

1. 中国主要种子企业的专利布局情况分析

企业的研发创新能力是企业可持续发展的基石,没有研发创新能力,企业终将走向衰败。我国种子企业数量较多,无法对所有企业的专利布局情况进行查全对比。因此,下面以 2013 年种子销售额全国排名前 10 名企业为代表,就其生物育种领域的专利情况进行统计与分析。

第一,检索策略。检索数据库包括中华人民共和国国家知识产权局、广东省专利信息服务平台、Innography 专利检索与分析平台等;申请人为北大荒垦丰种业、袁隆平农业高科技、登海种业、中国种子集团、敦煌种业、大华种业、圣丰种业、丰乐种业、冠丰种业、平安种业;专利类型为发明专利、实用新型、外观设计;检索时间为 2016 年 1 月 13 日—18 日。

第二,检索结果及其分析。从表 2 - 2 - 15 的专利检索结果可看出,国内一些销售总额占全国榜首的龙头种业企业,如北大荒垦丰种业股份有限公司、袁隆平农业高科技股份有限公司、山东登海种业股份有限公司、中国种子集团有限公司、甘肃省敦煌种业股份有限公司等,在生物育种领域的专利布局数量更是微乎其微,可见国内种子企业对种子培育技术的创新意识、专利技术研究基础以及专利申请保护意识均非常薄弱;对植物培育技术的研究并进行专利申请的主要是针对杂交等传统培育技术的研究。

表2-2-15　专利检索结果汇总

	项目名称	专利申请总量/件	专利授权量/件	授权专利比例/%	有效专利量/件	有效专利比例/%	备注
总体情况	专利总量	148	97	65.54	65	43.92	
	国内专利	147	97	65.99	65	44.22	
	国外专利	1	0	0	0	0	
生物育种技术领域	专利总量	25	4	16	4	16	4件有效授权专利权人分别是:袁隆平高科2件;山东圣丰、山东登海各1件
	国内专利	25	4	16	4	16	
	国外专利	0	0	0	0	0	

注:授权专利比例＝授权专利量/专利申请总量;有效专利量是指截至检索日得到的已授权且仍处于维持状态的专利量;有效专利比例＝有效专利量/专利申请总量。

第三,总体专利情况分析。从图2-2-20可看出,十大企业拥有的生物育种领域的申请专利共148件,其中,发明专利为72件,占专利总量的五成不到。这些发明专利的专利权人主要归属于山东登海、合肥丰乐、山东冠丰和袁隆平高科等,但这些企业分别拥有的专利数量均在8件以下,专利技术实力和创新能力与其产业情况遥不相及。

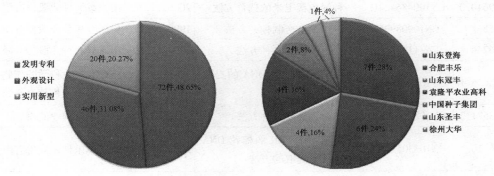

图2-2-20　申请专利类型分布

第四,申请的发明专利情况分析。从图2-2-21可看出,十大企业的发明专利申请年份比较规律,主要集中在2005年、2010年、2012年和2014年四个年份,申请专利数量均为4件。对发明专利进行聚类分析和清单列举对比(分别详见图2-2-22和表2-2-16)可知,这些企业的研发主要针对水稻品种,利用杂交和分子标记技术的应用进行研究,对于转基因技术的应用研究则相对较少。

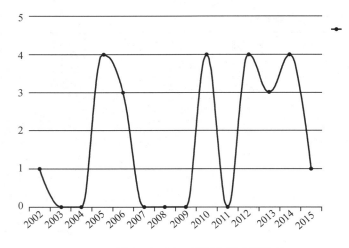

图 2 - 2 - 21　发明专利申请趋势

图 2 - 2 - 22　发明专利聚类分析

表 2 - 2 - 16　2013 年种子销售额排名前 10 的企业发明专利清单列举

申请号	公开(公告)号	专利名称	申请日期	申请(专利权)人
CN201210325874.5	CN102899400B	水稻抗稻瘟病基因 Pigm 的分子标记方法	2012.09.05	袁隆平农业高科技股份有限公司;湖南师范大学;湖南亚华种业科学研究院;
CN200610169640.0	CN100486424C	一种绿色糯玉米的选育方法	2006.12.26	山东登海种业股份有限公司
CN99111355.1	CN1090899C	一种玉米杂交制种的方法	1999.08.11	山东登海种业股份有限公司
CN98126367.4	CN1118231C	一种玉米杂交制种方法	1998.12.30	山东登海种业股份有限公司
CN201210232625.1	CN102732508A	一种花生基因组 DNA 的提取方法	2012.07.05	广东省农业科学院作物研究所;山东圣丰种业科技有限公司
CN201210233521.2	CN102715078A	一种西瓜诱变育种方法	2012.07.07	合肥丰乐种业股份有限公司
CN201310216310.2	CN103305501A	一种适用于 PCR 的棉花 DNA 快速批量提取的方法	2013.06.03	合肥丰乐种业股份有限公司
CN201310304147.5	CN103409409A	一种快速提取瓜类基因组 DNA 的方法	2013.07.19	合肥丰乐种业股份有限公司
CN201410320538.0	CN104087578A	一种与水稻白叶枯病抗性基因紧密连锁的分子标记、引物及其应用	2014.07.07	合肥丰乐种业股份有限公司
CN201410321024.7	CN104087579A	一种与玉米青枯病抗性基因紧密连锁的分子标记、引物及其应用	2014.07.07	合肥丰乐种业股份有限公司
CN201510761194.1	CN105210859A	一种香型抗稻瘟病水稻新品种的高效选育方法	2015.11.09	合肥丰乐种业股份有限公司
CN201510406665.7	CN105145334A	一种水稻新品种的选育方法	2015.07.10	江苏省徐州大华种业有限公司;高先光
CN200510011726.6	CN1692711A	一种玉米杂交制种的方法	2005.05.16	山东登海种业股份有限公司

表 2 - 2 - 16（续）

申请号	公开(公告)号	专利名称	申请日期	申请(专利权)人
CN200510086356.2	CN1732750A	一种西葫芦杂交制种的方法	2005.09.05	山东登海种业股份有限公司
CN200510086357.7	CN1732751A	一种玉米杂交制种的方法	2005.09.05	山东登海种业股份有限公司
CN200510086427.9	CN1748470A	一种西葫芦杂交制种的方法	2005.09.14	山东登海种业股份有限公司
CN200610076571.9	CN1833487A	一种玉米杂交制种的方法	2006.05.08	山东登海种业股份有限公司
CN200610078002.8	CN1836498A	一种玉米杂交种的生产方法	2006.04.29	山东登海种业股份有限公司
CN200610169640.0	CN1994064A	一种绿色糯玉米的选育方法	2006.12.26	山东登海种业股份有限公司
CN201010561869.5	CN102090322A	一种玉米自交系新品系的选育方法	2010.11.29	山东冠丰种业科技有限公司
CN201010561889.2	CN102090323A	一种高产玉米杂交种的选育方法	2010.11.29	山东冠丰种业科技有限公司
CN201010561902.4	CN102090324A	一种高产优质玉米杂交新品种的选育方法	2010.11.29	山东冠丰种业科技有限公司
CN201010561917.0	CN102119654A	一种抗虫棉新品种的选育方法	2010.11.29	山东冠丰种业科技有限公司
CN02139870.4	CN1510141A	转反义 VP1 基因培育水稻抗穗萌雄性不育系的方法	2002.12.25	袁隆平农业高科技股份有限公司
CN201210417925.7	CN102948363A	一种杂交水稻的制种方法	2012.10.26	袁隆平农业高科技股份有限公司
CN201210438297.0	CN102960236A	一种杂交水稻的全机械化制种方法	2012.11.06	袁隆平农业高科技股份有限公司
CN201410071709.0	CN103936843A	水稻 Os05g26890.1 蛋白、编码该蛋白的基因及其应用	2014.02.28	袁隆平农业高科技股份有限公司;中国科学院遗传与发育生物学研究所;湖南亚华种业科学研究院
CN201310058935.0	CN104004781A	一种抗草甘膦转基因水稻的制备方法	2013.02.25	中国种子集团有限公司
CN201410320776.1	CN104745622A	一种玉米骨干自交系的高效转基因方法	2014.07.07	中国种子集团有限公司

2.2.5　中国生物育种专利合作申请情况分析

在推动整个行业技术发展的过程中,高校、科研院所承担着行业"产学研"中的"学研"主体,主要承担着前瞻性、预测性研究以及基础性技术和理论研究的工作,企业承担着行业"产学研"中的"产"主体,主要承担着针对性、实用性技术研发及其产品开发和市场开拓工作,前者具有较强的理论研究能力和试验能力,对于前沿技术比较关注,后者了解市场需求,是先进技术和科研成果产业化、商业化可行性的鉴定者和具体实施者。企业通过加强与高校的交流与合作,按照"优势互补、互惠互利、共同发展"的原则,建立长期稳定的合作关系,并不断提高合作的广度与深度,将高校的技术优势变为企业的市场优势,从而不断提高企业的创新能力,为企业带来良好的社会效益及经济效益。

从生物育种领域的申请专利合作申请情况来看,企业与高校或科研院所的合作申请数量非常少,共202件,仅占全国申请专利总数的1.8%,单从这个数据来看,生物育种领域的产学研合作情况并不多见。此外,企业之间、高校科研院所之间的合作专利申请情况也不多见,仍以独立专利权人申请的为主。

表 2 – 2 – 17　中国生物育种领域的专利合作申请

合作类型	申请专利/件	占全国申请专利总量的比例/%
企业 – 企业	28	0.3
企业 – 高校科研院所	202	1.8
企业 – 个人	10	0.1
高校科研院所 – 高校科研院所	200	1.8
个人 – 个人	165	1.5
个人 – 高校科研院所	93	0.8
企业	1 186	10.7
高校科研院所	8 521	77.1
个人	653	5.9

2.2.6　中国生物育种专利主要发明人分布分析

11 058 件申请专利中涉及 20 442 个发明人,将申请专利数量排名前 10 的发明人情况进行统计分析,得出表 2 – 2 – 18。从表 2 – 2 – 18 可看出:

(1)国内关于生物育种专利主要发明人的个人拥有的申请专利数量从 84 件至 41 件不等,单从数量上看,与国外情况(343 件至 152 件不等,详见图 2 – 2 – 1)相比,差距明显。

(2)中国生物育种专利申请量排名前 10 的专利发明人所属机构以企业为主,分别为位于广东省深圳市的创世纪种业有限公司和华大基因科技有限公司,两公司共占据了六席位,即第一、第二、第四、第五、第七、第九,是全国前 10 的发明人所在机构中的唯一的两家企业,从侧面说明了这两家企业在生物育种研究领域上的科研核心团队集中,科研实力雄厚的同时,知识产权战略意识强。

(3)以华中农业大学、南京农业大学、中国科学院遗传与发育生物学研究所等为首的关于生物育种领域的专利产出主体的高校和研究院所,未见有相关发明人进入前 10,这从侧面上说明了我国高校和研究院所在科研创新中,虽然占据着科研人才优势,科研队伍也庞大,但其研发领域和内容却多而分散,从而较难形成突出或明显的核心科研团队和技术专攻优势。

表 2 – 2 – 18　中国生物育种专利申请量排名前 10 的专利发明人信息表

序号	发明人	专利数量/件	专利权所属主要机构
1	崔洪志	84	创世纪种业有限公司
2	张耕耘	72	深圳华大基因科技有限公司
3	唐克轩	59	上海交通大学/复旦大学
4	倪雪梅	51	深圳华大基因科技有限公司
5	王建胜	50	创世纪种业有限公司
6	董海涛	50	浙江大学
7	何云蔚	49	创世纪种业有限公司
8	李德葆	49	浙江大学
9	陈文华	48	创世纪种业有限公司
10	张维	41	中国农业科学院生物技术研究所

2.2.7　中国生物育种专利申请热点国家地区分布情况及其专利质量

1. 中国生物育种专利对外申请情况

专利申请国(Source Jurisdiction)可以体现专利权人需要在哪些国家或地区保护该发明。这一参数也反映了该发明未来可能的实施国家或地区。将中国关于生物育种方面研究的共 11 058 件申请专利按进行专利申请热点国家或地区以及发明人所在国别(Location)进行筛选和统计,得到中国生物育种专利对外申请国家/地区及其数量,详见图 2-2-23。

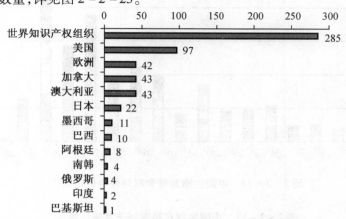

图 2-2-23　中国生物育种专利对外申请国家/地区情况

从图 2-2-23 可看出,中国生物育种国外专利申请布局涉及 13 个国家和地区,申请数量占国内外专利申请总量的 6.6%,表明我国专利申请人向外国申请专利的意识薄弱。其中,关于生物育种的 PCT 国际专利申请 285 件,EPO 专利 42 件,分别占中国专利申请总量的 2.6%、0.4%,说明中国专利权人对技术的海外市场布局和投资回报,以及利用 WIPO 和 EPO 途径,实现向多个国家或者地区专利申请保护等意识非常薄弱,国际竞争力和影响力比较弱;国内专利申请人向国外申请专利的区域布局主要集中在美国(97 件)、加拿大(43 件)、澳大利亚(43 件)、日本(22 件)、墨西哥(11 件)等国家。

中国关于生物育种研究领域率先进行国外专利布局的申请人为何觉民,其个人于 1996 年以 PCT 途径进行了国际专利申请;向国外专利申请的主要专利权人包括创世纪转基因技术有限公司、中国科学院、华中农业大学、中国农业大学、四川贝安迪生物基因工程有限公司等。

2. 中国生物育种专利对外申请趋势分析

从图 2-2-24 可看出,中国在 2007 年前,年海外申请专利数量虽然在不断起伏增长,但均在 50 件以下,2008 年以后,除了 2009 年外,年申请量均在 50 件以上,尤以 2012 年的增长量最明显,为 168 件,达到了申请高峰;海外申请以 PCT 途径为主,紧接其后的是在美国进行布局申请。

3. 中国生物育种对外申请专利的质量情况

从表 2-2-19 可看出,中国对外生物育种专利布局中,在韩国、巴基斯坦两个国家进行专利申请的数量虽不多,但专利授权比例和有效比例均较高,这说明了中国相关专利权人对韩国和巴基斯坦两个国家的种业市场志在必得,专利质量也相对较高;除了韩国、巴基斯坦两个国家外,中国在美国、澳大利亚、加拿大等其他国家进行布局的专利授权比例均低于 45%,其中,在日本进行布局的专利授权比例仅为 4.5%,专利质量和国际影响力有待进一步提高。

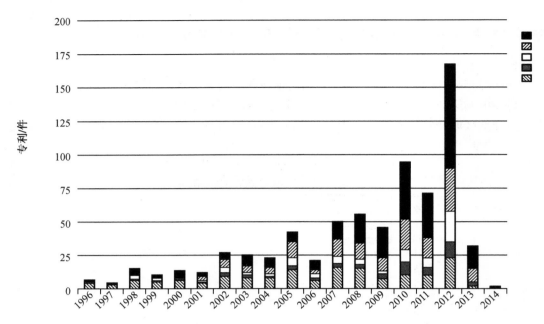

图 2-2-24   中国生物育种专利对外申请趋势图

表 2-2-19   中国生物育种专利技术输出情况

申请国家	专利申请量/件	专利授权量/件	授权比例/%	专利有效量/件	有效比例/%
世界知识产权组织	285	—	—	—	—
美国	97	43	44.3	38	39.2
加拿大	43	7	16.3	6	14.0
澳大利亚	43	12	27.9	9	20.9
欧洲	42	10	23.8	10	23.8
日本	22	1	4.5	1	4.5
墨西哥	11	0	0	0	0
巴西	10	0	0	0	0
阿根廷	8	2	25	2	25
韩国	4	2	50	2	50
俄罗斯	4	0	0	0	0
印度	2	0	0	0	0
巴基斯坦	1	1	100	1	100

4. 中国生物育种对外申请专利的作物品种分布情况

从图 2-2-25 可知,在中国生物育种对外申请专利中,水稻育种技术的研究份额占了 28.1%,比玉米和棉花等作物研究份额高出 12%,这与中国是水稻的原产国,种质资源丰富,育种技术优势明显等因素有关。棉花仅次于水稻和玉米,成为中国生物育种对外申请专利作物研究份额第三大的品种,说明了中国对国外棉花市场的重视程度和开拓力度相对较高。

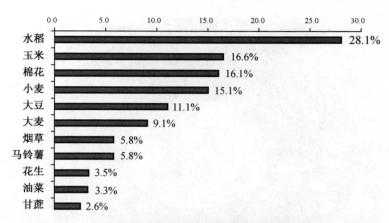

图2-2-25 中国生物育种对外申请专利的作物品种研究份额分布图

2.2.8 中国生物育种专利主要技术点归纳对比

为了更好地对比分析近年中国生物育种专利在研究的技术点方面的最新研究进展,将2010—2014年的专利作为一个复合与1995—2009年的专利技术点进行比较,利用Innography进行文本聚类分析,从IPC分类及大量的专利文本中辨别研究热点,分别得到1995—2009年生物育种专利技术点图(图2-2-26和图2-2-27)和2010—2014年生物育种专利技术点图(图2-2-28和图2-2-29)。

1.1995—2009年中国生物育种专利主要技术特点

从图2-2-26、图2-2-27中可以看出,1995—2009年中国生物育种专利主要以水稻、玉米为主要作物培育品种研究,转基因技术的研究份额占了30.2%,而杂交、诱变等育种技术研究份额则相对较少,仅占18.8%;雄性不育体系研究成为了主要的功效研究。

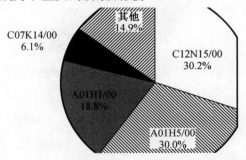

图2-2-26 基于IPC分类的1995—2009年期间中国生物育种技术研究

2.2010—2014年中国生物育种专利主要技术特点

结合文本聚类图和IPC分类图可以看出,2010—2014年中国生物育种专利主要以水稻、玉米为主要作物培育品种,以转基因、组织培养、杂交为主要育种技术,进行水稻雄性不育、耐盐、耐旱等抗胁迫功效研究。水稻雄性不育功效基因研究一直以来都是专利研究热点,转基因技术的研究份额由2010年前的30.2%跃升至2010年后的40.2%,再次成为了近年育种技术的主要研究热点。

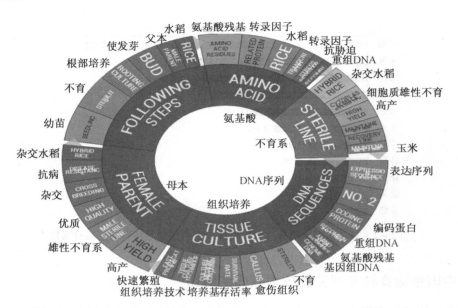

图 2 - 2 - 27 1995—2009 年中国生物育种专利技术点

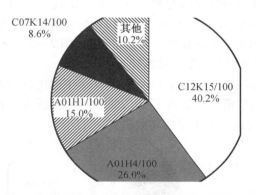

图 2 - 2 - 28 基于 IPC 分类的 2010—2014 年期间中国生物育种技术研究

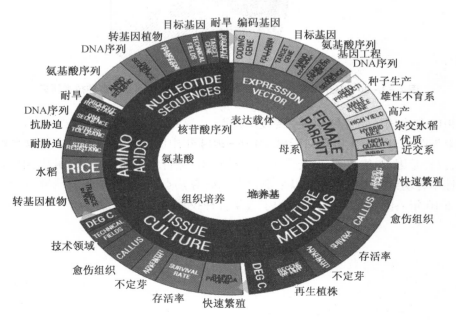

图 2 - 2 - 29 2010—2014 年中国生物育种专利技术点

3. 不同时期中国生物育种专利主要技术特点对比分析

将2010—2014年与1995—2009年的主要专利技术点进行对比分析,发现这两个阶段生物育种研究的技术热点呈现以下几个特点。

第一,转基因技术一直是生物育种技术研究的热点和核心,且近年对其研究的力度有加大的趋势。转基因技术是现代生物技术的核心,利用转基因技术可以培育出高产、优质、多抗、高效的新品种,与传统育种技术相比,具有人工可干涉程度高、培育针对性强和培育效率高等优势,成为了抢占未来科技制高点和增强农业国际竞争力的战略重点。随着国内人民对转基因技术及转基因作物的认识的理性化和接受度的增加,以及国家对其相关政策的扶持和引导力度加大等,转基因技术也成为了国内主要育种研究应用技术。

第二,杂交、诱变、染色体工程等育种技术尤其是杂交技术在提高农作物产量和品质以及产生多抗、高效方面起着重要的实效性作用。但是,我国针对杂交育种技术采取专利保护的行为和数量则相对比较少,分析主要原因有两个方面:一,我国植物育种机构和个人对专利保护意识比较薄弱;二,植物是有生命的,具有不稳定性因素,与转基因技术、分子育种技术相比,杂交、诱变、染色体工程等育种技术受人工干涉相对较少,育种改良效果相对模糊且表观性较强,难以体现在专利"发明"上,在专利申请保护技术性和可行性方面相对较弱。

第三,玉米功效研究相对较少,而水稻功效研究的攻克力度加大。这与我国以水稻种植为主体,已将其列入作物重点培育对象,并在政策方面加大指引和扶持力度等举措有关,从而使国内科研机构和学者对水稻研究更加重视和更大投入。

第四,抗旱、耐旱等抗胁迫功能基因研究力度加大。在我国,干旱和半干旱面积较广、农业用水比重大以及灌溉水利用率低下等因素,严重制约了我国农业的可持续发展,因此,通过常规和现代分子育种技术和方法,选育抗旱性强、具有优良农艺性状的品种(系)使之适应干旱环境条件,成为我国解决恶劣气候影响的有效途径之一。

2.2.9 中国生物育种专利申请趋势分析

将检索所得的全球75 704件申请专利,在发明人所属区域(Inventor Location)中选择中国(China)、中国香港(Hong Kong)、中国台湾(Taiwan),得到中国11 058件申请专利,并将其分别按照专利申请年份(Filing Year)进行统计,得到中国近20年生物育种相关专利的申请趋势,详见图2-2-30。

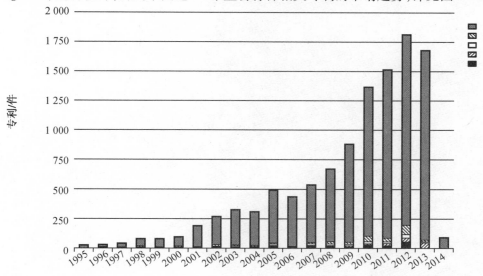

图2-2-30 中国生物育种专利申请趋势图

从图 2-2-30 可看出,中国关于生物育种专利申请呈现以下特点:

(1)2001 年以前一直处于前期研发阶段,专利申请总量呈缓慢增长趋势;2001 年至 2009 年为发展阶段,每年的专利申请量出现了明显的递增趋势,专利申请总量从 2001 年的 197 件上升至 2009 年的 887 件,增长率达 3.5 倍;2010 年至 2012 年为快速增长阶段,年申请数量出现了迅猛增长,表现出极好的发展态势;

(2)国内专利申请总量 11 058 件,占全球专利申请总量的 17.1%,充分发挥了数量优势,总量仅次于美国,属于生物育种领域的专利第二大国。

第3章　植物生物育种核心专利

3.1　核心专利介绍及检索结果

"专利强度(Patent Strength)"是一种高价值专利挖掘工具,它是专利价值判断的综合指标,挖掘高价值专利可以帮助我们判断该技术领域的研发重点。专利强度受权利要求数量、引用与被引用次数、是否涉案、专利时间跨度、同族专利数量等因素影响,其强度的高低可以综合地代表该专利的价值大小。

专利强度是 Innography 专利检索与分析平台的核心功能之一,通过专利强度可以快速地找出某一领域的核心专利。将全球同族专利去重之后进行强度划分,将各梯度强度的专利数量汇总得到表2-3-1。

表2-3-1　生物育种专利强度分布情况

专利强度	专利数量/件	占比	专利强度	专利数量/件	占比
0%～10%	11 591	35.0%	51%～60%	1 950	5.9%
11%～20%	4 963	15.0%	61%～70%	2 137	6.5%
21%～30%	3 713	11.2%	71%～80%	1 643	5.0%
31%～40%	2 896	8.8%	81%～90%	1 223	3.7%
41%～50%	2 334	7.1%	91%～100%	644	1.9%

从表2-3-1可以看出,专利数量按专利强度从低到高呈递减规律排列,专利强度在70%以上的专利共3 510件,占全部专利的10.6%,下面将对这3 510件作为核心专利进行分析。

3.2　生物育种核心专利技术来源分析

从表2-3-2可以看出,生物育种核心专利技术主要来自美国、加拿大、德国、日本、法国等国家,其中,美国拥有的核心专利数量仍占有明显优势,远高于其他国家,这也再次印证了美国在生物育种领域占据着绝对垄断地位;中国拥有的核心专利共59件,在全球五强之外,专利技术质量有待进一步加强。

表2-3-2　全球生物育种核心专利来源国家分布

国别	数量/件
美国	2 631
德国	145
加拿大	115
日本	69

表 2 - 3 - 2(续)

国别	数量/件
法国	63
中国	59
荷兰	56
澳大利亚	54
英国	50
比利时	48
丹麦	38
以色列	28
新西兰	23
瑞士	21
欧洲专利申请(EPO)	16
西班牙	13
芬兰	10
奥地利	8
瑞典	8
韩国	7

3.3　生物育种核心专利主要专利权人及竞争力分析

从图 2 - 3 - 1 可以看出,全球生物育种核心专利竞争力前六名专利权人与国外生物育种专利权人排名基本一致,均为孟山都、杜邦、拜耳、先正达、巴斯夫、陶氏,说明六家专利权人除在专利数量上占据优势外,其专利技术含金量也非常高,尤以孟山都最为明显,值得多关注。

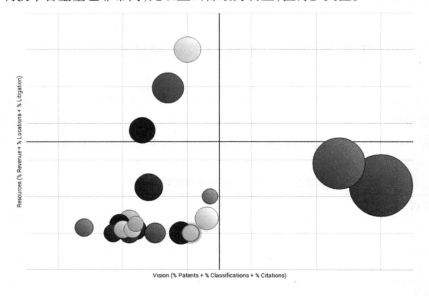

图 2 - 3 - 1　全球生物育种核心专利权人竞争力分析

3.4　生物育种核心专利技术进展分析

　　从图2-3-3可以看出,全球生物育种核心专利技术虽仍然集中在转基因上,但作为传统的育种技术——杂交也成为了主要的特殊应用技术,它与转基因技术的应用研究所占份额的差距明显缩小,而组织培养则紧随其后;在育种功效方面,除了优质、高产外,抗虫、抗除草剂、抗病也成为了主要的研究方向,抗胁迫所占的份额则相对最小,这也与以抗胁迫为主要研究功效的中国的核心专利明显减少等原因有关。

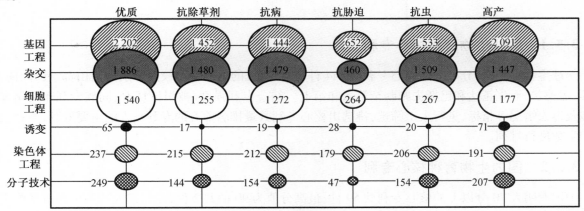

图2-3-3　全球生物育种核心专利技术功效图

　　结合专利强度、同族专利布局情况、被引证情况、涉及诉讼情况以及本身的技术内容等指标进行分析,筛选出以下专利文献(US8034997 B2、US6566587 B1、US6277608B1、US8183217B2)进行重点分析:

　　授权公告号 US8034997 B2,申请号为 US12/064875,其专利权人为孟山都技术有限公司。提供了编码表现鳞翅目抑制活性的杀虫蛋白的核苷酸序列,以及在本书中称作 Cry1A.105 杀虫剂的新杀虫蛋白,表达该杀虫剂的转基因植物和检测生物样品中分离出的核苷酸序列,其编码含有 SEQ ID NO:2 中自第10 位氨基酸至第 600 位氨基酸所示氨基酸序列的杀虫蛋白。

　　授权公告号 US6566587 B1,申请号为 US08/945144,其专利权人为拜耳作物科学有限公司。公开了一种草甘膦抗性的,至少包括一个 102 位异亮氨酸置换苏氨酸的 5 - 烯醇丙酮酰莽草酸 - 3 - 磷酸合酶(EPSPS)突变基因,以及用于产生抗草甘膦转化的植物。编码突变的 5 - 烯醇丙酮酰莽草酸 - 3 - 磷酸合酶(EPSPS)的 DNA 基因,特征是它至少包括一个苏氨酸 102 置换异亮氨酸。

　　授权公告号 US6277608B1,申请号为 US09/296280,专利文献被引证 61 次,其专利权人为生命技术公司。该专利提供了用核酸、载体及体外和体内方法进行的重组克隆方法,可用来经改造过的重组位点和重组蛋白质移动或交换 DNA 分子区段,得到具有预期特性的嵌合 DNA 分子或 DNA 区段。克隆或亚克隆一种或多种所需核酸分子的方法包括:①体外或体内组合。含侧翼有至少两个重组位点的一个或多个所需核酸区段的一种或多种插入物供体分子,其中所说的重组位点基本上不相互重组;含至少两个重组位点的一种或多种载体供体分子,其中所说的重组位点基本上不相互重组;一种或多种位点特异性重组蛋白质;②在足以转移一个或多个所需区段至一种或多种所需载体供体分子内的条件下温育所需的组合,从而产生一种或多种所需产物核酸分子。

　　授权公告号 US8183217B2,申请号为 US11/179504,专利文献被引证 258 次,其专利权人为联邦科学和工业研究组织提供了一种通过导入编码目标在靶核酸的有义和反义 RNA 分子的嵌合基因或通过导入RNA 分子本身减少真核细胞特别是植物细胞中的目的核酸的表型表达的方法和措施,其中的 RNA 分子能够通过在带有有义和反义核苷酸的区域间碱基配对形成一个双链 RNA 区。一种减少正常能够在真核细胞中表达的目的核酸的表型表达的方法,包括导入含有下列可操作地连接的部分的嵌合 DNA 的步骤:①启动子,在所述的真核细胞中有效;②DNA 区,当被转录时产生一种含有能够形成一种人工茎环结构的 RNA 区的 RNA 分子,其中茎环结构的退火 RNA 序列之一含有与所述目的核酸的部分核苷酸序列相似的序列,而其中的第二个所述的退火 RNA 序列含有与所述目的核酸的部分所述核苷酸序列的部分互补序列相似的序列;③涉及转录终止及聚腺苷酸化的 DNA 区。

3.5　国内外生物育种核心专利

3.5.1　国外生物育种核心专利

全球生物育种 90 分以上的核心专利共 644 件,排在前五的主要专利权人分别是孟山都、杜邦、陶氏、拜耳、孟德尔,而先正达和巴斯夫则跌至第六和第七。结合专利强度、被引证情况、同族专利布局情况以及涉及诉讼情况等指标,进行人工筛选,挑选出核心专利数量排名前五的专利权人的主要专利,并按公司名字字数进行排列。

3.5.2　国内生物育种核心专利

中国发明人 70 分以上的核心专利共 59 件,最高分值为 90 的共 2 件,专利权人均为中国科学院上海生命科学研究院,专利公开号分别是 CN101161675A 和 CN101362799A,这两件专利均获得了授权,其中公开号为 CN101362799A 的专利通过 PCT 途径已取得了美国、日本、韩国、澳大利亚、俄罗斯等国家的授权。

第4章　创世纪植物生物育种专利分析

创世纪转基因技术有限公司,成立于 1998 年,并于 2013 年改名为创世纪种业有限公司(以下统称创世纪)。公司主要开展植物生物技术研究和棉花、玉米、水稻、小麦、油菜等主要农作物新品种选育、繁育、推广和技术服务业务,目前是农业部颁证认可的全国经营资质、广东省唯一一家"育繁推一体化"种业企业。

公司重视科研创新与投入,科研投入平均占年主营业务销售额的 10% 左右,是国家认定技术创新企业要求的 2 倍,与国外的投入相近(国外巨头企业的约为 15%)。目前已形成棉花、玉米、水稻、小麦等主要作物的核心技术攻关团队,科研团队庞大且分工明显,科研成果及产品产生了较大的社会和经济效益。目前公司棉种市场占有率居于国内前茅,玉米、水稻、小麦、油菜等种子销售也呈现迅猛发展的势头。公司现已通过了国家、省级审定的自主培育的各作物新品种数十余个。公司被认定为"国家级高新技术企业""中国种业信用骨干企业""中国种业 AAA 级信用企业""广东省农业龙头企业",是"农业部棉花生物学与遗传育种重点实验室"的依托单位,"创世纪"品牌被评为"广东省著名商标"。

下面将对创世纪专利总体情况及其生物育种技术领域方面的专利情况进行分析如下。

4.1　检索方法及范围

若以申请人为"创世纪"进行检索,会得到诸如创世纪微芯片公司、深圳市创世纪机构有限公司、营口创世纪滤材有限公司等为申请人的专利杂质,因此,本书以申请人为字段,输入"创世纪转基因技术有限公司 OR 创世纪种业有限公司"(Biocentury Transgene Or Biocentury Seed)进行专利检索,提高查全和查准率。

4.2　检索结果

检索和整理出创世纪申请专利共 154 件(详见表 2 - 4 - 1),其中,生物育种技术领域的发明申请专利为 150 件,占申请专利总量的 97.4%,其余 4 件专利也是植物种子包装袋的外观设计申请,为生物育种领域的配套申请,专利专指度高。因此,本书的分析数据基于 154 件申请专利进行统计与分析。

150 件发明专利中,授权专利 8 件,其中,有效专利 7 件,失效专利 1 件。由此可见,专利的保护和维持工作有待进一步加强。

PCT 申请作为衡量专利质量的指标之一,能充分体现企业申请人的技术创新能力与国际市场竞争力。与此同时,PCT 国际专利申请会由国际局通过 PCT 公报的形式进行国际公布,借此提升企业知名度,也为企业带来很好的商业宣传。创世纪 150 件发明专利中,国外申请专利共 87 件,占发明专利申请总数的 58%,占发明专利申请总数的一半以上。其中,86 件 PCT 申请中,3 件进入了印度申请专利;有 1 件专利已获得巴基斯坦授权(新型抗虫棉)。由此可见,创世纪非常注重海外专利布局及海外市场发展。

表 2 - 4 - 1   创世纪专利检索结果汇总

	项目名称	专利申请总量/件	专利授权量/件	授权专利比例/%	有效专利量/件	有效专利比例/%
总体情况	专利总量	154	12	7.79	9	5.84
	国内专利	67	11	16.42	8	11.94
	国外专利	87	1	1.15	1	1.15
发明专利情况	专利总量	150	8	5.33	7	4.67
	国内专利	63	7	11.11	6	9.52
	国外专利	87	1	1.15	1	1.15

备注:检索时间为 2016 年 3 月。

经检索,创世纪仅与浙江大学有 1 项共同申请专利(公开号:CN101619319A,申请日:2009.03.13,发明名称:人工改造合成的抗草甘膦基因与应用),该专利已于 2011 年获得了中国授权,并于 2014 年发生专利转让,目前该专利的专利权人为创世纪种业有限公司。由上可知,创世纪与机构进行专利申请合作的较少。

4.3 专利申请趋势分析

将创世纪向国内外申请的 154 件专利按照专利申请年进行统计,得到图 2 - 4 - 1。

创世纪专利申请最早出现在 2001 和 2005 年,由范天舒、孔祥文和杨雅生等发明人申请的 2 件外观设计专利(转基因种子包装袋设计),但这 2 件专利目前已失效。

从申请趋势方面,不管是国内还是国外申请,创世纪专利申请量在 2012 年、2013 年均有一个申请高峰,2013 年达到顶峰,这两年的专利申请量分别占全部申请量的 31.37% 和 56.21%。之后,专利申请量迅速下降,目前还未检索到相关申请专利的公开。

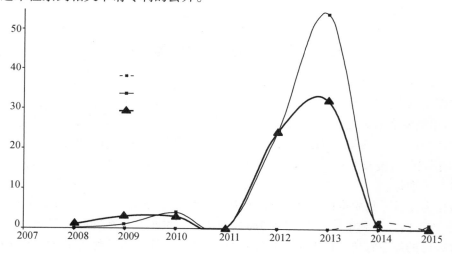

图 2 - 4 - 1   创世纪专利申请趋势图

4.4　专利发明人分析

在创世纪的 154 件专利申请中,涉及发明人约 21 人,人均申请专利约 7 件,科研团队和研究领域相对集中。其中,专利数量在 10 件以上的发明人有 10 人,详细情况见表 2-4-2。从表 2-4-2 中可以发现,创世纪发明生物育种专利最多的发明人是崔洪志,共申请发明专利 84 件,占该公司申请专利总数的 54.5%,掌握着育种领域的核心技术;其次分别是王建胜、何云蔚、陈文华,发明专利分别是 50 件、49 件、48 件,占全部专利的 32.5%、31.8%、31.2%。由此可见,这些发明人均为创世纪生物育种领域的核心研发人员。

表 2-4-2　创世纪生物育种专利主要发明人列表

序号	发明人	专利数量/件	所占比例/%	序号	发明人	专利数量/件	所占比例/%
1	崔洪志	84	54.5	12	宋辉平	5	3.2
2	王建胜	50	32.5	13	杨雅生	3	1.9
3	何云蔚	49	31.8	14	林余	3	1.9
4	陈文华	48	31.2	15	王婷婷	3	1.9
5	孙超	41	26.6	16	杨年松	3	1.9
6	王君丹	28	18.2	17	黄涛	2	1.3
7	梁远金	17	11.0	18	黄维	2	1.3
8	陈淼	14	9.1	19	刘建卫	1	0.6
9	田大翠	12	7.8	20	孔祥文	1	0.6
10	梁丽	11	7.1	21	范天舒	1	0.6
11	刘捷	7	4.5	22	谷登斌	1	0.6

4.5　专利技术点分析

对 154 件生物育种专利进行文本聚类分析和技术功效分析,提炼出其主要技术点,得到图 2-4-2 和 2-4-3。从图 2-4-2 和 2-4-3 可以看出,创世纪生物育种领域的专利研究,主要涉及以棉花为研究品种,以转基因为应用技术,在耐盐、抗旱性基因的克隆与转化等方面的应用研究,其次是棉花抗虫、抗除草剂功能基因研究。从专利攻关成果来看,棉花功能基因的研发团队较庞大且集中,科研实力较强。这也是创世纪公司成立之年起,崇尚自主创新、打造一流品牌,致力于转基因抗虫棉产业化之根本与动力所在。

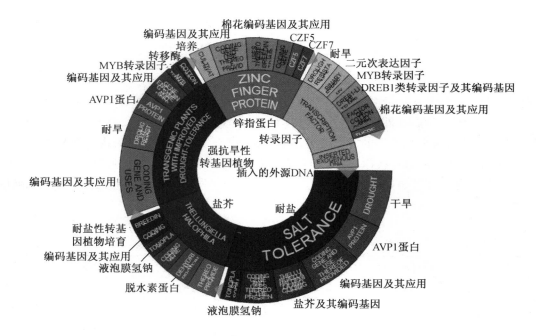

图 2 - 4 - 2　创世纪生物育种专利技术点聚类图

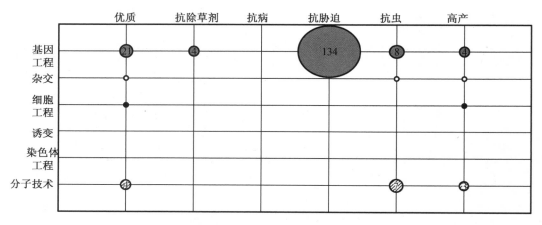

图 2 - 4 - 3　创世纪专利技术功效图

4.6　重要生物育种专利列举

　　根据专利强度的定义,从一件专利的权利要求数量、引用数量、被引次数、专利同族数量、专利诉讼情况等,可大致判断一件专利的重要性。根据 Innography 的专利强度指标及人工筛选方法,列举出创世纪重要生物育种专利,详见表 2 - 4 - 3。

表2-4-3　创世纪重要生物育种列表

公开号	优先权日	名称	被引次数	被引专利清单	法律状态	同族专利数
CN102399794A	2010.09.08	一种棉花EPSP合成酶突变体基因及其应用	3	CN102876690 | CN102776158 | WO2015027369	撤回	2
CN101255432A	2008.03.03	人工改造合成的杀虫基因及其编码的蛋白质与应用	2	WO2009109123 | WO2013170399	授权	2
CN102080078A	2009.11.27	一种棉花NAC转录因子基因及其应用	0	—	授权	2
CN102080088A	2009.11.27	一种棉花脱水素类似基因及其应用	0	—	授权	2
CN101880678A	2009.05.08	一种红树甜菜碱醛脱氢酶基因及其应用	0	—	授权	2
CN105026563A	2012.10.23	一个棉花蛋白激酶及其编码基因与应用	0	—	实质审查	2
CN105026565A	2012.10.23	一个棉花离子通道类蛋白及其编码基因与应用	0	—	实质审查	2
IN2540MUN2014A	2012.05.16	棉花植物事件A26-5以及用于其检测的引物和方法	0	—	实质审查	2

　　综上所述,创世纪种业有限公司在棉花育种方面的专利创新成果明显,并致力于海外市场的开拓。该公司注重研发的投入与人才队伍的培养,目前已形成的科研团队,除了以崔洪志为首的棉花和生物技术育种团队外,还分别有以郑天存为首的小麦育种科研队伍,以邓启云为首的水稻育种科研团队,以及以王多彬、孙明为首的玉米育种科研团队等,这些团队均具有较强的科研攻关能力。

第三篇　生物肥料专利预警分析

生物肥料又称微生物肥料，是指利用对农业有益的一类微生物，通过生物发酵产出一种生产绿色食品的重要原料——生物制剂。生物肥料在培肥地力，提高化肥利用率，抑制农作物对硝态氮、重金属、农药的吸收，净化和修复土壤，降低农作物病害发生，以及提高农作物产品品质和食品安全等方面表现出了不可替的作用。生物肥料的研究和应用受到世界各国的重视。

参考《中国新型肥料行业发展报告（2015年）》，截至2015年底，全国各类新型肥料生产的企业数量达到约7 200家，总资产规模达到800~1 000亿元。据统计，全国约850多家企业企业从事生物肥料生产，这些企业遍布我国的30个省、自治区、直辖市，产能达900万吨，截至2016年7月，获得农业部登记证产品达2 984个，产业规模约为150亿元，施用面积超过666.7亿平方米，应用作物包括粮食、蔬菜、果树和中草药等。2013年12月，我国已正式出台3个微生物肥料国家标准和14个行业标准，正在制定的标准还有约17个，不仅包括产品标准，还包括生产规程、产品包装标识标准、菌种分级管理等。总之，生物肥料行业标准体系初步形成，无序生产和质量低劣得到了规范管理，生物肥料产业已经进入稳步推进、健康发展的关键时期。

第1章　生物肥料专利概述

1.1　生物肥料相关概述

1.1.1　生物肥料定义

生物肥料有狭义和广义之分。狭义的生物肥料,是通过微生物的生命活动,使农作物得到特定的肥料效应的制品,也被称为接种剂或菌肥,它本身不含营养元素,不能代替化肥。广义的生物肥料是既含有作物所需的营养元素,又含有微生物的制品,是生物、有机、无机的结合体,它可以代替化肥,提供农作物生长发育所需的各类营养元素。在这里我们说的生物肥料是指微生物肥料。

微生物肥料(Microbial Fertilizer)在我国又被称为菌肥、生物肥料(Biofertilizer),也有人(国外)将其称为接种剂(Inoculant)、拌种剂、菌剂。近些年有人将单纯的微生物制剂称为菌剂、接种剂,此类制剂用量小,主要用于拌种。将微生物制剂和有机物(畜禽粪便等)或有机、无机(氮、磷、钾)混合,用量较大的,称为生物肥料,简称菌肥。虽然存在名称上的不同,但在微生物肥料的内含上都含有一定量的特定功能的微生物,是这类制品的共同特点。

中国科学院院士、我国土壤微生物学的奠基人、华中农业大学陈华癸教授就微生物肥料的含义问题指出,所谓微生物肥料,"是指一类含有活微生物的特定制品,应用于农业生产中,能够获得特定的肥料效应,在这种效应的产生中,制品中活微生物起关键作用,符合上述定义的制品均应归入微生物肥料"。

目前,国家标准(GB 20287—2006)的定义为微生物肥料是含有特定微生物活体的制品,应用于农业生产,通过其中所含微生物的生命活动,增加植物养分的供应量或促进植物生长,提高产量,改善农产品品质及农业生态环境。

目前,国外微生物肥料定义的发展和新提法:生物肥料是一种极为重要的有效生态营养系统,该系统主要与生物,特别是微生物过程有关。这种有效的生物营养过程是土壤中存活的某些微生物活动的必然结果,它可为植物提供氮、磷、钾等营养和一些有用的化合物。微生物可以活化土壤、提高土壤肥力并为作物和其他生物的持续发展起到原动力的作用。突出养分的有效性转化和生态营养系统过程。

1.1.2　生物肥料种类

生物肥料的三种分类方法:

(1)按其制品中特定的微生物种类可分为细菌菌剂/肥料(如根瘤菌肥、固氮菌肥)、放线菌菌剂/肥料(如抗生菌肥料)、真菌类菌剂/肥料(如菌根真菌),复合微生物菌剂/肥料;

(2)按其作用机理分为根瘤菌菌剂/肥料、固氮菌菌剂/肥料(自生或联合共生类)、解磷菌类菌剂/肥料、硅酸盐菌类菌剂/肥料等;

(3)按其制品内组成分为含有单一的微生物肥料和复合(或复混)微生物肥料。复合(或复混)微生物肥料又有菌、菌复合,也有菌和各种添加剂复合的。

我国在登记管理上划分的微生物肥料种类有2大类:

(1)微生物菌剂(简称菌剂类产品):指一种或一种以上的目标微生物经工业化生产扩繁后直接使用或仅与利于该培养物存活的载体吸附所形成的活体制品。它具有直接或间接改良土壤、恢复地力,维持根际微生物区系平衡,降解有毒、有害物质等作用;应用于农业生产,通过其中所含微生物的生命活动,增加植物养分的供应量或促进植物生长、改善农产品品质及农业生态环境。它在单位面积上的用量少,一般每公顷使用量不超过 50 千克,具体种类包括根瘤菌菌剂、固氮菌菌剂、溶磷菌剂、硅酸盐菌剂、光合细菌菌剂、有机物料腐熟剂(秸秆、粪便)、促生菌剂、复合菌剂、菌根菌剂和生物修复菌剂(农药残留降解、克服作物重茬)等。

(2)微生物肥料类(简称菌肥类产品)指目标微生物经工业化生产扩繁后与营养物质等复合或复混而成的、含有该培养物活体的制品。它在单位面积上的用量较大,一般每公顷使用量超过 450 千克。具体种类包括生物有机肥(菌 + 有机质/肥)和复合微生物肥料(菌 + 无机养分)。生物有机肥指特定功能微生物与主要以动植物残体(如禽畜粪便、农作物秸秆等)为来源并经无害化处理、腐熟的有机物料复合而成的一类兼具微生物肥料和有机肥料效应的肥料;复合微生物肥料是指特定微生物与营养物质复合而成,能提供、保持或改善植物营养,提高农产品产量或改善农产品品质的活体微生物制品。

本书采用的是国家发改委《战略性新兴产业重点产品和服务指导目录》的规定,生物肥料属于七大战略性新兴产业之一的生物产业中生物农业产业的一部分。根据《战略性新兴产业重点产品和服务指导目录》,生物肥料包括如下研究范围:农用微生物菌剂,有机物料腐熟剂,生物有机肥料,复合微生物肥料产品,多功能多效工程菌株生产技术,快速腐熟有机物料技术,土壤保水抗旱生物肥料技术,生物肥料保活材料技术,生物肥料缓释技术与装备,农作物秸秆还田技术,农作物秸秆还田覆盖技术等。

1.1.3 生物肥料特点

1. 无污染、无公害

生物复合肥是天然有机物质与生物技术的有效组合。它所包含的菌剂具有加速有机物质分解作用,为作物制造或转化养分提供"动力",同时菌剂兼具有提高化肥利用率和活化土壤中潜在养分的作用。

2. 配方科学、养分齐全

生物有机复合肥料一般是以有机物质为主体,配合少量的化学肥料,按照农作物的需肥规律和肥料特性进行科学配比,与生物"活化剂"完美组合,除含有氮、磷、钾、钙、镁、硫、铁、硼、锌、硒、钼等元素外,还含有大量有机物质、腐植酸类物质和保肥增效剂,养分齐全,速缓相济,供肥均衡,肥效持久。

3. 活化土壤、增加肥效

生物肥料具有协助释放土壤中潜在养分的功效。对土壤中氮的转化率达到 5% ~ 13.6%;对土壤中磷、钾的转化率可达到 7% ~ 15.7% 和 8% ~ 16.6%。

4. 低成本、高产出

在生育期较短的第三、四积温带,生物有机复合肥可替代化肥进行一次性施肥,降低生产成本。如大豆每 666.67 m^2 施用生物复合专用肥 30 kg ~ 40 kg,玉米每 666.67 m^2 施用专用肥 50 kg ~ 75 kg,一次性作底肥施入,不需追肥,既节省投资,又节省投工。与常规施用化肥相比,在等价投入的情况下,粮食作物每亩可增产 10% ~ 20%。

5. 提高产品品质、降低有害积累

生物复合肥中的活化剂和保肥增效剂的双重作用,可促进农作物中硝酸盐的转化,减少农产品硝酸盐的积累。与施用化学肥料相比,可使产品中硝酸盐含量降低 20% ~ 30%,VC 含量提高 30% ~ 40%,可溶性糖可提高 1 ~ 4 度,产品口味好、保鲜时间长、耐储存。

6. 有效提高耕地肥力、改善土壤供肥环境

生物肥中的活化菌所溢出的孢外多糖是土壤团粒结构的黏合剂,能够疏松土壤,增强土壤团粒结构,提高保水保肥能力,增加土壤有机质,活化土壤中的潜在养分。

7. 抑制土传病害

生物肥能促进作物根部有益微生物的增殖,改善作物根际生态环境。有益微生物和抗病因子的增加还可明显地降低土传病害的侵染,降低重茬作物的病情指数,连年施用可大大缓解连作障碍。

8.促进作物早熟

1.1.4　生物肥料的功能

1.提高土壤肥力

微生物肥料能有效地利用大气中的氮素或土壤中的养分资源提高土壤肥力。据有关资料估算，全球生物固氮作用所固定的氮素每年大约为 2×10^6 吨(相当于 4×10^8 吨尿素)，即依靠生物所固定的氮素是工业和大气固氮(如雷电对氮素的固定等)量之和的2.6倍。因此，开发和利用固氮生物资源是充分利用空气中氮素的一个重要方面。从目前的研究结果看，虽然微生物的固氮效率因土壤条件的不同而有较大的差异，但这种作用的存在无疑是氮肥工业的一个有力补充。

如何将土壤中的无效态磷、钾转化成可供作物吸收利用的有效态养分，一直为广大研究者所关注，微生物肥料的应用，无疑为其提供了前提条件。含有磷细菌的微生物肥料可以溶解土壤中的难溶性磷酸盐，提高磷的效性。硅酸盐细菌肥料能对土壤中含钾的矿物进行分解，使难溶性钾转化为有效钾，供作物吸收利用。

2.促进植物生长

研究表明，植物生长发育过程中共生微生物产生的植物激素起一定作用。植物激素类物质主要有生长素(auxin,主要是 IAA)、赤霉素(gibberelin,主要是 GA3,GA1)、细胞分裂素(cytokinin,CTK)、脱落酸(abscisic acid,ABA)、乙烯(ethylene)和酚类化合物或其衍生物等。它们的作用不是孤立的，而是相互协调、相互制约的。ABA 和酚类化合物相当于抑制剂，是植物调节内生生长素的手段之一。

3.提高植物的抗逆性

多数微生物能够产生抗生素、系统防卫酶、佩化物(HCN)及诱导系统抗性(ISR)等用来抑病。有些微生物肥料中的特殊微生物可提高宿主的抗旱性、抗盐碱性、抗极端温度、湿度和 pH 值、抗重金属毒害等能力，提高宿主植物的逆境生存能力。如 AM 真菌肥料有一定的抗旱能力，但不同菌株之间的抗旱能力有明显差异，我国目前已筛选出抗旱菌株并进入试验。

4.改善作物品质

当前，化肥特别是化学氮肥施用量过高而导致农作物品质下降的现象屡有发生，如硝酸盐的累积会导致蔬菜中蛋白质含量降低、籽粒作物中有益氨基酸含量下降、籽粒不饱满等，同时，过量施用化肥也会使作物疯长，而导致其减产。已有试验证实某些微生物肥料能通过一些目前还不十分了解的作用机理如降低作物体内硝酸盐的积累，达到改善产品品质的效果。

5.改善土壤的理化性质

施用生物肥料，减少了化肥对土壤养分、结构等方面的不良影响，又能使微生物的活动能力得到增强，所以在一定程度上改善了土壤的理化性质，并提高了土壤中某些养分的含量和有效性。同时施用生物肥料还可促进土体"三化"的形成，即使土壤腐殖质含量明显提高而达到"腐殖化"、形成多功能的生理群微生物区系而达到"细菌化"、显著改善土体结构使水气通畅而达到"结构化"。

6.土壤修复

中国的土壤污染问题严重，据不完全统计，全国受重金属污染的耕地面积约占总耕地面积的1/5，达到 3.0×10^7 公顷，导致粮食年减产1 000 万吨，还会使1 200 万吨的农产品不符合食物卫生品质的要求，直接经济损失高达200 亿元之多。微生物肥料对无机污染物的修复机理是微生物肥料进入土壤生态系统后，好氧菌、厌氧菌等微生物益生菌群通过自身的生物反应，降低土壤的酸度，提高土壤的 pH 值，从而降低土壤中有害重金属的毒害；同时肥料中的微生物菌可以将重金属固定，促使土壤中活性重金属变为有机结合态，形成过滤层和隔离层，降低作物对土壤中重金属的吸收，从而避免了土壤中重金属等有害物质或其分解产物通过"土壤—植物—人体"或"土壤—水—人体"的途径间接被人体吸收，损害身体健康。

1.2　生物肥料专利检索策略与结果

生物肥料具有减少化肥用量、提升肥效、改善土壤结构、活化养分等多种作用,发展复合微生物肥和生物有机肥,是我国发展现代农业和实现农业可持续发展的重要措施。本部分结合生物肥料相关概念及其产业发展概况、发展趋势等,分别从国外、国内、广东省三个层面,从专利申请趋势、主要专利申请人和发明人、区域分布、重点技术领域入手,对生物肥料领域的专利数据进行深入分析与研究,以期为广东省生物肥料产业相关政策的制定与实施等提供决策依据,也为生物肥料相关研究机构、企业的科技研发、专利布局、交流合作等提供参考。

1.2.1　技术分解

本书综合产业和技术两方面的分类方法,将生物肥料分为微生物菌剂、微生物肥料两大类。并在此基础上进一步细分,比如,将微生物菌剂分为根瘤菌菌剂、固氮菌菌剂、溶磷菌剂、解钾菌剂、光合细菌菌剂、有机物料腐熟剂、促生菌剂、复合菌剂和生物修复菌剂以及微生物肥料等。具体检索内容见表3-1-1。

表3-1-1　生物肥料分类表

一级分类	二级分类	三级分类	举例
微生物菌剂（菌剂）	根瘤菌菌剂		花生根瘤菌、大豆根瘤菌、紫云英根瘤菌
	固氮菌菌剂	自生固氮菌	圆褐固氮菌、棕色固氮菌、拜耶林克固氮菌
		联合固氮菌	固氮螺菌属、克雷伯杆菌属
	溶磷菌剂	细菌类	有芽孢杆菌、假单胞杆菌、欧文氏菌、土壤杆菌、沙雷氏菌、黄杆菌、肠细菌、微球菌、固氮菌、根瘤菌、沙门氏菌、色杆菌、产碱菌、节细菌、硫杆菌、埃希氏菌
		真菌类	青霉菌、曲霉菌、根霉、镰刀菌、小菌核菌;放线菌有链霉菌;AM菌根菌
	解钾菌剂	硅酸盐细菌	胶质芽孢杆菌、环状芽孢杆菌
	光合细菌菌剂		
	有机物料腐熟剂	细菌	枯草芽孢杆菌、多粘芽孢杆菌、黄褐假单胞菌、嗜热脂肪地芽孢杆菌、多食鞘氨醇杆菌、戊糖片球菌、解淀粉芽孢杆菌、植物乳杆菌、乳酸乳杆菌、施氏假单胞菌、地衣芽孢杆菌、巨大芽孢杆菌、短小芽孢杆菌
		放线菌	白色链霉菌、天青链霉菌、白浅灰链霉菌、热紫链霉菌、唐德链霉菌、细黄链霉菌、嗜热灰色链霉菌、灰肉红链霉菌、除虫链霉菌、泾阳链霉菌、微白黄链霉菌、灰螺链霉菌
		霉菌	里氏木霉、绿色木霉、黑曲霉、米曲霉、温特曲霉、帚状曲霉、杂色曲霉、嗜热性侧孢霉、米根霉、卷枝毛霉
		酵母菌	粉状毕赤酵母、酿酒酵母、热带假丝酵母、扣囊拟内孢霉、乳酸可鲁维酵母

表 3 – 1 – 1（续）

一级分类	二级分类	三级分类	举例
微生物菌剂 （菌剂）	促生菌剂		PGPR、PGPF
	复合菌剂		
	生物修复菌剂		
微生物肥料 （菌肥）	生物有机肥		
	复合微生物肥料		

1.2.2 检索内容

1. 关键词

第一，有关生物肥料概念的关键词。中文关键词包括生物肥料、微生物肥料、菌肥（细菌肥料）、微生物接种剂、根瘤菌剂、复合微生物肥料、生物有机肥。英文关键词包括 biofertilizer, microbial fertilizer, biological fertilizer, bacterial fertilizer, microbial inoculant, nitragin, compound microbial fertilizer, microbial organic fertilizer。

第二，有关微生物种类的关键词。中文关键词包括细菌、放线菌、真菌、固氮菌、溶磷菌、芽孢杆菌、硅酸盐细菌、钾细菌、光合细菌、菌根真菌、促生菌、有机物料腐熟剂、植物促生根圈微生物。英文关键词包括 bacterial, Bradyrhizobium, hizobium, fungus, Actinomycetes, Azotobacter, photosynthetic bacteria, phosphate solubilizing, potassium solubilizing, silicate bacteria, Bacillus, mycorrhizal fungi, organic matter-decomposing inoculant, plant growth-promoting rhizosphere microorganism。

第三，有关生物肥料功效的关键词。中文关键词包括解磷、解钾、固氮、促生、土壤生态肥力、生物修复。英文关键词包括 phosphate solubilizing, potassium solubilizing, nitrogen fixation, soil ecological fertility, growth-promoting, bioremediate。

2. 与生物肥料相关的 IPC 说明（按相关性排序）：

根据国际通用的专利文献分类方法《国际专利分类表》（IPC 分类），对生物肥料专利涉及的主要分类号进行归纳（表 3 – 1 – 2），在该 IPC 分类范围内进行检索，提高检索的精准性。

表 3 – 1 – 2 生物肥料相关的主 IPC 分类

IPC（分类号）	技术领域索引
C 部（化学；冶金）	
C05F	有机肥料，如用废物或垃圾制成的肥料
C05G	肥料的混合物，由一种或多种肥料与无特殊肥效的物质，例如农药、土壤调理剂、润湿剂所组成的混合物
C12	生物化学、啤酒、烈性酒、果汁酒、醋、微生物学、酶学、突变或遗传工程
C09K 017	土壤调节材料或土壤稳定材料
A 部（人类生活需要）	
A01G 007	一般植物学
A01N 063	含有微生物、病毒、微生物真菌、动物（如线虫类）或者由微生物、病毒、微生物真菌或动物制造或获得的物质（如酶或发酵物）的杀生剂、害虫驱避剂或引诱剂，或植物生长调节剂 C12P005 烃的制备

表 3 - 1 - 2（续）

A01N 025	以其形态、非有效成分或使用方法为特征的杀生剂、害虫驱避剂、引诱剂或植物生长调节剂
A01C	种植、播种、施肥
A23K 001	动物饲料
B 部（作业；运输	
B09C01/100	污染的土壤的复原（用微生物方法或利用酶）

1.2.3　检索条件

一是限定专利优先权日范围：1995 年 1 月 1 日—2014 年 12 月 31 日。

二是专利公开截止日期为：2014 年 12 月 31 日。

三是不同专利种类的限定检索式。

1.2.4　检索结果

根据上述检索条件，对近 20 年专利检索结果进行筛选处理，得到表 3 - 1 - 3 至表 3 - 1 - 6：

表 3 - 1 - 3　生物肥料产业专利检索数据统计

范围	申请专利/件			授权专利/件			授权比例/%	有效专利/件			有效比例/%
	发明	实用新型	总量	发明	实用新型	总量		发明	实用新型	总量	
全球	16 410	350	16 730	5 488	350	5 838	34.9	3 675	186	3 861	23.1
国外	9 672	65	9 737	3 350	65	3 415	35.1	2 044	20	2 064	21.2
中国	6 738	285	7 023	2 138	285	2 423	34.5	1 631	166	1 797	25.6
广东	359	18	377	207	18	225	59.7	175	13	188	49.9

注：有效专利比例 = 有效专利/申请总量×100%。

表 3 - 1 - 4　中国专利技术来源统计

申请人国别	申请专利/件			授权专利/件			授权比例/%	有效专利/件			有效比例/%
	发明	实用新型	总量	发明	实用新型	总量		发明	实用新型	总量	
中国	6 635	285	6 920	3 408	285	3 693	53.4	2 910	166	3 076	44.5
美国	192	0	192	81	0	81	42.2	74	0	74	38.5
日本	87	1	87	57	1	58	66.7	41	0	41	47.1
韩国	31	1	32	20	1	21	65.6	14	0	14	43.8
德国	28	0	28	13	0	13	46.4	8	0	8	28.6
欧洲	25	0	25	14	0	14	56.0	13	0	13	52.0
英国	21	0	21	7	0	7	33.3	5	0	5	23.8
法国	14	0	14	8	0	8	57.1	7	0	7	50.0
澳大利亚	13	0	13	6	0	6	46.2	3	0	3	23.1
荷兰	12	0	12	6	0	6	50.0	5	0	5	41.7

表3-1-5　中国技术输出情况统计

申请国家	专利申请量/件	专利授权量/件	授权比例/%	专利有效量/件	有效比例/%
美国	37	25	67.6	17	45.9
澳大利亚	9	5	55.6	5	55.6
欧洲	9	3	33.3	3	33.3
日本	6	3	50	3	50

表3-1-6　中国前10省份生物肥料统计

序号	范围	申请专利/件			授权专利/件			授权比例/%	有效专利/件			有效比例/%
		发明	实用新型	总量	发明	实用新型	总量		发明	实用新型	总量	
1	江苏省	780	42	822	186	42	228	27.7	155	18	173	21
2	山东省	792	26	818	277	26	303	37	213	17	230	28.1
3	北京市	573	28	601	269	28	297	49.4	202	17	219	36.4
4	安徽省	491	4	495	59	4	63	12.7	51	3	54	11
5	广东省	335	31	366	151	31	182	49.7	130	20	150	41
6	浙江省	319	13	332	141	13	154	46.4	55	11	66	19.9
7	上海市	302	11	313	96	11	107	34.2	86	6	92	29.4
8	广西省	290	13	303	43	13	56	18.5	38	11	49	16.2
9	辽宁省	266	3	269	85	3	88	32.7	56	0	56	20.8
10	湖南省	252	9	261	74	9	83	31.8	54	3	57	21.8

　　由于2013年和2014年的专利官方数据公开还不充分,部分专利数据还没收录,可能会对专利总数有一定影响;有效专利量指截至检索日(2014.12.31)为止已授权且仍处于维持状态的专利数量。

第2章 国内外生物肥料专利分析

2.1 国外生物肥料专利分析

2.1.1 国外生物肥料专利申请热点国家地区分布情况

专利申请国(Source Jurisdiction)可以体现专利权人需要在哪些国家或地区保护该发明,这一参数也反映了该发明未来可能的实施国家或地区。从生物肥料专利申请国(表3-2-1)的统计可以发现国外专利申请热点国家和地区主要分布在美国、日本、澳大利亚、加拿大、韩国、中国等。其中美国为生物肥料专利重点申请国家。从表中还可发现生物肥料的 PCT 国际专利申请(WIPO)一共 1 171 件,EPO 申请 1 030 件,说明很多专利权人都非常注重技术的区域保护,利用 WIPO 和 EPO 的专利申请同时对多个国家或者地区申请保护。

表3-2-1 生物肥料国外专利申请热点国家和地区

国别	数量/件
美国	1 542
日本	1 438
国际专利申请(WIPO)	1 171
欧洲专利申请(EPO)	1 030
澳大利亚	721
加拿大	628
韩国	569
中国	509
巴西	215
墨西哥	205
德国	160
俄联邦	159
印度	141
新西兰	137
阿根廷	117
法国	86
南非	76
匈牙利	64
乌克兰	61
波兰	53

2.1.2 国外生物肥料专利主要技术来源国家分布情况

专利发明人的国家(Location)可以体现专利技术的发源地区。经统计国外生物肥料专利发明人的国家得到表3-2-2,不难发现国外生物肥料专利技术主要来自美国、日本、德国和韩国。从主要发明人国家分布可以看出美国和日本、德国、韩国在生物肥料上研发实力较强,占据了该领域专利申请量的主导。

表3-2-2 生物肥料国外专利主要技术来源国

国别	数量/件
美国	3 440
日本	1 711
德国	764
韩国	571
英国	355
法国	324
加拿大	282
澳大利亚	232
瑞士	178
欧洲专利申请(EPO)	160
荷兰	155
俄联邦	139
印度	152
丹麦	109
西班牙	105
新西兰	95
芬兰	82
意大利	67
匈牙利	66
乌克兰	64

技术来源国与技术应用国相对比可以看出该国家专利技术的输入输出情况或全球专利布局的情况。将生物肥料专利主要技术来源国与技术应用国对比得到图3-2-7,从图3-2-7可以看出,美国发明人共申请专利3 440件,其本国申请仅为1 542件;日本发明人申请专利1 711件,日本本国专利申请量为1 438件;德国发明人申请专利764件,而德国本国专利申请仅为160件。向国外申请专利的数量均高于本国专利申请的数量,这表明美国、日本和德国非常重视专利全球区域的布局,类似的国家还有法国、英国等,其向国外申请专利的力度远大于其在本国的申请力度,表明这些国家是生物肥料专利技术输出国。与之相反,澳大利亚、加拿大等国家发明人的专利申请数量少于本国被申请专利数量,属于专利技术输入国,也是被专利技术输出国技术占领的国家,如果这些输入专利技术获得授权,则技术输入国必须保护该技术,本国企业使用该技术就必须付出一定的代价。国外申请人在中国申请专利为509件,而同期中国申请人向国外申请专利仅为152件,说明我国也是典型的专利技术输入国。

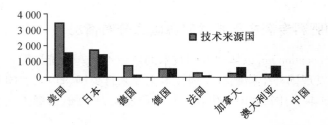

图3-2-1 主要生物肥料专利技术来源和技术应用国对比图

2.1.3 国外生物肥料专利主要申请人分布情况

将检索所得的9 737件国外专利申请按照专利申请人(Organization)统计,得到近20年生物肥料的主要申请人人数,共有2 091个,如图3-2-2和表3-2-3所示。从图3-2-2可以看出生物肥料国外专利的主要申请人包括美国孟山都公司(Monsanto Company,以下简称孟山都)、德国巴斯夫公司(BASF,以下简称巴斯夫)、美国杜邦公司(E. i. Du Pont De Nemours & Company,以下简称杜邦)、荷兰帝斯曼知识产权资产管理有限公司(Dsm Ip Assets B. v.,以下简称帝斯曼)、日本味之素株式会社(Ajinomoto Co.,Inc.,以下简称味之素)、丹麦诺和诺德公司(Novo Nordisk,以下简称诺和诺德)、瑞士先正达参股股份有限公司(Syngenta Ag,以下简称先正达)、美国康奈尔研究基金会有限公司(Cornell Research Foundation,Inc.,以下简称康奈尔)、德国拜耳集团(Bayer,以下简称拜耳)、美国嘉吉有限公司(Cargill,Incorporated,以下简称嘉吉)等。

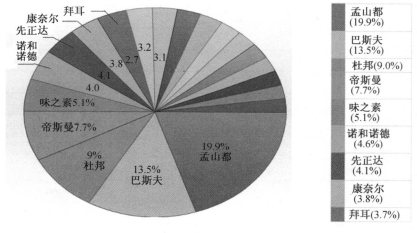

图3-2-2 生物肥料国外专利主要申请人

表3-2-3 国外生物肥料专利主要申请人信息表

序号	申请人名称	申请量	所属区域	属性
1	孟山都公司	291	美国	公司
2	巴斯夫公司	197	德国	公司
3	杜邦公司	132	美国	公司
4	帝斯曼知识产权资产管理公司	113	荷兰	公司
5	味之素株式会社	75	日本	公司
6	诺和诺德公司	68	丹麦	公司
7	先正达公司	60	瑞士	公司

表 3 - 2 - 3(续)

序号	申请人名称	申请量	所属区域	属性
8	康奈尔研究基金会有限公司	55	美国	公司
9	拜耳集团	54	德国	公司
10	嘉吉公司	47	美国	公司

主要申请人简介如下。

孟山都公司创建于 1901 年,创始人约翰·奎尼以其妻子的姓 Monsanto 为公司命名,总部设在美国密苏里州克雷沃克尔。与创立之初的孟山都相比,今天的孟山都公司更专注于农业领域,是一家全球领先的跨国农业生物技术公司,帮助全世界的农民满足这个世界对粮食、衣料和能源不断增长的需求。其生产的旗舰产品 Roundup 是全球知名的草甘膦除草剂。该公司目前也是转基因(GE)种子的领先生产商,占据了多种农作物种子 70% ~ 100% 的市场份额。研发的转基因水稻在中国广西已经大面积种植,转基因大豆与转基因食用油在中国的各大著名商场中已经随处可见。孟山都公司在华经营多年,目前主要销售传统蔬菜种子。2001 年 3 月,孟山都公司与中国种子集团公司合资成立中国第一家经营玉米等大田作物种子的中外合资企业,即"中种迪卡种子有限公司"(中方为大股东),注册资本为 2 640 万元,总投资额为 7 920 万元,开始在中国推广迪卡品牌的杂交玉米种子。迪卡系列杂交玉米种子因其产量高、稳定性好和品质优良的特点受到了农民们的欢迎。经过多年市场培育,目前迪卡品牌的杂交玉米种子在东北、山东、西北和西南地区均有销售。

巴斯夫股份有限公司(BASF SE)是全球领先的化工公司。巴斯夫集团在欧洲、亚洲、南北美洲的 41 个国家拥有超过 160 家全资子公司或者合资公司。公司总部位于德国莱茵河畔的路德维希港,它是世界上工厂面积最大的化学产品基地。公司的产品范围包括化学品、塑料、特性化学品、农用产品、精细化学品以及原油和天然气等。巴斯夫与大中华市场的渊源可以追溯到 1885 年,从那时起巴斯夫就是中国的合作伙伴,1982 年在香港成立子公司巴斯夫中国有限公司,开始在香港和中国内地销售、推广及分销进口本地生产的产品。1996 年巴斯夫成立了一家控股公司,名为巴斯夫(中国)有限公司,统一负责巴斯夫在中国的所有业务,成为各合资企业的销售代理、经销商以及企业服务供应者。

杜邦公司是一家以科研为基础的全球性企业,提供能提高人类在食物与营养、保健、服装、家居及建筑、电子和交通等生活领域品质的科学解决之道。以广泛的创新产品和服务涉及农业、营养、电子、通信、安全与保护、家居与建筑、交通和服装等众多领域。杜邦公司与中国的生意往来可追溯到 1863 年。伴随着中国的改革开放,杜邦公司于 1984 年在北京设立办事处,成为最早开展对华投资的跨国企业之一,并于 1988 年在深圳注册成立杜邦中国集团有限公司,时为中国第一家外商全资拥有的投资性公司。目前杜邦已在华建立了 39 家独资及合资企业,拥有员工约 6 000 人,目前在中国大陆的总投资额逾 8 亿美元。并且,2005 年正式投入使用的杜邦中国研发中心是杜邦公司在除美国本土以外设立的第三大公司级的综合性科研机构。该研发中心主要从事与杜邦相关的技术和产品的科研、开发、成果转让和授权应用;提供相关的技术培训、咨询及研发项目中试生产和销售等与研发有关的业务,同时为中国本地、亚太区域和全球市场服务。

荷兰皇家帝斯曼集团在全球范围内活跃于健康、营养和材料领域。帝斯曼服务于食品和保健品、个人护理、饲料、医疗设备、汽车、涂料与油漆、电子电气、生命防护、替代能源以及生物基材料等终端市场,在全球范围内创造可持续的解决方案,促进营养、增强产品功效、提高产品性能。帝斯曼及其关联公司中约 25 000 名员工创造了约 100 亿欧元的年销售额。公司已在阿姆斯特丹泛欧的交易所上市(Euronext Amsterdam)。帝斯曼在 1963 年开始对华贸易,并于 20 世纪 90 年代初在中国建立了首个销售代表处和首个生产场地。帝斯曼中国地区总部和研发中心位于上海。目前,公司在中国拥有包括 27 个生产场地在内的 45 个分支机构,员工约 3 500 名。2014 年中国销售额为 20 亿美元。

　　先正达公司(Syngenta)的总部设在瑞士巴塞尔,是将阿斯特拉捷利康的农化业务以及诺华的作物保护和种子业务分别从原公司中独立出来,合并组建了全球最具实力的企业。该公司致力于为食物生产、供应和加工各环节提供更加卓越、安全和环保的创新解决方案。先正达的领先技术涉及多个领域,包括基因组、生物信息、作物转化、合成化学、分子毒理学、环境科学、高通量筛选、标记辅助育种和先进的制剂加工技术;对农作物技术的研发投入巨大,这些研发技术可提高玉米、大豆、甘蔗等农作物的平均产量。先正达公司 2007 年销售额约 92 亿美元,是全球领先的植物保护公司,在高价值种子领域名列第三。尽管 2011 年至 2013 年期间,先正达的净利润增长率有所下降,但近几年来其农化销售收入一直是全球第一。据统计,2014 年先正达以 113.8 亿美元领跑世界农化销售额榜单。

　　拜耳公司是世界最为知名的世界 500 强企业之一,于 1863 年由弗里德里希·拜耳在德国创建。总部位于德国的勒沃库森,在六大洲的 200 个地点建有 750 家生产厂;拥有 120 000 名员工及 350 家分支机构,几乎遍布世界各国。高分子、医药保健、化工以及农业是公司的四大支柱产业。公司的产品种类超过 10 000 种,是德国最大的产业集团。拜耳与中国的联系可以追溯到 1882 年,公司最初在中国市场销售染料,业务突飞猛进,1958 年在香港成立了自己独立的代表机构——拜耳中国有限公司,该公司的建立使拜耳能够又一次在中国有效组织业务,并在随后的 20 多年里实现了业务的稳步增长。1986 年,拜耳在北京和上海分别成立了代表处和联络处。时至今日,中国已发展为拜耳全球投资的主要中心之一。

　　美国嘉吉公司(Cargill)是世界上最大的私人控股公司、最大的动物营养品和农产品制造商。总部设在美国明尼苏达州,是由 Willam Wallace Cargill 于 1865 年创立的,经过 150 多年的经营,嘉吉已成为大宗商品贸易、加工、运输和风险管理的跨国专业公司,经营范围涵盖农产品、食品、金融和工业产品及服务。嘉吉公司在 59 个国家拥有近 10 万名员工。嘉吉公司已向两百多万中国农民提供农作物施肥、禽畜繁殖和饲养技术方面的培训,旨在增进畜禽健康并提高产量。

2.1.4　国外生物肥料专利主要发明人分布情况

　　对生物肥料国外专利进行发明人(Inventor)分析,8 758 个发明人中排名前 20 位的人员构成如图 3 - 2 - 3 所示。

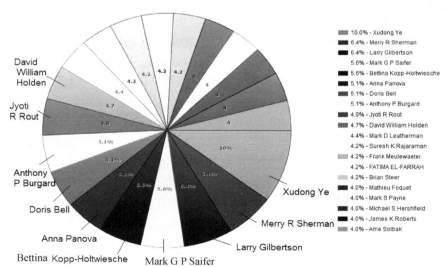

图 3 - 2 - 3　生物肥料国外专利主要发明人

　　通过对排名前 10 位的发明人的 324 项专利进行列表分析,如表 3 - 2 - 4 所示,我们得出主要发明人所属的公司主要集中在孟山都、山景制药及考格尼斯这几家公司,分布于美国和德国。

表3-2-4 国外生物肥料专利前十名发明人信息表

序号	发明人	申请量/件	所属公司
1	Xudong Ye	55	孟山都公司
2	Merry R Sherman	35	山景制药公司
3	Larry Gilbertson	35	孟山都公司
4	Mark G P Saifer	31	山景制药公司
5	Bettina Kopp Holtwiesche	31	考格尼斯德国有限责任公司
6	Anna Panova	28	杜邦公司
7	Doris Bell	28	考格尼斯德国有限责任公司
8	Anthony P Burgard	28	基因组股份公司
9	Jyoti R Rout	27	孟山都公司
10	David William Holden	26	应急产品开发英国有限公司

2.1.5 国外生物肥料近年主要专利技术点

根据Innography的文本聚类(Text Clustering)分析功能,利用聚类分析方法对相关技术进行研究,寻找研究热点。将国外专利去重后,限定在近5年公开,得到共1074件专利,将这些专利按照文本聚类,得到如图3-2-4的近年国外生物肥料专利技术点聚类图。

图3-2-4 近年国外生物肥料专利技术点聚类图

通过对图3-2-4的分析,发现该领域的国外专利技术研究主要集中在几个方面。

1.生物肥料的组成和分类方面(见表3-2-5)

表3-2-5 生物肥料的组成和分类技术点及专利数

技术点	专利数量/件	技术点	专利数量/件
接种剂	614	有机肥料	347
液体肥料	179	生物肥料(包括生物有机肥料)	143

2.生物肥料制品中的微生物种类方面(见表3-2-6)

表3-2-6　生物肥料制品中的微生物种类技术点及专利数

技术点	专利数量/件	技术点	专利数量/件
溶磷或解磷菌	1 829	乳酸菌	452
根瘤菌	1 335	菌株	213
酵母菌	786	菌剂	143
固氮菌	705	光合细菌	83
放线菌	605	微量元素	81
霉菌	590	解钾菌或钾细菌或硅酸盐细菌	64

3.生物肥料制备的有机原料组成方面(见表3-2-7)

表3-2-7　生物肥料制备的有机原料组成技术点及专利数

技术点	专利数量/件	技术点	专利数量/件
有机废弃物	417	腐植酸	76
有机物质	260	畜禽粪便	59
秸秆	219	麦麸	23
食物垃圾	134	厨房垃圾	17
米糠	133		

4.生物肥料的功能方面(见表3-2-8)

表3-2-8　生物肥料的功能技术点及专利数

技术点	专利数量/件	技术点	专利数量/件
促进植物生长	718	土壤改良	318
固氮	235	解磷	201

5.生物肥料的制备方法或工艺方面(见表3-2-9)

表3-2-9　生物肥料的制备方法或工艺

技术点	专利数量/件	技术点	专利数量/件
发酵	1 336	好氧发酵	89
厌氧发酵	69		

　　由表3-2-5、表3-2-6、表3-2-7、表3-2-8、表3-2-9可知,国外的生物肥料以有机肥料中添加接种剂的形式为主,形态以液体肥料居多;生物肥料制品中的微生物种类以解磷菌和根瘤菌为主;生物肥料制备的有机原料组成以有机废弃物、秸秆、食物垃圾等为主;生物肥料的功能以促进植物生长和土壤改良为主;生物肥料的制备方法以发酵为主。

2.1.6　国外申请人在华申请专利分析

从上文可知,国外生物肥料专利发达国家大量对外申请专利,特别是对澳大利亚、加拿大、中国等农业大国具有严密的专利布局。其中,对华(包括台湾和香港)专利申请为509件。对国外申请人在华专利情况进行分析,有利于掌握国外申请人在华专利布局情况,对中国生物肥料相关研究机构及企业提供跟踪学习及预警作用。

1. 国外申请人在华专利申请趋势分析

将509件国外在华申请专利按申请年份排列,得到国外申请人在华专利申请趋势图(图3-2-5)。从图3-2-5可以看出:国外申请人在华申请的专利与中国本土申请的专利(7 023件)相比,并不是很多,在2005年之前,每年的申请量不超过30件,申请量最多的2007年也仅仅只有51件,其次是2005年46件和2010年43件。从图还可以发现,2013年及2014年公开的在华专利数量很少,这跟国外专利从申请到公开的时间较长有关,其申请数据暂不列入趋势分析。进一步分析还发现,国外申请人在华的生物肥料专利申请中,只有2件实用新型专利申请,其余专利申请类型全部为发明专利。

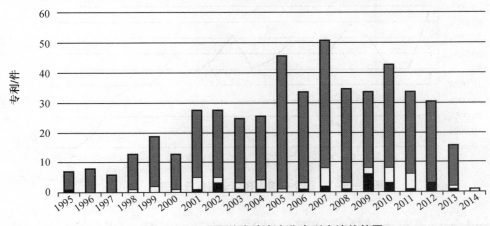

图3-2-5　国外申请人在华专利申请趋势图

2. 国外申请人在华专利授权情况分析

以申请年份为划分标准,对国外申请人在华专利授权情况进行分析,发现在华专利授权数量较少,只有255件。最多的是2005年,有33件授权专利。专利从申请公开到授权需要较长的审查时间,国外专利从申请到授权一般需要三年或者三年以上的审查时间,故2011年后的专利授权数据暂不列入趋势分析范围。

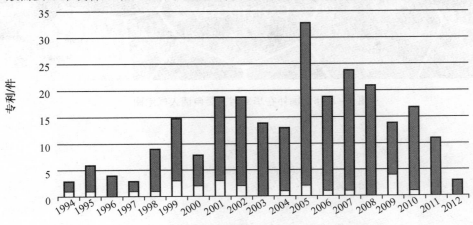

图3-2-6　国外申请人在华专利授权趋势图

将专利授权量跟专利申请量进行对比,可以得出专利授权比例(见图 3 - 2 - 7),可大体判断国外申请人在华申请专利的授权情况。从图 3 - 2 - 7 中可以看出,国外申请人在华专利申请的授权比例相对较高。2011 年之后申请的专利部分仍处于审查阶段,故暂不列入分析范围,除此之外国外在华申请专利的授权比例平均可达到 59.5%,全部时间范围内的授权比例也达到了 49.7%,远远高于生物肥料全球 34.9% 的平均授权比例。

3. 国外在华专利申请人及其趋势情况分析

对国外在华专利申请按申请人进行划分,得到图 3 - 2 - 8 的在华专利申请的主要申请人图,从图中可以发现,国外在华专利申请人中,最主要的申请人是孟山都(Monsanto Company),其次是杜邦(E. I. Du Pont De Nemours & Company)、巴斯夫(BASF SE)、帝斯曼(Koninklijke DSM NV)、山景制药(Mountain View Pharmaceuticals)等,这五家申请人气泡最大,说明其在华申请专利数量较多。除这五家最主要申请人之外,还有诺维信(Novozymes As)、味之素(IAjinomoto Co., Inc..)、先正达(Syngenta AG)等。图 3 - 2 - 9 显示了各个申请人在华申请专利数。从图 3 - 2 - 8 和图 3 - 2 - 9 中可以看出,国外在华专利申请较多的申请人也正是国外生物肥料专利申请排在前十之内的主要申请人。

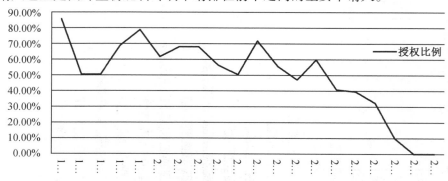

图 3 - 2 - 7　国外申请人在华专利授权比例图

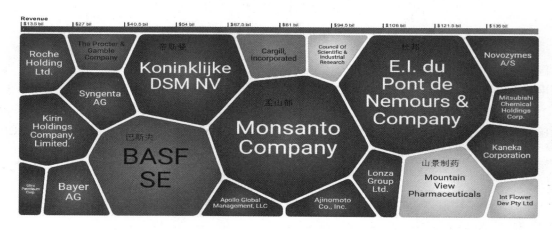

图 3 - 2 - 8　国外在华专利主要申请人气泡图

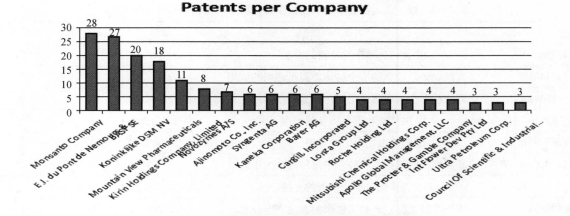

图 3 - 2 - 9　国外在华专利主要申请人及申请专利数图

4. 有效的授权专利和审中专利分析

对国外申请人在华申请专利和授权专利进一步分析,筛选出其中的审中专利(共117件)和授权专利(共194件),并对这些专利进行分析。

表 3 - 2 - 10 中显示的是国外在华的各技术领域中的审中专利、有效专利以及国内相应技术领域的审中和有效专利。从总体上看,除了含有解磷菌的审中生物肥料专利外,国内审中和有效的专利都是占有大部分,国外的申请较少。如在含有钾细菌的生物肥料中,国外审中和有效专利均为0件,而国内审中和有效专利高达44和186件;含有光合细菌的生物肥料国外审中和有效专利均为1件,远远低于国内审中和有效专利。所以在含有光合细菌和钾细菌的生物肥料方面,在国内进行产业化更容易规避风险。

表 3 - 2 - 10　国外在华生物肥料审中专利及有效授权专利

技术分支	国外在华		中国	
	审中	有效	审中	有效
根瘤菌	38	59	32	94
固氮菌	14	28	58	164
解磷菌	38	71	140	495
钾细菌	0	0	44	186
霉菌	16	30	50	203
酵母菌	17	44	111	352
放线菌	9	29	56	163
光合细菌	1	1	27	69
乳酸菌	7	24	34	112

在含有根瘤菌和解磷菌的生物肥料中,国外在华审中和有效专利相对较多,根瘤菌审中38件,有效59件;解磷菌审中38件,有效71件。虽然解磷菌在国内申请也具有明显优势,待审140,有效495件,但根瘤菌在国内申请却低于除光合细菌外的其他技术分支,可见,根瘤菌技术分支有一定的风险,需要重视,否则容易陷入国外的专利雷池。

下面就对根瘤菌国外在华审中和有效的重要专利与国内审中和有效专利进行对比分析,如表 3 - 2 - 11、表 3 - 2 - 12、表 3 - 2 - 13。

表 3 - 2 - 11　孟山都在华含根瘤菌生物肥料审中专利及有效授权专利

公开号	名称	申请日	专利强度	是否多边申请
CN104232680A	快速转化单子叶植物的方法	2007.8.31	71	是
CN103484433A	提高植物转化效率的多个转化增强子序列的应用	2007.7.18	42	是
CN101517083A	提高植物转化效率的多个转化增强子序列的应用	2007.7.18	38	是
CN103763916A	杀虫核酸和蛋白质及其用途	2012.2.9	8	是
CN101268094B	编码杀虫蛋白的核苷酸序列	2006.8.30	90	是
CN101490266B	非土壤杆菌属细菌物种用于植物转化的用途	2007.5.16	90	是
CN101528933B	快速转化单子叶植物的方法	2007.8.31	83	是
CN101490264B	用于获得无标记转基因植物的方法和组合物	2007.5.11	76	是
CN101686705B	来自 Bacillus thuringiensis 的半翅目和鞘翅目活性的毒素蛋白	2008.4.25	62	是
CN101528932B	植物无选择转化	2007.8.31	61	是
CN101663400B	分生组织切除和转化方法	2008.3.10	53	否
CN1202719C	用除虫菊酯/拟除虫菊酯和氯硫尼定的联合处理种子的方法	2001.10.2	34	是

表 3 - 2 - 12　诺维信在华含根瘤菌生物肥料审中专利及有效授权专利

公开号	名称	申请日	专利强度	是否多边申请
CN104093680A	组合使用脂壳寡糖或壳寡糖与解磷微生物促植物生长	2012.9.14	42	是
CN104066322A	用于增强植物生长的壳寡糖和方法	2012.9.24	38	是
CN104080337A	种子处理方法和组合物	2012.9.10	37	是
CN104066327A	用于增强植物生长的脂壳寡糖组合和方法	2012.9.24	34	是
CN103648284A	有竞争力且有效的大豆慢生根瘤菌菌株	2012.3.30	19	是
CN104093829A	慢生根瘤菌菌株	2012.12.17	15	是

表 3 - 2 - 13　中国含根瘤菌生物肥料重要专利

公开号	名称	申请日	专利强度	申请人
CN102731174B	黄腐植酸肥料及其制备方法	2011.4.13	83	叶长东
CN101811914B	一种用于降解农药残留的保湿生物肥料	2009.3.27	78	河南远东生物工程有限公司
CN101629156B	微生物菌剂及由其发酵产生的土质改良剂	2009.8.26	74	宋彦耕
CN101643718B	微生物菌剂及由其发酵产生的有机肥料	2009.8.26	74	宋彦耕
CN101429062B	绿化苗木种植基质多功能添加剂	2007.11.7	72	浙江省林业科学研究院；浙江城建房地产集团有限公司
CN101993305B	一种复合微生物菌剂及其生产方法	2010.10.15	71	领先生物农业股份有限公司
CN101456770B	生物有机精肥及其制造方法	2008.12.24	70	田勇
CN102153382B	一种复合微生物叶面肥喷施剂及其使用方法	2010.12.15	67	沈阳科丰牧业科技有限公司
CN102553904B	一种重金属污染土壤的生物修复方法	2012.1.17	66	浙江博世华环保科技有限公司
CN101914447B	一种微生物复合菌剂 707 及其制备方法与应用	2010.7.31	66	大连三科生物工程有限公司

表 3 - 2 - 13（续）

公开号	名称	申请日	专利强度	申请人
CN102503735B	一种含有根瘤菌的大豆专用控释肥及其制备和应用	2011.11.2	64	山东金正大生态工程股份有限公司
CN102515951B	一种烟草复合微生物肥料及其制备方法	2011.12.14	62	湖南省微生物研究所
CN101723763B	大豆生物种衣剂	2009.10.31	57	黑龙江八一农垦大学大庆坤禾美生物科技有限公司
CN1951197B	一种采用根瘤菌防治大豆根部病害的新方法	2006.11.1	55	沈阳农业大学
CN101585721B	一种紫云英复合微生物菌剂及其制备方法	2009.7.3	50	嵇书琼

表 3 - 2 - 11 是国外在华申请专利最多的孟山都公司的含有根瘤菌的生物肥料的审中和有效专利。表 3 - 2 - 12 是诺维信公司的含有根瘤菌的生物肥料的审中专利。目前诺维信还没有该方面的授权有效专利。表 3 - 2 - 13 是中国含根瘤菌生物肥料重要专利（根据专利强度排名）。由表 3 - 2 - 11 可以看出，孟山都公司的根瘤菌专利多涉及基因组学、基因的序列分析、基因的编码等，利用微生物功能基因组的研究揭示其作用机制。由表 3 - 2 - 12 可以看出，诺维信生物公司的根瘤菌专利主要是研究用于促进植物生长的组合物或新的分离菌株，并公开了用于筛选和选择具有促进植物生长特征的细菌菌株的新方法。而由表 3 - 2 - 13 可知中国的根瘤菌专利多涉及复合菌剂和复合微生物肥料的生产和制备方法，大多数并没有涉及单一的根瘤菌菌剂。

利用基因组学揭示微生物的作用机制是生物肥料研究的一个重要方向，采用多个基因序列分析进行生物固氮资源的分类方法在近几年也得到了普遍应用，但由于中国的根瘤菌审中和有效专利中涉及基因组学的很少，所以如果我国将来需要发展这方面的技术，需要提前做好相应的风险评估，并加强技术储备。

诺维信是全球微生物制剂的主导企业，并于 2013 年底与转基因巨头孟山都公司共建生物农业战略联盟，将诺维信公司在生物农业商业化运作的经验微生物研发生产能力与孟山都公司的微生物研发、高等生物学、田间试验和商业化能力相结合。诺维信公司在华的根瘤菌专利均为 2012 年申请，属于比较新的专利，且都属于多边申请。专利的指向性也很明确，都是促进植物生长。所以国内申请人要想规避技术风险，就要规避其研究重点，从其外围或者技术空白点展开研究，如果规避不开，还可以与该领域的国外专利权人进行合作，避免专利侵权。

2.1.7 国外生物肥料专利申请人竞争力分析

通过气泡分析图分析生物肥料领域中各竞争者的技术差距情况（气泡分析图是直观体现专利权人之间技术差距与实力高下的分布图。图中气泡大小代表专利多少；横坐标与专利比重、专利分类、引用情况相关，横坐标越大说明其专利技术性越强；纵坐标与专利权人的收入高低、专利国家分布、专利涉案情况有关，纵坐标越大说明专利权人实力越强）。

将搜索所得的 9 504 个国外生物肥料专利文献的专利权人机构（Organization）进行统计分析，得到国外各大机构的气泡图，如图 3 - 2 - 10 。

从图 3 - 2 - 10 中可以看出，在国外，孟山都公司以 441 件专利排首位，其气泡明显大于其他专利权人机构，巴斯夫公司拥有 280 件排在第二位，杜邦公司拥有 240 件排第三位，帝斯曼和味之素分别以 193 件和 133 件排名第四、第五位。其他机构的气泡相比前五个公司或机构则明显小了很多。

图 3 - 2 - 10 中两条实线将气泡图分成 ABCD 四个象限，A 是既有强大的综合实力又有深厚的专利科技实力，B 是有强大的综合实力但在该领域缺乏深厚的专利技术，C 是缺乏强大的综合实力但拥有深厚的专利技术，D 是两者都没有，处于竞争劣势。孟山都公司的气泡最大最靠右，说明该公司在生物肥料

领域专利数量最多而且专利技术性最强,在该领域内拥有较大的竞争优势,除了孟山都外,康奈尔、杜邦、巴斯夫、诺和诺德的专利技术强度也较高;嘉吉公司虽然气泡不大,但气泡最高,说明该公司在生物肥料领域专利数量虽然不多,但公司综合实力较强,此外,巴斯夫、拜耳、基因科技的综合实力也较强。

从图3-2-10还可看出,除了图中标出的专利权人机构外,其他的专利权人机构无论是专利数量还是专利技术强度和综合实力都相差不大;技术上平分秋色。

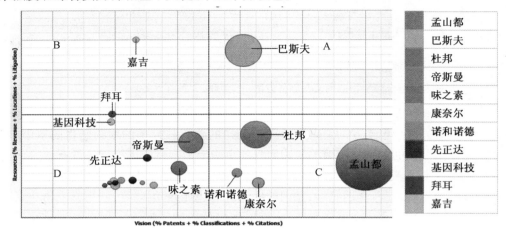

图3-2-10　专利权人气泡图

"专利强度(Patent Strength)"是 Innography 的核心功能之一,它是专利价值判断的综合指标。通过专利强度分析功能,可以快速从大量专利中筛选出核心专利,帮助判断该技术领域的研发重点。专利强度受专利权利要求项数量、引用文献量与被引用次数、是否涉案、专利年龄、专利剩余寿命、专利涉及研究领域、专利时间跨度、同族专利数量等因素影响,其中,权利要求项数量代表专利保护范围的广度,涉案专利的权利要求项数目通常高于非涉案专利,而涉案专利的价值通常高于非涉案专利;引用文献量与被引用量越大,其专利诉讼的可能性越大;专利年龄是指专利授权后至今已消耗的保护时间,而专利年龄小的诉讼率通常高于专利年龄大的;专利申请时长是指专利从申请日起至公开日或授权日的时间跨度,通常涉案专利的申请时长大于非涉案专利。以上因素和指标的强度高低可以综合反映出该专利的文献价值大小。选取国外生物肥料领域专利数量较多的前5个专利权人,然后按专利强度,选取专利权利要求项数量、引用、被引用次数、是否涉案、专利剩余寿命、专利涉及研究领域、发明人等7个指标进行相对比较分析,作出如图3-2-11的雷达图。

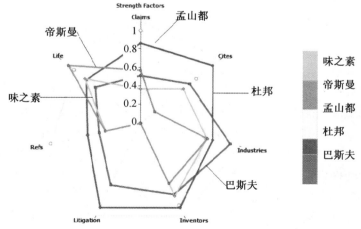

图3-2-11　国外生物肥料专利权人雷达图

从图 3 - 2 - 11 中可以看出,在专利强度要素和权利要求数量坐标来看,权利要求项最多的是美国孟山都公司和美国杜邦公司,说明其专利质量较高;被引用数量最多的是美国杜邦公司,说明其专利在生物肥料领域具有引领作用,其次是孟山都公司;从研究领域的广泛性来看,研究领域最广泛的是德国巴斯夫公司,其次是美国杜邦公司,另外三个公司则相差无几;从发明人数量来看,孟山都和杜邦公司发明人最多;从涉案专利数量来看,只有杜邦公司和巴斯夫公司在该领域有涉案专利;从引用专利数量来看,美国孟山都公司显著超过其他四家公司;从专利剩余寿命来看,帝斯曼公司排在最前面,其次是孟山都公司,说明这两家公司的专利总体较新,相反地,排名最后的巴斯夫公司的专利较老,总体申请时间较早。

2.1.8　国外生物肥料专利申请趋势分析

将检索所得的 9 737 件国外专利申请按照专利按照申请份(Filing Year)统计,得到近 20 年生物肥料相关专利的申请趋势,见图 3 - 2 - 12。

由图 3 - 2 - 12 可见,国外生物肥料技术专利申请数量在 2003 年前总体呈上升趋势,随后申请趋势呈缓慢波动状态,2004 年申请量有所下降,2005 年又缓慢上升,2007 年的申请量达到高峰 706 件,随后申请量又有所下降,但总体趋势波动不大,每年专利申请量在 600 件左右。2013 年和 2014 年的专利公开还不充分,部分专利数据还未收录,因此暂不列入趋势分析的范畴。

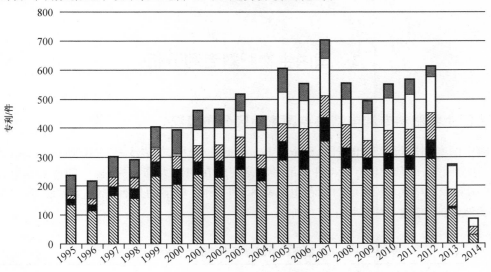

图 3 - 2 - 12　生物肥料国外专利申请趋势柱状图

图 3 - 2 - 13 是生物肥料国外专利申请趋势折线图,由图可以看出,从专利的申请国别看,国外生物肥料专利申请国以美国和日本为主,其中日本专利申请量在 2003 年前所占比重最大,2003 年后申请量下降,近几年申请量更是大幅下降,而美国专利在 2001 年申请量骤增,2003 之后所占比重较大。欧洲专利的申请量在近 20 年内波动不大,趋势平缓。从图中还可以看出,通过世界知识产权组织 PCT 国际专利申请量所占比重也较大,体现了生物肥料技术领域的创新能力、技术价值和市场价值较高。

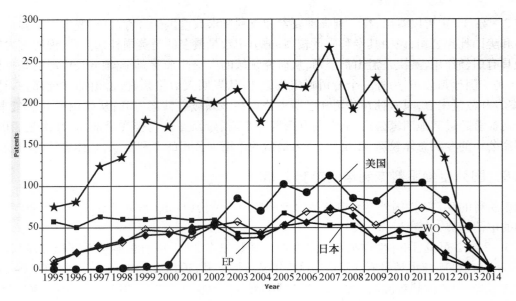

图 3 - 2 - 13   生物肥料国外专利申请趋势折线图

2.2   国内生物肥料专利分析

2.2.1   中国生物肥料专利申请热点国家地区分布情况

对生物肥料中国专利进行专利申请国(Source Jurisdiction)分析,如表3-2-16所示,7 023 件申请专利主要分布在 14 个国家,而其中的 6 864 件申请专利是应用在中国大陆,只有极少的专利在其他国家申请,而通过 PCT 国际专利申请(WIPO)的专利也只有 45 件,EPO 申请的只有 9 件,说明很多专利权人并不注重技术的境外保护,专利布局意识也有待加强。

表 3 - 2 - 16   生物肥料中国专利申请热点国家和地区

国别和地区	数量/件
中国	6 864
国际专利申请(WIPO)	45
美国	37
中国台湾地区	27
澳大利亚	9
欧洲专利申请(EPO)	9
日本	6
韩国	4
英国	3
香港	2
法国	1
欧洲专利局	1

表 3 - 2 - 16（续）

国别和地区	数量/件
加拿大	1
墨西哥	1
俄联邦	1
德国	1

2.2.2　中国生物肥料专利主要申请人分布情况

将检索所得的 7 023 件中国专利申请按照专利按照申请人（organization）统计,得到近 20 年生物肥料的主要申请人,共有 2 177 个,图 3 - 2 - 14 所示为排名前 20 的申请人。

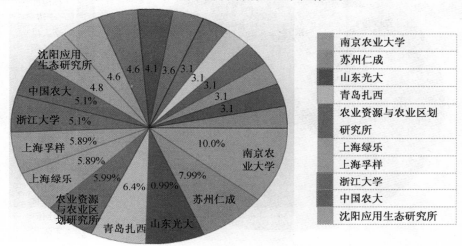

图 3 - 2 - 14　生物肥料中国专利主要申请人

对排名前 10 位的申请人的 606 项专利进行列表分析（表 3 - 2 - 17）,由表 3 - 2 - 17 可知,国内在生物肥料领域专利申请人主要集中在高校和公司,高校主要是国内的一些著名农业院校,而公司则是在 21 世纪新成立的一些生物科技公司,它们看准生物科技这一世界科技发展的新趋势,以生物技术作为发展的主导产业,发展势头强劲,注重科技研发和人才培养,专利的申请量在该领域处于领先地位。

表 3 - 2 - 17　中国生物肥料专利主要申请人信息表

序号	申请人名称	申请量	属性
1	南京农业大学	64	高校
2	苏州仁成生物科技有限公司	48	公司
3	山东光大肥业科技有限公司	42	公司
4	青岛扎西生物科技有限公司	39	公司
5	中国农业科学院农业资源与农业区划研究所	36	科研机构
6	上海绿乐生物科技有限公司	35	公司
7	上海孚祥生物科技有限公司	35	公司
8	浙江大学	31	高校

表 3 – 2 – 17（续）

序号	申请人名称	申请量	属性
9	中国农业大学	31	高校
10	中国科学院沈阳应用生态研究所	29	科研机构

2.2.3 中国生物肥料专利主要发明人分布情况

对生物肥料中国专利进行发明人（Inventor）分析，7 996 个发明人中排名前 20 位的人员构成如图 3 – 2 – 15 所示。

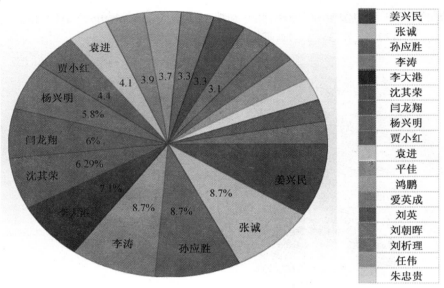

图 3 – 2 – 15 生物肥料中国专利主要发明人

通过对排名前 10 位的发明人的 331 项专利进行列表分析，如表 3 – 2 – 18 所示，我们得出发明人所属的机构主要集中在山东光大肥业科技有限公司、南京农业大学以及上海绿乐生物科技有限公司，其中，排名前 5 的发明人都属于山东光大肥业科技有限公司，而该公司的 42 件专利也全部是由这 5 人中的全部或部分合作申请完成的，可见以姜兴民为核心的团队组成了该公司专利申请的主力军。南京农业大学的沈其荣和杨兴明也属于同一团队，上海绿乐生物科技有限公司的闫龙翔和贾小红也属于同一团队，显然，这些发明人是生物肥料领域进行科技创新最重要的主力军，也是生物肥料企业应关注的发明人。但同时也发现该领域的发明人比较集中，一个公司内，本领域的专利大多出自有限的几位发明人，说明公司的研究基础比较薄弱，对少数几个发明人的依赖程度较高。

表 3 – 2 – 18 中国生物肥料专利前十名发明人信息表

序号	发明人	申请量	所属公司
1	姜兴民	43	山东光大肥业科技有限公司
2	张诚	42	山东光大肥业科技有限公司
3	孙应胜	42	山东光大肥业科技有限公司
4	李涛	42	山东光大肥业科技有限公司
5	李大港	34	山东光大肥业科技有限公司

表 3 – 2 – 18（续）

序号	发明人	申请量	所属公司
6	沈其荣	30	南京农业大学
7	闫龙翔	29	上海绿乐生物科技有限公司
8	杨兴明	28	南京农业大学
9	贾小红	21	上海绿乐生物科技有限公司
10	袁进	20	安徽瑞然生物药肥科技有限公司

2.2.4　中国生物肥料近年主要专利技术点

根据 Innography 的文本聚类（Text Clustering）分析功能，利用聚类分析方法对相关技术点进行研究，寻找研究热点。将中国专利去重后，限定在近 5 年内公开（2010—2014 年），得到 5 740 件专利，将这些专利按照文本聚类，得到如图 3 – 2 – 16 的近年中国生物肥料专利技术点聚类图。

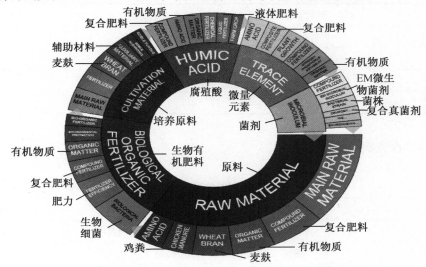

图 3 – 2 – 16　2010—2014 年中国生物肥料专利技术点聚类图

通过对图 3 – 2 – 16 的分析，发现该领域的中国专利技术研究主要集中在几个方面。

1. 生物肥料的组成和分类方面（见表 3 – 2 – 19）

表 3 – 2 – 19　生物肥料的组成和分类技术点及专利数

技术点	专利数量/件	技术点	专利数量/件
生物肥料（包括生物有机肥料）	851	有机肥料	2 269
接种剂	2 308	复合微生物肥料	751
菌肥	287		

2. 生物肥料制品中的微生物种类方面(见表 3-2-20)

表 3-2-20   生物肥料制品中的微生物种类技术点及专利数

技术点	专利数量/件	技术点	专利数量/件
溶磷或解磷菌	1 724	酵母菌	1 469
微量元素	1 040	菌剂	999
固氮菌	758	霉菌	732
放线菌	737	乳酸菌	387
解钾菌或钾细菌或硅酸盐细菌	668	菌株	463
光合细菌	372	根瘤菌	371

3. 生物肥料制备的有机原料组成方面(见表 3-2-21)

表 3-2-21   生物肥料制备的有机原料组成技术点及专利数

技术点	专利数量/件	技术点	专利数量/件
秸秆	1 957	腐植酸	1 024
有机物质	980	麦麸	911
鸡粪	684	米糠	442
有机废弃物	350		

4. 生物肥料的功能方面(见表 3-2-22)

表 3-2-22   生物肥料的功能技术点及专利数

技术点	专利数量/件	技术点	专利数量/件
土壤改良	1 227	促进植物生长	602
解磷	381	提高土壤肥力	368
解钾	312	固氮	199

5. 生物肥料的制备方法或工艺方面(见表 3-2-23)

表 3-2-23   生物肥料的制备方法或工艺

技术点	专利数量/件	技术点	专利数量/件
发酵	4 392	好氧发酵	407
厌氧发酵	292	固体发酵	199

由表 3-2-19、表 3-2-20、表 3-2-21、表 3-2-22、表 3-2-23 可知,国内的生物肥料与国外一样,也是以有机肥料中添加接种剂为主;生物肥料制品中的微生物种类以解磷菌和酵母菌为主;生物肥料制备的有机原料组成以秸秆、腐植酸等为主;生物肥料的功能以土壤改良和促进植物生长为主;生物肥料制备方法以发酵为主。

图 3-2-17 是 1995—2009 年中国生物肥料专利技术点聚类图,其专利技术点主要集中在复合肥料、原料、有机废弃物、有机物质、微量元素等方面。

将 2010—2014 年与 1995—2009 年两个阶段的专利技术点进行对比分析可以发现,近 5 年内,有关生物有机肥、腐植酸和菌剂的专利数量明显增多,说明:①生物有机肥已经成为了生物肥料中的研究重点,生物有机肥中的有机质选择更加多样化,除了有机废弃物外,更多地出现了秸秆、腐植酸、麦麸、鸡粪等有机质;②微生物菌剂的研究也成为生物肥料的研究重点,菌剂除了根瘤菌剂和固氮菌剂外,溶磷菌剂、硅酸盐菌剂、光合细菌菌剂的研究也大量增加。

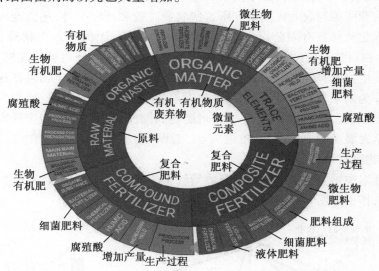

图 3 - 2 - 17　1995—2009 年中国生物肥料专利技术点聚类图

2.2.5　中国生物肥料专利申请人竞争力分析

国内生物肥料领域中各竞争者间的技术差距情况仍然用气泡图来进行分析,气泡大小代表专利多少;横坐标与专利比重、专利分类、引用情况相关,横坐标越大说明其专利技术性越强;纵坐标与专利权人的收入高低、专利国家分布、专利涉案情况有关,纵坐标越大说明专利权人实力越强。将搜索所得的 9 172 个中国生物肥料专利文献的专利权人机构(Organization)进行统计分析,得到国内各大机构的气泡图,如图 3 - 2 - 18 所示。

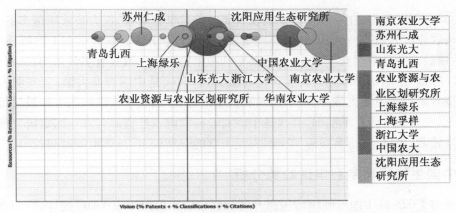

图 3 - 2 - 18　生物肥料中国专利申请人竞争力气泡图

从图 3 - 2 - 18 可以看出,从专利数量来看,南京农业大学数量最大(98 件),其次是山东光大肥业科技有限公司(83 件),而中国农业大学(56 件)、中国农业科学院农业资源与农业区划研究所(56 件)、上海绿乐生物科技有限公司(54 件)、浙江大学(51 件)、苏州仁成生物科技有限公司(49 件)的专利数量则差别不大;从专利的技术性方面来看,南京农业大学的专利技术性最强,科技实力最强,中国科学院沈阳应用生态研究所、中国农业大学紧随其后,华南农业大学、浙江大学、山东光大肥业科技有限公司的专利技术性也相对较强;而从专利权人的综合实力来看,各个公司和高校或科研院所的气泡高度差别不大,综合实力相当。

从中国生物肥料领域竞争力来看,除了南京农业大学、中国农业大学、中国科学院沈阳应用生态研究所、中国农业科学院农业资源与农业区划研究所这些农业院校和研究所外,还涌现出了一批新兴的生物科技公司,如山东光大肥业科技有限公司(成立于2007年4月)、上海绿乐生物科技有限公司(成立于2004年)、苏州仁成生物科技有限公司(成立于2006年6月)等,这些公司虽然规模不大,市场上的综合实力也不强,但它们在生物肥料领域的研发实力不容小觑,它们正是看准生物科技这一世界科技发展的新趋势,将生物技术作为未来发展的主导产业,逐步发展成为了集生产、科研、销售为一体的专业性微生物肥料生产公司。而发展复合微生物肥和生物有机肥是我国发展现代农业和实现农业可持续发展的重要措施,也是按照科学发展观的要求,加快推进"沃土工程"的重要保证。相信乘着政策的东风,这些公司势必会成为我国生物肥料领域的领头羊。

同样,我们也可选取中国生物肥料领域专利数量较多的前5个专利权人,对他们所拥有的专利在专利强度方面进行比较,作出如图3-2-19所示的雷达图。

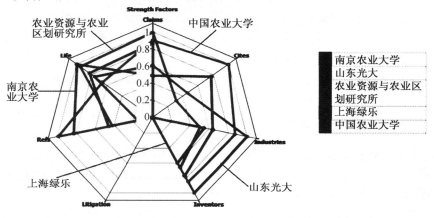

图3-2-19　中国生物肥料专利申请人竞争力雷达图

从图3-2-19可以看出,在专利强度要素权力要求数量坐标来看,权力要求项最多的是中国农业科学院农业资源与农业区划研究所,说明其专利质量较高,其次是中国农业大学和上海绿乐生物科技有限公司;被引用数量最多的是中国农业大学,说明其专利在生物肥料领域具有引领作用;从研究领域的广泛性来看,研究领域最广泛的是山东光大肥业科技有限公司,其次是中国农业大学;从发明人数量来看,山东光大肥业科技有限公司发明人最多;从引用专利数量来看,中国农业大学引用专利数量最多;从专利剩余寿命来看,南京农业大学排在最前面,其次是中国农业科学院农业资源与农业区划研究所,说明这两家公司的专利总体较新,相反地,排名最后的中国农业大学的专利较老,总体申请时间较早。

2.2.6　中国生物肥料专利申请趋势分析

将检索所得的7 023件中国专利申请按照专利按照申请年份(Filing Year)统计,得到近20年生物肥料相关专利的申请趋势,见图3-2-20。

由图3-2-20可见,中国生物肥料技术专利申请数量在近20年呈总体上升趋势,在2007年之前呈平稳增长趋势,之后每年以上百件专利数量递增,2013年的专利公开虽然还不充分,部分专利数据还没收录,但已经看到增长势头迅猛,可见近几年中国在生物肥料技术方面专利申请趋势增长迅速。从图3-2-20中还可以看出,中国生物肥料专利通过世界知识产权组织PCT国际专利申请量很少,在

2012 年之前每年申请量最多不超过 5 件,直到 2013 年才达到 20 件。

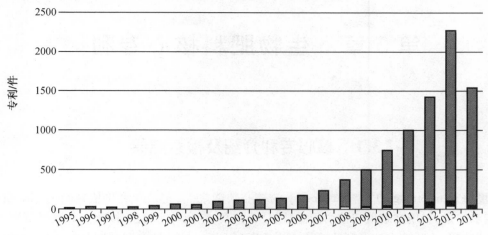

图 3-2-20 生物肥料中国专利申请趋势

图 3-2-21 是生物肥料中国专利申请省市分布,从图中可以看出,排名前十的省市专利申请量占到全国申请量的三分之二左右,其中江苏省、山东省、北京市的申请量在全国范围内遥遥领先,体现了这些省市的科研院所和生物科技公司对生物肥料研发的重视。

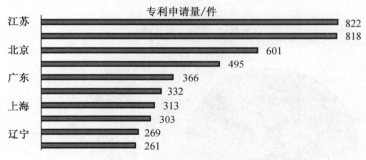

图 3-2-21 生物肥料中国专利申请省市分布

表 3-2-24 为国内排名前五的省市专利申请、授权及有效专利统计表,从表中可以看出,山东省和江苏省虽然在专利申请数量上排名靠前,但专利授权比例却排在广东省和北京市之后,同样的情况也出现在有效专利比例上。而安徽省的专利申请量虽然也排在广东省前面,但其专利授权比例和有效专利比例远远低于广东省。这说明广东省和北京市的生物肥料专利的申请质量较高,所申请的专利具有较好的新颖性和创造性,所以其专利的授权比例名列前茅。而且,广东省和北京市生物肥料的有效专利数量也位居全国前两位,说明广东省和北京市在专利管理水平、专利竞争力方面具有较高的水平。

表 3-2-24 中国生物肥料专利主要申请省市申请、授权及有效专利统计表

序号	范围	专利申请量	专利授权		有效专利	
			总量	比例/%	总量	比例
1	江苏省	822	228	27.7	173	21
2	山东省	818	303	37	230	28.1
3	北京市	601	297	49.4	219	36.4
4	安徽省	495	63	12.7	54	11
5	广东省	366	182	49.7	150	41

第3章　生物肥料核心专利

3.1　核心专利介绍及检索结果

"专利强度（Patent Strength）"是 Innography 的核心功能之一，它是专利价值判断的综合指标。专利强度受权利要求数量、引用文献量与被引用次数、是否涉案、专利时间跨度、同族专利数量等因素影响，其强度的高低可以综合地反映出该专利的价值大小。通过 Innography 的专利强度分析功能，可以快速从大量专利中筛选出核心专利，帮助判断该技术领域的研发重点。

将检索所得的生物肥料专利进行同族专利去重之后，进行强度划分，将各梯度强度的专利数量汇总得到图 3 - 3 - 1，从图 3 - 3 - 1 可以看出，专利数量按专利强度从低到高呈递减规律排列，30 分以下专利数量占全部专利的 82%。专利强度在 70 分以上的专利共有 375 件，占全部专利的 4%，将其作为核心专利进行分析。

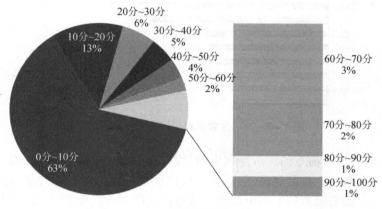

图 3 - 3 - 1　生物肥料专利强度分布图

3.2　国外生物肥料核心专利技术来源分析

从表 3 - 3 - 1 可以看出，生物肥料核心专利技术主要来自美国（143 件），其次是中国（132 件，包括香港和台湾）、日本（19 件）、加拿大（17 件）和德国（11 件）。中国仅次于美国位居全球生物肥料核心专利第二名，说明中国不仅是生物肥料申请的数量大国，也是生物肥料技术强国。

表3-3-1　全球生物肥料核心专利来源国家分布

国别和地区	数量/件
美国	143
中国	127
日本	19
加拿大	17
德国	11
英国	8
澳大利亚	6
荷兰	5
法国	5
丹麦	4
中国香港	3
印度	3
新西兰	3
芬兰	3
韩国	3
中国台湾	2
奥地利	2
意大利	2
南非	2
洪都拉斯	1

3.3　生物肥料核心专利主要专利权人

375件核心专利共有260个专利权人,图3-3-2所示为排名前20的专利权人。从图中可以看出,在排名前20的专利权人中,除孟山都(16件)、诺和诺德(5件)、巴斯夫(4件)、杜邦(3件)、味之素(3件)、嘉吉(3件)等在国外生物肥料领域申请量较多的公司,中国的欧亚生物科技有限公司(香港)(8件)、中科院沈阳应用生态研究所(6件)、上海绿乐生物科技有限公司(5件)、山东省农科院土壤肥料研究所(3件)、湖南省中科农业有限公司(3件)等也榜上有名。中国的专利权人在前20名中占了1/4,进一步说明中国的生物肥料技术在全球不容小觑。

如图3-3-3所示,从专利申请的技术点看,每个技术点都有覆盖图中的六个功效,但专利数量有所差异。解磷菌专利数量明显多于其他菌类的专利数量,是因为解磷菌中的细菌如巨大芽孢杆菌、枯草芽孢杆菌、蜡样芽孢杆菌、氧化硫硫杆菌、芽孢杆菌属或类芽孢杆菌属以及解磷菌中的真菌如青霉菌、黑曲霉,菌根等在国内外近些年的研究都比较多,因为它们均具有非常强的溶磷能力,在很多生物肥料中都有添加。我国磷矿资源缺乏,尤其是高品质的磷矿,土壤中积累了大量的难溶性磷,研究开发溶磷菌剂十分必要。

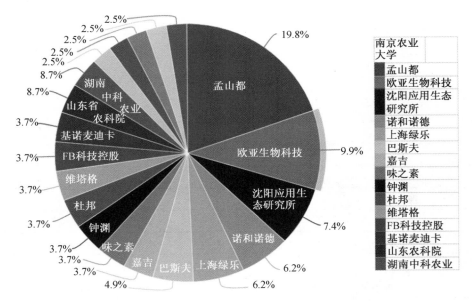

图3-3-2   生物肥料核心专利主要专利权人

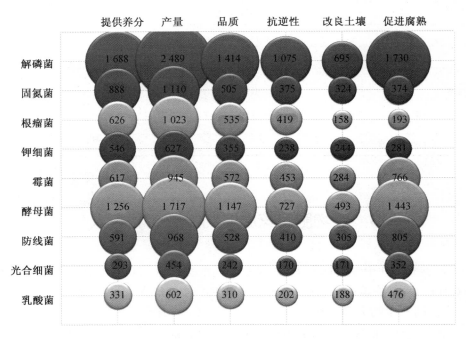

图3-3-3   全球生物肥料技术功效图

其次就是酵母菌的专利也比较多,这是因为近年来在研究有机物料如麦麸、米糠、秸秆的堆肥方面的专利比较多,与发酵腐熟有关的微生物菌如酵母菌的菌剂研究进展就快。

根瘤菌、固氮菌、霉菌、放线菌的专利数量在总体上相差不多。与其他菌种相比,根瘤菌和固氮菌在生物肥料中研究较早,技术也比较成熟,美国、巴西、阿根廷等大豆生产国都较好地突破了根瘤菌的高效菌种的培育技术、突破了根瘤菌与土壤、豆科植物品种的匹配技术,节约了大量氮肥资源。固氮菌的研究则主要集中在自生固氮菌和联合固氮菌上,固氮菌固氮的效率与共生的根瘤菌相比要低许多,所以研究如何提高固氮微生物的固氮效率以及它们在菌剂产品中的存活期具有非常重要的意义。放线菌对许多植物病害有明显的抑制作用,被用来生产"抗生菌肥",对于放线菌制剂,要加强对有关菌种的退化和培养条件的研究。

　　光合细菌和乳酸菌的专利数量相对来说较少,光合细菌是一类利用太阳能生长繁殖的微生物,田间试验表明,使用含光合细菌的有机肥能提高某些作物的产量,还可提高农产品的品质,在生物有机肥中加入光合细菌,能促进稻田土壤中固氮菌和放线菌的繁殖,提高土壤中微生物总量,为作物创造出良好的生长环境。乳酸菌的代表是乳酸屎肠球菌"Anp01"。乳酸屎肠球菌"Anp01"是为数不多的耐高温乳酸菌,在堆积发酵高温达到50度时,仍然可以有效繁殖发酵,这是乳酸菌能成功发酵有机肥的重要因素,乳酸菌的功能主要是促进有机物料的腐熟。

　　从专利申请的功效来看,提高作物产量(促进生长)、促进有机物料腐熟、提供养分分别排在前三位,说明这些功效在各个菌种中都是最受关注的,这也是生物肥料最主要的三个功能。其中,促进有机物料腐熟的功能在近年来逐渐成为研究热点,通过生物转化技术将有机物料减量化、无害化和资源持续利用,对于循环经济可持续发展具有重要的意义。增强作物的抗逆性和改良土壤两个功效的专利数量相对较少,但降解农药污染、改良和修复土壤、提高作物抗重金属毒害以及提高作物的逆境生存能力已经成为各国迫切需要解决的问题,相信在以后的研究中,必然会有更多的专利进入这两个领域。

　　图3-3-4是中国生物肥料技术功效图,与全球技术功效图相比,在专利申请的技术点方面,中国的根瘤菌研究所占比重较小,而钾细菌的研究所占比重超过了根瘤菌,在专利申请的功效方面,二者的趋势一致。

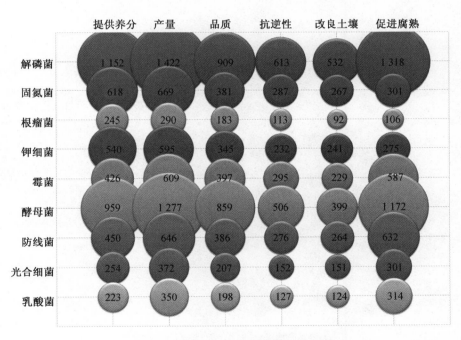

图3-3-4　中国生物肥料技术功效图

　　目前我国根瘤菌的研究与使用与国外差距较大,欧美的大豆主要生产国都较好地突破了根瘤菌高效菌种的培育技术;突破了与土著根瘤菌竞争结瘤问题以及高效固氮技术;突破了根瘤与土壤、豆科植物的品种匹配技术,节约了大量氮肥资源,美国、巴西、澳大利亚等国在根瘤菌生物肥料方面拥有大量专利,而我国每年豆科作物中接种根瘤菌的面积不到豆科作物播种面积的1%,豆科作物产量主要依靠氮肥获得,还没有从根本上发挥根瘤菌肥料的固氮和增效作用。无法高效固氮、氮肥阻遏过小、根瘤菌菌种竞争能力过强已经成为我国根瘤菌生物肥料发展的技术瓶颈。

　　解磷菌和钾细菌主要都是硅酸盐细菌,从技术功效图可以看出,钾细菌的研究主要集中在我国,国外的研究甚少,这可能与国外土壤缺钾的程度远远低于我国有关。我国的耕地复种指数是世界上最高的,作物生长需要消耗大量钾肥,而土壤缺钾明显,对农田土壤大面积施用钾肥为解钾生物肥料的研究和发展提供了巨大的空间。

　　同时,我国酵母菌的专利也比较多,与国外堆肥主要采用有机废弃物、厨余垃圾相比,我国更注重秸秆、腐植酸和麦麸这些有机原料的堆肥,由于我们国家对作物秸秆生物处理技术的重视,秸秆腐熟微生物菌剂的研究进展较快,秸秆腐熟微生物肥料产业化发展也非常迅速。

第4章 佛山金葵子植物营养有限公司专利分析

佛山金葵子植物营养有限公司(以下简称金葵子)成立于1997年,是一家集科研、生产、销售为一体的高新技术企业,设有广东省土壤重金属微生物修复工程技术研究中心、广东省农业科技创新中心、佛山市环保与农业生物工程技术研究开发中心。从事环保、生态农业、农田土壤修复产业。

金葵子公司的环保生物技术成果及产品因其显著的社会、生态和经济效益,被列入国家级火炬计划项目、国家级星火计划项目、国家重点环境保护实用技术项目、国家重点新产品项目,荣获第十一届中国新技术新产品博览会金奖和广东省科技进步奖等奖项。

2004年,金葵子与国家杂交水稻工程技术研究中心签订合作合同,利用其产品达到解决水稻穗重倒伏、增产抗病、保鲜储藏、提高稻米质量等目的,获得中国工程院院士、国家杂交水稻工程技术研究中心主任、"杂交水稻之父"袁隆平的高度赞扬。

"金葵子"商标获"广东省著名商标"称号,主营产品腐秆剂被评为广东省自主创新产品。

4.1 金葵子专利申请情况

4.1.1 检索方法及范围

本章以"金葵子"(jinkuizi)和"高明市绿宝"为专利权人进行专利检索,可以同时检索到"高明金葵子植物营养有限公司"和"佛山金葵子植物营养有限公司"以及"高明市绿宝植物营养制品有限公司"。其中高明市绿宝植物营养制品有限公司有三件专利申请后转让给高明金葵子植物营养有限公司。广州利万世环保科技有限公司有1件专利申请后转让给佛山金葵子植物营养有限公司。

4.1.2 检索结果

截至2014年12月31日,佛山金葵子植物营养有限公司共申请专利32件,其中发明和实用新型专利29件,外观设计专利3件;生物肥料专利申请总量20件,占全部专利申请的62.5%,其中国内专利申请9件(授权7件),国外申请11件(授权4件),国外申请占申请总量的55%,另外也可看出金葵子的国外专利申请都是生物肥料领域的专利。汇总结果见表3-4-1

表3-4-1 金葵子专利检索结果汇总

项目名称	专利申请总量	专利授权量	授权专利比例	有效专利量	有效专利比例
专利总量	32	21	65.6%	19	59.3%
国内专利	21	17	80.9%	16	76.2%
国外专利	11	4	36.4%	3	27.3%
生物肥料专利	20	11	55%	11	55%

4.1.3 金葵子重要生物肥料专利举例

表 3-4-2 金葵子重要生物肥料专利举例

公开号	申请日	名称	专利强度	法律状态	被引数
US8530220B2	2008.11.6	一种微生物、用该微生物制造的微生物磷肥及其制造方法	60	有效	2
CN1099394C	1999.11.12	一种微生物磷钾肥及其制造方法	25	有效	0
CN1110548C	1999.10.18	芽孢杆菌培养基及其发酵方法	14	有效	0
CN1099393C	1999.11.8	一种使作物秸秆腐烂的微生物制剂及其制备方法	11	有效	0
CN1182241C	2002.2.9	一种微生物硅镁钙肥	9	有效	0
CN103396963B	2013.7.29	一种土壤重金属镉、铜生物降解剂及其制造方法	7	有效	0
CN1377958 A	2002.4.30	一种处理酒精废液的微生物发酵剂及其制备方法	7	失效	0
CN103255078B	2013.2.4	一种土壤重金属生物降解剂及其制造方法	6	有效	0
AU2003285276 A1	2003.6.27	一种碳法滤泥生物发酵剂及其活性硅镁钙肥的制造方法	6	失效	0

4.1.4 金葵子生物肥料专利申请趋势分析

将金葵子申请的生物肥料专利况按照专利申请年统计,得到图 3-4-1。

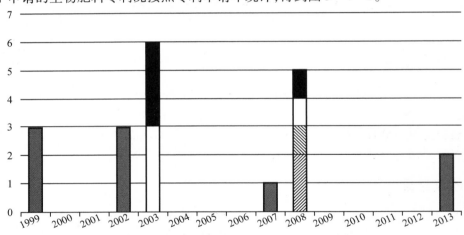

图 3-4-1 金葵子生物肥料专利申请趋势图

金葵子生物肥料专利申请最早出现在 1999 年,由发明人何飚、黄恩雄申请了 3 件专利,并均取得了授权,随后在 2002 年申请了 3 件,2007 年申请了 1 件,2013 年申请了 2 件。2003 年通过 PCT 申请向澳大利亚申请了 3 件,分别是 2002 年国内申请的 3 件专利的同族专利。2008 年通过 PCT 申请分别向美国、澳大利亚、墨西哥、俄罗斯申请了 4 件专利。

4.1.5 金葵子国外生物肥料专利申请

11 件国外专利申请如图 3-4-3 所示(其中澳大利亚 4 件,墨西哥 1 件,美国 1 件,俄罗斯 1 件,PCT 国际专利申请(WIPO)的专利 4 件)。

表 3 - 4 - 3　金葵子专利申请热点国家和地区

国别和地区	数量/件
中国	9
国际专利申请(WIPO)	4
澳大利亚	4
美国	1
墨西哥	1
俄罗斯	1

将 11 件佛山金葵子植物营养有限公司国外申请专利去重后,共得到 4 件,如表 3 - 4 - 4 所示。

表 3 - 4 - 4　佛山金葵子植物营养有限公司国外申请专利一览表

序号	公开号	申请日	同族专利	法律状态
1	WO2009070966A1	2008 - 11 - 6	CN101225367A丨WO2009070966A1丨AU2008331378A1丨WO2009070966A8丨CN101225367B丨MX2010005420A丨US20110100078A1丨MX31928B1丨RU2010126160A丨AU2008331378B2丨RU2443776C1丨US8530220B2	通过 PCT 国际专利申请,在美国、澳大利亚、俄罗斯、摩洛哥取得了授权
2	AU2003285276 A1	2003 - 6 - 27	WO2004016770A1丨AU2003285276A1丨CN1397638A	通过 PCT 国际专利申请,进入澳大利亚国家阶段
3	AU2003227171 A1	2003 - 3 - 28	AU2003227171A1丨CN1377958A丨WO03093454A1	通过 PCT 国际专利申请,进入澳大利亚国家阶段
4	AU2003208253 A1	2003 - 1 - 30	AU2003208253A1丨CN1182241C丨CN1367243A丨WO03074680A1	通过 PCT 国际专利申请,进入澳大利亚国家阶段

从表 3 - 4 - 4 可以清楚地看到专利 WO2009070966A1 的同族专利最多,在美国、澳大利亚、俄罗斯、墨西哥、摩洛哥都有申请,并在美国、澳大利亚、俄罗斯、摩洛哥均取得了授权。金葵子的国外专利申请占申请总量的 55% ,且国外申请的国家较多,可以看出金葵子非常注重技术的境外保护,专利布局意识较强。

4.1.6　金葵子发明专利产品

表 3 - 4 - 5　金葵子发明专利产品

专利号	公开号	专利产品
ZL 99122426.4	CN1099393C	有机物料腐熟剂——腐秆剂
ZL 02114877.5	CN1182241C	金葵子复合生微生物肥——桉树专用肥、金葵子复合生微生物肥——柑橘专用肥、金葵子复合生微生物肥——甘蔗专用肥、金葵子复合生微生物肥——水稻专用肥、金葵子复合生物肥——复合微生物肥料

表 3 – 4 – 5（续）

专利号	公开号	专利产品
ZL200710093104.1	CN101225367B	金葵子复合生物肥 2 号——生物磷肥
ZL99123811.7	CN1099394C	L. P. K 生物肥——蔬菜专用肥、L. P. K 生物肥——果树专用肥、L. P. K 生物肥——茶叶专用肥、L. P. K 生物肥——复合微生物肥料

　　金葵子利用其发明专利研制出了众多产品,并在市场公开销售,可见金葵子非常注重专利的技术转化和利用。

　　通过对金葵子生物肥料专利的解读,发现其主要专利技术有二点:一是利用多种微生物菌种或菌群研制出微生物制剂或微生物肥料;二是利用多种微生物菌种或菌群研制出土壤重金属降解剂。下面就从这两个专利技术点出发,分析其全球及国内企业的专利布局情况。

4.2　地衣芽孢杆菌或枯草芽孢杆菌生物肥料专利分析

　　金葵子的生物肥料专利中均包含解磷菌中的地衣芽孢杆菌(Bacillus licheniformis)和枯草芽孢杆菌(Bacillus subtilis),在 Innography 中检索包含这两种菌种的生物肥料,共得到 1 568 件专利。下面对这 1 568 件专利进行分析。

4.2.1　专利申请趋势分析

　　对这 1 568 件专利做申请趋势分析得到图 3 – 4 – 2

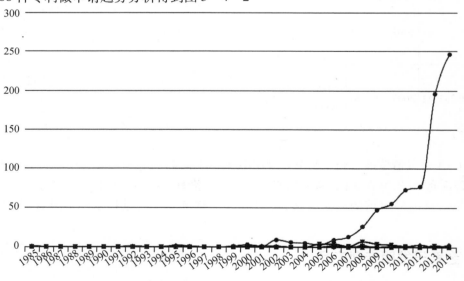

图 3 – 4 – 2　地衣芽孢杆菌和枯草芽孢杆菌生物肥料专利申请趋势分析

　　从图 3 – 4 – 2 可以看出,以地衣芽孢杆菌和枯草芽孢杆菌为主要菌种的生物肥料专利的申请主要集中在中国、韩国、日本。其中,中国以 1 208 件的专利申请量占全球专利申请量的 92%,且增长势头一枝独秀,2014 年有 248 件专利申请,占全球专利申请量的 98%,说明中国仍有大量的生物肥料专利申请涉及地衣芽孢杆菌和枯草芽孢杆菌。

4.2.2　申请热点国家和地区分析情况

专利申请热点国家和地区可以体现专利权人需要在哪些国家或地区保护该发明。这一参数也反映了该发明未来可能的实施国家或地区。

从表3-4-6可以看出,涉及地衣芽孢杆菌和枯草芽孢杆菌的生物肥料专利热点国家主要是中国(1 473件)、韩国(26件)、日本(10件)、美国(9件)。其中,在中国申请的1 204件专利中,有1 197件专利是由中国人申请的,其余7件专利分别来自韩国、加拿大、美国、古巴、马来西亚、巴西、荷兰,每个国家各一件。结合图3-4-1,可以得知中国的及地衣芽孢杆菌和枯草芽孢杆菌的生物肥料专利主要由中国人申请,而且申请时间主要在2007年之后。

表3-4-6　地衣芽孢杆菌和枯草芽孢杆菌生物肥料专利申请热点国家和地区

国别和地区	数量/件
中国	1 204
国际专利申请(WIPO)	18
韩国	17
美国	10
日本	10
澳大利亚	8
印度	8
欧洲专利申请(EPO)	7
加拿大	5
墨西哥	5
俄罗斯	4
巴西	3
德国	2
中国台湾	2
阿根廷	2
巴拿马	1
秘鲁	1
意大利	1
哥斯达黎加	1
南非	1

4.2.3　专利申请人竞争力分析

对全球研究地衣芽孢杆菌和枯草芽孢杆菌的生物肥料相关技术的专利申请人进行竞争力分析,得到图3-4-3所示的气泡图。

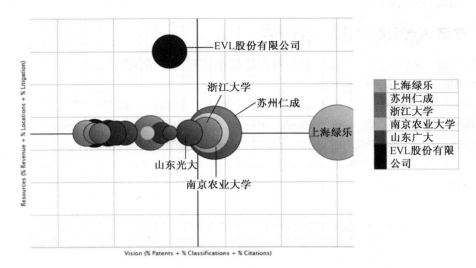

图 3-4-3　地衣芽孢杆菌和枯草芽孢杆菌生物肥料专利申请人竞争力图

从图 3-4-3 可以看出,涉及地衣芽孢杆菌和枯草芽孢杆菌的生物肥料专利申请人有如下特点:

(1)全球范围中,上海绿乐生物科技有限公司气泡最大最靠右,说明该公司在该领域专利数量最多而且专利技术性最强,在该领域内拥有较大的竞争优势。除了上海绿乐外,苏州仁成生物科技有限公司、南京农业大学、浙江大学的气泡也较大,专利数量较多;加拿大 EVL 股份有限公司的气泡最高,说明该公司综合实力较强。

(2)在前 20 个竞争机构中,除了加拿大的 EVL 股份有限公司外,其余全部是中国的公司、高校或科研机构,说明在该领域中国专利申请占有绝对优势。

4.2.4　主要专利申请人分布分析

将检索所得专利按申请人的申请量进行排序,得到表 3-4-7。

表 3-4-7　地衣芽孢杆菌和枯草芽孢杆菌专利主要申请人

序号	申请人名称	专利申请量/件
1	苏州仁成生物科技有限公司	32
2	上海绿乐生物科技有限公司	25
3	大连三科生物工程有限公司	15
4	浙江大学	11
5	南京农业大学	11
6	肥西县农业技术推广中心	10
7	青岛崂乡茶制品有限公司	9
8	EVL 股份有限公司	7
9	中山市巴斯德农业科技有限公司	7
10	重庆拓阳科技有限公司	6

从表 3-4-7 可以看出,涉及地衣芽孢杆菌和枯草芽孢杆菌的生物肥料专利的申请人主要是中国机构,主要有苏州仁成生物科技有限公司、上海绿乐生物科技有限公司、大连三科生物工程有限公司、浙江大学、南京农业大学等。虽然上海绿乐的专利申请量不及苏州仁成多,但其专利授权量却多于苏州仁成,

专利技术性较强。

4.2.5 高强度专利列表

根据 Innography 的专利强度指标,筛选出涉及地衣芽孢杆菌和枯草芽孢杆菌的生物肥料领域的高强度专利,如表 3-4-8 所示。

表 3-4-8 地衣芽孢杆菌或枯草芽孢杆菌生物肥料高强度专利

公开(公告)号	申请日期	专利名称	专利权人	专利状态	专利强度
JP5318422B2	2006.2.22	增效肥料及其生产方法	EVL 股份有限公司	有效	86
CN101168491B	2006.10.24	一种微生物土壤修复剂及其制备方法和应用	辽宁三色微谷科技有限公司	有效	84
CN101935237B	2009.7.2	一种以发酵滤饼为基质的复合微生物肥料及生产方法	上海绿乐生物科技有限公司	有效	80
CN103833476B	2014.3.21	一种草莓增产杀虫降解农残专用液体药肥及其制备方法	润禾泰华生物科技(北京)有限公司	有效	80
CN101863692B	2009.4.29	利用城市生活污泥制备生物有机肥的方法	岳寿松、殷汝新、王颖	有效	79
US7811353B2	2006.2.22	增效肥料及其生产方法	EVL 股份有限公司	有效	77
CN101734961B	2008.11.11	一种蔬菜秸秆废弃物的处理方法	上海博翼有机农业技术发展有限公司	有效	77
CN102093975B	2010.12.13	一种快速降解有机废弃物的复合菌剂及应用	王杰	有效	77
CN101759466B	2008.12.25	一种稻麦秸秆废弃物的处理方法	上海拜森生物技术	有效	76
CN101225007B	2008.2.3	水产养殖专用生物渔肥及制备方法	武汉市科洋生物工程	有效	75
CN101163653B	2006.2.22	增效肥料及其生产方法	EVL 股份有限公司	有效	75
CN101333510B	2008.8.5	一种处理污泥制备生物有机肥料的方法及其专用发酵剂	海南农丰宝肥料有限公司	有效	75
CN101928186B	2010.3.2	一种防治作物病虫害的复合微生物肥料及其制备方法	万光存	有效	74
CN102040430B	2010.10.12	一种具有杀虫效果的复合微生物肥料的生产方法	上海绿乐生物科技有限公司	有效	74
CN102731176B	2012.6.28	一种海藻生物复合有机液肥的生产方法	威海市世代海洋生物科技有限公司	有效	74
CN101643718B	2009.8.26	微生物菌剂及由其发酵产生的有机肥料	宋彦耕	有效	74
CN103087968B	2013.2.27	一种有机肥料的生产技术	成都新朝阳作物科学有限公司	有效	73

表 3 - 4 - 8（续）

公开（公告）号	申请日期	专利名称	专利权人	专利状态	专利强度
CN101200385B	2006.12.13	用侧孢芽孢杆菌、枯草芽孢杆菌制备复合微生物肥料	四川艾蒙爱生物科技有限公司	有效	72
CN101200387B	2006.12.13	用侧孢芽孢杆菌、枯草芽孢杆菌制备微生物有机肥料	四川鹤岛生物工程集团有限公司	有效	72
CN101337841B	2008.8.11	一种棉秆微生物肥料的生产方法	新疆山川秀丽生物有限公司	有效	72
CN102746056B	2011.10.18	利用玉米秸秆生产功能生物有机肥并联产植物纤维的工艺	山东大自然农业科技开发有限公司	有效	72
CN101597187B	2009.7.2	一种用于水产养殖的复合微生物肥料的生产方法及肥料	上海绿乐生物科技有限公司	有效	71
CN101239847B	2008.3.7	一种液体复合微生物肥及其制备方法	山东省农业科学院土壤肥料研究所	有效	71
CN101195549B	2007.11.30	一种多功能生物有机肥的生产方法	上海绿乐生物科技有限公司	有效	71
CN101993305B	2010.10.15	一种复合微生物菌剂及其生产方法	秦皇岛领先科技发展有限公司	有效	71
CN102515927B	2011.9.21	一种药效型微生物肥料及其制备方法和应用	周法永	有效	70
CN101844944B	2009.3.23	一种全营养液体微生物肥料	北京世纪阿姆斯生物技术有限公司	有效	70
CN101786911B	2010.2.4	生物有机肥用微生物和酶粉状复合生物制剂	北京微邦生物工程有限公司	有效	70
CN102584447B	2012.2.17	种微生物菌型矿物质肥及其制备方法	孙明新	有效	70
CA2598539C	2006.2.22	乳酸和芽孢杆菌化肥及其生产方法	EVL 股份有限公司	有效	70
CN102212494B	2011.4.12	有机物料腐熟剂及其制备方法和应用	北京平安福生物工程技术股份有限公司	有效	70
CN102050644B	2010.10.12	一种颗粒生物有机肥的生产方法	上海绿乐生物科技有限公司	有效	69

　　其中，上海绿乐生物科技有限公司有 5 件高强度专利，EVL 股份有限公司有 4 件高强度专利。全部的 32 件专利中有 6 件涉及作物秸秆腐烂发酵生产生物肥料的专利，4 件涉及具有杀虫效果的药效型微生物肥料的专利。

4.2.6　风险预警分析

　　涉及地衣芽孢杆菌和枯草芽孢杆菌的生物肥料领域中，尚未发现涉及诉讼或异议的专利，国外来华审中专利和授权有效专利也只有 6 件,说明这一领域处于专利布局阶段,专利诉讼风险较低。

4.3　土壤重金属专利分析

重金属是土壤环境中来源广泛、危害性很大的一类积累性污染物,不仅退化土壤肥力、降低作物的产量和品质、恶化水环境,还会通过食物链的循环危及人类的生命和健康。土壤重金属污染日益严重,因此,修复重金属污染土壤已是非常迫切。污染土壤中的重金属主要包括汞(Hg)、镉(Cd)、铅(Pb)、铬(Cr)和类金属砷(As)等生物毒性显著的元素;还包括锌(Zn)、铜(Cu)、镍(Ni)等有一定毒性的元素。它们主要来自于农药、废水、污泥和大气沉降等,如汞主要来自含汞废水;镉、铅主要来自冶炼排放和汽车废气沉降;砷则主要来自于大量杀虫剂、杀菌剂、杀鼠剂和除草剂。过量重金属可引起植物生理功能紊乱、营养失调,镉、汞等元素在作物籽实中富集系数较高,其含量即使超过食品卫生标准,也不影响作物生长、发育和产量,此外汞、砷能减弱和抑制土壤中硝化、氨化细菌活动,影响氮素供应。重金属污染物在土壤中移动性很小,不易随水淋滤,不会被微生物降解,通过食物链进入人体后,潜在危害极大,应加强注意,防止重金属污染土壤。

以"土壤、重金属、修复、净化、处理、解毒、生物降解"等为检索词,检索土壤重金属修复的相关专利,共得到 1 549 件专利。

4.3.1　专利申请趋势分析

对这 1 549 件专利做申请趋势分析得到图 3 - 4 - 4

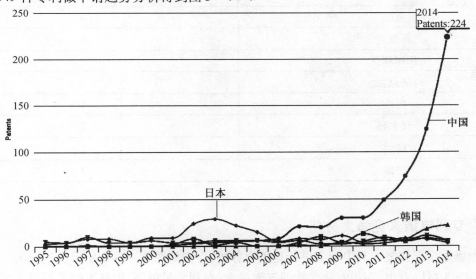

图 3 - 4 - 4　土壤重金属修复专利申请趋势

从图 3 - 4 - 4 可以看出,土壤重金属修复专利的申请国主要集中在中国、日本、韩国,其中,2001—2005 年日本出现了一个申请的小高峰,但在 2006 年之后,日本、韩国申请量趋于平缓,中国申请量一直保持持续增长,尤其是 2010 年后,申请量呈指数形式增长。

4.3.2　申请热点国家和地区分析情况

专利申请热点国家和地区可以体现专利权人需要在哪些国家或地区保护该发明。这一参数也反映了该发明未来可能的实施国家或地区。

从表 3-4-9 可以看出,土壤重金属专利修复的热点国家主要是中国(820 件)、日本(226 件)、韩国(77 件)、美国(49 件)、加拿大(25 件)、澳大利亚(25 件)。其中,在中国申请的 820 件专利中,有 801 件专利是由中国人申请,其余 19 件专利主要来自日本(8 件)和美国(7 件),可以推定中国的土壤重金属专利主要由中国人申请,而且申请时间主要在 2007 年之后。

表 3-4-9 土壤重金属修复专利申请热点国家和地区

国别和地区	数量
中国	820
日本	226
韩国	77
美国	49
国际专利申请(WIPO)	40
欧洲专利申请(EPO)	36
加拿大	25
澳大利亚	25
俄罗斯	9
德国	8
墨西哥	8
中国台湾	6
英国	4
新西兰	4
保加利亚	3
乌克兰	3
巴西	3
意大利	2
荷兰	2
法国	2

4.3.3　专利申请人竞争力分析

对全球土壤重金属修复专利申请人进行竞争力分析,得到如图 3-4-5 所示的气泡图。

从图 3-4-5 可以看出,四川农业大学的气泡最大,专利数量最多,但日本的太平洋水泥株式会社和同和矿业有限公司气泡最靠右,说明其专利技术性最强,具有较强的竞争实力。在国内,中国科学院沈阳应用生态研究所专利的技术性较强。

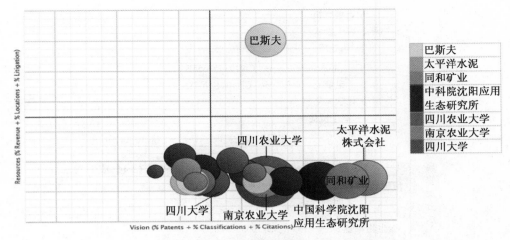

图 3 - 4 - 5　土壤重金属修复专利申请人竞争力图

4.3.4　主要专利申请人分布

将检索所得专利按申请人的申请量进行排序,得到表 3 - 4 - 10。

表 3 - 4 - 10　土壤重金属修复专利主要申请人分布

序号	申请人名称	专利申请量/件
1	四川农业大学	45
2	中科院沈阳应用生态研究所	23
3	太平洋水泥株式会社	17
4	四川大学	16
5	南京农业大学	16
6	同和矿业有限公司	12
7	同济大学	11
8	中山大学	11
9	中国科学院南京土壤研究所	10
10	杭州师范大学	10

从表 3 - 4 - 10 中可以看出,土壤重金属修复专利申请较多的主要是中国的大学和科研机构以及日本的企业。国内的企业申请专利较少。

4.3.5　土壤重金属修复方法及专利举例

图 3 - 4 - 6 为检索所得的土壤重金属修复方法,及各种方法中相关专利举例。从图 3 - 4 - 6 中可以看出,修复重金属污染土壤的方法主要有物理修复、化学修复、植物修复、微生物修复、植物 - 微生物联合修复和化学 - 微生物联合修复六种方法。其中物理修复方法中的土壤更换,其成本和工程量都很大,不仅会破坏自然土壤的性状,同时还可能影响到地下水的安全;化学方法中的离子沉淀的方式只是治标不治本,重金属离子只是暂时固定下来,并不能清除掉,再次污染的可能性很大,所以在近 20 年的专利数据中没有检索到相关专利;植物修复中也只检索到植物提取的方法,植物固化、植物挥发、植物过滤的方法也没有检索到。

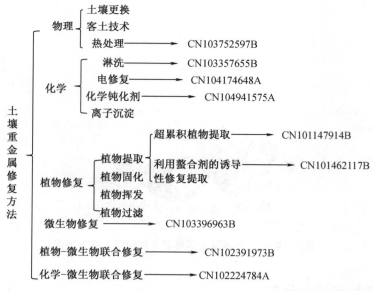

图 3 - 4 - 6　土壤重金属修复方法及专利举例

4.3.6　专利申请人与佛山金葵子专利土壤重金属修复方法对比研究

图 3 - 4 - 7 列出了四川农业大学、中国科学院沈阳应用生态研究所、南京农业大学、四川大学以及太平洋水泥株式会社、佛山金葵子植物营养有限公司在修复重金属污染土壤时各自所使用的方法的专利数。

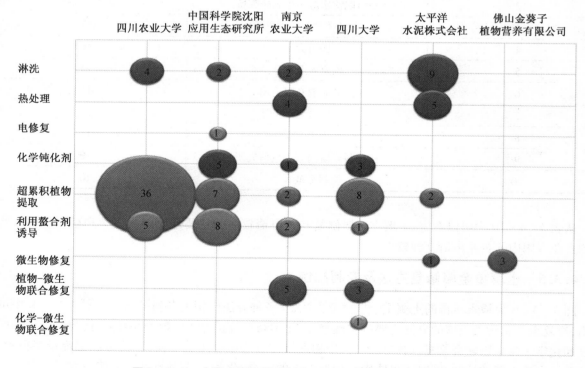

图 3 - 4 - 7　主要专利申请人各种土壤重金属修复方法专利数

从图 3 - 4 - 7 中可以看出,超累积植物提取方法在所有的方法中应用最多,仅四川农业大学就有 36 件相关专利。其次是化学淋洗方法,四川农业大学、中国科学院沈阳应用生态研究所、南京农业大学以及太平洋水泥株式会社都有应用;植物修复方法中的利用螯合剂诱导修复也应用的比较多,电修复、化学－微生物联合修复方法则应用得比较少。

在各个专利权人中,四川农业大学和四川大学应用最多的是超累积植物提取方法,中国科学院沈阳应用生态研究所应用最多的方法是利用螯合剂诱导修复;南京农业大学涉及的方法最多,其中植物－微生物联合修复方法专利较多一些;太平洋水泥株式会社应用最多的是化学淋洗法。佛山金葵子的专利则主要集中在微生物修复方面,且在这个方面占有优势。

4.3.7　高强度专利列表

根据 Innography 的专利强度指标,筛选出涉及土壤重金属领域的高强度专利,如表 3 – 4 – 11 所示。

表 3 – 4 – 11　土壤重金属修复高强度专利

公开(公告)号	申请日期	专利名称	专利权人	专利状态	专利强度
US5342449A	1991.12.9	含有重金属土壤的净化排毒	Surini 国际有限公司	失效	90
CN102441564B	2011.10.14	一种复合电极对重金属污染土壤的电动修复方法	上海市环境科学研究院;付融冰	有效	84
JP5437589B2	2008.4.3	应用重金属不溶剂修复土壤的方法	Adeka 株式会社	有效	83
CN1640565B	2005.1.4	重金属污染土壤的植物修复方法	华南理工大学	失效	83
CN101928179B	2009.6.19	一种具有土壤修复功效的缓释肥料及土壤污染修复方法	深圳市意可曼生物科技有限公司	有效	80
CN101947381B	2010.7.7	重金属处理剂及重金属污染物质的处理方法	东曹株式会社	有效	78
CN102732259B	2012.6.26	一种重金属污染晶化包封稳定化剂及其使用方法	王湘徽	有效	78
US6857998B1	2003.5.12	用于处理固体废物的组合物和方法	Free Flow 科技有限公司	有效	78
CN102784452B	2012.7.18	种用于去除重金属污染的重金属稳定剂及其使用方法	广西大学	有效	75
CN102653680B	2011.3.2	一种土壤用重金属处理剂	河南蓝波世科技有限公司、陈普庆、王克敏	有效	73
US5927005A	1997.4.9	重金属与杂酚油植物的植物修复	得克萨斯大学董事会	失效	70
JP2007302885A	2007.4.13	有害物质的不溶转化药剂	早稻田大学、Azmec:kk	有效	69

4.3.8　风险预警分析

土壤重金属修复领域中,尚未发现涉及诉讼或异议的专利,国外来华审中专利和授权有效专利也只有14件,说明这一领域处于专利布局阶段,专利诉讼风险较低。

第四篇　生物农药专利预警分析

生物农药是指利用生物活体(真菌、细菌、昆虫病毒、转基因生物、天敌等)或其代谢产物(信息素、生长素、萘乙酸等)针对农业有害生物进行杀灭或抑制的制剂。我国生物农药按照其成分和来源可分为微生物活体农药、微生物代谢产物农药、植物源农药、动物源农药四个部分。按照防治对象可分为杀虫剂、杀菌剂、除草剂、杀螨剂、杀鼠剂、植物生长调节剂等。

全球生物农药产业的发展十分迅速,而我国生物农药行业经过60多年的发展,目前已拥有30余家生物农药研发方面的科研院所、高校、国家级和部级重点实验室,并且我国已成为世界上最大的井冈霉素、阿维菌素、赤霉素生产国。从综合产业化规模和研究深度上分析,井冈霉素、阿维菌素、赤霉素、苏云金杆菌(简称Bt)4个品种已成为我国生物农药产业中的拳头产品和领军品种。随着农产品安全事件的频发以及人们环保意识的增强,我国生物农药行业也随之快速发展。2011年我国生物农药迎来了快速发展时期。2011年全国生物农药制造业累计完成现价工业总产值230.6亿元;累计实现利润总额19.4亿元,比2010年增长了54.5%,增长远高于化学农药;生物农药占农药投资结构的比重为45.9%,较2010年提升了8.5个百分点,创历史新高。

生物产业是七大新兴产业之一,而生物农药产业是生物产业的一部分,未来生物农药行业在相关政策方面会有一定的优势。生物农药具有安全、环保、无残留等特点,是未来农药产品的发展趋势,特别是分子生物学、基因工程等技术逐步渗入到生物农药生产中之后,各国对生物农药的发展更加重视,在今后相当长一段时间内,生物农药将成为农药发展的一个重要方向。

第1章　生物农药专利概述

1.1　生物农药相关概述

1.1.1　生物农药定义

自20世纪90年代至今,许多专家对生物农药的定义均有不同的解释,但总体可归纳为以下7种。

(1)生物农药是由生物产生的具有农药生物活性的化学品和具有农药生物作用作为农药应用的活性物体(沈寅初,2000)。

(2)生物农药是可用来防除病、虫、草等有害生物的物体本身及源于生物,并可作为"农药"的各种生理活性物质,更要在生产、加工、使用及对环境的安全性等方面符合有关"农药"的法规(张兴,2002)。

(3)生物农药是指用来防治病、虫、草害等有害生物的生物活体及其代谢产物和转基因产物,并可以制成商品上市流通的生物源制剂,包括微生物源(细菌、病毒、真菌及其次级代谢产物农用抗生素)、植物源、动物源和抗病虫草害的转基因植物等(朱昌雄,2002)。

(4)生物源农药即利用生物资源开发的农药,狭义上指直接利用生物产生的天然活性物质或生物活体作为农药(徐伟松,2002)。

(5)生物农药是指含非人工合成、具有杀虫杀菌或抗病能力的生物活性物质或生物制剂,包括生物杀虫剂、杀菌剂、农用抗生素、生态农药等(林敏,2003)。

(6)生物农药是指利用生物资源开发的农药;根据其来源大致可分为植物农药、微生物农药和抗生素等(顾宝根,2000)。

(7)一些化学农药专家认为,生物农药主要指生物活体,如微生物活体、昆虫天敌和部分植物源农药;将农用抗生素、植物生长调节剂和转基因农药等排除在生物农药范畴之外(朱昌雄,2004)。

专家认为若按农药的活性成分分类,化学合成农药、植物农药和抗生素农药的活性成分均为化学结构明确的化学物质,且活性成分的含量为其质量标准的重要指标。毫无疑问,它们都是化学农药,其差别仅在于合成的手段不同。化学合成农药的活性物质是人工合成的化合物;植物农药的活性物质是植物体内合成的化合物;抗生素农药是微生物合成的化合物。昆虫信息素是昆虫体内分泌的化学物质,它们在昆虫体内的数量极微,无法用做商品农药的原料,商品中所用的均为人工合成的化合物。因此它们也属于化学农药的范畴。转基因作物是否属于农药亦值得商榷。作物抗(病、虫)性育种已有多年的历史,是有害生物农业防治的内容。转基因生物技术对作物抗性育种具有重大的意义,加速了育种工作的进程,但其理论和技术基础均属于遗传育种和生物技术学科。我们认为转基因作物是作物品种,而不是农药。从产业的角度来看,它属于种子行业,而不是农药行业。在国外,某些大公司兼营种子与农药,如孟山都等,而在国内则基本上是两个行业。在植物保护领域,防治农业有害生物的方法甚多,如用化学药品防治,称之化学防治;用生物活体防治,称为生物防治;采用各种农业措施(包括抗病、虫育种等)防治,称为农业防治等。这些概念使用已久,且分类清晰,似无变更之必要。

(8)生物农药应该指以生物活体或其制剂防治农业有害生物的产品,亦即微生物活体农药和害虫天敌产品(陈万义,2003)。

（9）国内外政府间对生物农药的判定主要体现在农药的管理规定上。联合国粮农组织（FAO）将生物农药区分为生物化学农药（biochemical pesticide）和微生物农药（microbial pesticide）两类，生物化学农药包括信息素（Semi-chemical）、激素（hormones）、植物生长调节剂和昆虫生长调节剂以及酶；微生物农药包括真菌、细菌、病毒和原生动物或遗传修饰的微生物。美国环保局（EPA）规定，生物农药包括生物化学农药（信息化合物、激素、天然的植物调节剂或植物激素、酶）、微生物农药（藻类、真菌、细菌、病毒或原生动物）、转基因的植物农药（Plant-produced Pesticide 外源基因改造后植物体内具"有毒基因"）（申继忠，1999）。

在国内，2001 年农业部批准公布的《农药登记资料要求》明确给出生物农药的定义，即生物农药包括生物化学农药和微生物农药；生物化学农药包括信息素（即外激素、利己素、利它素）、激素（hormones）、天然植物生长调节剂和昆虫生长调节剂、酶等四大类物质；微生物农药包括真菌、细菌、病毒和原生动物或经遗传工程修饰的微生物制剂；同时对生物化学农药的属性做了明确的规范，即对防治对象没有直接毒性，而只有调节生长、干扰交配或引诱等特殊作用，必须是天然化合物，如果是人工合成，其结构也必须与天然物相同（允许有异构体比例的差异）。2004 年农业部农药检定所公布的《农药登记资料要求（修订稿）》文中特殊农药增加了植物源农药、转基因生物两类农药，将微生物农药仍然定义为生物农药的一类，而原来将生物化学农药定义（2001）为生物农药的一类的解释不再出现；对植物源农药、转基因生物、天敌生物未说明是属生物农药还是非生物农药。

1999 年颁布的《农药管理条例实施办法》中指出，用基因工程引入抗病、虫、草的外源基因改变基因组构成的农业生物及有害生物的商业化天敌均为农药，但没有明确是生物农药还是其他农药。农业部农药检定所将生物农药分为微生物农药、生化农药、天敌生物农药及转基因生物农药四类，这一定义对生物农药与化学农药的复配剂没有做出规定，转基因作物也算生物农药。

本项目采用的是国家发改委《战略性新兴产业重点产品和服务指导目录》的规定，生物农药属于七大战略性新兴产业之一的生物产业中生物农业产业的一部分。根据《战略性新兴产业重点产品和服务指导目录》，生物农药包括如下研究范围：

高效、低毒、低残留、环保型新农药（制剂），细菌、真菌和病毒等微生物源制剂，生物化学农药及微生物农药原药（母药），微生物代谢产物活性制剂，新型 Bt 杀虫剂及 Bt 微生物与化学农药复配剂，杀虫荧光假单胞菌菌剂，植物源杀虫剂，植物源抑菌杀菌剂，动物信息素及天敌产品，仿生性农药原药（母药）及其制剂等。芽孢杆菌等活体微生物活性保持技术，微生物活体制品资源化利用技术，动植物及微生物毒素基因重组技术，外源基因重组、克隆和表达设计与构建技术，重组外源基因生物细胞大规模培养与外源基因表达产物分离纯化技术，基因转移与生物微囊技术，植物源天然农药规模化生产技术，寡糖分子结构化学修饰与改造技术，生物农药的广谱、长效和无公害生产技术，靶标害物选择性技术，降解农药残留生物制品克隆及仿生生产技术，生物农药质检技术、生物农药残留检测技术，致病菌分离鉴定及拮抗菌筛选快繁技术等。基于农业生物技术开展的动植物病虫害疫情监测、食品营养和食品安全检测等服务。

1.1.2　生物农药种类和来源

对生物农药定义的不同理解会造成生物农药种类的划分的不同。在本书中，根据国家发改委《战略性新兴产业重点产品和服务指导目录》的规定，结合生物农药研究人员以及市场的实际情况，将生物农药划分为以下几类，如表 4-1-1 所示。

表 4 – 1 – 1　生物农药的种类

一级分类	二级分类	三级分类	举例
杀虫剂	植物源杀虫剂		印棟素、鱼藤酮、茶皂素、苦参碱等
	动物源杀虫剂		沙蚕毒素、赤眼蜂、虫生真菌、扑食螨等
	微生物源杀虫剂	抗生素	阿维菌素、浏阳霉素、梅岭霉素等
		细菌活体杀虫剂	苏云金芽孢杆菌、多黏类芽孢杆菌等
		真菌活体杀虫剂	白僵菌、绿僵菌、蜡蚧轮枝菌等
		病毒杀虫剂	黏虫核型多角体病毒、噬菌体等
抗菌剂	植物源抗菌剂		乙蒜素、黄连素、香菇多糖等
	微生物源抗菌剂		春雷霉素、井冈霉素、宁南霉素等
除草剂	植物源除草剂		桉树脑、独脚金萌素、核桃醌等
	动物源除草剂		莪术醇、雷公藤内酯醇等
	微生物源除草剂		苍耳亭、鲁保一号、镰刀菌除草剂等
植物生物调节剂			脱落酸、芸薹素内酯、超敏蛋白等
其他	杀线虫剂		淡紫拟青霉、厚孢轮枝菌等
	杀鼠剂		马钱子碱、海葱糖苷、茶皂苷
	昆虫信息素		丁香油、香茅油、舞毒蛾性诱剂等

1.1.3　生物农药特点

化学农药的大量使用威胁着人们的健康和安全,所以人们越来越需要安全可靠、低污染、低毒、低残留的药品来防治植物病虫草害,从而生产出绿色、健康、品质优良的农产品。而生物农药正是符合人们需求的药品,有害生物对其不容易产生抗性,且生物农药的选择性强,不伤害天敌、无污染。因此,生物农药在当前的农药市场中越来越受到关注和青睐。有权威人士预测,21 世纪将是生物农药的世纪。生物农药具有如下优点。

1. 选择性强,对人、畜安全

目前,市场开发并大范围应用成功的生物农药产品只对病虫害有作用,一般对人、畜及各种有益生物(包括动物天敌、昆虫天敌、蜜蜂、传粉昆虫及鱼、虾等水生生物)比较安全,对非靶标生物的影响也比较小。生物农药是生物活体,假如不考虑生态环境因素,生物农药对非靶标生物是几乎没有杀伤力的。生物体农药中,昆虫病原真菌、细菌、病毒等均是从感病昆虫中分离出来的,经过人工繁殖再作用于该种昆虫;植物体农药是有针对性地对某一种特定功能基因进行定向重组和改造;加上生物农药大多数都是通过影响害虫进食而达到杀虫目的,因此,生物农药对人畜很安全。

2. 无污染,对环境安全

生物农药控制有害生物的作用主要是利用某些特殊微生物或微生物的代谢产物所具有的杀虫、防病、促生功能。其有效活性成分完全来源和存在于自然生态系统,在环境中会自然代谢,并极易被太阳光、植物或各种土壤微生物分解。施药后对水体、土壤、大气不会产生污染,不会在作物中残留,更不会产生生物富集作用等现象。例如阿维菌素,它对光不稳定,施药后逐渐在空气中氧化,在强光下半衰期小于 10 小时。因此,生物农药对自然生态环境安全、无污染。

3. 病虫不容易产生抗性

生物农药的作用机理不同于常规的化学农药。生物农药对病虫的毒害有一个渐进的过程,如苏云金芽孢杆菌,它首先麻痹害虫的神经,然后破坏害虫的内脏,使其死亡。因此,病虫不易产生抗性,且生物农药具有很强的选择性,可以对病虫害进行预防及综合治理,从病虫的源头进行防治,对土壤的改良有一定的促进作用,也不会伤害到天敌。

4.效果好,防治期长

一些生物农药品种,如昆虫病原真菌、昆虫病毒、昆虫微孢子虫、昆虫病原线虫等,具有在害虫群体中水平或经卵垂直传播的能力,在野外一定的条件下,具有定殖、扩散和发展流行的能力。不但可以对当年的有害生物起到控制作用,而且对其后代或者翌年的有害生物种群也会起到一定的抑制作用,具有明显的后效特点。

5.种类繁多,开发利用途径多

目前,国内生产加工生物农药一般主要利用天然可再生资源,如农副产品中的玉米、豆饼、鱼粉、麦麸或某些植物体等。其原材料来源十分广泛,生产成本低廉。因此,生物农药一般不会与利用不可再生资源生产的化工合成产品产生争夺原材料的矛盾,有利于人类自然资源的保护和循环利用。

总而言之,生物农药的毒害物质少,分解能力强,对环境以及人体的危害都非常小,且多数生物农药在害虫中都具有一定的直接传播能力,在适合的环境下,生物农药还具有扩散、流行以及定殖的能力。

1.2　生物农药专利检索策略与结果

1.2.1　检索范围界定

人类使用的最早的农药应当是天然产物和矿物质,如硫黄、嘉草、莽草、牡菊、蜃炭黑等。其中,嘉草、莽草、牡菊等应当属于最原始的生物农药。几千年来,生物农药的范畴不断扩大,涉及动物、植物、微生物。尤其是近30年来,随着科学技术的迅猛发展,特别是生物学、生物技术、化学及遗传学等学科的快速研究,产生了多种具有农药功能的物质,如植物源物质、转基因抗有害生物作物、天然产物的仿生合成或修饰合成化合物、人工繁育的有害生物的拮抗生物、信息素等。对这些"农药"的归属问题存在较大的分歧,有的认为凡具有化学结构的均为化学农药,有的认为来源于生物的当属生物农药,给研究、生产和管理带来了一定的困难。

生物农药的传统概念为微生物农药的简称,显然这个概念已不适应现代农药的种类和特点。在日本,生物农药一般分为直接利用生物和利用源于生物的生理活性物质两大类。主要包括:天敌昆虫、捕食螨、放饲不育昆虫、微生物、性信息素、抗生素、源于植物的生理活性物质等。英国作物保护委员会(The British Crop Protection Council)根据来源把生物农药分为5类:①天然产物,来自微生物、植物和动物;②信息素,来自昆虫、植物等;③活体系统,包含病毒、细菌、真菌、原生动物、线虫;④捕食昆虫和寄生昆虫;⑤基因,来自微生物、植物、动物。

我国对生物农药的定义有多种。《中国农业百科全书——农药卷》中也提到了生物源农药的概念:生物源农药是利用生物资源开发的农药,狭义上仅指直接利用生物产生的天然活性物质或生物活体作为农药,广义概念中还包括按天然物质的化学结构或类似衍生结构人工合成的农药。按这个概念理解,除了天敌、昆虫致病微生物、生物信息物质,还有目前常用的氨基甲酸酯类、拟除虫菊酯类、沙蚕毒素类及烟碱类杀虫剂均为生物源农药。我国《登记资料要求》中,把生物农药划分为生物化学农药和微生物农药2类。生物化学农药必须符合2个条件:①对防治对象没有直接毒性,而只有调节生长,干扰交配或引诱等特殊作用;②必须是天然化合物,如果是人工合成,其结构必须与天然化合物相同(允许异构体比例的差异)。生物化学农药分为4类:信息素(包括外激素、利己素、利它素)、激素、天然物生长调节剂和昆虫生长调节剂、酶。微生物农药包括自然界存在的用于防治病、虫、草、鼠害的真菌、细菌、病毒和原生动物或被遗传修饰的微生物制剂。据此,印楝素、烟碱、鱼藤酮、天然除虫菊、昆虫天敌、基因修饰昆虫、转基因抗有害生物作物均不是生物农药。1999 年颁布的《农药管理条例实施办法》中指出,用基因工程技术引入抗病、虫、草的外源基因改变基因组构成的农业生物及有害生物的商业化天敌均为农药,但没有明确是生物农药还是其他农药。从以上罗列的生物农药的定义不难看出,其共同点在于,生物农药必须是活体生物或源于生物的农药。而众多的定义难以统一的关键在于有无化学结构,是否源于生物。

张兴认为生物农药是贯彻 IPM 策略的重要措施之一,而 IPM 策略和农业可持续发展战略的提出应基于生态系统协调的发展需要。正如 Iberd 所强调,可持续农业必须是生态上可持续的,否则就不可能持续到最后。同样它也必须是高产和盈利的,否则就不可能在经济上可持续。因此,在农作物栽培中必须尽量维持生态平衡,同时也要将有害生物的危害控制在经济阈值之下。根据这种理论,结合当前的农药种类、特性及发展方向,我们初步认为,生物农药的定义应为:可用来防除病、虫、草等有害生物的生物体本身及源于生物并可作为农药的各种生理活性物质。也就是说,这些物质既要具有作为农药的生物活性,更要在生产、加工、使用及对环境的安全性等方面符合有关农药的法规。

本项目采用的是国家发改委《战略性新兴产业重点产品和服务指导目录》的规定,生物农药属于七大战略性新兴产业之一的生物产业中生物农业产业的一部分。根据《战略性新兴产业重点产品和服务指导目录》,生物农药包括如下研究范围:高效、低毒、低残留、环保型新农药(制剂)、细菌、真菌和病毒等微生物源制剂,生物化学农药及微生物农药原药(母药),微生物代谢产物活性制剂,新型 Bt 杀虫剂及 Bt 微生物与化学农药复配剂,杀虫荧光假单胞菌菌剂,植物源杀虫剂,植物源抑菌杀菌剂,动物信息素及天敌产品,仿生性农药原药(母药)及其制剂等。芽孢杆菌等活体微生物活性保持技术,微生物活体制品资源化利用技术,动植物及微生物毒素基因重组技术,外源基因重组、克隆和表达设计与构建技术,重组外源基因生物细胞大规模培养与外源基因表达产物分离纯化技术,基因转移与生物微囊技术,植物源天然农药规模化生产技术,寡糖分子结构化学修饰与改造技术,生物农药的广谱、长效和无公害生产技术,靶标害物选择性技术,降解农药残留生物制品克隆及仿生生产技术,生物农药质检技术、生物农药残留检测技术,致病菌分离鉴定及拮抗菌筛选快繁技术等。

1.2.2　技术分解

在上述检索范围内,综合产业和技术两方面的分类方法,将生物农药分为杀虫剂、抗菌剂、除草剂、生长调节剂、其他生物农药五大类。并在此基础上进一步细分,比如,将杀虫剂分为植物源杀虫剂、微生物提取物杀虫剂、细菌活体杀虫剂、真菌活体杀虫剂、病毒杀虫剂、动物源杀虫剂;将抗菌剂分为植物源抗菌剂、微生物源抗菌剂;将除草剂分为微生物源除草剂、动物源除草剂、植物源除草剂;其他生物农药又包括杀线虫剂、杀鼠剂、昆虫信息素等。具体检索内容见表 4-1-2。

表 4-1-2　生物农药分类表

一级分类	二级分类	三级分类	举例
杀虫剂	植物源杀虫剂		印楝素、川楝素、番荔枝内酯、除虫菊素、烟碱、鱼藤酮、胡椒碱、辣椒碱、墙草碱、千日菊酰胺、尼鱼丁、四氢呋喃脂肪酸类、苦皮藤素、雷公藤定、软骨藻酸、红藻氢酸、藜芦碱、植物精油、茴蒿素、百部碱、松脂合剂、蜕皮素 A、蜕皮酮、里安那碱、骨藻酸、红藻氢酸、茶皂素、苦参碱、苦豆子总碱、马钱子碱、蛇床子素、闹羊花素、桉油精、狼毒素、血根碱、博落回生物总碱、八角茴香油、藻酸丙二醇酯、螟蜕素、蜕皮素 A、棉籽醇
	动物源杀虫剂		沙蚕毒素、蜘蛛毒素、蜂毒肽、蜂毒明肽、斑蝥素、甲壳素、赤眼蜂、虫生真菌、扑食螨

表 4 – 1 – 2（续）

一级分类	二级分类	三级分类	举例
杀虫剂	微生物源杀虫剂	抗生素	阿维菌素、伊维菌素、多杀霉素、浏阳霉素、南昌霉素、米多霉素、多马霉素、梅岭霉素、华光霉素、日光、尼可、四抗霉素、潮霉素、米尔倍霉素、硝吡咯菌素、泰乐菌素
		细菌活体杀虫剂	苏云金芽孢杆菌、日本金龟子芽孢杆菌、球形芽孢杆菌、缓病芽孢杆菌、地衣芽孢杆菌、荧光假单胞菌、假单胞菌、链球菌、光杆菌、枯草芽孢杆菌、多粘类芽孢杆菌、稳短杆菌、放射土壤杆菌、蜡质芽孢杆菌、地衣芽孢杆菌、球形芽孢杆菌
		真菌活体杀虫剂	白僵菌、绿僵菌、虫霉、蜡蚧轮枝菌、拟青霉、放线菌、黏帚菌、木霉菌、哈茨木霉菌
		病毒杀虫剂	核型多角体病毒、黏虫核型多角体病毒、棉铃虫核型多角体病毒、蟑螂病毒、质型多角体病毒、颗粒体病毒、昆虫痘病毒、细小病毒、木霉菌、盾壳霉、噬菌体、真菌病毒
抗菌剂	植物源抗菌剂		黄蒿酮、乙蒜素、黄连素、黄岑苷、丁子香酚、香芹酚、儿茶素、大蒜素、大黄素甲醚、蒎烯、高脂膜、氨基寡糖素、葡聚寡糖素、香菇多糖、混合脂肪酸、大虎杖、灭胞素、金霉素
	微生物源抗菌剂		多氧霉素、春雷霉素、抗霉菌素、井冈霉素、多抗霉素、中生菌素、武夷霉素、宁南霉素、嘧肽霉素、瑞拉菌素、稻瘟散、链霉素、土霉素、灭瘟素、申嗪霉素、四霉素、氯霉素
除草剂	植物源除草剂		桉树脑、独脚金萌素、核桃醌、天仙子胺、草藻灭、香豆素类
	动物源除草剂		生物碱类、萜烯类、莪术醇、姜黄醇、雷公藤内酯醇、雷公藤甲素、
	微生物源除草剂		除草霉素、茴香霉素、AAL – 毒素、十毒素、苍耳亭、双丙氨磷、浅蓝菌素、丁香霉素、链格孢菌、除莠菌素、腐败菌素、胶孢炭疽菌、野油菜黄单胞菌、杂草菌素、细交链孢菌素、鲁保一号、镰刀菌除草剂
植物生物调节剂			细胞分裂素、脱落酸、羟烯腺嘌呤、多聚寡糖、乙烯利、芸薹素内酯、吲哚乙酸、赤霉酸、超敏蛋白
其他	杀线虫剂		淡紫拟青霉、厚孢轮枝菌、穿刺巴斯德氏柄菌、肉毒杆菌、普可尼亚菌
	杀鼠剂		马钱子碱、海葱糖苷、茶皂苷
	昆虫信息素		丁香油、香茅油、舞毒蛾性诱剂、干扰素、蚕蛾醇
	植物免疫诱抗剂		植物防卫素、阿泰灵

1.2.3　检索内容

　　生物农药的发展历史非常悠久，为了从较长的时间线来分析生物农药发展的趋势及技术特征，本书选择了20年的时间跨度，具体检索时间范围为专利公开日期在1995年1月1日至2014年12月31日之间。

　　根据国际通用的专利文献分类方法《国际专利分类表》（IPC分类），对生物农药专利技术主要分布的分类号进行归纳，如表4–1–3所示，在该IPC分类范围内进行检索，同时排除了有机磷农药（A01N57）、无机农药（A01N59）有机氯农药（A01N29）等剧毒农药等类别，提高检索的精准性。

表4-1-3　专利主IPC范围表

主IPC	简要含义	主IPC	简要含义
A01N	杀虫剂、除草剂、植物生长调节剂等	C12N007	病毒,及其制备或纯化
A01G013	园艺植物保护	C12N003	孢子形成或分离的方法
A01C001	在播种或种植前种子处理的方法	C12P	发酵或使用酶的方法合成目标化合物
A01P	化学化合物或制剂的杀生、害虫驱避、害虫引诱或植物生长调节活性	C12Q	包含酶或微生物的测定或检验方法
A23B007	果蔬的保存、催熟等处理	C07	有机化学
C12N001	微生物、繁殖、保藏、分离微生物的方法	C05G	肥料与农药、土壤调理剂的混合物
C12N015	突变或遗传工程及所涉DNA、宿主	C08B	有机高分子化合物的制备或化学加工

为了减少漏检生物农药专利的数量,把检索关键词分为两大类:描述性生物农药检索词,如表4-1-4所示,和具体的生物农药检索词,并将这两个部分的结果进行合并。同时,为了减少直接噪音,通过表4-1-5中要排除的关键词,从这两类关键词的合集中排除一些明显的非生物农药专利。

表4-1-4　生物农药专利检索概念性关键词表

中文	英文
杀虫剂	insecticide, pesticide, insectifuge, dimethoate
杀菌剂	bactericide, fungicide, germicide, sterilant, microbicide, antimicrobial
除草剂	weed killer, herbicide, weedicide, phytocide
抗菌剂	antibacterial agent, antimicrobial
抑菌剂	bacteriostatic, fungistat, bacteriostasis
杀螨剂	acaricide, miticide, ixodicide, Miticide
杀线虫剂	nematicide, Nematocide, Nematicidal
生长调节剂	plant hormone, phytohormone, plant growth regulator
信息素	hormone, elicitor
生物的	biological, biologic, biotic, biotical
植物的	floristic, floristic, floral, botanic, vegetal vegetative, plant
微生物的	microbial, microbic, microorganism
植物源	Botanical, plant - derived, plant - based
细菌的	bacteria, bacterial, bacteric, microbacillary
真菌的	fungal, fungous, fungi, fungic, fungus
病毒的	viral, virus, viruses
天然的	natural, nature

表4-1-5　生物农药专利检索要排除的关键词表

中文	英文	中文	英文	中文	英文
病人	patient	癌症	cancer	肥胖	obesity
血液	blood	动物	animal	医药的	medicinal
骨头	bone	糖尿病	diabetes	皮肤	skin
人类	human	高血糖	hyperglycemia	胰岛素	insulin
干细胞	stem cell	炎症	inflammatory	肝炎	hepatitis
血管	vascular	流感	influenza	神经	neural
鼻子	nose	心血管的	cardiovascular	肠胃	bowel

1.2.4　检索结果汇总

通过上述检索关键词,在上述数据源、IPC分类及时间范围内,从检索结果中通过分类及关键词排除杂质后,共筛选得出72 325件生物农药专利申请,检索结果见表4-1-6、表4-1-7、表4-1-8、表4-1-9。

为了减少中国近年专利申请量的快速增长对国外专利申请趋势的影响,同时为了分析国外生物农药发展的脉络和技术主题,本文将从国外和国内两部分对全球生物农药的专利信息进行分析对比。

表4-1-6　生物农药专利检索数据统计表

范围	申请专利/件			授权专利/件			授权比例/%	有效专利/件			有效比例/%
	发明	实用新型	总量	发明	实用新型	总量		发明	实用新型	总量	
全球	72 184	141	72 325	27 198	138	27 336	37.8%	18 098	110	18 208	25.2%
国外	65 455	123	65 578	24 398	120	24 518	37.4%	15 892	95	15 987	24.4%
中国	6 729	18	6 747	2 800	18	2 818	41.8%	2 206	15	2 221	32.9%
广东	483	2	485	281	2	283	54.1%	237	0	237	49.1%

注:有效专利量指截至检索日为止已授权且仍处于维持状态的专利数量。有效专利量指截至检索日得到的已授权且仍处于维持状态的专利量;授权专利比例=有效专利量/专利申请总量。有效专利比例=有效专利量/专利申请总量。

表4-1-7　中国专利技术来源统计表

申请人国别	申请专利/件			授权专利/件			授权比例/%	有效专利/件			有效比例/%
	发明	实用新型	总量	发明	实用新型	总量		发明	实用新型	总量	
中国	6 229	18	6 247	2 770	18	2 788	44.6%	2 215	6	2 221	35.6%
美国	1 143	0	1 143	570	0	570	49.9%	488	0	488	42.7%
德国	583	0	583	334	0	334	57.3%	232	0	232	39.8%
日本	448	0	448	280	0	280	62.5%	228	0	228	50.9%
欧洲	402	0	402	161	0	161	40.0%	160	0	160	39.8%

注:此表为中国国家知识产权局受理的专利(共6 729件)来源分析。

表 4-1-8　中国技术输出情况统计表

申请国家	专利申请量/件	专利授权量/件	专利有效量/件	有效比例
美国	122	82	69	56.6%
日本	24	14	13	54.2%
欧洲	48	12	11	22.9%
韩国	17	5	5	29.4%

注:此表是第一发明人是中国人的对外申请专利分析。

表 4-1-9　中国主要省份专利数据统计表

序号	范围	申请专利/件			授权专利/件			授权比例/%	有效专利/件			有效比例/%
		发明	实用新型	总量	发明	实用新型	总量		发明	实用新型	总量	
1	山东省	678	3	681	262	3	265	38.9%	223	1	224	32.9%
2	江苏省	606	2	608	210	2	212	34.9%	178	0	178	29.3%
3	北京市	559	0	559	369	0	369	66.0%	278	0	278	49.7%
4	广东省	485	0	485	283	0	283	58.4%	237	0	237	48.8%
5	陕西省	362	0	362	172	0	172	47.5%	147	0	147	40.5%
6	浙江省	348	0	348	151	0	153	44.0%	129	0	132	37.9%

注:此表统计依据为该专利国省代码。

第2章 国内外生物农药专利分析

2.1 国外生物农药专利分析

2.1.1 国外生物农药专利申请热点国家地区分布情况

在国外 65 578 件专利申请中,按照申请国家进行统计,获得近 20 年生物农药相关专利的主要申请热点国家和地区分布图,如表 4 - 2 - 1 所示。申请热点国家和地区有时也称为技术应用国,因为申请人在专利申请国家的选择上,一般会首先选择本国或本地区、主要研究国家以及市场前景较好的国家进行专利申请,完善专利的区域性布局,最大范围地保护自身的研究成果。

表 4 - 2 - 1   国外生物农药专利申请热点国家分布图

国别和地区	数量/件
美国	7 953
世界专利组织	6 862
欧洲专利组织	5 764
日本	5 461
澳大利亚	4 124
加拿大	3 475
中国	3 329
韩国	2 503
巴西	1 932
墨西哥	1 740
阿根廷	1 684
新西兰	943

从表 4 - 2 - 1 可以看出,国外生物农药专利申请热点国家地区主要有美国、世界专利组织、欧洲、日本、澳大利亚,加拿大以及中国。其中,美国、欧洲和日本是生物农药的主要研究国家以及技术先进国家,澳大利亚、加拿大及中国是农业大国,有广阔的生物农药市场空间,是国外生物农药专利最主要的技术应用国。值得注意的是,图 4 - 2 - 1 中国专利数量(3 329 件)仅为国外申请人在中国申请的专利,不含中国发明人的申请,说明许多国外公司在中国申请了大量的生物农药方面的专利,对中国生物农药的市场非常重视。

在图中可以看出有 6 862 件通过 WIPO 途径申请的专利,通过 WIPO 途径申请的专利也叫 PCT 专利,PCT 是专利合作条约(patent cooperation treaty)的英文缩写,是有关专利的国际条约。专利申请人可以通过 PCT 途径递交国际专利申请,同时向多个国家申请专利,这样能节约分别向多个国家申请所花费的一部分精力。所以,通过 PCT 途径申请的专利一般都是对专利的市场和技术非常重视,打算在全球多个国家或地区布局的重要专利,所以 PCT 专利也被看成高质量专利。在生物农药领域的专利中 WIPO 专利所占比例较高说明了申请人看好这一领域的发展前景。

2.1.2 国外生物农药专利主要技术来源国家分布情况

通过专利的发明人所在国家或地区,可判断出专利技术的来源国。将检索得到的国外 65 578 件专利按照技术来源国(inventor location)进行统计,获得近 20 年生物农药相关专利的技术来源国分布图,如图 4 - 2 - 2。从表 4 - 2 - 2 中可以看出,在国外生物农药技术的主要技术来源国是美国,共申请了 19 818 件专利(其本国申请 7 953 件);其次是德国,专利申请量达 9 992 件(其本国申请 710 件);再次是日本,专利申请量达 6 358 件(其本国申请 5 461 件)。这三个国家的专利申请量占到国外专利申请的一半以上,是国外最主要的生物农药技术发达国家。英国、瑞士、法国和韩国的专利申请量均在 1 400 件以上,也是主要的技术来源国。

表 4 - 2 - 2　国外生物农药专利技术来源国家分布

国别或地区	数量/件
美国	19 818
德国	9 992
日本	6 358
英国	3 170
欧洲专利组织	2 153
瑞士	2 015
法国	1 926
韩国	1 487
澳大利亚	821

专利申请热点国家也就是专利技术的应用国,技术来源国与技术应用国相对比可以看出该国家专利技术的输入输出情况或全球专利布局的情况。将生物农药专利主要技术来源国与技术应用国对比,得到图 4 - 2 - 1,从图 4 - 2 - 1 中可以看出,美国发明人共申请专利 19 818 件,其本国申请为 7 953 件;德国发明人申请专利 9 992 件,而德国本国专利申请量仅为 710 件;向国外申请专利的数量远高于本国专利申请的数量,表明美国和德国非常重视专利全球区域的布局。类似的国家还有英国、瑞士、法国等,其向国外申请专利的力度远大于其在本国的申请力度,表明这些国家是生物农药专利技术输出国,也是全球生物农药领域专利技术的主要控制国。与之相反,韩国、澳大利亚、加拿大等国家发明人的专利申请数量少于本国被申请专利数量,属于专利技术输入国,也是被专利技术输出国技术占领的国家,如果这些输入专利技术获得授权,则技术输入国必须保护该技术,本国企业使用该技术就必须付出一定的代价。国外申请人在中国申请专利达 3 329 件,而同期中国申请人向国外申请专利仅为 500 件,也是典型专利技术输入国。

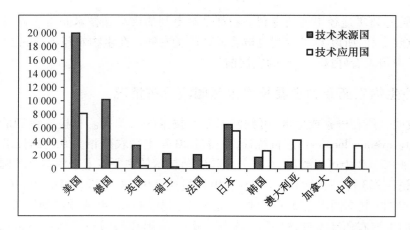

图 4 - 2 - 1   主要生物农药专利技术来源和技术应用国对比图

2.1.3   国外生物农药专利主要申请人分布情况

将检索得到的国外 65 578 件专利按照申请人进行统计,获得近 20 年生物农药相关专利的主要申请人分布图,如图 4 - 2 - 2 所示。从图 4 - 2 - 2 中可以看出,国外生物农药排名前二十名的专利申请人有德国拜耳集团、德国巴斯夫公司、瑞士先正达集团、美国陶氏、美国杜邦、日本住友化学公司、法国制药巨头赛诺菲公司、美国孟山都、瑞士诺华公司等等。据 2011 年全球农药市场信息统计,世界排名前六的农药大公司分别是先正达、拜耳、巴斯夫、陶氏、孟山都和杜邦,均为生物农药专利量排名前八的申请人。说明这些农药超级大公司对生物农药的市场发展前景非常看好,均投入大量资金和人力用于生物农药的研发。

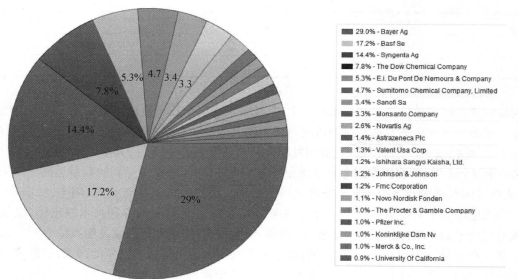

图 4 - 2 - 2   国外生物农药专利申请人分布图

国外生物农药专利的申请人分布呈现相对集中的趋势,其中拜耳集团、巴斯夫公司、先正达集团、陶氏、杜邦是全球最大的五家农药公司,同时也是全球排名前五的生物农药专利申请人,这五家公司 20 年内共申请专利 21 105 件,占国外专利申请量的 38.2%。将五家大公司的年专利申请量进行统计对比,得到五家大公司专利申请趋势图,如图 4 - 2 - 3 所示。

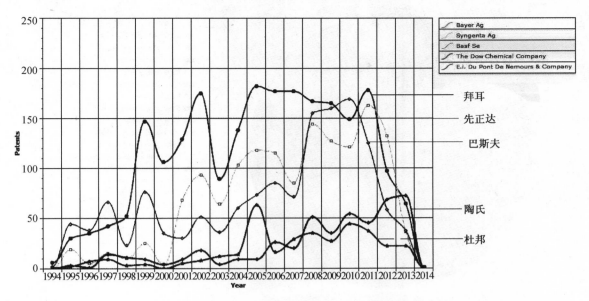

图 4 - 2 - 3　国外生物农药五大申请人专利申请趋势图

从图 4 - 2 - 3 中可以看出,国外生物农药专利申请量最多的五家公司中,德国拜耳集团(Bayer Ag)的专利申请量从 1999 年开始就一直保持在较高的水平,年申请量平均达到了 150 件,这与它在生物农药领域的地位十分一致。但瑞士先正达(Syngenta Ag)集团和德国巴斯夫(BASF Se)公司的专利申请量增长势头更猛,先正达从 2000 年前年平均申请量不到 15 件开始,到 2008 年时,先正达的年申请量已接近拜耳集团,成为生物农药专利申请量最多的三家公司之一,而这一年恰好也是先正达超越拜耳,坐上农药公司销售龙头位置的一年。而巴斯夫公司生物农药领域专利申请量也急剧增加,到 2008 年,与拜耳和先正达一起成为了专利申请数量的前三强,而到了 2009 年,巴斯夫取代陶氏成为了世界三大农药生产销售巨头。世界生物农药申请量最多的三家公司,正好是三大农药生产销售巨头,而取得超越性发展的两家大公司,也恰好是生物农药专利申请增长最快的两家公司。也就是说,全球农药大公司销售收入的快速增长往往伴随着生物农药专利申请量的急剧增加,这也从一个方面推测大型农化公司对生物农药专利申请的高度重视,把生物农药的研究开发放在优先发展的地位。

2.1.4　国外生物农药专利主要发明人分布情况

将检索得到的国外 65 578 件专利按照发明人(Inventor)进行统计,获得近 20 年生物农药相关专利的主要发明人分布图,如图 4 - 2 - 4 所示。通过观察图 4 - 2 - 4 发现,生物农药技术领域的主要发明人主要集中在几个主要的专利申请机构。忽略发明人数据缺失部分专利,在国外生物农药领域专利数量最多的 20 位发明人中,前 14 位发明人全部为德国拜耳所属,这些发明人是:Hermann Bieringer, Heike Hungenberg, Dieter Feucht, Reiner Fischer, Erwin Hacker, Lothar Willms, Wolfram Andersch, Peter Dahmen, Mark Wilhelm Drewes, Christopher Rosinger 等。其后的六位排名前二十的发明人中,Peter Maienfisch, Jerome Yves Cassayre, Thomas Pitterna 是瑞士先正达集团的员工;另外三位发明人 Reinhard Stierl, Siegfried Strathmann 和 Egon Haden 是德国巴斯夫公司的员工,详细情况见表 4 - 2 - 3。

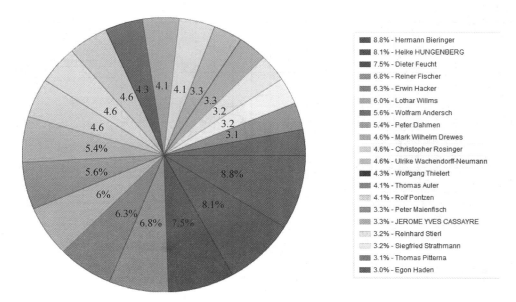

图 4 - 2 - 4　国外生物农药专利发明人分布图

表 4 - 2 - 3　国外生物农药主要发明人所属公司图

排名	专利发明人	申请数量/件	所属公司	备注
1	Hermann Bieringer	747	拜耳	前赛诺菲 - 安万特员工
2	Heike Hungenberg	688	拜耳	
3	Dieter Feucht	637	拜耳	
4	Reiner Fischer	577	拜耳	
5	Erwin Hacker	535	拜耳	前赛诺菲 - 安万特员工
6	Lothar Willms	509	拜耳	前赛诺菲 - 安万特员工
7	Wolfram Andersch	475	拜耳	
8	Peter Dahmen	458	拜耳	
9	Mark Wilhelm Drewes	390	拜耳	
10	Christopher Rosinger	390	拜耳	前赛诺菲 - 安万特员工
11	Ulrike Wachendorff - Neumann	390	拜耳	
12	Wolfgang Thielert	365	拜耳	
13	Thomas Auler	348	拜耳	
14	Rolf Pontzen	348	拜耳	
15	Peter Maienfisch	280	先正达	
16	Jerome Yves Cassayre	280	先正达	
17	Reinhard Stierl	272	巴斯夫	
18	Siegfried Strathmann	272	巴斯夫	
19	Thomas Pitterna	263	先正达	
20	Egon Haden	255	巴斯夫	

通过图 4 - 2 - 4 及表 4 - 2 - 3 的数据可以看出,国外生物农药领域的发明人非常集中,均属于专利

申请量较多的大公司,比如拜耳公司 Hermann Bieringer 参与发明的专利达 747 件,其发明的专利超过绝大多数的专利申请人申请总量,可进入生物农药领域全球申请量前十名。说明国外生物农药技术主要掌握在大公司及少数发明人手中,技术集中程度非常高。在生物农药领域的企业并购重组中,人才引进是一个非常值得重视的方面,比如,全球排名第一(Hermann Bieringer)、第五(Erwin Hacker)、第六(Lothar Willms)和第十(Christopher Rosinger)的发明人,均曾经为赛诺菲 – 安万特(Sanofi AVENTIS)集团的员工,2001 年进入拜耳公司后,大大地增加了拜耳公司在生物农药领域的研究实力,使其在生物农药领域的领先优势更加明显。这一现象也可以初步推测国外申请人对专利布局的重视,比如拜耳公司 Hermann Bieringer 的 747 件发明专利中,有大量的同族专利存在。

海外华人是我国人才引进的重要对象之一,为了初步确定人才引进的对象,本文对生物农药重要专利的华人发明人以及在跨国机构中工作的发明人进行筛选,得到海外机构部分华人发明人列表,如表 4 - 2 - 4 所示。

表 4 - 2 - 4　海外机构部分华人发明人列表

序号	发明人	所属公司	研究领域	专利数量/件
1	董华	先锋国际良种公司(美国)	苏云金芽孢杆菌	12
2	李梅	陶氏益农公司(美国)	除草剂	10
3	刘雷	陶氏益农公司(美国)	除草剂、杀虫剂	10
4	刘晓忠	瓦伦特生物科学公司(美国)	脱落酸	7
5	黄华章	马罗内生物创新公司(美国)	伯克霍尔德氏菌	7
6	李华荣	陶氏益农公司(美国)	杀虫 Cry 蛋白	5
7	张洪	陶氏益农公司(美国)	杀虫剂	5
8	Kuide Qin	陶氏益农公司(美国)	杀虫剂	5
9	苏海	马罗内生物创新公司(美国)	蒽醌衍生物	5
10	Dewen Qiu	伊登生物科学有限公司(美国)	敏反应诱导子蛋白	5
11	Aijun Zhang	美国农业部	信息素	4
12	张蓓	孟山都技术有限公司(美国)	转基因	4
13	段俊欣	诺维信公司(丹麦)	纤维素分解的多核苷酸	3
14	吴文平	诺维信公司(丹麦)	纤维素分解的多核苷酸	3
15	汤岚	诺维信股份有限公司(美国)	纤维素分解的多核苷酸	2
16	刘晔	诺维信股份有限公司(美国)	纤维素分解的多核苷酸	2

2.1.5　国外生物农药专利主要技术点归纳对比

为归纳对比近年国外生物农药专利在研究的技术点方面的最新研究情况,将 2010—2014 年的专利作为一个集合与 1995—2009 年的专利技术点进行比较,利用 Innography 进行文本聚类分析,从大量的专利文本中辨别研究热点,分别得到 1995—2009 年生物农药专利技术点(图 4 - 2 - 5),2010—2014 年生物农药专利技术点(图 4 - 2 - 6)。

1. 1995—2009 年国外生物农药专利主要技术特点

由图 4 - 2 - 5 可知,1995—2009 年生物农药专利主要集中在分子式、活性成分、植物生长、有效含量、控制药剂及植物保护方面。

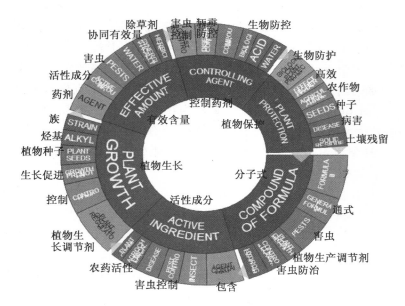

图 4 - 2 - 5　1995—2009 年生物农药专利主要技术点

2. 2010—2014 年国外生物农药专利主要技术特点

从图 4 - 2 - 6 可以看出,2010—2014 年生物农药主要专利技术点包括活性成分、植物生长、分子式、害虫控制、植物病害以及提取等六个方面。除了 2009 年之前所主要研究的分子式、活性成分及植物生长之外,2010 年后药物控制的研究变为害虫控制、植物保护变为植物病害,有效含量的研究变为提取。

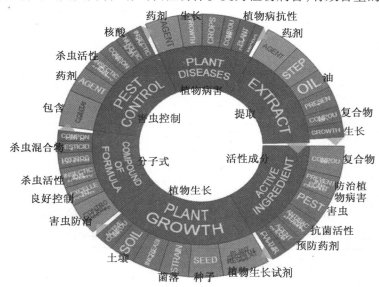

图 4 - 2 - 6　2010—2014 年生物农药专利主要技术点

3. 不同时期国外生物农药专利主要技术特点对比分析

将 2010—2014 年与 1995—2009 年的主要及分支专利技术点进行对比分析,发现这两个阶段生物农药研究的技术热点呈现以下几个特点:

第一,剂型、混剂方面的研究增加,比如药剂、制剂、水、油、有机溶剂、聚合颗粒、杀虫混合物、组合物和配方等。随着时间的推移,生物农药原药的开发难度逐渐加大,对生物农药剂型及混剂的开发研究成为国外生物农药新的研究重点。我国生物农药的研究也应该顺应这种趋势,加快推进剂型向水基化、环保化、便利化转变,减少有机物为溶剂的杀虫剂剂型的研究。

第二,农药的化学结构越来越复杂。2009年起,生物农药研究中主要涉及的分子式、烃基等通式词语逐渐减少,取而代之的是核酸、蛋白质、活性物质、衍生的DNA结构、肽等词语;这与全球农药成分、杂环、手性化合物方向发展的趋势相吻合,这也说明未来生物农药领域的研究开发已经进入了分子技术层面。

第三,种子处理剂、除草剂成为新的增长点。2010年后,种子、植物繁殖材料、聚合物、控制、释放、处理种子、表面处理等词语的出现频率和领域逐渐增加,除草剂成分也成为新的技术点,这说明在全球农业种植向机械化、自动化方向发展的同时,对农药产业的发展也提出了新的要求,即提供适合机械化操作的种子处理剂以及大规模农业生产所必需的除草剂。

第四,环保将是农药行业的核心战略。2010年后的专利中信息素、昆虫驱避剂、有效量、预防、生物控制等词语出现频率增加,有机溶剂等慢慢减少,说明生物农药的研究范围已经全面扩大,生物农药的研究已经进入发展阶段。

第五,分析还发现,2010年之后解淀粉芽孢杆菌(Bacillus Amyloliquefaciens)成为了一种新的研究热门,作为一种新的土壤益生菌菌株,其代谢产物具有抑制真菌和细菌活性的作用,拜耳、诺和诺德是这种细菌的主要研究力量,国内江苏省对此也有较多的研究,华南理工大学也有一定的研究。

(4)不同区域来源国外生物农药专利主要技术特点

为了更好地了解生物农药在不同国家地区专利的主要技术特点,通过Innography的PatentScape功能,对国外生物农药的五大主要来源(世界知识产权组织、美国、韩国、日本、中国)的专利技术特点进行对比,得到生物农药的技术点专利地图,如图4-2-7所示,图中每个技术关键词都包含了许多小细胞格子,每个小格子代表三件专利,不同颜色代表专利来源不同的国家。

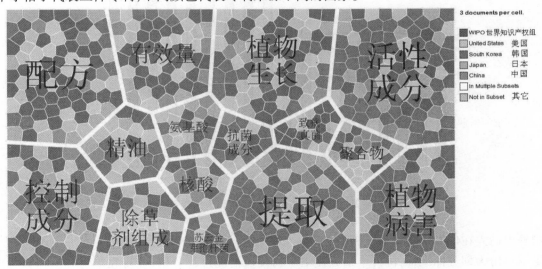

图4-2-7 国外生物农药五强专利主要技术点

由图4-2-7可以看出,WIPO(世界知识产权组织)的专利主要涉及配方、有效量、植物生长、致病真菌以及苏云金芽孢杆菌方面,可归纳为WIPO专利在配方及定量分析、植物生长调节以及真菌性病害方面有所侧重。韩国专利主要分布在活性成分、提取、植物病害三个方面,而且在这三个技术领域具有比较大的优势,说明专利申请人对韩国在活性成分提取方面的市场前景非常看好。美国、日本和中国专利的技术分布都比较广泛,每个技术点都有一定数量的专利技术,说明这三个国家在生物农药领域的研究比较全面,其中,美国在专利数量上较中国和日本更具优势,尤其在除草剂组成、聚合物研究方面比较突出。

2.1.6 国外申请人在华申请专利分析

从上文可知,国外生物农药专利发达国家大量对外申请专利,特别是在澳大利亚、中国、加拿大等农业大国进行了严密的专利布局。其中,对华专利申请量达 3 329 件,仅次于澳大利亚,此数据表明中国是第二大专利技术输入国家,也是第二大国外申请人重点布局国家。因此,对国外申请人在华专利情况进行分析,有利于掌握国外申请人在华专利布局情况,对中国生物农药相关研究机构及企业提供跟踪学习及预警作用。

1. 国外申请人在华专利申请趋势分析

将 3 329 件国外在华申请专利按申请年份排列,得到国外申请人在华专利申请趋势图,如图 4 - 2 - 8 所示。从图中可以看出,国外申请人在华专利申请起步很早,从 1995 年开始就有 100 件以上的在华专利申请,2006 年之后年申请量达到 250 件以上,并一直保持在较高的数量水平。而 2013 年至 2014 年公开的在华专利数量很少,这跟国外专利从申请到公开的时间跨度较长有关,其申请数据暂不列入趋势分析。进一步分析还发现,国外申请人在华的生物农药专利申请中,并没有实用新型专利申请,其专利申请类型全部为发明专利。

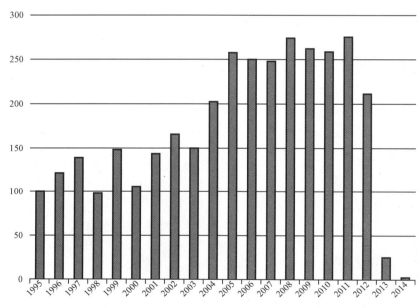

图 4 - 2 - 8 国外申请人在华专利申请趋势图

2. 国外申请人在华专利授权情况分析

以申请年份为划分标准,对国外申请人在华专利授权情况进行分析,发现在华专利授权数量跟申请数量有类似的趋势,呈现稳步上升的态势,见图 4 - 2 - 9。从 2002 年开始,国外申请人在华专利年授权数量达到 100 件以上,2005 年后平均达到 130 件的年授权量。由于专利从申请公开到授权需要较长的审查时期,所以国外专利从申请到授权一般需要三年或者三年以上的审查期,2011 年后的专利授权数据暂不列入趋势分析范围。

3. 国外在华专利申请人及其趋势情况分析

对国外在华专利申请按申请人进行划分,得到在华专利申请的主要申请人热力图,如图 4 - 2 - 10 所示,在热力图中气泡的大小表示申请人专利的多少,气泡的深浅代表申请人收入的多少,其中,颜色越深,表示收入越高,颜色越浅,表示收入越低。从图 4 - 2 - 8 中可以发现,国外在华专利申请人中,最主要的申请人是拜耳集团(Bayer AG),其次是先正达(Syngenta AG)、巴斯夫(BASF SE)、陶氏(The Dow

Chemical Company)、住友化学(Sumitomo Chemical Co., Ltd.)和杜邦(E. I. Du Pont De Nemours & Company),这六家申请人气泡最大,说明其在华申请专利数量较多。这五家公司中,巴斯夫、拜耳、陶氏颜色偏深,说明其公司实力雄厚;而杜邦、住友化学和先正达颜色偏浅,说明公司实力相对弱些。在这六家最主要申请人之外,还有孟山都(Monsanto Company)、赛诺菲(Sanofi SA)、诺维信(Novozymes As)、石原产业株式会社(Ishihara Sangyo Kaisha Ltd.)、帝斯曼知识产权资产管理公司(Dsm Ip Assets Bv)等申请人。

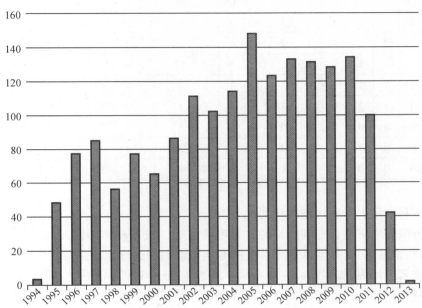

图4-2-9　国外申请人在华专利授权趋势图

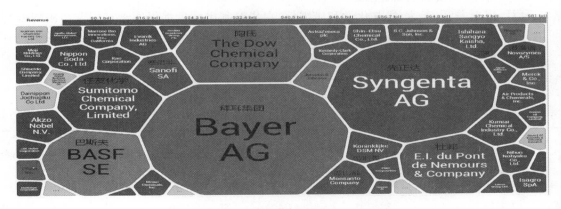

图4-2-10　国外在华主要申请人热力图

　　根据国外来华主要申请人各年度在华专利的申请数量,汇总成国外申请人来华年度专利申请数量矩阵表,如表4-2-5所示。由表4-2-5可以看出,国外来华的专利申请人主要是国外大型农化公司,主要有以拜耳、先正达和巴斯夫为代表的第一集团,比如德国拜耳公司,对华申请专利起步早,数量多,明显领先于其他公司;其次是以陶氏、住友、杜邦为代表的第二集团;再往后是孟山都、赛诺菲、诺维信、石原、帝斯曼等企业。参考国外生物农药主要申请人分布情况图,由图4-2-4可知,与国外申请人的排名相比较,先正达、住友、孟山都、诺维信、石原产业株式会社以及帝斯曼知识产权资产管理公司的在华专利申请数量排名都有上升,说明这些公司在选择专利申请国家时更加侧重于中国,对中国市场也更为重视。中国研究人员及生物农药企业要提高对上述公司的关注。

表4－2－5　国外主要申请人来华年度专利申请数量矩阵表

申请人 ＼ 年份	95	96	97	98	99	00	01	02	03	04	05	06	07	08	09	10	11	12	13	14	总数
拜耳	17	36	28	19	39	32	36	39	22	39	42	33	45	38	43	28	42	30	2	0	611
先正达	16	9	18	2	7	5	25	19	17	12	25	27	23	42	32	22	34	31	5	0	371
巴斯夫	12	13	13	9	13	8	5	5	15	13	23	40	21	30	33	41	29	17	2	0	342
陶氏	0	2	2	4	10	5	3	8	2	6	25	15	26	13	29	22	13	1	0		191
住友	3	3	5	3	8	1	2	8	4	1	6	2	11	5	17	11	19	7	2	2	120
杜邦	0	5	1	1	0	0	2	5	5	7	17	2	20	12	13	11	6	4	0	0	111
孟山都	0	0	7	1	1	6	4	5	1	2	4	5	3	4	1	2	4	3	0	0	53
赛诺菲	5	7	7	3	4	1	1	3	3	1	1	3	0	3	1	1	0	0	0	0	45
诺维信	0	0	0	0	2	0	0	1	1	5	0	0	3	5	2	6	3	9	0	0	38
石原	0	0	0	5	0	0	2	0	1	6	3	1	4	3	6	0	1	1	1	0	34
帝斯曼	0	0	0	0	1	0	1	0	0	4	4	1	1	5	1	1	1	7	0	0	27

4. 国外主要专利申请人专利区域布局情况分析

为进一步分析国外来华进行专利申请的主要申请人的区域专利布局情况，对拜耳、巴斯夫、先正达、住友、孟山都、石原、诺维信、帝斯曼八家申请人的专利申请国别进行统计，得到国外生物农药主要申请人国外申请数量及排名统计表，如表4－2－6所示。从表4－2－6中可以看出，国外生物农药专利主要申请人对外专利区域布局具有很大的一致性，对于这些具有全球视野的国际化大公司来说，专利申请方向主要是美国、中国、日本、澳大利亚、阿根廷、巴西、墨西哥和韩国。总体来说，最受重视的国家是美国，其次是中国、日本、加拿大、澳大利亚等国家。

比如，拜耳、巴斯夫、先正达、住友化学和诺维信，在华专利申请量都仅次于它们在美国的专利申请量，这可能与美国是全球生物农药技术的研发中心有关，而中国则有可能是生物农药市场前景最好的国家之一。而在这些国外公司中，日本石原产业株式会社对中国的专利申请极为重视，在其对外专利申请的国家中，中国排名第一，表明了石原对中国市场的高度重视，对此国内农药企业需要保持关注。

表4－2－6　国外生物农药主要申请人国外申请数量及排名统计表

申请人 ＼ 国别		美国	中国	日本	加拿大	澳大利亚	阿根廷	巴西	墨西哥	韩国
拜耳（德国）	数量	706	611	577	509	488	403	366	331	315
	排名	1	2	3	4	5	6	7	8	9
巴斯夫（德国）	数量	366	342	324	321	323	265	181	190	180
	排名	1	2	3	5	4	6	8	7	9
先正达（瑞士）	数量	395	371	259	258	257	245	156	139	142
	排名	1	2	3	4	5	6	7	9	8
住友（日本）	数量	184	120	287	61	109	81	73	56	83
	排名	2	3	1	8	4	6	7	9	5
孟山都（美国）	数量	130	53	28	85	83	65	43	40	27
	排名	1	5	8	2	3	4	6	7	9

表 4 – 2 – 6（续）

国别 申请人		美国	中国	日本	加拿大	澳大利亚	阿根廷	巴西	墨西哥	韩国
石原 （日本）	数量	28	34	39	17	21	18	9	10	20
	排名	3	2	1	7	4	6	9	8	5
诺维信 （丹麦）	数量	66	38	15	28	26	10	1	1	1
	排名	1	2	5	3	4	6	7	7	7
帝斯曼 （荷兰）	数量	49	18	32	22	12	14	31	22	17
	排名	1	6	2	4	9	8	3	4	7

5. 国外专利申请人专利授权情况分析

对国外申请人在华的 3 329 件专利申请进行分析，发现其授权 1 616 件，其中，有效专利 1 276 件，授权比例及有效专利比例均高于国外申请人的专利平均水平，详细情况见表 4 – 2 – 7。

表 4 – 2 – 7 国外申请人来华专利申请授权及有效专利比例表

类别	申请量/件	授权专利量/件	授权专利比例/%	有效专利量/件	有效专利比例/%
国外申请人	65 578	24 518	37.4%	15 987	24.4%
中国申请人	6 747	2 818	41.8%	2 221	32.9%
国外来华申请	3 329	1 616	48.5%	1 276	38.3%

在国外来华申请的授权专利中，对有效专利（已授权并仍然处于维持状态）进行文本聚类分析，发现这些有效专利除了涉及植物病害、有效成分、活性物质、控制成分等通用词汇外，主要涉及合成方案、除草剂、杀虫剂、植物生长调节剂等研究对象，综合统计汇总后得到表 4 – 2 – 8。

表 4 – 2 – 8 国外在华授权专利主要技术点

序号	中文	英文
1	合成方案	Compound of Formula
2	除草剂组分	Herbicide Composition，Weed Control，Grass
3	杀虫剂	Pesticide Composition，Insecticide，Pest
4	抗菌成分	Antimicrobial Compositions，Antimicrobial Agent
5	植物生长调节剂	Plant Growth Regulator
6	核酸	Nucleic Acid，Nucleotide Sequences
7	苏云金芽孢杆菌	Bacillus Thuringiensis
8	杀虫蛋白质	Insecticidal Protein
9	聚合材料	Polymeric Material
10	菌株	Bacterial Strain
11	种子处理	Seed Treatment
12	有机溶剂	Organic Solvent
13	植物病原真菌	Plant Pathogen

表4－2－8（续）

序号	中文	英文
14	悬浮剂	Suspending agent
15	精油	Essential Oil

　　从表4－2－8可以看出，国外申请人在华专利授权主要是合成方案的专利，其中，除草剂专利数量最多，其次是杀虫剂专利和抗菌剂专利。此外，杀虫蛋白质、聚合材料、种子处理、菌株、植物病原真菌、有机溶剂、悬浮剂等类型专利分布较多。

　　在国外申请人在华的3 329件专利申请中，除已授权及被驳回的申请外，还有605件专利处于审查状态中，这些审查中专利具有授权可能性，而且往往代表着国外申请人对华专利申请的最新动态，详细情况见表4－2－9。

表4－2－9　国外在华审查中专利主要技术点

序号	中文	英文
1	合成方案	Compound of Formula
2	除草剂组分	Herbicide Composition，Weed Control，Grass
3	杀虫剂	Pesticide Composition，Pest，Insecticide
4	核酸	Nucleic Acid，Nucleotide Sequence
5	真菌	Pathogen
6	2－吡啶羟酸	2－pyridine Hydroxylic Acid
7	抗菌成分	antibiotic constituent
8	美国农业研究菌种保藏中心编号	NRRL Accession No.
9	精油	Essential Oil
10	助剂	Adjvant
11	杀虫蛋白质	Insecticidal Protein
12	杂草	Weed Species
13	脂肪酸	Fatty Acid
14	植物生长调节剂	Plant Growth Regulator
15	线虫	Nematode

　　从表4－2－9可以看出，国外在华审查中的专利除了合成方案、除草剂、杀虫剂等主要领域。跟国外在华已授权专利相比较，目前的审查中专利主要偏向核酸、转基因等技术，真菌、抗菌、NRRL保藏号等涉及抗菌剂，杂草、2－吡啶羟酸等除草剂，以及助剂、线虫、精油等相关专利的申请，国内农药产业相关机构必须保持关注。

2.1.7　国外生物农药专利申请人竞争力分析

　　专利强度（Patent Strength）是Innography的核心功能之一，它是专利价值判断的综合指标。专利强度受权利要求数量、引用与被引用次数、是否涉案、专利时间跨度、同族专利数量等因素影响，其强度的高低可以综合地反映出该专利的文献价值大小。通过Innography的专利强度结合专利数量指标，可以综合地反映出该专利的文献价值大小，从而能快速地判断专利申请人的竞争力。

1.国外生物农药专利申请人竞争力分析

将检索得到国外生物农药相关专利进行专利权人分析,并利用 Innography 的竞争力分析功能,对全球研究植物源杀虫剂相关技术的专利权人进行竞争力分析,得到国外生物农药专利申请人竞争力气泡图,如图 4－2－11 所示,图中气泡大小代表专利多少;横坐标越大说明其专利技术性越强;纵坐标越大说明专利权人实力越强。

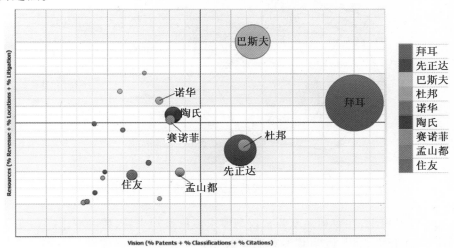

图 4－2－11　国外生物农药专利申请人竞争力气泡图

经过分析可以得到:

第一,国外植物源杀虫剂技术领域竞争力最强的专利权人是德国拜耳集团(Bayer Ag),在专利申请量和专利强度方面都遥遥领先于其他机构。此外,德国巴斯夫公司(BASF SE)、瑞士先正达集团(Syngenta Ag)也紧随其后,专利申请量和质量领先于其他研究机构。专利申请量较多的机构还有:美国陶氏化学公司 The Dow Chemical Company、美国杜邦公司 E. i. Du Pont De Nemours & Company、日本住友化学公司(sumitomo Chemical Company)、法国赛诺菲公司(Sanofi Sa)、美国孟山都公司 Monsanto Company 以及诺华公司 Novartis Ag 列前九名。

第二,从竞争力差距上分析,拜耳集团气泡最大,同时处于气泡图的右上方,说明其针对生物农药已经申请了大量的核心专利,在该领域内拥有较大的竞争优势。同时在图中显示出较强技术竞争力的公司还有巴斯夫(BASF Se)、先正达(Syngenta Ag)和杜邦(Du Pont),专利质量仅次于拜耳集团,但也遥遥领先于其他公司,这三家公司构成了生物农药竞争的第二集团。第三集团主要有美国陶氏化学公司(The Dow Chemical Company),日本住友化学公司(Sumitomo Chemical Company)、法国制药巨头赛诺菲(Sanofi Sa)、美国孟山都公司(Monsanto Company)以及诺华公司(Novartis Ag)、诺和诺德(Novo nordisk fonden)等。

第三,结合上文的专利申请人专利数量排名情况,可知专利数量的排名和专利竞争力的排名大致相似,排名靠前的大多是老牌的跨国公司,具有很深厚的技术积累,生物农药领域的研究起步较早,掌握大量核心技术,技术壁垒较为明显。

第四,生物农药的竞争力排名前十位的公司中,拜耳、巴斯夫、先正达、陶氏化学、杜邦、住友化学以及孟山都均为世界农药排名前十的公司,另外三家公司,赛诺菲、诺华和诺和诺德均为制药巨头,说明了生物农药与生物制药之间的研究关系越来越密切。生物农药与医药之间的一些相通特性表明,打破行业界限、加强农药与医药的双向交流与合作,是未来生物农药取得突破的一个重要方向。

2.国外生物农药主要专利申请人竞争力构成分析

作为国外生物农药专利竞争力最强的五家公司,拜耳、先正达、巴斯夫、陶氏和杜邦在五大公司在企业历史、主营业务、研究领域及公司实力方面各有差异,本文从专利竞争力各构成要素即构成专利强度的内在属性方面进行分析,这些要求包括权力要求数量(Claims)、被引专利数量(Cites)、研究领域范围(Industries)、发明人数量(Inventors)、涉案专利数量(Litigation)、引用专利数量(Refs)以及专利寿命(Life)七个方面进行对比,得到图4-2-12。

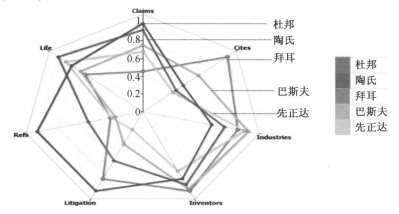

图4-2-12   国外生物农药五大公司专利竞争力构成雷达图

从图4-2-12可以看出,在专利强度要素权利要求数量坐标来看,权利要求项(Claims)最多的是美国杜邦公司和美国陶氏化学公司,说明其专利质量较高;从被引用专利数量(Cites)来看,被引专利数量最多的是德国拜耳集团,说明其专利在生物农药领域老牌强者的地位,在本领域具有引领作用,其次是巴斯夫公司;从研究领域(Industries)的广泛性来看,排在前三位的是德国巴斯夫公司,瑞士先正达集团和德国拜耳集团;从发明人数量(Inventors)来看,五家大公司相差不大,以巴斯夫公司和美国陶氏化学公司发明人最多,这跟这五家公司的专利数量排名基本一致;从涉案专利数量(Litigation)来看,排在前三位的是美国杜邦公司、德国拜耳集团和美国陶氏化学公司;从引用专利数量(Refs)来看,美国杜邦公司显著超过其他四家公司;从专利剩余寿命(Life)来看,排名靠前的三家公司是美国陶氏化学公司、瑞士先正达集团和美国杜邦公司,说明这三家公司的专利总体较新,相反地,排名最后的德国拜耳集团和巴斯夫公司的专利较老,总体申请时间较早,这也是他们被引用较多的一个重要原因。

总的来说,这五家专利申请人专利竞争力各有特色,具体来说,拜耳公司的优势在于被引用专利数量和发明人数量,这是其深厚的技术底蕴和实力所决定的;杜邦公司的优势在于权力要求数量、引用专利数量、涉案专利数量三个方面,说明杜邦的专利撰写质量较高,技术开发力度较大,说明其对专利工作的重视以及在专利工作上的进取;陶氏化学公司的优势在于专利剩余寿命方面,也说明其专利较新,在专利数量和发明人数量上也有一定优势;巴斯夫专利的优势在于研究领域的广泛及发明人的数量等方面,说明其在生物农药领域的雄心;先正达公司在研究领域的广泛及剩余寿命方面稍显突出。

2.1.8   国外生物农药专利申请趋势分析

截至2014年12月31日,将检索得到的国外65 578件专利按照申请年份进行统计,获得近20年生物农药相关专利的申请趋势图(图4-2-13)。由图4-2-13可见生物农药的专利申请一直保持在较高的水平,每年申请总量大多超过2 000件,说明国外生物农药的创新一直保持较高的活力。2001年后专利申请量有一个明显增加,2004年年申请量超过3 000件,2005年后接近每年4 000件的申请水平。2013年和2014的专利公开还不充分,部分专利数据还没收录,因此暂不列入趋势分析的范畴。

国外生物农药专利申请国家主要包括美国、日本、德国、英国、瑞士、法国等发达国家,发达国家利用科技和经济发展优势,其他国家利用生物资源优势和人力优势,都取得了不小的成绩。

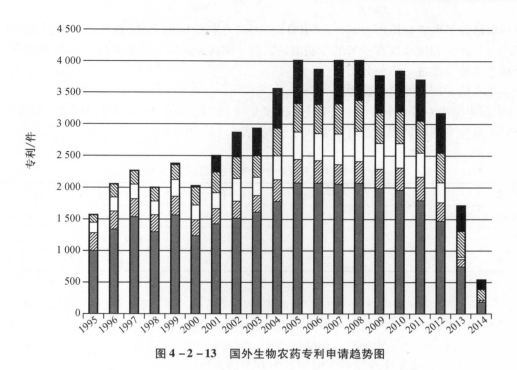

图 4 - 2 - 13　国外生物农药专利申请趋势图

2.2　国内生物农药专利分析

2.2.1　中国生物农药专利申请热点国家地区分布情况

在中国发明人的 6 747 件专利申请中,按照申请国家(Source Jurisdiction)进行统计,获得中国近 20 年生物农药相关专利的主要申请热点国家和地区分布表(表 4 - 2 - 9)。从表 4 - 2 - 9 可以看出,中国生物农药专利申请国家主要是中国,占专利申请总量的 90% 以上,说明中国专利申请人对外申请专利不多,申请意识淡薄,对重要的发明技术进行专利区域性布局的意识还有待加强。在美国、德国等国家大量向外申请专利的情况下,中国应该培养专利申请人专利布局的意识,并在培养对外专利申请人才方面加强工作。

表 4 - 2 - 9　中国生物农药专利申请热点国家和地区分布

国别和地区	数量/件	国别和地区	数量/件
中国	6 247	乌拉圭	8
世界专利组织	122	阿根廷	6
美国	122	墨西哥	6
中国台湾	57	俄罗斯	6
欧洲专利组织	48	英国	4
澳大利亚	29	马来西亚	4
日本	24	德国	3
韩国	17	法国	3
加拿大	13	哥伦比亚	3
巴西	9	印度尼西亚	2

国外专利申请除了世界知识产权组织(WIPO)和美国专利的申请之外,在台湾、欧洲、澳大利亚、韩国、加拿大、巴西等地区和国家也有少量的专利申请。为了掌握中国申请人对外申请的基本情况,本书就中国对外专利申请情况做进一步的分析。

1. 中国生物农药专利对外申请趋势图

据统计,中国申请人对外专利申请有 541 件,授权专利 222 件,其中,有效专利 199 件,相关结果及比例见中国申请人对外专利申请授权及有效专利比例表(表 4 - 2 - 10)。

表 4 - 2 - 10　中国申请人对外专利申请授权及有效专利比例表

申请人及区域	申请量/件	授权专利量/件	授权专利比例/%	有效专利量/件	有效专利比例/%
国外全球申请	65 578	24 518	37.4%	15 987	24.4%
中国国内申请	6 747	2 818	41.8%	2 221	32.9%
中国对外申请	541	222	41.0%	199	36.8%

从表 4 - 2 - 10 可以看出,中国对外申请专利的授权比例是 41.0%,有效专利比例是 36.8%,这一比例明显高于国外申请人在全球范围内的专利申请授权比例及有效专利比例,说明中国申请人对外专利申请的新颖性和创造性高于全球平均水平。中国申请人对外申请专利的有效专利比例也高于中国申请人国内专利申请的有效比例,说明中国申请人对国外专利申请也较为重视。

对中国对外申请的专利进行趋势分析,得到图 4 - 2 - 14。

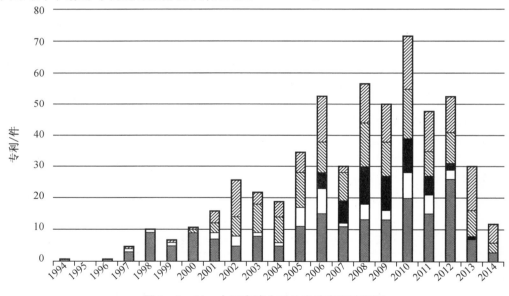

图 4 - 2 - 14　中国申请人对外申请专利趋势图

从图 4 - 2 - 14 中可以看出,中国对外申请专利的数量呈快速上升的趋势,至 2010 年达到顶峰(年申请量),鉴于国外申请特别是 PCT 申请公开时限较长,2013 年及 2014 年申请的专利可能未完全公开,其申请量不计入趋势分析。

从图 4 - 2 - 14 中还可以发现,从 2001 年开始,中国申请人 PCT 申请数量呈快速上升趋势。进一步分析发现,中国 PCT 专利的申请人主要有四川龙蟒集团、江苏龙灯化学有限公司、南京农业大学、四川农业大学等。

向美国申请的专利数量保持在一个相对稳定的趋势,进一步分析发现,向美国申请专利的主要机构有台湾大学、香港理工大学等,大陆地区对美国专利申请数量较少。向欧洲专利局申请的专利主要始于 2005 年,年申请量变化幅度较大,主要申请人有南京农业大学、江苏龙灯化学有限公司、中国中化集团有限公司等。向台湾的专利申请主要始于2006年,申请数量相对稳定,其主要申请人有台湾大学、中兴大学、台湾农业化学品和有毒物质研究所等,说明美国专利的申请人主要集中在台湾和香港地区,虽然这两个地区的专利申请数量不多,但发明人比较重视美国专利的申请,专利质量较高;而PCT申请的主要申请人来自四川省和江苏省。

美国专利和PCT专利申请均有明显的区域特征,是PCT专利的主要申请人集中在四川省和江苏省,说明地区的专利申请氛围和政策引导对专利申请具有一定的导向作用,特别是在大多数专利申请人对国内专利申请经验不足,对国外专利申请认识不够的情况下,急需专利服务机构的协助,比如通过专利预检索及专利分析掌握国外专利申请的可行性,做好专利布局等。

2. 中国对外申请生物农药专利申请人竞争力图

将检索得到中国对外生物农药相关专利申请进行汇总分析,得到中国对外申请人分布统计表(表4-2-11)。从表中可以看出,中国对外专利申请人主要来自台湾地区,在专利申请量前20名的专利申请人中,台湾地区有7家机构,48件对外专利申请;江苏省有3家机构,38件对外专利申请;北京市有4家机构,33件对外专利申请;四川省和香港特别行政区各有17件对外专利申请。

表4-2-11 中国对外专利申请人分布统计表

序号	机构名称(专利申请)	所在地区	申请数量
1	南京农业大学	江苏省	21
2	华东理工大学	上海市	17
3	台湾大学	台湾地区	14
4	华中农业大学	湖北省	13
5	四川龙蟒集团	四川省	12
6	中国科学院	北京市	12
7	中化集团	北京市	10
8	江苏辉丰农化有限公司	江苏省	10
9	龙灯环球农业科技公司	香港特别行政区	9
10	香港理工大学	香港特别行政区	8
11	江苏扬农化工集团	江苏省	7
12	佛教慈济综合医院	台湾地区	7
13	台湾生物技术发展中心	台湾地区	6
14	永丰余纸业公司	台湾地区	6
15	生物农药公司(台湾)	台湾地区	6
16	北京绿色农化植保科技有限公司	北京市	6
17	台湾聚和化学制造有限公司	台湾地区	5
18	四川农业大学	四川省	5
19	中国林科院林产化学研究所	北京市	5
20	国立中兴大学	台湾地区	4

对这些专利申请人的竞争力分析,得到气泡图(图4-2-15)。

由图4-2-15可以看出:中国对外专利申请的主要机构是江苏龙灯化学有限公司、南京农业大学、华东理工大学及台湾大学等,进一步分析发现,中国主要专利申请人的国内专利申请量跟国外专利申请量并不成比例。国外专利申请人并不是国内专利申请最多的几家，甚至没有一家进入中国申请人申请数量的前五位，说明国外专利及 PCT 申请途径并未得到多数申请人的重视，这可能跟 PCT 申请费用过高以及申请人对专利技术布局的不重视有一定的关系；也可能跟不同地区对国外专利申请的支持力度、申请方式的宣传不足有关；还可能跟专利代理机构、专利服务机构自身的发展不足有关。

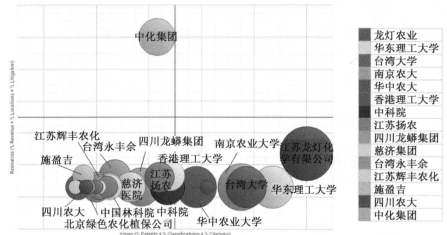

图 4 - 2 - 15　中国对外专利申请人竞争力

中国专利申请量前五的机构均没有对外专利申请，这一信息警示中国专利申请人要注意重要专利的布局意识，特别是对主要的出口市场申请专利保护。综合国外和中国的专利申请数据可以发现，从 1994 到 2014 年共有 21 421 项全球生物农药专利申请（去重所得数据），共产生 72 325 件专利（仅统计专利申请量），这是因为申请人有时会将一项技术向多个国家或地区申请专利，产生多件专利，甚至一项技术在一个国家由于分案而产生多件申请，这种由相同技术产生的专利被称为专利族，一个族的专利用"项"表示，族内的每一次申请产生的专利用"件"表示。所以专利申请的件数大于专利申请的项数。从全球生物农药专利申请来看，每项技术产生的专利件数平均是 3.38 件（72 325/21 421 = 3.38）。其中，国外每项技术平均产生 4.34 件专利（65 578/15 116 = 4.34），中国每项技术平均产生 1.07 件专利（6 747/6 305 = 1.07），两者相差 4 倍，从中可以发现国外专利申请人对专利布局更加重视。这些专利主要分布在中国、美国、欧洲、日本、澳大利亚、加拿大，直接在这些国家申请的专利共有 36 591 件专利。详情见图 4 - 2 - 16。

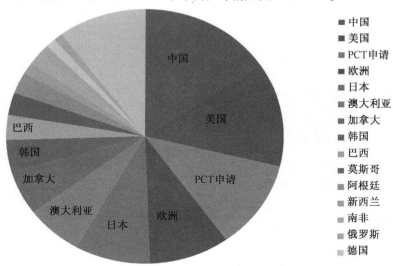

图 4 - 2 - 16　全球生物农药专利申请热点国家/地区分布图

从图 4 - 2 - 16 可以看出,虽然中国做为技术来源国专利申请量位居全球第三,但中国已经成为全球最大的生物农药专利技术应用国,可以推测中国已是生物农药领域最具市场潜力的国家之一。

3. 中国对外申请专利分布情况

将中国对外专利申请按申请国家(地区)进行汇总,得到中国对外专利申请分布情况,见表 4 - 2 - 12。

表 4 - 2 - 12　中国对外专利申请国家(地区)分布

国别和地区	数量	国别	数量
世界专利组织	130	乌拉圭	8
美国	127	墨西哥	6
中国台湾	54	俄罗斯	6
欧洲专利组织	54	智利	5
澳大利亚	33	英国	4
日本	24	德国	3
韩国	18	哥伦比亚	3
巴西	17	法国	3
加拿大	15	以色列	3
阿根廷	11	匈牙利	2

从表 4 - 2 - 12 中可以看出,WIPO 申请已成为中国对外申请最主要的途径,排除台湾申请人在本地区专利申请的数据,中国对外申请的主要国家是美国、欧洲、澳大利亚、日本、韩国、巴西、加拿大以及阿根廷等国家。对比国外申请人的申请国家(地区)分布情况(参照表 4 - 2 - 3),中国专利申请偏向于向澳大利亚进行专利申请,这可能跟澳大利亚是中国农药的主要出口市场有关。

4. 中国对外申请专利授权情况

对中国发明人对外专利申请的授权情况进行统计,得到中国对外专利申请授权趋势图(图 4 - 2 - 17)。

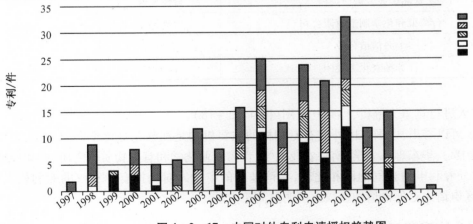

图 4 - 2 - 17　中国对外专利申请授权趋势图

从图 4 - 2 - 17 中可以看出,中国对外专利申请的授权也呈逐渐上升的趋势。对比中国对外专利申请趋势图(图 4 - 2 - 15),可以发现专利申请趋势和授权趋势基本上保持一致,比如,1998 年,2006 年,2008 年,2010 年的专利申请量和授权量均高于相邻年份,这跟每年专利授权比例都保持一个相对稳定的数值有关。

将检索得到中国对外生物农药相关授权专利的专利权人汇总统计,得到中国对外专利申请授权专利机构分布统计表(表 4-2-13),从表 4-2-13 中可以看出,中国在国外获得生物农药专利权的机构主要来自台湾地区,在授权专利量前 20 名的统计结果中,台湾地区共有 9 家机构,42 件专利获得授权;其次是江苏省,共有 3 家机构,14 件专利获得授权;随后是上海市,共有 3 家机构,12 件专利获得授权;第四是香港特别行政区,共有 3 家机构,9 件专利获得授权。

表 4-2-13 中国对外专利申请授权专利机构分布统计表

序号	机构名称(授权专利)	所在地区	授权数量/件
1	生物技术发展中心	台湾地区	7
2	台湾大学	台湾地区	7
3	华东科技大学	上海市	7
4	南京农业大学	江苏省	7
5	中化集团	北京市	6
6	香港理工大学	香港特别行政区	6
7	佛教慈济综合医院	台湾地区	6
8	新生物源农药开发有限公司	江苏省	5
9	台湾农化和有毒物质研究所	台湾地区	5
10	台湾中兴有限公司	台湾地区	4
11	永丰余纸业有限公司	台湾地区	4
12	上海杏灵科技	上海市	3
13	台湾农业行政院委员会	台湾地区	3
14	沈阳中化农药研发有限公司	辽宁省	3
15	维特健灵有限公司	香港特别行政区	3
16	华中农业大学	湖北省	3
17	食品工业发展研究所	台湾地区	3
18	台湾聚和化学制造有限公司	台湾地区	3
19	上海信谊药业	上海市	2
20	江苏扬农化工集团	江苏省	2

对这些专利权人进行竞争力分析,得到气泡图(图 4-2-18)。

由图 4-2-18 可以看出,中国在国外拥有专利权的主要机构是江苏龙灯化学有限公司、台湾大学、台湾生物技术发展中心、华东理工大学、南京农业大学、台湾农业化学和有毒物质研究所、中化集团、香港理工大学等。跟对外专利申请人气泡图相比较,台湾地区的申请人对外拥有专利权的专利权人明显偏多,这说明台湾地区申请人对外申请的授权比例明显高于大陆。

2.2.2 中国生物农药专利主要省市分布情况

对全国生物农药专利按照申请人所在的省份进行统计,得到图 4-2-19。从图可看出,全国各省份关于生物农药领域的专利申请排名中,申请量最多的省市依次为:山东省(681 件)、江苏省(608 件)、广东省(485 件)、北京市(559 件),这四个省市占据全国申请量前四的位置,申请数量也明显领先于其他省市,上述四省市申请专利数量占全国专利申请总量的三分之一以上。此外,陕西省、浙江省、云南省、湖北省、上海市、四川省也是全国生物农药专利申请量排名前十名的省市。

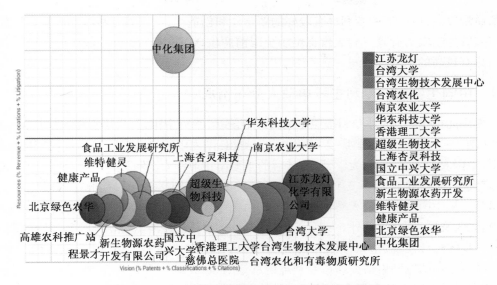

图4-2-18　中国对外授权专利权人竞争力气泡图

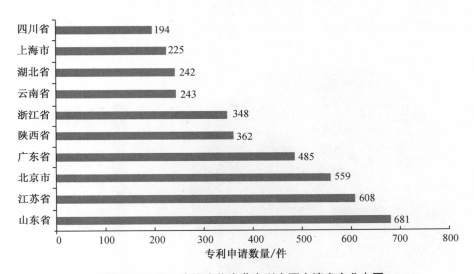

图4-2-19　中国生物农药专利主要申请省市分布图

表4-2-14　中国生物农药专利主要申请省市授权及有效专利统计表

序号	范围	专利申请量	专利授权		有效专利	
			数量	比例	数量	比例
1	山东省	681	265	38.9%	224	32.9%
2	江苏省	608	212	34.8%	178	29.3%
3	北京市	559	369	66.0%	278	49.7%
4	广东省	485	283	58.3%	237	48.8%
5	陕西省	362	172	47.6%	147	40.5%

　　表4-2-14为国内排名前五的省市专利申请、授权及有效专利及其比例统计表,从表4-2-14中可以看出,山东省和江苏省虽然在专利申请数量上名列前茅,但在专利授权数量及授权比例方面却在北京市和广东省之后,同样的情况也体现在有效专利数量及其比例上。这说明北京市和广东省的生物农药

专利的申请质量较高,所申请的专利具有较好的新颖性和创造性,所以其专利的授权量名列前茅。而且,北京市和广东省生物农药有效专利数量也位居全国前两位,说明北京市和广东省在专利管理水平、专利竞争力方面具有较高的水平。

2.2.3 中国生物农药专利主要申请人分布情况

将检索得到的中国6 747件专利按照申请人进行统计,获得中国近20年生物农药相关专利的主要申请人分布图(图4-2-20)。从图4-2-20中可以看出,国内生物农药专利申请量前三的机构分别是华南农业大学、中国农业大学、浙江大学,紧随其后的是海南正业中农高科股份有限公司、南开大学、南京农业大学、北京大学、华中农业大学、云南大学、江苏省农科院、深圳诺普信农化股份有限公司、陕西美邦农药有限公司等。从中国主要申请人类别可以看出,中国生物农药的主要研究机构是高校,在申请量前二十的机构中有13家属于高校,另外5家属于企业,以及2家科研院所。说明高校是生物农药的研究的主要力量。进一步的统计发现,这20家主要申请人共申请专利1 149件,占全国专利申请总量的17.0%,而国外申请量前五位的专利申请人即占专利申请总量的38.2%,说明国内生物农药申请人非常分散,在研究深度、研究规模上跟国外有很大的差距。另外,专利申请人之间的联合申请专利不多,优势专利家族数量较少,缺乏专利布局意识。专利申请人的分散及竞争力的不足在销售市场份额上也得到了反映,世界前8家农化集团销售额已占到全球农药市场的80%以上,而我国整个农药行业的国际市场占有率仅为5%。

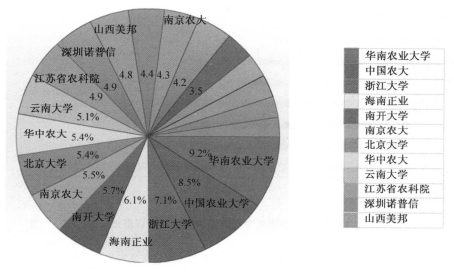

图4-2-20 中国生物农药专利主要申请人饼图

2.2.4 中国生物农药主要发明人分布情况

将检索得到的中国6 747件专利按照发明人(Inventor)进行统计,获得近20年生物农药相关专利的主要发明人分布图(图4-2-21)。通过图4-2-21发现,生物农药领域专利最多的发明人孔建、曹明章、张善学、师光禄等。进一步的分析发现,孔建、曹明章均为深圳诺普信农化股份有限公司的发明人;张善学、陆红霞、陈丁丁均为海南正业中农高科股份有限公司的发明人;师光禄、王有年是北京农学院的发明人;张伟、高超、曹巧利是陕西美邦农药有限公司员工;而徐汉虹、任顺祥是华南农业大学的发明人;范志金是南开大学的发明人;张小武是个人申请人。

通过分析国内发明人的分布还发现,主要发明人大多属于主要的专利申请机构,个人申请比较少。其中,公司的发明人比较集中,一个公司内本领域的专利大多出自有限的几位发明人,说明对公司发明人的依赖程度较高;而高校的发明人比较分散,说明高校发明人数量众多,各科研团队有不同的研究方向,呈现百花齐放的态势。从这可以推测,高校在专利申请上还大有潜力可挖,如果能鼓励发明人之间加强合作、推动技术攻关,充分调动不同学科、不同研究方向发明人之间的积极性,有望在专利数量和质量上都取得突破。

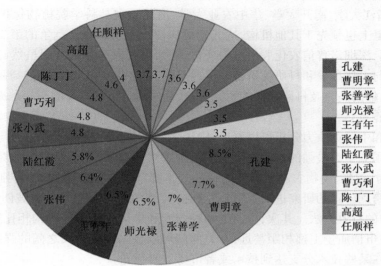

图4-2-21　中国生物农药专利主要发明人饼图

2.2.5　中国生物农药专利申请人竞争力分析

1. 中国生物农药专利申请人竞争力比较

利用 Innography 的竞争力分析功能,对经检索得到的中国生物农药相关专利的专利权人(Organization)进行竞争力分析,得到中国生物农药专利申请人竞争力气泡图(图4-2-22)。

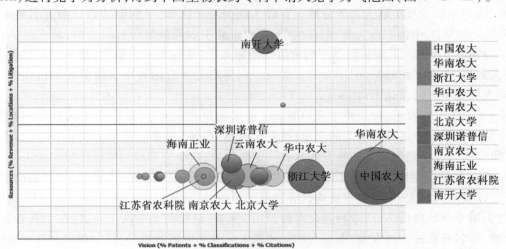

图4-2-22　中国生物农药专利申请人竞争力气泡图

由图4-2-22可以看出:

第一,在中国的生物农药技术领域中,竞争力最强的专利权人是华南农业大学和中国农业大学,专利申请量和专利强度方面都领先于其他机构。其次是浙江大学、华中农业大学、南开大学、云南农业大学、南京农业大学、北京大学等高校和江苏省农业科学院,深圳诺普信农化股份有限公司和海南正业中农高科股份有限公司在本领域也有较强的竞争力。与国外以大型跨国公司为研究及专利申请主体不同,中国生物农药的研究主体是高等院校。

第二,从竞争力差距上分析,华南农业大学和中国农业大学气泡最大,同时处于气泡图的右方,说明其已经申请了较多的核心专利,在该领域内拥有较大的竞争优势。同时在图中显示出较强技术竞争力(气泡靠右)的还有浙江大学、南开大学、华中农业大学、河北省农林科学院植物保护研究所和云南农业大学,它们在专利质量上也领先于其他机构,这五家机构构成了生物农药竞争的第二集团。海南正业中农高科股份有限公司、深圳诺普信农化股份有限公司、陕西美邦农药有限公司虽然有一定的专利申请数量,但在专利质量上与上述高校和科研院所有一定的差距,对这些公司来说,加强与高校和科研院所的合作,通过产学研结合,借助高校及科研院所的研究力量,开发适合市场需要的产品是提升公司生物农药产品竞争力的有效途径。

第三,综合国外和中国竞争力分析可以看出,中国生物农药研究机构的竞争力与国外研究机构有较大的差距,即便是中国竞争力最强的华南农业大学和中国农业大学,在全球竞争力对比中也进入不了前20名。因此可以认为:首先,生物农药大部分的核心技术都掌握在国外机构中,特别是各大跨国公司手中,跟踪并研究相关跨国公司的研究进展及最新专利技术,并在此基础上力争突破创新,是目前提高我们生物农药产业竞争力的有效方法。其次,国内生物农药专利申请人跟国外机构相比还非常弱小,无论在专利申请数量还是在申请质量上都相距甚远;有关部门可以在国内申请人之间的强强联合、校企合作等方面加大支持,力争在某些技术分支达到技术或者市场上的领先。

第四,农药企业与市场有着最为密切的联系,是专利申请及实施最主要的力量。针对我国农药企业技术积累不足、研发力量薄弱的问题,可以通过加强与高校科研院所的合作,把农药企业在用户需求及市场信息方面的优势与高校科研院所在研究力量及技术水平上的优势相结合,实现资源共享、优劣互补。同时,政府部门要建立支持农药企业、增加研发投入的保障机制,在制度、人才、资金、保障等方面支持企业创新,尽最大可能支持农药企业的做大做强。

2. 中国生物农药主要专利申请人竞争力构成分析

中国生物农药专利年申请量全球第一、专利总量全球第三,但这些数量上的优势并没有转化为竞争力上的优势,这与中国专利申请人力量分散有着极大的关系。比如,专利申请数量前五名的申请人的申请总量(华南农业大学、中国农业大学、浙江大学、海南正业中农高科股份有限公司、北京大学)也仅占中国专利申请总量的5.9%。下面从衡量专利价值的指标入手,从权力要求数量、被引专利数量、研究领域范围、发明人数量、涉案专利数量、引用专利数量及专利寿命七个方面对申请量前五的机构进行对比,得到五家机构专利竞争力的雷达图(图4-2-23)。

由图4-2-23可以看出,权利要求项(Claims)最多的是北京大学,其次是中国农大和海南正业,说明其专利申请书从形式上讲具有较高的质量;被引用数量(Cites)最多的是中国农业大学,其次是浙江大学,说明其研究内容在前瞻性和开拓性方面具有一定的优势;从研究领域的广泛性(Industries)来看,排在前三位的是北京大学、海南正业以及华南农业大学;从发明人数量(Inventors)来看,排名靠前的是北京大学、海南正业以及中国农大,说明这些机构具有较强的发明潜力;从引用专利数量(Rrfs)来看,中国农大、浙江大学的引用专利数量最多;从专利剩余寿命(Life)来看,最长的是海南正业,也说明其专利多为近年申请,相反地,排名靠后的中国农大、浙江大学和北京大学专利申请的较早,其专利剩余寿命就较短。

总之,不同申请人之间的专利具有不同的特点,比如中国农大的专利在被引和引用数量上都排名第一,北京大学在权力要求项目和研究领域的广泛性方面独占鳌头,这些申请人在专利质量方面都具有较大的发展潜力。

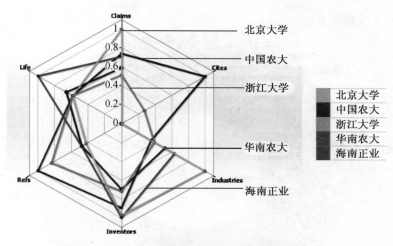

图4-2-23　中国生物农药五家机构专利竞争力雷达图

3. 中国生物农药主要专利申请人研究方向分析

为了研究中国生物农药专利申请人之间研究方向的差异,本报告选取专利申请数量最多的三家机构,通过专利的IPC分类来判断其研究方向,得到表4-2-15。从表4-2-15中可以发现,华南农业大学的主要研究领域是杀虫剂(74.2%),浙江大学的主要研究领域为生物化学(45.5%),中国农业大学除了在杀虫剂领域具有较强势力外(42.4%),在生物化学和有机化学方向也有一定数量的发明专利。

表4-2-15　国内主要申请人专利主IPC分布表

IPC分类号	A01N/%	A01P/%	A610/%	C120/%	C070/%	C050/%
IPC分类含义	杀虫剂	杀虫活性	卫生学	生物化学	有机化学	肥料
华南农业大学	74.2	2.2		22.0		
中国农业大学	42.4	1.9	3.2	36.1	13.9	1.9
浙江大学	38.8	2.5		45.5	9.1	

注:此表中数值为该类IPC专利占全部专利的百分值。

从生物农药研究进程上看,一般会经过发现、提纯、分析、合成的研究路线,最后完成一种新农药的产生。考虑到国外生物农药的发展已进入化学领域甚至是分子技术层面,因此,可以认为生物化学和有机化学是生物农药研究的深入阶段,而中国农业大学和浙江大学在这一方面具有较强的优势,且其专利类别分布较广,具有深厚的发展底蕴。而华南农业大学在杀虫剂领域极具优势,具有良好的研究基础,如果能够促进不同学科的发明人之间加强交流、增加合作,对加快生物农药的研发和生产具有立竿见影的效果。

2.2.6　中国生物农药专利主要技术点归纳对比

为归纳对比近年国外生物农药专利的最新研究情况,将2010—2014年的专利作为一个集合与1995—2009年的专利技术点进行比较,利用Innography的文本聚类分析功能,找出这两个集合中出现次数较多的技术热点,分别得到1995—2009年中国生物农药专利主要技术点(图4-2-24)与2010—2014年国外生物农药专利主要技术点(图4-2-25)。

1. 1995—2009年中国生物农药专利主要技术特点

由图4-2-24可知,1995—2009年中国生物农药专利主要集中在原材料、农业化学品、植物生长调节剂、菌落、活性成分及果树等方面。

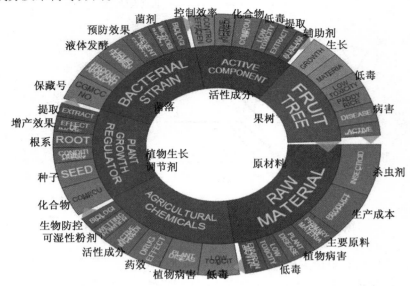

图 4 - 2 - 24　1995—2009 年中国生物农药专利主要技术点

2. 2010—2014 年中国生物农药专利主要技术特点

由图 4 - 2 - 25 可以看出,2010—2014 年生物农药主要专利技术点除了原材料、菌落、活性组分、农业化学品外,还增加了预防和治疗方面的研究,而果树、植物生长调节剂的相关专利出现较少。

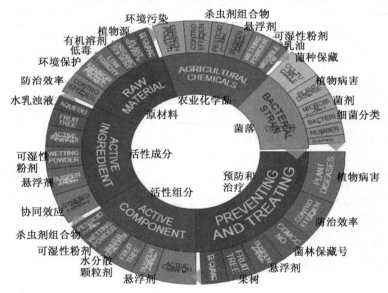

图 4 - 2 - 25　2010—2014 年国外生物农药专利主要技术点

3. 不同时期生物农药专利主要技术特点对比分析

将 2010—2014 年与 1995—2009 年两个阶段的专利技术点进行对比分析可以发现,与菌落(菌株)相关的研究继续受到青睐,而活性成分(活性组分)的研究持续升温,除此之外,这两个阶段生物农药研究的技术热点的变化主要体现在三个方面:

第一,对农药剂型和混剂的研究大量增加,比如悬浮剂、水分散颗粒、可湿性粉剂、水乳浊液以及杀虫(剂)组合物、协同效应等,说明中国生物农药的研究逐渐向应用层面转变。

第二,对生物农药的防控效果也比较重视,比如害虫控制、良好控制、预防用药以及防治效率、协同效应、杀虫组合物、联合用药等。说明生物农药的用药思想有了较大的转变,不再追求杀灭或单独的防治。

第三,对环保特性也更加重视,比如环境保护、环境污染、防治效率、高效、低毒等。

跟国外专利的主要技术特点相比,中国生物农药专利欠缺"分子式"相关的研究,说明我国生物农药专利在化学领域比较薄弱,较少深入到物质的化学结构层面;而在"菌落"方面独具特色,说明中国在微生物领域具有一定的研究优势。

2.2.7 中国生物农药专利申请趋势分析

截至 2014 年 12 月 31 日,共检索得到的 6 747 件中国生物农药领域专利(包括台湾和香港地区),将这些专利按照申请份(Filing Year)进行统计,获得近 20 年生物农药相关专利的申请趋势图(图 4 - 2 - 26)。

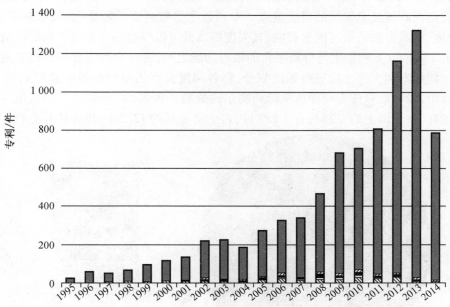

图 4 - 2 - 26 近 20 年中国生物农药专利申请趋势图

由图 4 - 2 - 26 中可以看出,中国生物农药领域的专利申请虽然起步较晚,但发展速度较快,与国外生物农药专利申请量稳中有升相比,中国专利申请量呈加速上升的趋势。2002 年突破 200 件,2009 年突破 600 件成为全球年申请专利数量最多的国家,2012 年突破 900 件,2013 和 2014 年专利公开数据尚不完全,不计入申请趋势分析。从图中还可以看出,中国发明人的专利绝大部分都是向中国申请的专利,中国专利的比例超过 90%,其次是 PCT 申请、美国申请以及中国台湾申请,但申请比例都不高。

从本篇第二章的相关内容(表 4 - 2 - 2)可知,美国共以 19 818 件专利申请量排名全球第一,其次是德国 9 992 件,日本 6 348 件,英国、瑞士、法国和韩国的专利申请量也在 1 400 件以上。中国以 6 747 件专利在申请总量上超过日本、英国等国家,排在全球第三位。虽然中国在生物农药专利领域的研究起步较晚,但发展非常迅速,从 2009 年开始就成为全球年申请量最多的国家,对于未来中国生物农药领域在专利数量上能否超过德国值得期待。

小结:在生物农药领域,美国是国外生物专利申请总量最多的国家,中国起步稍晚,但增长非常迅速,从 2009 年开始,超过美国成为专利年申请量最多的国家,是全球专利数量排名第三的大国。中国发明人的专利绝大部分都是中国申请,国内专利的比例超过 90%,其次是 PCT 申请、美国申请以及中国台湾申请,但申请比例都不高。

第3章 生物农药核心专利

3.1 核心专利介绍及检索结果

"专利强度(Patent Strength)"是一种高价值专利挖掘工具,它是专利价值判断的综合指标,挖掘高价值专利可以帮助我们判断该技术领域的研发重点。专利强度受权利要求数量、引用与被引用次数、是否涉案、专利时间跨度、同族专利数量等因素影响,其强度的高低可以综合的代表该专利的价值大小。

专利强度是 Innography 专利检索与分析平台的核心功能之一,通过专利强度可以很迅速地找出某一领域的核心专利。同族专利去重之后进行强度划分,将各梯度强度的专利数量汇总得到图 4 - 3 - 1,由图 4 - 3 - 1 可以看出,专利数量按专利强度从低到高呈递减趋势排列,30 分以下专利数量占全部专利的67.7%。专利强度在 70 分以上的专利共有 2 139 件,占全部专利的 12.5%,作为核心专利进行分析。

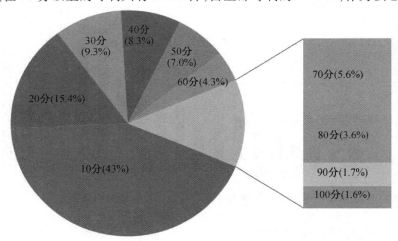

图 4 - 3 - 1　生物农药专利强度分布比例

3.2 全球生物农药核心专利技术来源分析

表 4 - 3 - 1 为全球生物农药核心专利来源国家分布,可以看出,生物农药核心专利技术主要来自美国(1 077 件),其次是德国(283 件)、日本(150 件)、中国(93 件)和英国(90 件)。中国跻身全球生物农药核心专利五强,说明中国不仅是生物农药申请的数量大国,在农药研究技术方面也具有一定的影响力。

表 4 – 3 – 1 全球生物农药核心专利来源国家或地区分布

国别或地区	数量/件	国别或地区	数量/件
世界知识专利组织	130	乌拉圭	8
美国	127	墨西哥	6
中国台湾	54	俄罗斯	6
欧洲专利组织	54	智利	5
澳大利亚	33	英国	4
日本	24	德国	3
韩国	18	哥伦比亚	3
巴西	17	法国	3
加拿大	15	以色列	3
阿根廷	11	匈牙利	2

3.3 生物农药核心专利主要专利权人及竞争力分析

　　图 4 – 3 – 2 为全球生物农药核心专利权人竞争力图,可以看出,全球生物农药核心专利前五名的专利权人跟国外生物农药专利权人的排名基本一致,均为拜耳、巴斯夫、先正达、陶氏、杜邦。但在第六至第八名由住友、赛诺菲、孟山都换成了辉瑞、赛诺菲、诺和诺德,厂家均为生物制药公司,说明生物制药公司在专利强度上更具优势,在专利强度方面超过了住友和孟山都两家公司,住友的高强度专利排名到了第三集团,而孟山都则掉出了前二十名,这也再次证明了生物制药公司在核心技术掌握上的优势,其先进的生物技术一旦与生物农药结合,更容易产生革命性的突破。

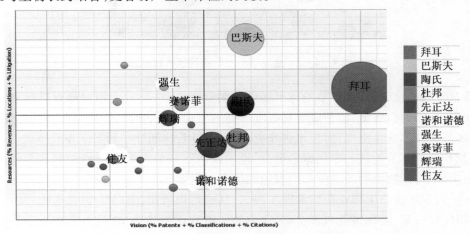

图 4 – 3 – 2 全球生物农药核心专利权人竞争力图

3.4　生物农药核心专利技术进展分析

　　图4-3-3为全球核心生物农药技术进展图一,可以看出,全球核心专利数量最多的生物农药分类仍然是植物源杀虫剂、微生物活体杀虫剂;数量最多的技术环节是分离、混配/复配和剂型,与全球专利分布情况相似。说明核心专利的总体技术进展并没有偏离全球专利的技术进展趋势,核心专利体现的是各个分类及技术环节中最具价值的专利。

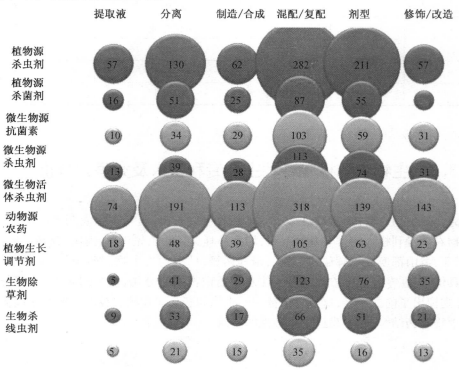

图4-3-3　全球核心生物农药技术进展图一

　　与全球所有专利相比,提取液环节的球形图面积明显变小,这与对生物材料直接提取材料进行药效研究的技术含量少,研究门槛低,故造成专利强度不高的因素有关;而修饰/改造环节的球形面积变大,说明修饰/改造环节的技术含量更高,对技术进步更具促进作用,这部分专利强度普遍较高。

　　混配/复配和剂型环节的核心专利球形最大,说明这两个环节产生的核心专利最多,研究最热,是最值得重视的一个环节,生物农药的混配和剂型领域包含了很多核心价值,值得深入探讨。

　　图4-3-4为全球核心生物农药技术进展图二,从中可以看出,具体生物农药核心的总体趋势与全球专利相似,相比较而言,呈现多者愈多、少者愈少的两极分化的趋势,这是由于核心专利来源于普通专利而且是普通专利中最具影响力的部分,所以如果普通专利基数太少的话也会影响重要专利的专利强度数值。

　　当然,如果该领域专利数量逐渐增多,随着授权、转化、被引用量的增加、同族专利数量增加等影响,原有专利的强度也将随之增强,该技术会逐渐走向成熟。

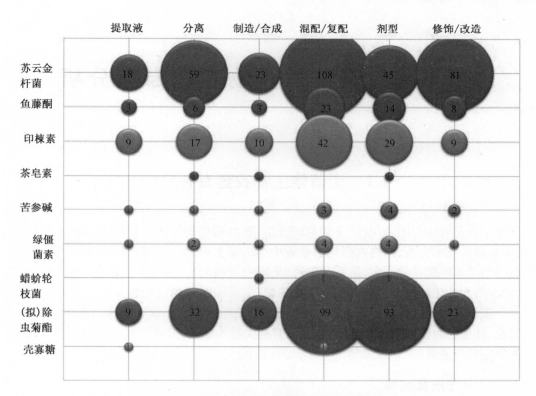

图 4 - 3 - 4 全球核心生物农药技术进展图二

3.5 国内外生物农药核心专利清单

1. 国内外生物农药核心专利清单

全球生物农药 90 分以上的核心专利共有 298 件,主要属于跨国农化巨头,现将核心专利数量排名前六的公司的专利排列出来。详细清单见附表 3。

拜耳公司在生物农药方面所涉及的领域相当广泛,从其最高强度的核心专利分布就可以看出,拜耳公司在众多的生物农药领域都有很强的影响力,特别是在杀虫剂、除草剂及其抗性基因、酮烯醇、邻氨基苯甲酰胺方面,另外,拜耳在杀螨剂、杀真菌、δ – 内毒素基因和特拉姆酸的研究方面也有一定的影响。

杜邦公司在生物农药方面影响力较大的领域相对较少,但在两个领域内具有非常好的专利布局,一是邻氨基苯甲酰胺杀虫剂相关的专利,二是过水解酶及其在生产过酸等方面的应用。此外,杜邦在除草剂方面也有较强的竞争力。

孟山都在生物技术领域具有强大的实力,所以它的核心专利主要集中在遗传和转基因领域,此外,它在除草、控释剂、杀虫组合方法等方面也极具影响力。

陶氏化学在除草剂及其抗性基因、杀虫毒素、农药新剂型方面有较强的竞争力,在杀菌剂、农药复配方面也有一定的高强度专利存在。

先正达公司的高强度核心专利主要分布在种子处理剂方面,另外在二环胺、螺二氢吲哚哌啶等物质方面的研究也处于领先地位。

巴斯夫的高强度核心专利主要集中在杀虫剂方面,包括含硫、氨噻唑啉,另外在农药制剂和植物生长调节剂方面也有一定的影响力。

2. 国内生物农药核心专利清单

中国发明人 70 分以上的核心专利共有 46 件,最高分值为 89 分,是上海市杏灵科技药业股份有限公司在美国申请的 US6187314 B1,该专利已获得所有权。

第4章 诺普信生物农药专利分析

4.1 诺普信生物农药专利介绍

深圳诺普信农化股份有限公司(以下简称诺普信)是经营植物保护与植物营养相关产品的专业化科技公司,是国家高新技术企业,国内农药制剂企业中第一家上市公司。诺普信成立于1999年9月,公司专注于农药制剂及水溶肥料的研发、生产和销售,是国内规模最大、产品数量最多、品种最全的农药制剂企业,最大的农药水性化环保制剂研发及产业化基地,也是能同时提供植物保护与营养环保型产品的少数厂家之一。依托于贴近农户的全国性营销网络、领先的产品研发平台和技术服务体系,为农民提供高效、低毒、安全、环保的农药制剂、水溶肥料产品及其相关技术服务,形成了集产品研发、生产、销售与技术服务于一体的完整产业链。

4.1.1 检索方法及结果

检索方法:本文以诺普信(noposion or nuopuxin)为专利权人进行专利检索,排除了"宁波克诺普信息科技"、"天津罗斯诺普信息技术"等干扰信息,同时也未收入"标正"(10件)、"皇牌"(15件)、"兆丰年"(10件)、"瑞德丰"(62件)等相关企业的专利申请。

由于本项目组赴深圳诺普信进行调研的时间是2016年1月,所以本部分数据更新至2015年12月15日,以便保持诺普信专利统计数据较好的时效性。

检索结果:截至2015年12月15日,深圳诺普信农化股份有限公司共申请中国专利456件,其中,发明专利448件,实用新型专利1件,外观设计专利7件。发明专利占所有专利比例为98.2%。

448件发明专利中,授权专利207件,其中,有效专利205件,失效专利2件,专利的维持工作做得非常好。驳回或视为撤回专利共206件,所占比例偏高,主要原因是早期专利申请成功率较低。

从2012年开始,诺普信积极对外申请专利保护,一共有11件对外专利申请。其中,有8件PCT专利申请,其中6件专利已失效,另外2件仍在审查状态;有2件澳大利亚专利申请,其中一项获得澳大利亚授权(小桐子源农药溶剂),另一项专利失效(松脂基非离子表面活性剂);以及一件美国专利申请(含氟啶胺的抗菌组合物),目前仍在审查阶段。

在456件国内专利和11件国外专利申请中,生物农药专利申请有129件,其中,中国申请125件,国外申请4件。生物农药专利申请占全部专利申请的27.7%。生物农药专利实施许可:5件,实施许可专利占授权生物农药专利的6.9%。

将上述检索结果归纳汇总,得到表4-4-1。

表4-4-1 诺普信专利检索结果汇总

项目名称	专利申请总量	专利授权量	授权专利比例	有效专利量	有效专利比例
专利总量	467	208	44.6%	206	44.2%
国内专利	456	207	45.4%	205	45.0%

表4-4-1(续)

项目名称	专利申请总量	专利授权量	授权专利比例	有效专利量	有效专利比例
国外专利	11	1	9.1%	1	9.1%
生物农药专利	129	72	55.8%	72	55.8%

注:授权专利比例＝授权专利量/专利申请总量;有效专利量指截至检索日得到的已授权且仍处于维持状态的专利量;有效专利比例＝有效专利量/专利申请总量。

4.1.2 诺普信总体专利申请情况

1. 合作研究机构

除了自己的子公司(福建诺德生物科技)外,诺普信仅与深圳清华大学研究院有1项共同申请专利(小桐子提取杀虫剂溶剂),该专利已获得中国授权,还提交了PCT专利申请及澳大利亚专利申请,澳大利亚专利已获得授权。

这项专利对于诺普信具有重要的意义,建议诺普信加强与高校科研院所的技术合作,在协商好合作成果的知识产权归属的前提下,充分利用高校科研院所的研究基础,选准项目进行重点技术攻关,增加专利技术储备。

2. 最新专利

就已公开的数据,诺普信2015年一共申请了9件专利,其中发明专利8件,外观设计专利1件,详情见表4-4-2。

表4-4-2　诺普信最新申请专利列表

序号	公开(公告)号	专利名称	发明人	申请日期	主分类号
1	CN104757020A	氢氧化铜干悬浮剂及其制备方法	王幸、骆风华、任太军、李欧燕、王芳、王文忠、曹明章	2015.3.30	A01N59/20
2	CN104798786A	一种含苯并烯氟菌唑的杀菌组合物及其应用	张华东、王新军、仲旭云、刘磊邦、李鹏飞	2015.5.7	A01N43/56
3	CN104798791A	一种含吡唑萘菌胺的杀菌组合物及其应用	张华东、孙承艳、张洪、曹明章、刘磊邦、仲旭云	2015.5.13	A01N43/80
4	CN104798796A	一种含苯并烯氟菌唑的杀菌组合物及其应用	张华东、曹明章、张洪、杨立平、赵娜、仲旭云	2015.4.29	A01N47/24
5	CN104823985A	一种含啶菌噁唑的杀菌组合物及其应用	张华东、孙承艳、仲旭云、李鹏飞、刘磊邦	2015.5.7	A01N43/80
6	CN104839203A	农用杀真菌组合物	张华东、王新军、曹明章、杨立平、仲旭云、戴兰芳	2015.6.2	A01N57/16
7	CN104957142A	杀菌组合物	张华东、孙承艳、曹明章、杨立平、仲旭云、李鹏飞	2015.6.2	A01N43/56
8	CN105010314A	农药稀释剂及其制备方法应用	李谱超、陈树茂、曹明章、张华东、李广泽、李欧燕	2015.7.3	A01N25/02
9	CN303539320S	瓶	叶醒波	2015.6.18	09-01(10)

3.专利申请趋势分析

将诺普信向国内外申请的467件专利按照专利申请年进行统计,并与其中的生物农药专利申请情况进行对比,得到图4-4-1。

由图4-4-1可知,诺普信专利申请最早出现在2001年,王兴林等发明人于2001年1月5日同时申请了6件专利(阿维菌素或吡虫啉相关),但这6件发明专利申请公布后均被视为撤回。说明诺普信对知识产权的保护工作比较重视,是国内在农药领域专利申请起步较早企业之一,但专利申请的起步并不顺利。

申请趋势方面,诺普信专利总申请量及生物农药专利申请量在2009年都有一个申请高峰,这一年的专利申请量分别占全部申请量的50.6%和51.2%。之后,专利申请量明显下降。

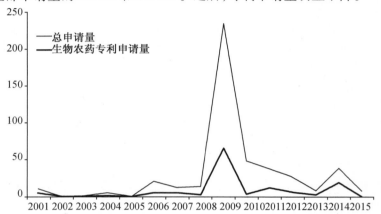

图4-4-1　诺普信专利及生物农药专利申请趋势图

我国从2014年开始大力推进低毒低残留农药示范补贴工作,2015年补贴试点范围进一步扩大;农业部还制定了《到2020年农药使用量零增长行动方案》,在国内,农药进出口首现量价双降,在国外,孟山都发出盈利预警、杜邦宣布裁员、先正达准备出售等一系列的事件,都说明了传统的农药产业已经到了一个十字路口,农药领域的发展方向面临着一次新的选择。

生物农药产业是国家战略性新兴产业的组成部分,生物农药是未来农药发展的方向之一,而且是最具成长性的产业。发展生物农药对农业的可持续发展、农业生态环境的保护、食品安全的保障等提供了物质基础和技术支撑,因而受到越来越广泛的关注,拜耳、杜邦、孟山都、陶氏、先正达、巴斯夫等世界农化巨头都在积极抢占生物农药的战略制高点。

4.1.3　诺普信生物农药专利分析

诺普信一直专注于"做农民需要的药,做环保的药,指导农民用药",坚持"为农民提供最有价值的农药产品,为员工搭建最优事业平台,创全球最环保的农药企业"的"三最"使命,把环保作为公司企业文化的重要组成,成国内生物农药领域的龙头企业,也是诺普信得以不断成长壮大的重要保证。

本部分内容以诺普信129件生物农药专利为研究对象,研究深圳诺普信生物农药专利的申请情况。

1.诺普信生物农药专利发明人分析

在诺普信的467件专利申请中,有129件生物农药专利申请,占全部专利申请的27.6%;共有发明人722人次,平均每件专利发明人为5.6人,一共涉及87位发明人,其中,专利数量在10件以上的发明人有19人,发明人专利数量的详细情况见表4-4-3。从表4-4-3中可以发现,诺普信发明生物农药专利最多的发明人是曹明章,共有发明专利98件,占全部专利的76.0%;其次是孔建,发明专利84件,占全部专利的68.2%;王新军发明专利47件,占全部发明专利的34.4%;朱卫锋发明专利31件,占全部发明专利的24.0%。

表4-4-3　诺普信生物农药专利主要发明人列表

排名	发明人	专利数量	所占比例	排名	发明人	专利数量	所占比例
1	曹明章	105	81.4%	11	罗才宏	18	14.0%
2	孔建	94	72.9%	12	王文忠	15	11.6%
3	王新军	59	45.7%	13	陈树茂	15	11.6%
4	朱卫锋	36	27.9%	14	文伯健	13	10.1%
5	杨立平	24	18.6%	15	唐彩乐	12	9.3%
6	赵娜	22	17.1%	16	孙承艳	11	8.5%
7	张华东	21	16.3%	17	李欧燕	11	8.5%
8	李广泽	20	15.5%	18	朱丽萍	10	7.8%
9	张承来	19	14.7%	19	孙华英	10	7.8%
10	李谱超	19	14.7%				

2. 诺普信生物农药专利 IPC 分布分析

进一步分析发现,诺普信的专利申请主要集中在农药领域,主要涉及活化酯等农药组合物专利以及一些剂型专利。这些专利的主 IPC 主要分布在 A01N43、A01N47、A01N25、A01N53、A01N63 等类别之中,都属于 A01N(杀生剂、害虫驱避剂或引诱剂,或植物生长调节剂)的范畴,详细情况见诺普信生物农药专利 IPC 分布图(图4-4-2)。

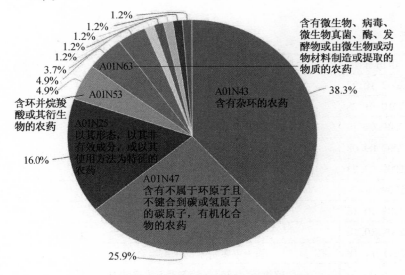

图4-4-2　诺普信生物农药专利 IPC 分布图

3. 诺普信生物农药专利技术点分析

对 129 件生物农药专利进行文本聚类分析,提炼出其主要技术点,得到图4-4-3。

由图4-4-3 中可以看出,诺普信生物农药专利的研究领域,主要涉及剂型方面的研究,包括水分散粒剂、悬浮剂、微乳状液等;在所涉农药品种方面主要有阿维菌素、活化酯、新烟碱类农药的研究等;而在防治对象上主要涉及霜霉病、甘蓝小菜蛾、稻纵卷叶螟等。

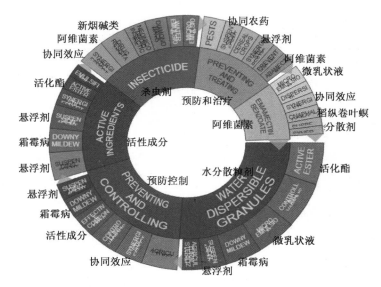

图 4 – 4 – 3　诺普信生物农药专利技术点聚类图

4.1.4　诺普信重要生物农药专利举例

根据专利强度的定义,从一件专利的权利要求数量、引用数量、被引次数、专利同族数量、专利诉讼情况等,可大致判断一件专利的重要性。表 4 – 4 – 4 中列出根据 Innography 的专利强度指标筛选出的诺普信重要生物农药。

表 4 – 4 – 4　诺普信重要生物农药列表

公开(公告)号	申请日期	专利名称	被引次数	专利强度	法律状态
CN101755820B	2009.10.22	含有多杀菌素的农药悬浮剂及其制备方法	14	75	有效
CN101999393B	2010.01.28	一种农药组合物	5	73	有效
CN101695295B	2009.10.19	一种植物源绿色环保溶剂及其制备方法	8	72	有效
CN101669490B	2009.09.08	农药组合物	4	72	有效
CN101708000B	2009.12.23	一种含多杀霉素的杀虫组合物及其应用	4	72	有效
CN101606517B	2009.07.27	一种农药乳油制剂	31	72	有效
CN101690474B	2009.10.16	一种植物源溶剂的制备方法	7	71	有效
CN101669492B	2009.10.16	一种增效农用杀虫组合物	4	71	有效
CN103155926B	2011.12.18	基于申嗪霉素的杀菌组合物	3	71	有效
CN101642092B	2009.06.26	植物源绿色环保溶剂及其制备方法	7	70	有效
CN101755753B	2009.11.03	一种以氟啶胺为主要成分的杀菌组合物	3	62	有效
CN101627764B	2009.07.21	一种农药水乳剂及其制备方法	3	56	有效
CN101664047B	2009.04.23	植物源农药溶剂	2	56	有效
CN101176452B	2007.12.19	含有中生菌素和苯醚甲环唑的具有增效作用的组合物	3	54	有效
CN102754651B	2011.04.25	一种杀螨剂及其应用	1	53	有效
CN101669491B	2009.09.25	农药乳状液及其制备方法	2	53	有效
CN101700008B	2009.11.11	一种固体脂质纳米阿维菌素及其制备方法和应用	2	50	有效

　　表中,诺普信重要的17件专利全部为授权专利,并维持在有效状态。申请时间主要集中在2009年前后,有些专利的被引次数高达31次。

　　专利的被引预警对专利保护工作具有重要意义。某专利的被引专利可以在该专利技术改进或发展时作为现有技术进行参考,其专利申请人构成本公司潜在的竞争对手,该专利的授权可能会侵犯本公司的利益,因此,必须提前预警,必要时可以采用异议等方式影响被引专利的实质性审查。另一方面,被引专利技术的实施也有可能涉及本公司专利的保护范围,所以,对于本公司的被引专利是一个值得密切关注的对象。

　　此外,诺普信也有一些专利申请未获得授权,但作为现有技术,受到大量引用的例子,详细情况见表4-4-5。

表4-4-5　诺普信重要生物农药列表

公开(公告)号	优先权日	专利名称	被引	被引专利清单	法律状态
CN101637159A	2009.09.08	一种具有增效作用的农药组合物	7	WO2011134820｜WO2011138968｜CN102283237｜CN102326571　CN102484995　CN103283767｜CN103814931	撤回
CN101642093A	2009.06.24	一种植物源农药溶剂	7	WO2014063321｜CN102132708｜CN102283195｜CN102511476　AU2012392861｜CN103651365｜CN104082283	撤回
CN101647459A	2009.07.21	一种苦参碱组合物	6	CN102228051｜CN102302018｜CN103053564｜CN102960360｜CN103858860｜CN103907643	撤回
CN101647460A	2009.07.21	一种具有增效作用的农药组合物	5	EP2604113｜JP2012036153｜CN102349504｜CN103053564｜CN102630692	撤回
CN101658178A	2009.07.22	一种增效杀虫组合物	12	CN101856033｜CN102415395｜CN102428924｜CN103039456｜CN103039500｜CN103053536｜CN103053594｜CN103053595｜CN103181398｜CN102630677｜CN102657176｜CN104621120	撤回
CN101669466A	2009.10.13	一种含吡蚜酮的悬浮剂组合物	6	CN101816306｜CN101878775｜CN102283193｜CN102349507｜CN102578106｜CN103109829	撤回
CN101692808A	2009.09.30	甲氨基阿维菌素苯甲酸盐固体脂质纳米粒及其制备方法和在农药制剂中的应用	5	CN102450269｜CN102475084｜CN102860311｜CN103053513｜CN102960337	撤回
CN101711525A	2009.11.10	一种含有多杀菌素的水乳剂及其制备方法	9	CN102047915｜CN102090409｜CN102308788｜CN102349502｜CN102308803｜CN102823617｜CN102835397｜CN103125500｜CN103125501	撤回

　　从表4-4-5中可以看出,CN101692808A(甲氨基阿维菌素苯甲酸盐固体脂质纳米粒及其制备方法和在农药制剂中的应用)、CN101711525A(一种含有多杀菌素的水乳剂及其制备方法)是两件涉及阿维菌素的专利申请,虽然未获得授权,但这两件专利公开的技术仍然引起了国内众多竞争对手的关注,这两件专利的被引专利一共有14件,其申请人包括上海农乐生物制品股份有限公司、广东中讯农科股份有限

公司、广西田园生化股份有限公司、青岛海利尔药业有限公司、通化农药化工股份有限公司等,其中,广西田园生化及青岛海利尔药业等公司的 5 件专利还获得了授权。

又如,发明专利 CN101647460A(一种具有增效作用的农药组合物),被引专利包括日本、欧洲等专利(EP2604113,JP2012036153),说明该专利具有较高的技术价值,对专利申请未能成功的原因值得反思和总结。

结合诺普信生物农药主要技术点、重要专利、对外专利申请等信息,发现诺普信在阿维菌素、新烟碱类杀虫剂、小桐子油溶剂、松脂基表面活性剂等领域具有较好的研究基础。其多种畅销产品以阿维菌素为主要成分;其小桐子油专利采用了 PCT 申请,并在澳大利亚获得了专利授权。下面以阿维菌素、小桐子油溶剂为例子,简要分析这两个领域的全球及国内企业的专利布局情况。

4.2 阿维菌素专利分析

在 2015 年 10 月 5 日揭晓的诺贝尔生理和医学奖中,除了奖励给中国药学家屠呦呦发现抗疟疾的青蒿素和双氢青蒿素外,该奖还授予了美国科学家威廉·C·坎贝尔、日本科学家大村智,他们两人的贡献是发现了阿维菌素。阿维菌素(Abamectin)是由日本北里大学大村智等和美国 Merck 公司首先开发的一类具有杀虫、杀螨、杀线虫活性的十六元大环内酯化合物,由链霉菌中阿维链霉菌(Streptomyces avermitilis)发酵产生,阿维菌素发现及其应用是继青霉素科学对人类的又一巨大贡献。

目前市售的阿维菌素系列农药有阿维菌素、伊维菌素和甲氨基阿维菌素苯甲酸盐。阿维菌素是一种新型抗生素类,具有结构新颖、农畜两用的特点,在土内被土壤吸附不会移动,并且被微生物分解,因而在环境中无累积作用,是当前生物农药市场中最受欢迎和最具竞争性的品种。

阿维菌素是诺普信"扫线宝"(0.5% 阿维菌素颗粒剂)、金爱维丁(5% 阿维菌素乳油)等产品的主要成分。也是诺普信专利的主要涉及主题,一共有 46 件专利涉及阿维菌素。

4.2.1 检索方法及结果

本部分内容以阿维菌素为研究对象,以阿维菌素为检索词在检索,共得到 3 190 件专利申请,其中,涉及农药领域(IPC 为 A01N:人体、动植物体或其局部的保存;杀生剂,例如作为消毒剂,作为农药,作为除草剂;害虫驱避剂或引诱剂;植物生长调节剂)的专利 1 969 件。下面对这 1 969 件专利的分析。

4.2.2 专利申请趋势分析

对上述 1 969 件专利做申请趋势分析得到图 4-4-4。从图 4-4-4 可以看出,阿维菌素专利主要是在中国、欧洲、日本以及新西兰申请,其中,中国以 865 件专利的申请量占全球专利申请量的 44%,而且增长势头一枝独秀,2014 年有 122 件专利申请,占全球专利申请量的 98%,说明中国仍有大量的专利申请涉及阿维菌素的研究,或者说,各研究机构对中国市场的前景也极为看好。

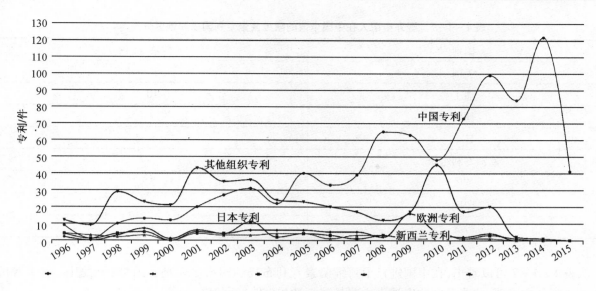

图4-4-4 阿维菌素专利申请趋势图

4.2.3 申请热点国家和地区分析情况

专利申请热点国家和地区可以体现专利权人需要在哪些国家或地区保护该发明。这一参数也反映了该发明未来可能的实施国家或地区。

表4-4-6为阿维菌素专利申请的热点国家和地区,从中可以看出,阿维菌素的专利热点国家主要是中国(825件)、美国(496件)、英国(136件)、德国(107件)。

表4-4-6 阿维菌素专利申请热点国家和地区

国别	数量/件	国别	数量/件
中国	825	巴西	12
美国	496	以色列	11
英国	174	其他	11
瑞士	136	法国	8
德国	107	印度	8
日本	78	奥地利	6
欧洲专利组织	37	保加利亚	4
澳大利亚	19	俄罗斯	3
新西兰	15	西班牙	3
丹麦	15	韩国	3

结合图4-4-4,可以推定中国的阿维菌素专利主要为中国人自己申请,而且申请时间主要在最近几年。如果以在中国的专利申请为研究对象,并排除中国人自己申请的专利,可以找出哪些国家在中国进行了专利布局,判断出这些国家和公司对中国阿维菌素市场的重视程度,详细情况见表4-4-7。

表4-4-7　国外申请人在中国申请的阿维菌素专利国家和地区分布

国别	数量/件
美国	17
瑞士	10
德国	9
日本	8
欧洲专利组织	6
英国	5
印度	2
丹麦	1

从表4-4-7可以看出,在中国进行了阿维菌素专利布局的国家主要是美国、瑞士、德国、日本等国家。进一步分析发现,这些专利的申请人主要是先正达(15件)、拜耳(11件)和辉瑞(8件)。比如,先正达2011年申请的CN103957713A(Pesticidal mixtures including spiroheterocyclic pyrrolidine diones),2013年申请的CN104202976A(Pesticidal composition),拜耳2013年申请的CN104602520A(Pesticidal composition),均在实质审查中,值得相关生产企业及研究人员关注。

4.2.4　专利申请人竞争力分析

对全球研究阿维菌素相关技术的专利申请人进行竞争力分析,得到如图4-4-5所示的气泡图。

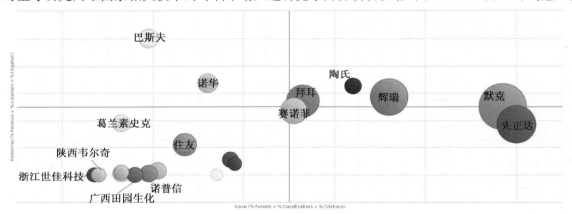

图4-4-5　阿维菌素专利申请人竞争力图

从图4-4-5可以看出,阿维菌素专利申请人有如下特点:

(1)全球范围,阿维菌素技术领域内专利最多的专利权人是德国默克集团和瑞士先正达集团,其气泡最大,同时处于气泡图的右上方,说明拥有大量的专利,专利竞争力也较强,这两家公司拥有较大的竞争优势。此外,辉瑞、拜耳、赛诺菲等公司的气泡大小及位置也紧随其后,说明他们的专利申请量和专利强度领先于其他研究机构。

(2)中国在阿维菌素领域的专利申请量虽然最多,但中国专利申请机构在全球范围内不占优势,其中,以诺普信的专利量最多,其次是广西田园生化、浙江世佳科技、陕西韦尔奇等公司也榜上有名。

(3)通过全球的竞争力分析可知,阿维菌素大部分的核心技术都掌握在各大跨国公司手中,说明阿维菌素经过多年的发展,当前技术已经进入发展成熟期,技术突破难度较高。各大跨国公司已经在各主要应用地区完成了专利布局,技术壁垒较为明显,中国机构研究近年对阿维菌素的研究不断升温,但主要集中在阿维菌素的配伍及制剂研究方面。

4.2.5 新专利申请人分布

对最近三年阿维菌素领域的专利申请人进行分析,得到表4-4-8,可以发现目前该领域最活跃的研究机构,在进行产品研发时可以对这些研究机构保持适度的关注。

表4-4-8 阿维菌素2013—2015年主要专利申请人

序号	申请人名称	专利申请量
1	大庆志飞生物化工有限公司	15
2	上海韬鸿化工科技有限公司	12
3	瑞士先正达集团	11
4	广东中迅农科股份有限公司	11
5	青岛崂乡茶制品有限公司	11
6	广西田园生化股份有限公司	9
7	德国拜耳集团	8
8	海南正业中农高科股份有限公司	8
9	青岛扎西生物科技有限公司	8
10	日本住友化学公司	7

从表4-4-8中可以看出,2013年以后阿维菌素专利的申请人主要是中国机构,主要有大庆志飞生物化工、上海韬鸿化工、广东中迅农科等;同时,瑞士先正达、德国拜耳、日本住友化学等国外农化巨头仍然有一定的专利申请,说明国外巨头对阿维菌素的研究开发仍然非常重视,也说明了阿维菌素的旺盛生命力。

必须说明的是,国外农化巨头在中国申请专利一般不会要求提前公开,其专利从申请日到公开公告日往往有一年半以上的潜伏时间,因此,还可能有一些的2014年和2015年申请的国外专利没有公开,所以国外申请人的专利申请量是一个保守数据。

4.2.6 高强度专利列表

根据Innography的专利强度指标,筛选出阿维菌素领域的高强度专利,列表如下(表4-4-9)。

表4-4-9 阿维菌素技术领域高强度专利列表

公开(公告)号	优先权日	专利名称	专利权人	专利状态	专利强度
US7531186B2	2003.12.17	包括1-N-芳基吡唑衍生物和双甲脒外用制剂	梅里亚	Active	91
CN101014247B	2004.7.1	邻氨基苯甲酰胺无脊椎害虫防治剂的协同混合物	杜邦	Active	91
US8765160B2	2005.9.19	土壤害虫和土传病害的控制方法	先正达	Active	90
EP1160252B1	1999.2.9	阿维菌素衍生物	北里研究所	Active	90
EP1130966B2	1998.11.19	抗寄生虫制剂	硕腾	Active	90

表 4 – 4 – 9（续）

公开(公告)号	优先权日	专利名称	专利权人	专利状态	专利强度
US6117854A	1997.8.20	含植物源性油载体的增强性杀虫组合物及其使用方法	环保科技公司	Active	90
CN101309587B	2005.11.18	阿维菌素的水包油配方	凯米诺瓦	Active	90
EP1675471B1	2003.7.30	可口的韧性咀嚼兽药组合物	诺华	Active	90
US7205289B2	2000.3.21	具有杀虫和杀螨活性的活性成分的组合物	拜耳	Active	89
US5089480A	1985.7.27	抗寄生虫药	辉瑞	Expired	88
EP2258194B	2004.11.4	杀虫组合物	马克西姆	Active	88
US7704961B2	2003.8.28	阿维菌素阿维菌素 4′单糖取代物及其 4′位的杀虫特性	梅里亚	Active	86
JPH0817694B2	1987.1.23	阿维菌素培养模及和培养方法	辉瑞	Expired	85
CN102905528B	2010.5.28	杀虫混合物	马斯夫	Active	83
US8791153B2	2006.10.12	阿维菌素外用制剂及其消除和预防敏感头虱耐药菌株的方法	Arbor 制药	Active	82
US8389440B2	2002.2.21	协同杀虫混合物	拜耳	Active	82
US7135499B2	2002.10.16	具有杀虫和杀螨性能的活性物质组合物	拜耳	Active	82
EP2347654A1	2001.9.17	杀虫制剂	礼来公司	Active	81
US5583015A	1987.1.23	生产阿维菌素的过程	硕腾	Expired	80
US9089135B2	2009.3.25	包含 2 – 吡啶基乙基苯甲酰胺的杀线虫、杀虫和杀螨活性成分组合物	拜耳	Active	80

从表 4 – 4 – 9 中可以发现,阿维菌素领域的高强度专利全部为国外专利,而且大多为跨国农化巨头所有,说明阿维菌素的技术为国外企业所主导。另一方面,从专利类型来看,这 20 件专利中,制剂、剂型专利共有 14 件(以是否含有制剂、配方、组合物或混合物判断),占 70% 的比例,说明制剂的研究在农药的技术研发中占有重要的地位,即便是高强度专利中,制剂的成功开发仍然具有开拓性的意义。因此,对于资金和技术都不占优势国内企业来讲,应该把制剂和剂型的研究开发放到重要位置。

4.2.7　风险预警分析

2003 年的广东高校知识产权诉讼第一案以及阿维菌素涉案专利及异议专利诉讼以及专利异议的出现,说明阿维菌素领域存在一定的专利诉讼风险,特别是在欧洲市场和澳大利亚市场,专利申请中遭到异议的风险比较大。即便是在国内市场,随着阿维菌素市场竞争的加剧,以及国家知识产权保护政策的严格实行,专利诉讼发生的风险也不可忽视。

4.3　小桐子(麻疯树)油溶剂专利分析

麻疯树(Jatropha carcas L.)为大戟科(Euphorbiaceae)麻疯树属植物,别名:羔桐、臭油桐、黄肿树、小桐子、假白榄、假花生等,原产热带美洲,主要分布于广东省、广西壮族自治区、四川省、贵州省、云南省等省区。麻疯树果实含油率高达 60% ,可以提炼出不含硫、无污染、符合欧四排放标准的生物柴油,是中国重点开发的绿色能源树种。麻疯树种子毒性大,枝叶次之,种仁有泻下和催吐作用;种子含毒蛋白麻疯树毒素、脂肪油。

农药剂型是全球生物农药的研究的一大趋势,也是目前我国农药最主要的一个研究领域,加快推进剂型向水基化、环保化、便利化转变,减少有机物为溶剂的杀虫剂剂型的研究,对提高农药使用效果、增强农药使用稳定性具有重要意义。

2001 年,诺普信公司与深圳清华大学研究院联合申报的深圳市重大产业攻关计划项目"新型植物源环保农药溶剂及环保型农药乳油产品关键技术研发",获得政府专项资金无偿资助 500 万元。该项目计划以小桐子油为原料,创制开发新型绿色环保溶剂,用以替代传统乳油中常用的苯、甲苯、二甲苯等"三苯"类有机溶剂。项目的实施,不仅是诺普信公司多年来对松脂基植物油绿色环保溶剂研究的拓展和延伸,也对解决农药行业"三苯"类溶剂替代问题具有重要意义

诺普信在农药制剂领域具有很强的研究实力,其中有一件 PCT 申请 WO2014063321A1(小桐子源农药溶剂及其制备方法和应用),该专利还在澳大利亚获得授权(AU2012392861B2)。诺普信在小桐子(麻疯树)在农药溶剂领域的开发利用走在全球前列。

4.3.1　检索方法及结果

本书以麻疯树、小桐子(Jatropha,manioca, coral plant)在涉及农药领域(IPC:A01N,)的专利申请为研究对象,分析麻疯树在农药领域的专利申请情况。

共检出麻疯树在涉及农药领域的专利申请 130 件,其中,中国发明人申请专利 65 件,点全部专利申请的一半;其次是美国发明人申请了 11 件,印度发明人申请 9 件,瑞士和德国发明人均为 8 件,其后是日本、法国、以色列、牙买加、加拿大和新加坡等国家。

4.3.2　专利申请趋势分析

按照专利优先权时间进行统计,麻疯树的最早的专利是由 Sipuro Ag 于 1980 年申请的一件欧洲专利,"防治蛞蝓和蜗牛的组合物、该组合物的容器及其作为农药的应用"(EP0045280 A1),其后,直到 1999 年,湖北科旗生物工程有限公司申请了"麻疯树籽植物杀螺粉剂及提取方法和应用"(CN1256082A),在此之后,麻疯树在农药领域的开发利用逐渐增多。其专利申请趋势见图 4 - 4 - 6。

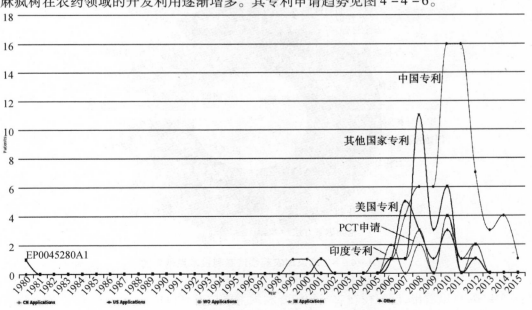

图 4 - 4 - 6　麻疯树农药领域专利申请趋势图

从图 4 – 4 – 6 中可以看出,麻疯树在农药领域的专利申请兴起于 2006 年,主要研究地点为中国,美国和印度等国家也有一定量的专利申请。

4.3.3　专利申请人竞争力分析

图 4 – 4 – 7 为麻疯树农药领域专利申请人竞争力气泡图,从图中可以看出,在全球范围内,诺普信与巴斯夫是麻疯树农药领域专利竞争力最强的两家机构,跟先正达、住友共同组成了本领域专利竞争力的领先集团。云南神宇、贵州大学也具有较强的专利竞争力,此外,国内机构中,中科院西双版纳热带植物园、四川大学、云南大学、深圳新华南方生物技术有限公司(专利已转让给深圳市东域投资发展有限公司)也具有一定的研究实力。

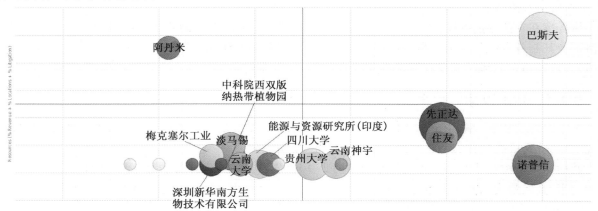

图 4 – 4 – 7　麻疯树农药领域专利申请人竞争力气泡图

4.3.4　主要技术要点归纳分析

对麻疯树领域的农药专利进行文本聚类分析,得到图 4 – 4 – 8。

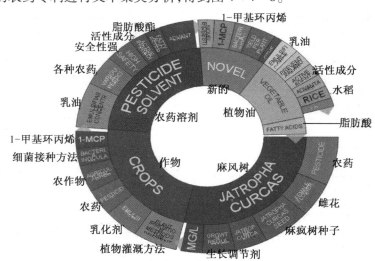

图 4 – 4 – 8　麻疯树农药领域专利技术点聚类图

从图 4 – 4 – 8 可以看出,麻疯树在农药领域专利的主要技术点包括三个方面,首先是农药溶剂、植物油、乳油、乳化剂、脂肪酸酯等,这就是以小桐子油为原料制造新型农药溶剂方面的应用,诺普信在这一领域具有很强的研究实力;其次是种植技术、雌花、作物、灌溉方法、生长调节剂、1 – 甲基环丙烯、细菌接种方法等,这是农药产品在麻疯树种植方面的应用;第三是活性成分、农药、生物防治等,这是利用小桐子提取物在杀虫、杀菌、抗、杀软体动物活性,配制生物农药方面的应用。

4.3.5 麻疯树主要专利申请人研究特点总结

1. 巴斯夫麻疯树领域农药专利

巴斯夫在全球9个国家和地区(欧洲、美国、日本、英国、中国、加拿大、俄罗斯、巴西、阿根廷)申请了11件专利,主要涉及"改善植物健康的方法"的研究,利用杂芳酰基取代的丙氨酸化合物处理麻疯树等植物以改善其健康或提高产量的方法。

2. 先正达麻疯树领域农药专利

先正达在全球16个国家和地区申请了24件专利,主要涉及"植物灌溉方法",即利用在灌溉水中增加活化酯、苯并噻二唑(ASM)、抗倒酯(TXP)等成分,增加麻疯树等植物的环境胁迫的方法。

3. 住友化学麻疯树领域农药专利

住友在日本和南非申请了8件专利,主要涉及"控制麻疯树杂草的方法",即利用含草甘膦或草铵膦等成分化学产品控制麻疯树旁边杂草。

4. 诺普信麻疯树领域农药专利

诺普信在中国申请人植物源农药溶剂、乳油制剂、油悬剂等领域申请了8件专利,并且,以CN102907418A为优先权,进行了PCT专利申请,并向澳大利亚申请了专利并获得授权。

5. 贵州大学疯树领域农药专利

贵州大学的研究的主要研究方向是麻疯树雌花比例调节,包括CN101971767B,CN101953339A,CN101926339A,CN101926338A等;其次是以麻疯树等为来源生物柴油为溶剂与香椿提取物等成分配制植物抗病毒药物(CN101438718B)。

6. 中科院西双版纳热带植物园麻疯树领域农药专利

主要涉及将小桐子毒蛋白经喷雾冷冻干燥后与乙酰甲胺磷混合制成一种环境友好型生物农药的方法(CN101473856A),以及一种专用于小桐子花量及雌花比例的生长调节剂及其应用(CN101773128A,另有印度和PCT申请)。

7. 四川大学麻疯树领域农药专利

在麻疯树生物农药成分提取方面有较大的优势,涉及从麻疯树种子中提取杀虫活性成分及麻疯树萜醇I(CN1817130A),麻疯树毒蛋白的提取(CN1714863A),麻疯树佛波酯的提取杀虫水乳剂的其制备(CN102599176B)等。

8. 云南大学麻疯树领域农药专利

主要涉及小桐子素的研究,包括小桐子素的提取方法及其剂型的研究。主要专利有小桐子素母药的制备方法(CN101491260A),小桐子素微乳剂及其制备工艺(CN102388929A),以及小桐子素微胶囊剂及其制备工艺(CN102499250A)。

9. 云南神宇新能源有限公司麻疯树领域农药专利

云南神宇新能源有限公司在麻疯树的栽培方面有大量的专利申请,也与云南大学在小桐子素剂型方面有专利合作申请,主要有小桐子素微乳剂及其制备工艺(CN102388929A),小桐子素微胶囊剂及其制备工艺(CN102499250A),以及麻疯树种子胚乳蛋白质提取方法(CN101171952A)等。

10. 深圳新华南方生物技术有限公司麻疯树领域农药专利

主要研究研究小桐子提取物制成的抑菌剂及其在食用菌种植中的抑菌用途(CN102132708B),小桐子枝叶浸膏提取方法及一种足浴配方(CN103893243A),以及小桐子雌雄花转性调节剂及其制备方法(CN102160551B)等。目前,其专利大多转让给了深圳市东域投资发展有限公司。

11.南京农业大学麻疯树领域农药专利

南京大学在麻疯树的研究主要集中在其抗菌杀虫成分提取方面,主要有种从小桐子果壳中制备杀虫物质的方法(CN102388927A),从小桐子果壳中制备出2种抗菌活性物质的方法(CN102388928A).

12.江苏长青农化股份有限公司麻疯树领域农药专利

一种以麻疯树等环保溶剂配制的甲基磺草酮油悬剂组合物,主要为松子油、蓖麻油中的至少一种与碳酸二甲酯的混合物(CN103503862B)。

13.罗云华麻疯树领域农药专利

广西罗云华2014年6月申请了一种麻疯树农药溶剂的专利(CN104082283B),涉及一种农药溶剂,由如下质量份的原料组成:小桐子油2~30份、小桐子油甲酯等,可广泛应用于各种农药制剂或制成农药桶混助剂。

从以上分析可以看出,国外申请人巴斯夫、先正达、住友化学等专利申请主要集中在麻疯树的种植管理领域;诺普信主要在麻疯树做为农药溶剂方面的应用;其他申请人主要集中在麻疯树的综合开发利用以及雌花调节方面的研究。

4.3.6　诺普信麻疯树相关专利分析

综合各麻疯树主要申请人及其专利的研究内容,以专利申请人为纵坐标,以麻疯树在农药领域的专利研究主题为横坐标,做出麻疯树各专利申请人专利布局图(图4-4-9)。

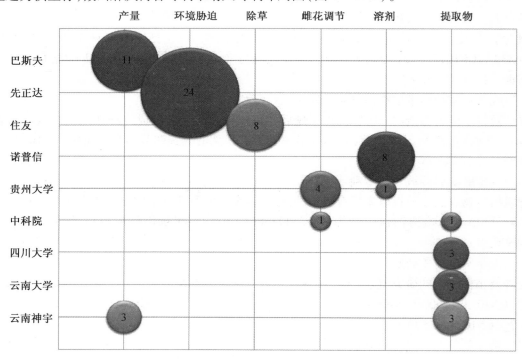

图4-4-9　麻疯树领域主要专利申请人专利分布局图

从图4-4-9可以看出,麻疯树作为一种用途极其广泛的树种,在农药领域的专利布局处于起步阶段,专利申请人的研究内容比较单一。巴斯夫的专利申请主要集中在提高产量方面,先正达集中在应对环境胁迫方面,住友化学主要研究用于麻疯树的除草剂,这三家跨国农化巨头仅一项内容的创新,就申请了许多同族专利或人分案专利,这也是国外申请人的专利竞争力普遍强于中国重要原因。而贵州大学在麻疯树的雌花成花比例的调节方面具有绝对优势,这五家机构的研究领域属于麻疯树的栽培管理,所涉及的只是农药在麻疯树的栽培管理方面的应用。

深圳诺普信在麻疯树用于生产农药溶剂方面有较多的专利申请,属于麻疯树农药溶剂领域的领头羊。四川大学、云南大学、云南神宇等机构在麻疯树的提取物的生物农药用途方面的研究各有千秋,各自在自身的研究范围内申请了专利保护,这些麻疯树的农药活性提取物主要有毒蛋白、佛波酯、小桐子素、麻疯树萜醇Ⅰ、胚乳蛋白质等。

4.3.7　麻疯树作为农药溶剂的专利申请时间分布

从上文的分析可知,深圳诺普信在麻疯树农药领域的专利申请主要在于小桐子源农药溶剂、制剂方面的研究。因此,本文对麻疯树用于农药溶剂的专利申请时间分布做进一步的归纳如图4-4-10。

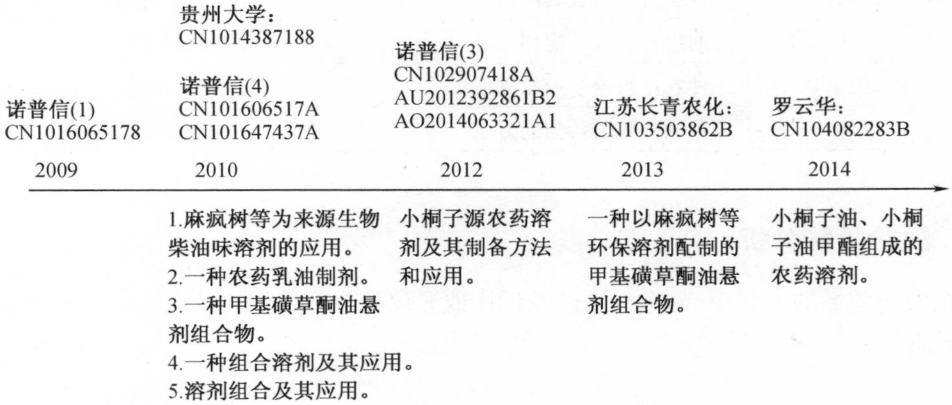

图4-4-10　麻疯树农药溶剂领域的专利申请时间分布图

从图4-4-10中可以看出,麻疯树用于制备农药溶剂的专利申请始于诺普信2009年申请的"一种农药乳油制剂"(CN101606517B),该专利已获得授权。其后,诺普信于2010年申请了"一种甲基磺草酮油悬剂组合物"、"一种组合溶剂及其应用"等4件专利;2012年又申请了"小桐子源农药溶剂及其制备方法和应用"3件专利,其中,与深圳清华大学研究院合作申请的CN102907418B还进行了PCT专利申请以及澳大利亚专利申请,并在澳大利亚获得授权。除了诺普信以外,江苏长青农化股份有限公司于2013年9月申请了一种以麻疯树等环保溶剂配制的甲基磺草酮油悬剂组合物的专利(CN103503862B)。广西人罗云华于2014年6月申请了可广泛应用于各种农药制剂或制成农药桶混助剂专利,目前该专利仍处于审查之中,诺普信可以对这些专利保持关注。

4.3.8　高强度专利

根据Innography的专利强度指标,筛选出麻疯树农药领域的高强度专利,列表如下(表4-4-10)。

表4-4-10　麻疯树农药技术领域高强度专利列表

公开(公告)号	优先权日	专利名称	专利权人	专利状态	专利强度
CN101438718B	2008.12.30	一种抗植物病毒的药物及配制方法	贵州大学	Active	80
US8906431B2	2007.1.22	水分散性成分及使用方法	阿丹米公司	Active	79
CN101606517B	2009.7.27	一种农药乳油制剂	诺普信	Active	72
CN101773128B	2010.2.3	一种小桐子专用生长调节剂及其应用	中科院	Active	72
US20080153708A1	2006.12.24	作为除草剂和载体的脂肪酸和脂肪酸酯	Smg Brands	Expired	69
US20120128648A1	2009.7.28	新型生物农药成分及其分离方法及表征	TERI(印度)	Active	67
CN102907418B	2012.10.24	小桐子源农药溶剂及其制备方法和应用	诺普信	Active	65

表 4 - 4 - 10（续）

公开(公告)号	优先权日	专利名称	专利权人	专利状态	专利强度
CN103503862B	2013.9.10	一种甲基磺草酮油悬剂组合物	江苏长青	Active	63
CN101903084B	2007.12.20	用 HASE 聚合物乳液将油包封于水性介质中的方法、所得产物及其用途	可泰克斯	Active	61
JP2010222256A	2009.3.19	为有效控制疾病的小方法	住友	Active	60
EP2392210A1	2010.6.4	植物耐胁迫的方法	先正达	Expired	57
CN101971800B	2010.6.11	一种组合溶剂及其应用	诺普信福建诺德	Active	57
CN101971801B	2010.6.11	溶剂组合物及其应用	诺普信福建诺德	Active	57
CN102524246A	2010.12.8	一种农用组合溶剂及其应用	福建诺德	Expired	52
US9113635B2	2010.1.28	控制蝴蝶繁殖行为的方法	西印度大学	Active	52

4.3.9 风险预警分析

麻疯树在农药领域的专利中,尚未发现涉及诉讼或异议的专利,说明这一领域处于专利布局阶段,专利诉讼风险较低。

第五篇　生物农业专利产业发展政策建议

　　生物农业专利技术作为新的农业科技革命的"推进器",正在悄然拓展和创新农业发展功能,进而为国民经济持续健康发展提供持久而强劲的动力,成为维护粮食安全和经济安全的命脉所在。作为未来农业的发展方向之一,生物农业专利技术对解决当前化学农业存在的环境污染问题,解决食品安全问题具有重要作用。鉴于世界性的人口激增、耕地锐减、环境恶化、粮食短缺,许多国家重点支持农业生物专利技术的研究和应用,并将发展生物经济作为"强国"战略,发达国家通过制定发展规划,调整法律和政策,加大政府预算,鼓励社会投资,在研发投入、专利布局上已经获得战略主动权和发展先机,在全球种业和农化市场上取得了垄断地位。但全球生物产业农业化刚刚起步,生物农业专利技术尚未完全成熟,生物农业市场也正在培育当中,如何在未来农业中占据一席之地,利用中国在生物农业领域的大量专利申请和中国广阔的市场前景,形成核心竞争力,将技术转化为产品依然任重道远。目前,生物农业专利技术产业已作为新兴战略产业得到我国政府的支持和重视,这对促进我国产业结构调整,转变经济增长方式意义重大。

第1章 发展我国生物农业专利产业的 SWOT 分析

1.1 发展的优势

我国生物技术总体研发水平在发展中国家居领先地位,部分领域跻身世界前列,成为少数几个能独立完成大作物测序工作的国家之一。农业生物技术已成为我国高新技术中与国外差距最小的领域之一。我国是第二个拥有自主知识产权、独立研制成功转基因抗虫棉的国家。截至 2008 年年底,我国已获审定的抗虫棉品种共有 160 个,其中,通过国家审定的品种超过 60 个。自 1997 年我国批准抗虫棉生产,累计推广应用面积迄今已达 2.5 亿多亩,直接为棉农带来收益 490 亿元。抗虫棉的应用不仅使棉花棉铃虫得到了有效控制,还大大减轻了棉铃虫对玉米、大豆、花生等作物的危害,杀虫剂用量降低了 60%,有效保护了农业生态环境和农民健康,为我国棉花生产和农业的可持续发展作出了巨大贡献。

2008 年我国转基因抗虫棉面积已达 5 700 万亩,占全国棉田面积的 70%,其中国产抗虫棉已占 93%以上。

截至 2009 年 10 月,我国 7 种转基因植物通过了商品化生产许可(耐贮藏番茄、变色矮牵牛、抗病毒甜椒和辣椒、抗病毒番茄、抗虫棉花、抗虫欧洲黑杨)。

我国涉及农业生物技术的各类研究机构已超过 200 家,形成了从基础研究、应用技术研究到产品开发相互衔接、相互促进的创新体系。我国也已拥有抗除草剂、抗旱、抗逆基因等专利技术。

转基因抗虫水稻和植酸酶玉米获准生产应用安全证书。我国成为全球首例推出抗虫水稻和转植酸酶基因玉米并进行产业化应用的国家。抗虫水稻和高效植酸酶玉米拥有我国自主知识产权,技术成熟并居国际先进水平,产品具有国际竞争能力。这两个产品可分别提高水稻的抗虫性和饲料玉米的营养价值,不仅能促进农民增产增收,创造巨大的经济社会效益,而且可发挥显著的生态环境效益。

抗虫水稻和高效植酸酶玉米获准生产应用已引起巨大反响。国际农业生物技术应用研究所(ISAAR)董事局主席 Clive James 说:"其意义不仅会推动中国转基因粮食与饲料作物产业的发展,而且将对发展中国家乃至全球未来农业产业格局的改变产生深远影响"。

1.2 发展的劣势

1.2.1 缺少明确的农业生物产业化发展战略及实施规划

虽然政府不断增大研究支持力度,但由于我国科研院所存在的固有体制,大量的资源没发挥作用。因此应坚持走以企业为主体的道路,让企业运用资源来加强研究的同时,引导科研院所的研究,实现资源最有效的配置。政府应加强资源整合,推进企业与企业之间、企业与科研院所之间的合作。美国从 1981—1985 年,在基因作物产业共发生 167 次兼并重组和战略结盟事件,而从 1991—1996 年,基因作物产业内的兼并重组和战略结盟数高达 801 次。产业集中度提高和企业规模扩大后,单个企业的研究和开发能力不断增强,公共部门和私有部门在研究和开发基因生物技术上的相对重要性也发生了变化。也就是说,从长远看,提高企业创新能力有助于减轻政府在资金投入上的压力。因此,政府要利用自身的资源优势,搭建平台,促进企业与科研院所之间、企业与企业之间的合作。一是可以为企业与科研院所之间的合作穿针引线,二是在项目支持上,要鼓励合作申请的项目研究,要鼓励基础研究和应用研究相结合的项目。这样,政府的"有形之手"就使政府资源、科研院所和企业的资源结合在一起,形成了合力。

1.2.2　科技成果商品化进程慢、转化率低

截至 2009 年除 Bt 抗虫棉和几个小作物外,尚无其他转基因主要作物进入市场。2009 年 11 月虽已批准转基因抗虫水稻与转植酸酶基因玉米可以商业化生产,但由于农作物生长周期的限制,从制种到真正推向市场还需要一段时间。

1.2.3　缺少农业生物技术龙头企业

从世界种业的发展形势看,发展的结果必然导致几家大型、有较强竞争力的企业来带动整个产业的发展。而中国现在没有一个种业公司的市场份额超过 10%。长期以来,在中国,生物技术种子的研究主要由公共研究机构和大学来完成,经费来自各级政府的支持。而市场推广则是由这些机构的下属企业来完成。而这些企业往往与公共研究机构和大学的科研、管理人员是一套配备,缺乏产业化的经营管理经验,导致很多时候研发成果未得到合理的开发。在激烈的国际竞争态势下,促进国内一批科研先导型领军企业的形成和发展,使企业成为技术集成和成果输出的平台,对于我国未来农业生物技术产业的发展非常关键。要发展中国农业生物技术产业,除了在科研项目上倾斜外,还要在税收、金融上给予优惠政策。建立重点企业领导联系制度,及时了解企业竞争状况,协助企业与政府部门沟通,为企业创造良好的行政环境。

1.2.4　审批程序烦琐

在研究和产业化的管理和审批上应采取谨慎态度,并以科学为根据,促进发展为出发点。如果没有科学引导或者不科学地设卡,就会限制扼杀转基因技术在我国的发展,失去让转基因技术造福于我国的良机。

1.3　面临的机遇

我国大陆人多地少,要以全球 7% 的耕地面积养活 22% 的人口,解决粮食问题只能依靠提高作物的单产来实现。而且我国水资源紧缺,人均水资源占有量仅为世界人均占有量的 1/40,干旱和半干旱耕地面积占大陆总耕地面积的 38%。低温冷害常见,严重影响早春、晚秋作物收获。大量盐渍土壤需要进一步开发利用。抗旱、抗冻、抗盐、抗逆基因等转基因技术的利用可以有效提高产量。生物技术在农业中的应用可以减少杀虫剂的用量,降低杀虫剂及其残留物对食物链、水体造成的污染,从而有利于保护生态环境。转基因作物还能使作物本身自行固氮,避免、减少使用人造肥料,从而减少对生态环境的破坏;改善农作物营养成分,提高农作物价值。

我国政府重视高新技术在农业中的应用,大力推进科技兴农,发展高产、优质、高效农业和节水农业,这必将促进我国生物技术在农业上的迅速发展。前总理温家宝在政府工作会议中提出"要解决粮食问题,必须依靠科学手段、生物技术和转基因技术。"

我国政府已对农业生物技术投入数千万美元资金,在生物技术研究基金方面世界排名第二,仅次于美国。2008 年,政府决定在未来 12 年额外投入 35 亿美元,用于进一步的研发工作。我国已在生命科学和生物技术领域建立起众多国家重点实验室,其中与农业有关的 20 多个,吸引了一大批高水平的科技人

才从事范围广泛的农业科学研究工作。

我国近年在农作物抗性生物技术育种方面已取得重大突破,现已获得抗虫棉花、抗虫水稻、抗青枯病马铃薯以及分别具有抗赤霉病、白粉病及黄矮病小麦等。基因工程育种技术已经在农业生产中显示出巨大的活力。现在正在发展的第二代转基因作物将以基因工程,特别是基因代谢工程为基础,重点在于改良产品的品质、增加营养、提高食品的医疗保健功能,或用作工业原料,增加农副产品的附加值。第二代转基因植物研究开发的另一重点是培育各类抗旱、寒、盐碱等生物逆境作物,其技术发展将有利于突破水资源短缺和其他逆境条件等限制农业发展的瓶颈,大幅度提高农业的经济与生态效益。

转基因作物的应用前景广阔,而且具有重大社会、经济及环境效益。2008年,我国有710万农户种植抗虫BT棉花,平均增产9.6%,杀虫剂施用量减少60%,每公顷增收220美元。工SARA2008年报告中指出,转基因Bt水稻有潜力为中国1.1亿种植农户增加约100美元/公顷净收入,如果90%的地区种植转基因水稻,将为社会每年创造370亿元人民币左右的福利。植酸酶是动物饲料的重要添加剂,对动物的生长发育具有重要作用,并且能有效减少硫化废气的排放量。为保护环境,在欧洲,东南亚,日本,中国台湾,强制在动物饲料中添加植酸酶。据中国饲料行业研究,植酸酶的全球市场价值为5亿美元,仅中国为2亿美元。中国大陆目前每年的玉米种植面积在4亿亩左右,如果50%的地区种植转植酸酶基因玉米,保守估算,每年可为农民节支增效超过70亿元人民币。

1.4 面临的挑战

由于生物技术研究的高投入及对高端人才的需求,我国农业企业无论在资本规模、资金投入和技术研究上都还不足以与国际大型种子企业抗衡,面临诸多挑战。

2008年,中国种子市场价值为73.5亿美元,全球种子市场为365亿美元。但是中国在国内、国外上市的前6家种子公司2008年的全部种子销售收入仅为31.8亿元人民币。2007年三大国际种子企业种子业务国际市场占有率分别为:孟山都23%;杜邦15%;先正达9%。

转基因生物育种是企业核心竞争力所在,因此,国际大型种业公司都纷纷加大投入,抢占未来竞争的制高点。如表5-1-1所示,世界前三大农业巨头的研发投入在近年呈显著增加趋势。

表5-1-1 三家国际农业公司年研发投入

公司	年度	研发投入(百万)	销售收入(百万)
孟山都	2000	588	5 493
	2004	511	5 437
	2008	980	11 365
先正达	2000	415	4 876
	2004	685	7 269
	2008	969	11 624
杜邦	2000	1 776	28 268
	2004	1 333	27 340
	2008	1 393	30 529

医药和农业这两大传统的生命科学领域因生物工程技术的发展而处于新的产业革命的前沿。生物农业技术已成为新的能够产生高额投资回报的高新技术产业领域,彻底改变了农业产业因投资周期长、

平均投资回报低于社会平均水平而长期受到社会资本投资忽视的不利局面。各大跨国公司也纷纷调整战略,大肆收购种业公司,以种子为载体整合生物技术及相关产业。如表 5 – 1 – 2 所示,在孟山都、先正达等跨国农业生物技术公司的业务构成中,种子及基因技术不仅占有很大比重,也以种子为核心带动了其他农化产品业务,造就了更大的市场空间。

表 5 – 1 – 2　孟山都、先正达等的业务构成

公司	业务构成	各业务销售收入比
孟山都	种子及基因组学	56%
	农产品	44%
先正达	种业	37%
	植保	63%
杜邦	农业及植物营养	26%
	精细化工原料	21%
	涂料及颜料技术	21%
	安全及防护行业	19%
	电子通信技术	13%

　　农业生物技术正深刻改变着人类社会经济、生活等各个方面。尽管我国已在农业生物技术研究上取得了巨大成就。但作为世界人口最多的发展中国家,粮食安全问题、"三农"问题在今后相当长的时期内依然十分严峻,对此,必须站在战略高度上对农业生物技术的研究和应用进行决断和把握。产业化是农业生物技术育种的不竭动力和归宿。政府有关部门应该积极推动生物技术产业化的研究,推动产学研合作,建立一个从技术研究成果到产业化应用推广的高效发展模式来加速我国农业生物技术产业的发展,满足经济和社会发展的需求。我国目前还没有一家比如像杜邦、孟山都这样的国际企业,这在一定程度上制约了农业生物技术产业的快速发展,因此更应鼓励企业间的广泛合作。生物技术育种的关键是拥有自主知识产权并具有产业化潜力的功能基因。政府在积极推动产学研合作,特别是在鼓励企业间广泛合作的同时,也要加大知识产权的立法和执法工作,严格保护知识产权,鼓励企业技术创新。应在加强和完善基因安全性管理的同时,审时度势对技术相对比较成熟的转基因植物产品,如抗虫棉花、转植酸酶玉米、抗虫玉米、抗虫水稻和抗除草剂农作物等,加大实现产业化力度。加强高端人才引入和技术交流使我国农业生物技术产业跻身世界的先进行业,为农产品增产,特别是为粮食安全提供可靠的技术保证,进一步促进我国由农业大国向农业强国的转变。

第 2 章　我国生物农业产业专利产业发展存在的问题

2.1　基础研究薄弱,人才队伍不稳定

2.1.1　基础研究薄弱,中试风险困难

目前我国技术引进数目不少,但存在着盲目引进、重复引进,只引进不消化、不创新的弊端,跟进效应不明显。由于长期以来资金的投入不足,加上机制意识等方面的原因,导致我国基础研究薄弱,创新性的成果甚少,研究成果在国际上获得的专利也为数不多。

实验室成果到工业化生产还存在着大量工作,也还需大量的资金投入,同时也伴随着一定的风险。一般来说,越是高新技术,越伴随着大的风险。对企业来讲,一方面努力寻求高技术产品,一方面又不愿意承担由此带来的风险,而高校和科研单位也承担不起工业化的风险,从而造成一些生物技术产业进程受阻。

2.1.2　人才队伍不稳定

目前地方农业科研单位普遍经费不足,科技人员面临研究和开发双重压力,迫于创收的压力,很多优秀的研究人员改行从事有利于创收的工作,或是出国,或是到外企工作。据报道我国有 60% 左右的科研精英出国或进入外企,地方农业科研单位从事高技术研究人员的跳槽比例可能会更高。

2.2　专利政策导向作用滞后,企业专利产业化发展不足

2.2.1　专利政策导向作用滞后

政府出台的有关法律、法规、文件和计划等,是企业事业单位科技活动的指挥棒。目前以企业为主体申报的计划,多由研究单位及大专院校作为技术依托,而研究单位及大专院校对项目方案起到的决策作用太小,在项目进行的过程中对经费使用的决策权几乎没有,造成经费使用的浪费,甚至将项目经费挪作他用,从而影响项目的实施;又由于企业领导大多数对科研人员的劳动承认不够,有时甚至利用职权侵占科研人员的知识产权,使得科研人员心存戒备心理,造成成果转化的障碍。因此政府应努力提高企业领导的创新意识,保护科技人员的权利。

2.2.2　农业企业没有成为专利申请的主力

农业企业在用户需求、市场信息以及研究目的性和持续性等方面具有得天独厚的优势,是国外生物农业专利申请的主体。但中国生物农业领域中,专利申请量和专利竞争力排名前五的申请人中,高校和科研院所仍然占有绝对的优势。将生物农业各领域的主要申请人列出,得到表 5 - 2 - 1。表 5 - 2 - 1 的

数据说明我国科学研究的主力所在,同时也在一定程度上解释了我国在生物农业甚至农业领域没有形成有国际竞争力的农业企业。这是中国生物农业专利申请一大特点,对中国生物农业产业的发展也有着至关重要的影响。

表5-2-1 生物农业各领域主要专利申请人列表

排名	生物育种	所占比例（%）	生物肥料	所占比例（%）	生物农药	所占比例（%）
1	华中农业大学	2.4	南京农业大学	0.9	华南农业大学	1.6
2	南京农业大学	2.3	苏州仁成生物(公司)	0.7	中国农业大学	1.4
3	中国农业大学	2.2	山东光大肥业(公司)	0.6	浙江大学	1.2
4	浙江大学	2.0	青岛扎西生物(公司)	0.6	海南正业(公司)	1.0
5	中科院遗传与发育生物学研究所	1.9	中国农业科学院农业资源与区划研究所	0.5	南开大学	1.0
6	农科院作物科学研究所	1.6	上海绿乐生物(公司)	0.5	南京农业大学	0.9
7	中科院植物研究所	1.1	上海孚祥生物(公司)	0.5	北京大学	0.9
8	江苏省农科院	1.1	浙江大学	0.4	华中农业大学	0.9
9	上海交通大学	1.1	中国农业大学	0.4	云南大学	0.9
10	中科院上海生命科学研究院	0.9	中国科学院沈阳应用生态研究所	0.4	江苏省农业科学院	0.8
备注	0家企业	合计16.6%	5家企业	合计5.5%	1家企业	合计:10.7

2.2.3 生物农业专利没有形成集团优势

中国生物农业专利申请量有极大的增长,但专利申请人力量分散,没有形成集团优势。虽然中国在生物育种、生物肥料和生物农药领域的专利申请量在全球分别排名第二、第一和第三,生物农业主要产业申请量能排全球第二的位置,但专利申请人多而不强的特点非常突出。从表5-2-1可以看出,中国生物农业专利主要申请人专利数量所占比例很小,对比国外五大的农药巨头即占国外专利申请总量的38.2%的数据,在生物农业三个领域中,我国专利申请量最多的十家申请人专利申请问题仅占中国专利申请总量分别为16.6%,5.5%,10.7%。力量分散的特点非常明显。专利申请力量分散,不利于形成核心竞争力和市场成功的产品,无法形成行业研究的领军人物,无法把专利申请数量转化为专利竞争力,在全球专利竞争中仍然处于不利的地位。

2.2.4 专利布局意识不足,向外申请专利少

不管是在生物育种还是生物肥料或生物农药领域,中国发明人向国外申请专利的数量和比例都严重不足。比如生物育种领域专利向外申请仅占7.0%,生物农药领域仅占7.1%,而生物肥料领域仅占2.1%。进一步分析向外申请的专利申请人,发现中国向外申请专利的主力和国内申请专利的主力极不一致,主要是香港、台湾专利权人以及国内江苏、四川等地的一些申请人。在资金有限的情况下,高校科研院所向外申请专利的必要性值得商榷,但对于一些重要的研究成果,向国外主要研究国家和市场申请专利保护仍具有不容置疑的作用。

2.3　国家研究与开发资金投入不足且融资渠道狭窄

2.3.1　国家资助强度低

我国"863"计划、攻关计划、重大基础研究计划、国家自然科学基金在生物技术与生命科学领域的年经费投入约为4~5亿元人民币,仅相当于孟山都公司生物技术专项投资的十分之一,而地方的投入就更微不足道了,不足百万的研究经费要投入到几个项目中。这种多项目、低投入的做法,使研究很难达到一定的深度或取得有所突破的硬成果。同时会使大多数的项目只能做到阶段性结果,从而影响其产业化进程。

2.3.2　融资渠道狭窄

目前我国农业生物技术或其他重大技术的研发经费主要来源于国家投入,虽然,随着国家综合经济水平提高,资金投入量有所增加,但相对于发达国家来说,我国科研经费的投入力度仍然比较低,缺乏足够的资金支持不利于农业生物技术研究。另一方而,当前我国还未形成完善的产、学、研合作机制,导致农业生物技术研发的科技成果转化效率低,对农业生物技术产业的发展造成不利影响。

2.4　中国在生物农业产业领域国际竞争力不强

2.4.1　科研成果转化为产业的能力低、周期长

生物技术的作用在于用高新技术改造传统产业,提高商品的科技含量,获取高的产品附加值。国外从事生物技术的研究机构都是生物技术与产业相结合,而我国的农业生物技术研究则游离于产业之外。科研院所的农业生物技术研究机构热衷于实验室成果,不注重中试,使技术和产业分离。另外,企业热衷于成熟、见效快的项目或是已经配套的工业化项目,同一产品重复、小规模建设现象严重。

2.4.2　自主创新能力差

现阶段我国农业生物技术的自主创新能力差,创新少、重复多,例如,我国的抗虫棉技术,我国是除美国外第二个可从自主研制农业生物技术的国家。但是,在研制出抗虫棉技术后,并没有依据技术创新出好的农产品,抗虫棉技术也没有在我国农业生物技术领域大放异彩。其次,农业生产企业规模比较小,缺乏创新意识,生产设备和技术条件也比较落后,资金投入量相对较少,缺乏人才技术,不利于科研工作的进行,在很大程度上限制了我国农业生物技术的进一步发展。

2.4.3　内部发展不协调

农业生物技术是由基因工程、细胞工程、发酵工程以及酶工程组成的综合技术体系,在农业生物技术发展过程中,我国一直将细胞工程技术放在首位,细胞工程也取得了非常显著的成效。但是,由于基因工程更加快速的发展,农业生物技术领域逐渐呈现出重基因工程轻细胞工程的现象。在农业生物技术发展过程中过于重视基因工程,使细胞工程缺乏资金支持和人才技术支持,处于停滞不前的状态,对农业生物技术的协调、全面及可持续发展产生了极为不利的影响。

第3章　生物农业专利产业化发展的政策建议

基于国外生物农业专利的申请情况及发展规律与生物农业产业发展特点和阶段,提出如下发展建议。

3.1　政府要加强宏观调控,落实生物农业政策与措施

由于中国生物农业总体水平与国外差距较大,而且生物农业的发展又是涉及多部门、环节的复杂工程,发展生物农业承担着较大的风险,需要较高的技术和资金门槛,加上我国生物农业研究机构的力量分散,竞争力不强等因素,需要政府部门从五个方面发挥更大的作用。

3.1.1　明确生物农业是现代农业发展的重要方向

政府工作中明确对生物农业进行扶持的方向,在企业资金、政策、人才流动机制、税收等方面为中小生物农业企业的发展提供保障,完善与健全高科技农业发展的投入机制,形成以政府为主导,从社会团体、企业为辅助的多元投资主体,培育一批新型生物农业企业。

3.1.2　建立产学研用合作创新的机制

建立产学研用合作创新的机制,政府要促进产学研用四个部门串成一环,建立知识、人才的流动机制。在中国生物农业专利竞争力不强;国内专利申请人竞争力弱且力量分散;以及高校科研院所占主角、企业研究力量不强的情况下,借助国内生物农业研究的主要力量,充分利用高校科研院所的研究资源,发挥高校在基础研究和应用前沿研究的作用是发展广东省生物农业产业的必经之路。这种合作不仅能提高企业的技术水平,也有助于挖掘高校科研院所蕴藏的技术价值,实现合作双方的共赢。比如,加强高校科研院所专利工作的政策引导和媒体宣传,积极引导、协调和支持高校科研院所建立知识产权管理制度;通过建立科研成果孵化器机构,发展信息支撑体系,加强高校、科研机构和企业的密切联系和合作;积极引导、支持高校科研院所与企业合作建立实验室、研究中心等创新平台,实现各类创新在企业的集成。另一方面,生物农业的专利申请人比如华南农业大学、中山大学、广东省农业科学院等专利申请人主要位于广州,而华大基因、创世纪、诺普信等主要农业公司位于深圳,这一特点也决定了要推动广东省内不同地区间的合作,实现人才、知识、技术、信息、资金、设备、材料等的合理流动与配置优化。

3.1.3　建立专利技术产业化及专利实施转化的激励机制

建立专利技术产业化及专利实施转化的激励机制,充分调动广大科研人员的技术推广实施的积极性,把申请专利的目的引导到产业化的方向,提高专利技术的"含金量"。科技成果和专利技术只有进入市场,形成具有竞争力的产品,才能够转化为现实的生产力,才能够促进整个行业的健康发展,才能够为企业带来丰厚的利润。专利技术不能产生收入,不仅不利于专利质量的提高,还会打击发明人的申请积极性,增加申请人缴纳专利维持费的压力,所以,专利技术的产业化及实施转化是生物农业产业发展的重要条件。根据生物农业专利信息分析结果可知,在广东省华南农业大学、中山大学、广东省农业科学院、中国科学院都有大量的专利技术,其中包括许多极具市场价值的重要技术,而企业又苦于找不到合适的

项目。所以,政府部门要充分利用市场的力量,搭建专利流转许可的平台,建立专利技术实施转化的激励机制。使广大科研人员不断进行技术推广及产业化的开发与应用。比如,生物农药的研究基本集中在高校科研院所,申请的专利往往是实验室的初级产品,后续产业化还需要大量的工作,必须设立专门奖励促进机制。

3.1.4　加强绿色农产品检测、认证工作以及环境保护工作

生物农业相对于化学农业最大的优势是产品的安全性,农产品的安全性直接关系到广大民众的身体健康乃至生命安全,也关系到当前农业的可持续发展与社会的稳定,通过绿色农产品安全检测、农产品认证,不仅可以推动农产品安全性能的提高,还可以促进生物农业消费,扩大生物农业市场。此外,生物农业产品的生态友好、无污染的特点也契合环境保护工作的要求,加强环境保护工作的力度也能推动生物农业产业的发展。

3.1.5　加强行业创新合作平台的建设

生物农业产业是一项新的事业,来源于传统农业和现代农业,又赋予了新的内容,它涉及政府、企业、高校、科研院所以及广大农户等诸多平台,横跨农学、化学、生物学、植物学等多个学科,相互之间的沟通、协调、监督、互助显得越来越重要,政府部门可以通过鼓励行业技术创新、专利合作转化等平台的建设,在行业信息发布、技术交流、专利合作及转化实施等方面发挥作用。

3.2　构建"小而精"生物农业产业布局

在网络和通讯高度发达的今天,产业布局的原则应该由"大而全"让位于"小而精",这在产业链长、资金技术要求较高的生物农业产业的发展布局上尤为重要。因此,建议广东省对具有领先优势的产业进行重点策略研究,联合相关机构和相关学科研究人员共同开展优势项目的技术攻关。结合我省生物农业技术的研发现状以及区域作物特点,政府可以通过项目立项的方式,采用科研机构与企业相结合的方式,有目的地开展符合市场需求的技术研发,发展具有广东省特色的生物农业技术产业链。

3.2.1　生物育种领域

针对杜邦、孟山都等跨国龙头企业更注重对玉米和大豆的布局,而其他作物的研发力度则相对较弱的情况,广东省应充分发挥资源和市场优势,在茶叶、甜玉米等我国特色植物品种上加强研发力度,抢占优质资源的同时,在国外企业研发实力相对薄弱的作物上做文章,如水稻,它是关系我国国计民生的重要作物,可以作为我国相应技术和专利布局的突破口,积极参与国际竞争。

从科研成果、产量表现和经济性状等情况看,广东省杂交水稻、诱变水稻均表现出良好优势,而加强对以基因工程育种、分子育种技术等为代表的高新技术与杂交、诱变等育种技术的相结合与利用,快捷高效地培育水稻和其他农作物新品种,将成为今后育种的主要方法。

针对中国对植物品种不授予专利权的现状,不要仅局限于采用植物品种保护的手段,还要根据育种产业上下游产业链涉及的每个环节,对其技术成果进行合理化保护。比如,对于优势基因和连锁标记,首选利用专利权进行保护;而对于优良品种,在寻求植物品种权保护的同时,也要加强对植物新品种保护与专利技术保护的巧妙结合与利用,实现从材料、品种到育种方法和技术乃至产品的多重、全面的自主产权保护,提高行业竞争力。

3.2.2　生物肥料领域

加大生物肥料重点功能产品的研制和产业化,研究微生物肥料的组合及其生产工艺。第一,推动高

效营养促生类生物肥料产品的研制与产业化,结合广东省南方酸性土壤中有机质及氮含量中等偏低、磷钾养分含量及微量元素含量不丰富的特点,研制开发具有高效、抗逆、安全的固氮、溶磷、解钾、提供各种微量元素和植物激素、氨基酸等营养的促生类生物肥料,提高单位产品的菌含量和功能活性,加快其产业化转化;第二,推动土壤功能修复及连作障碍克服类生物肥料产品的研制和产业化,针对目前土壤重金属污染防控形势严峻的局面,研发具有防控土壤重金属污染方面的微生物肥料;筛选高效快速降解农田有机污染物、土壤修复、克服作物连作障碍和秸秆快速腐解的优良菌株,研究和应用保护剂、膜技术材料和工艺,研制高效、抗逆、保质期长、安全的土壤功能修复及连作障碍产品,建立生产基地,开展相关技术中试与产业化示范;第三,推动新型复合、专用生物肥料的研制和产业化,研制和开发新型有机—无机—生物复合肥料,完善生产工艺,优化肥料配方,提高生产效益和使用效果。建立专用有机—无机—生物复合肥料研发及产业化基地,开展相关技术中试与产业化示范。形成粮食作物、经济作物新型专用微生物肥料、新型复合微生物肥料和生物有机肥;第四,为了提高微生物菌剂的活性和质量稳定性,研究具有高密度发酵和提高有益菌群效能的生产工艺,目前在东莞市保得高密度固体发酵生产侧孢芽孢杆菌活菌、地衣芽孢杆菌活菌的方法有一定的研究基础。加强微生物功能产品剂型开发等方面的工艺研究,如液体菌剂转化为固体产品有利于施用,但微生物的负载工艺等方面有待加强,以保证剂型改变后微生物的活力。

3.2.3　生物农药领域

第一,加强研究剂型和配方的研究方面,这是广东省在生物农药领域研究的优势,也是全球生物农药领域发展的趋势,广东省应该充分利用这一条件和机会。第二,充分利用广东省在印楝素、鱼藤酮等植物源生物领域的技术优势和专利积累,通过项目立项等方式加大对相关产业的支持,形成核心竞争力。第三,加强种衣剂的研究,种衣剂具有"一药多效、省工省时、事半功倍、隐蔽施药、环境安全"的优点,特别适合机械播种、生物农药、药肥联用,具有广泛的市场前景。第四,加强生物除草剂是一项很有市场前景的技术,全球及中国在这一领域的专利申请都刚刚起步,广东省在生物除草剂的混配、复配及剂型研究有一定的基础,可以加大这一领域的研究投入。

3.3　完善"大而全"生物农业产业推广手段

生物农业综合解决方案是生物农业产业推广和发展的主要规律。应该认识到,无论是生物育种、生物肥料还是生物农药,都无法单独有效地保证农产品的安全无公害。国外大型农业企业跨行业的发展现实也说明,随着大农户和企业化种植的趋势的发展,作物综合解决方案成为新的趋势。通过合理搭配品种、肥料及农药的使用,构建育种、肥料、农药之间的资源综合利用链接关系,根据不同的作物和气候特点,因地制宜,形成作物全程解决方案。这种标准化操作,最省肥料农药用量,产品安全规范的综合作物解决方案,非常符合生物农业的内涵,也是生物农业产业发展的科学方式。形成符合广东省地域和气候特点的作物解决方案,比如抗除草基因品种与除草剂组合,肥料与农药组合,杀虫剂、杀菌剂、植物生长调节剂组合等,比如,广东省可以研究柑橘黄龙病解决方案、香蕉线虫病解决方案等。另一方面,推动生物肥料与化肥的组合、生物农药与传统农药的组合。生物肥料不能替代化肥,但可以作为化肥良好的辅料,为化肥使用量的减少起到极其重要的作用。生物农药也有类似的作用,在减少化学农药使用量,提高农产品安全性方面发挥关键作用。比如,在农药领域加强种衣剂、生物除草剂的研究,不仅能配合生物育种,还能适合机械化耕作,进行种药肥机械一体的综合技术。

3.4 建立生物农业专利保护体系

国外专利申请人大量在华专利布局的事实,以及生物农业案件频频发生的现象说明,生物农业领域的专利侵权风险仍然存在

3.4.1 加强专利分析和预警工作

通过专利跟踪掌握国外大型企业的研发热点及发展方向,积极关注发展动态,作为生物农业产业研究方向拓充的参考;对于自身已有的优势领域,则需要通过专利预警,保持和巩固优势地位;同时,在研发过程中还应关注边缘技术领域、技术空白点的挖掘,创新技术是未来竞争的关键,只有抢先实现技术突破,并进行专利保护部署,才能抢占市场先机,奠定优势地位。比如,作为生物农业领域唯一在全国具有领先优势的华南农业大学,近年的专利申请量增长降低(图5-4-4),印楝素领域的专利申请也停滞不前,"印楝素王国"的地位也面临挑战。

3.4.2 注重知识产权的保护,加强专利布局

在生物农业领域,不管是生物育种还是生物农药,产品的研发周期长,资金投入大,必须特别注意知识产权的保护。要在我省优势技术和重点产品方面进行策略研究,联合企业和高校科研院所联合开展优势技术的技术攻关,并且重视国外专利的申请,对于关键技术以及重要创新成果,向该项技术发达国家和潜在的市场积极申请专利保护,做好专利布局工作。

3.5 加快培育生物农业产业的领军单位

国外生物农业多个领域的专利申请人、专利发明人、专利技术发达国家集中的现象说明生物农业产业的发展需要大资金、新技术、多领域的参与、这一特点启示我们必须培育我省生物农业产业的领军单位,并最终形成领军企业。现阶段可以在以下方面做出尝试。

3.5.1 充分发挥高校科研院所科研主力军的作用

高校科研院所是目前广东省生物农业专利申请的主力军,也是技术研究的主导力量,在一定时期内具有不可替代的研究主导地位;另一方面,高校涉及的学科分布较广,学术型人才较多,且研究设备、研究资源相对较为充足,并有较多项目支撑,因此更能集中各领域的技术力量进行联合攻关,因此要推动广东省生物农业产业的发展,首要任务是要发挥高校科研院所的作用。第三,生物农业产业化进程尚未成熟的现实,比如,生物肥料领域处于萌芽阶段,生物农药领域及生物育种领域也处于发展阶段早期,市场也处于培育阶段,因此造成企业不能投入大量资源进行生物农业产业的研究开发,高校科研院所就科研主要力量的地位短时期内无法取得更改。

3.5.2 充分发挥企业在专利运用和产业化中的主体作用

企业是商品经济的细胞,生物农业要完成产业化的重任,必须充分发挥农业企业的主体作用,这是在国外农业发达国家早已被证明了的命题;从企业的特点上来说,农业企业在用户需求、市场信息以及研究目的性和持续性等方面具有得天独厚的优势,理应成为科学研究和专利申请的重要环节。但广东省农业

企业在技术积累、研究广泛性、专利申请方面存在很大的不足,而企业又是生物农业产业发展的主体,科技创新的载体,因此,如何推动农业企业做大做强,是关系到未来广东省生物农业产业竞争力的关键,也是广东省农业发展战略最主要的课题。

3.5.3　支持行业整合,培育中国自己的"孟山都"

中国是世界第二大种子市场,化肥、农药的使用量全球第一,巨大的市场为中国农业巨头的成长提供了广阔的空间。但在这种业、化肥和农药领域的全国十强的榜单中,均没有广东企业的身影,这与广东省在全国的经济地位不相符。目前广东省的生物农业龙头企业中,华大基因、创世纪专注于育种领域,诺普信专注于农药领域,金葵子和保得专注于肥料领域,在生物农业的技术方面均走在全国前列,但在企业实力、经营范围的多元化方面均有所不足。如果能通过行业的整合和重组,使企业进一步规模化,种子化肥农药一体化联合,不仅能够扩大市场、保证利润,增强竞争力和抵御风险的能力,也能促进生物技术在各领域的运用和协同,为农民提供综合解决方案。

3.5.4　领军企业的培养上应采用借助外力的方式

从国外近年农化企业的并购浪潮可以发现,跨国农业巨头的成长过程伴随着企业兼并和重组的过程,杜邦、孟山都、巴斯夫、拜耳以及先正达的发展壮大离不开收购(兼并)的企业运作方式。另外,从这些公司专利发明人的分析还可以发现,人才引进战略是领军企业成长的重要途径。在企业的成长过程中,借助外力、通过兼并重组或人才引进优化企业结构,拓展技术方向,扩大市场规模,是领军企业成长的捷径。

3.5.5　加强跨行业交叉合作

生物农业产业作为战略性新兴产业,未来农业发展的主要方向,其发展离不开新技术和新力量的加入,为了增强产业的创新活力,需要鼓励企业加强跨行业的合作和交流,加强分子生物学、生物制药、农业机械等领域的合作。借用其他行业的力量发展生物农业,同时也把生物农业的研究成果应用到多个行业,加大生物农业产业的发展速度。

3.6　加强生物农业核心技术形成自主创新

加强技术创新,要把掌握核心技术形成自主的知识产权作为创新的一个重要目标。创新最终要形成自己的知识产权,企业要围绕着产品开发的核心技术进行研究。大型的有能力的企业应该向纵深进军,向核心技术进攻,没条件的应该和研究机构或大学结合,共同加强开发、掌握自主的知识产权。在研究开发中,提高产权意识,加强创新环境建设,形成创新氛围,鼓励创新,容忍失败,要引入竞争机制,只有竞争才能创新。

自主创新是农业生物技术产业发展的重要推动力,是技术产业发展的灵魂。所以,推动我国农业生物技术产业发展,必须提升自主创新能力,在研发出新技术后,积极利用技术优化农产品,将技术应用于农业生产实践中。提升农业生物技术研发人员的自主创新意识,将这种意识应用于技术研发中,从而实现我国农业生物技术的进一步优化和发展。另一方而,积极培养相关方面的人才,制定出相关政策吸引和留住有技术的人才,建立出一支高技术水平、高素质的农业生物技术人才队伍,以政策鼓励、推动农业生物技术企业发展。

3.7　完善生物农业风险投资机制

3.7.1　确定风险投资的管理方法和监督机制

制定有关风险投资公司的创立、管理权限、投资运营、风险转移等方面的管理办法,基于现阶段市场经济发展的水平和金融管理、监督的实际,可由风险投资公司主管基金的筹集、营运,由商业银行拓展业务领域,负责组织基金增值管理工作,以便加强基金的管理监督。

3.7.2　鼓励生物农业产业多渠道筹措资金

鼓励风险投资公司多渠道筹措资金,包括:以股份制方式向社会法人募集;以进入资本市场方式向社会公开招股募集;允许风险投资公司发行科技发展建设债券等;广泛吸收企业事业单位及社会各方面的投资等。

3.7.3　完善风险投资的市场退出机制

风险投资的回收过程主要是通过公司的上市或收购、兼并,使得投资资本转化为可流动的资金。虽然中国目前这些机制也已存在,但是类似于美国 NASDAQ 那样的二板市场尚有待于开辟,要培育和发展我国的二板市场,在严格规范信息披露制度与降低公司负担相结合的同时,上市标准的确定、加强交易监管机制将是关键所在。

3.8　完善合作机制,促进产业协调发展

把市场导向、市场需求、市场的占有率作为产业化前提和最终目标,最大限度地占有市场,鼓励大学教师、研究生带着成果创办有创新能力、有活力的小企业,为他们提供服务,引导他们更好地去发展产业,提高成功率;鼓励大企业联合研究机构和大学共同参与开发新产品,为产品结构调整服务。

我国农业生物技术产业发展中要借鉴国外的优秀经验,探索出符合我国农业生物技术产业发展的新模式,完善产、学、研的合作模式,引导企业利用自身的力量完成技术创新和科技成果转化。通过这种方式可以有效降低技术研究成本,加强部门之间的联系,对农业生物技术产业发展具有促进作用。所以,国家政府及相关农业生产部门要不断完善政策,在我国农业生物技术产业发展中制定中长期的规划,对产业进行集中管理,建立完善、反应速度快的管理体系,建立积极的产业化政策,完善知识产权、研究成果保护体系,对农业生物技术产业发展实行优惠政策,为农业生物技术产业发展营造良好的环境,促进产业协调、可持续发展。

附　　录

附表 1　生物育种领域主要的高价值核心专利

1. 拜耳公司核心专利

（1）US7250561 B1

专利强度	93	申请日	1997.07.10	主 IPC	A01H00500000	被引次数	38
名称（英文）	Chimera gene with several herbicide resistant genes, plant cell and plant resistant to several herbicides							
名称（中文）	含有几个除草剂耐受性基因的嵌合基因、对几种除草剂具耐受性的植物细胞及植物							
摘要	Chimeric gene containing several herbicide tolerance genes plant cell and plant which are tolerant to several herbicides. 2. The plant is tolerant to several herbicides at the same time in particular to the inhibitors of HPPD and to those of EPSPS and/or to the dihalohydroxybenzonitriles. 3. Use for removing weeds from plants with several herbicides.							
法律状态	有效							
同族专利	EP0937154A2 ｜ WO9802562A2 ｜ US7250561B1 ｜ US20080028481A1 ｜ AU734878B2 ｜ AU3625997A ｜ BR9710340A ｜ CA2261094C ｜ CN1154741C ｜ EA2980B1 ｜ EA3140B1 ｜ FR2751347B1 ｜ HU223788B1 ｜ NZ334188A｜PL190393B1｜PL331165A1｜TR9900117T2｜ZA9706296A｜HU9903774A3｜KR20000023830A｜ CZ9900113A3 ｜ CA2261094A1 ｜ CN1230996A ｜ FR2751347A1 ｜ HU9903774A2 ｜ WO9802562A3 ｜ US20100029481A1｜ BR9710340B1｜ US7935869B2 ｜ JP2000517166A ｜ US20120005769A1 ｜ CO4770898A1 ｜ CU22809A3 ｜ US20130157854A1 ｜ AR007884A1							

（2）US6566587 B1

专利强度	93	申请日	1998.01.20	主 IPC	A01H00500000	被引次数	171
名称（英文）	Mutated 5 – enolpyruvylshikimate – 3 – phosphate synthase, gene coding for said protein and transformed plants containing said gene							
名称（中文）	突变的 5 – 烯醇丙酮酰莽草酸 – 3 – 磷酸合酶,编码此蛋白的基因以及含有此基因的转化的植物							

表(续)

摘要	The present invention relates to DNA molecules of plant origin encoding a modified 5 – enolpyruvylshikimate – 3 – phosphate synthase (EPSPS) enzyme wherein the a first EPSPS coding sequence that normally encodes a threonine residue of a mature EPSPS sequence is modified to encode isoleucine of the mature EPSPS sequence and a second EPSPS coding sequence that normally encodes a proline residue of a mature EPSPS sequence is modified to encode serine of the mature EPSPS sequence wherein the first and second residues are respectively located at relatively positions 102 and 106 of a mature EPSPS sequence encoded by said DNA molecule; and the production of a transgenic plant resistant or tolerant to a herbicide of the phosphonomethylglycine family e. g. glyphosate. The mutated enzyme which substantially maintains the catalytic activity of the wild – type enzyme allows for increased tolerance or tolerance of the plant to a herbicide of the phosphonomethylglycine family and allows for the substantially normal growth or development of the plant its organs tissues or cells.
法律状态	有效
同族专利	US6566587B1 ｜ WO9704103A2 ｜ AP886A ｜ AP9801195D0 ｜ AT320494T ｜ AT321866T ｜ AU6619196A ｜ BG64628B1 ｜ BG102247A ｜ BR9609792A ｜ CA2223875A1 ｜ EP0837944B1 ｜ EP1217073A2 ｜ CN1154734C ｜ DE69635913D1 ｜ DE69635995D1 ｜ DK0837944T3 ｜ DK1217073T3 ｜ ES2255534T3 ｜ ES2256863T3 ｜ FR2736926A1 ｜ IL122941D0 ｜ NZ313667A ｜ OA10788A ｜ PL189453B1 ｜ PL324572A1 ｜ RO120849B1 ｜ SI0837944T1 ｜ SI1217073T1 ｜ SK6498A3 ｜ SK285144B6 ｜ TR9800065T1 ｜ HU9900463A3 ｜ HU0700738D0 ｜ UA80895C2 ｜ HU226089B1 ｜ MX9800562A ｜ HU226302B1 ｜ UA75315C2 ｜ CU23172A3 ｜ CZ295649B6 ｜ CZ9800174A3 ｜ CN1196088A ｜ DE69635913T2 ｜ DE69635995T2 ｜ FR2736926B1 ｜ HU9900463A2 ｜ WO9704103A3 ｜ PT837944E ｜ PT1217073E ｜ EP1217073B1 ｜ EP0837944A2 ｜ EP1217073A3 ｜ CA2223875C ｜ JP2011041567A ｜ JP4691733B2 ｜ JPH11510043A ｜ EA199800138A1

(3) US6838473 B2

专利强度	91	申请日	2001.10.01	主 IPC	A01H00500000	被引次数	17
名称(英文)	Seed treatment with combinations of pyrethrins/pyrethroids and clothianidin							
名称(中文)	用除虫菊酯/拟除虫菊酯和氯硫尼定的联合处理种子的方法							
摘要	A method of preventing damage to the seed and/or shoots and foliage of a plant by a pest includes treating the seed from which the plant grows with a composition that includes a combination of clothianidin and at least one pyrethrin or synthetic pyrethroid. The treatment is applied to the unsown seed. In another embodiment the seed is a transgenic seed having at least one heterologous gene encoding for the expression of a protein having pesticidal activity against a first pest and the composition has activity against at least one second pest. Treated seeds are also provided.							
法律状态	有效							
同族专利	US20020115564A1 ｜ US20050124492A1 ｜ US6838473B2 ｜ EP1322163B1 ｜ AT291845T ｜ CA2424018A1 ｜ CN1202719C ｜ CN1477930A ｜ CN1663386A ｜ DE60109792D1 ｜ DK1322163T3 ｜ ES2239165T3 ｜ MXPA03003072A ｜ NZ525208A ｜ PL366010A1 ｜ HU0301364A3 ｜ AU2001296476A2 ｜ MX231981B ｜ KR20030042004A ｜ JP2009132729A ｜ DE60109792T2 ｜ EP1322163A2 ｜ HU0301364A2 ｜ AU2001296476B2 ｜ PT1322163E ｜ AR035207A1 ｜ PL204299B1 ｜ JP2004522699A ｜ JP4317362B2 ｜ KR100808730B1 ｜ WO0230202A3 ｜ US8524634B2 ｜ JP2013139451A ｜ CA2424018C ｜ BR0114466A ｜ WO0230202A2 ｜ HU230220B1 ｜ IN472CH2003A ｜ IN473CH2003A ｜ IN475CH2003A ｜ IN212195B ｜ JP2016011314A ｜ JP5874114B2							

（4）US20100235951 A1

专利强度	91	申请日	2007.03.16	主 IPC	A01H00500000	被引次数	8
名称（英文）	Novel genes encoding insecticidal proteins						
名称（中文）	编码杀虫蛋白的新基因						
摘要	The present invention relates to novel gene sequences encoding insecticidal proteins produced by Bacillus thuringiensis strains. Particularly new chimeric genes encoding a Cry1C Cry1B or Cry1D protein are provided which are useful to protect plants from insect damage. Also included herein are plant cells or plants comprising such genes and methods of making or using them as well as plant cells or plants comprising one of such chimeric gene and at least one other of such chimeric genes.						
法律状态	有效						
同族专利	WO2007107302A2 ｜ AR059995A1 ｜ AU2007228981A1 ｜ CA2646471A1 ｜ EP1999141A2 ｜ CN101405296A ｜ EA200802018A1 ｜ WO2007107302A3 ｜ US20100235951A1 ｜ EP1999141B1 ｜ AU2007228981B2 ｜ EA019029B1 ｜ CN101405296B						

（5）US7169971 B2

专利强度	91	申请日	2003.07.08	主 IPC	A01H00500000	被引次数	16
名称（英文）	Dna encoding insecticidal cry1bf bacillus thuringiensis proteins and recombinant hosts expressing same						
名称（中文）	苏云金芽孢杆菌的杀虫蛋白						
摘要	The present invention relates to new DNA sequences encoding an insecticidal Cry1Bf protein and insecticidal parts thereof which are useful to protect plants from insect damage. Also included herein are micro–organisms and plants transformed with a DNA sequence encoding an insecticidal Cry1Bf protein and processes for controlling insects and to obtain a plant resistant to insects.						
法律状态	有效						
同族专利	US20040016020A1 ｜ US7169971B2 ｜ US20070074308A1 ｜ AU3163801A ｜ CA2395897A1 ｜ EP1255773A2 ｜ CN1414973A ｜ US7361808B2 ｜ US20080193417A1 ｜ AR027114A1 ｜ CN101173289A ｜ CN101348793A ｜ AU784649B2｜DE60041505D1 ｜ ES2321375T3 ｜ AT421973T ｜ EP2045262A1 ｜ EP1255773B1 ｜ CA2685457A1 ｜ PT1255773E ｜ AR072695A2 ｜ US7964773B2 ｜ JP2003518930A ｜ US20110277184A1 ｜ US20110277185A1 ｜ CA2395897C ｜ US8198513B2 ｜ WO0147952A2 ｜ WO0147952A3 ｜ US8299324B2 ｜ BR0016851A ｜ EP2045262B1						

（6）US7932436 B2

专利强度	90	申请日	2005.03.04	主 IPC	C12N01582000	被引次数	4
名称（英文）	Plants with increased activity of multiple starch phosphorylating enzymes						
名称（中文）	多种淀粉磷酸化酶活性增加的植物						

表（续）

摘要	The present invention relates to plant cells and plants which are genetically modified wherein the genetic modification leads to the increase of the activity of a starch phosphorylating OK1 protein and a starch phosphorylating R1 protein in comparison with corresponding wild type plant cells or wild type plants that have not been genetically modified. Furthermore the present invention relates to means and methods for the manufacture of such plant cells and plants. Plant cells and plants of this type synthesize a modified starch. The present invention therefore also relates to the starch synthesized by the plant cells and plants according to the invention methods for the manufacture of this starch and the manufacture of starch derivatives of this modified starch as well as flours containing starches according to the invention. Furthermore the present invention relates to nucleic acid molecules and vectors containing sequences which code for an OK1 protein and an R1 protein as well as host cells which contain these nucleic acid molecules.
法律状态	有效
同族专利	WO2005095619A1 ｜ EP1725667A1 ｜ US20070163003A1 ｜ AR048024A1 ｜ CN1930295A ｜ CA2558747A1 ｜ AU2005229364A1 ｜ EP1725667B1 ｜ AT455178T ｜ DE602005018904D1 ｜ PT1725667E ｜ ES2338242T3 ｜ DK1725667T3 ｜ SI1725667T1 ｜ AU2005229364B2 ｜ JP2007525987A ｜ US7932436B2 ｜ JP2013066481A ｜ CN1930295B ｜ JP5623002B2 ｜ JP5812978B2

（7）US6521816 B1

专利强度	90	申请日	1999.11.09	主IPC	A01H00500000	被引次数	29
名称（英文）	Nucleic acid molecules from rice and their use for the production of modified starch							
名称（中文）	来自稻米的核酸分子及其用于生产改性淀粉的用途							
摘要	Nucleic acid molecules are described encoding a starch granule – bound protein from rice as well as methods and recombinant DNA molecules for the production of transgenic plant cells and plants synthesizing a modified starch. Moreover the plant cells and plants resulting from those methods as well as the starch obtainable therefrom are described.							
法律状态	有效							
同族专利	US20030145352A1 ｜ US6521816B1 ｜ AU773808B2 ｜ AU1380800A ｜ BR9915152A ｜ CA2348366A1 ｜ EP1131452A2 ｜ CN1324408A ｜ US7449623B2 ｜ CN100408687C ｜ JP2002529094A ｜ JP2011135879A ｜ AR021130A1 ｜ WO0028052A2 ｜ WO0028052A3 ｜ CA2348366C ｜ EP1131452B1 ｜ JP5494980B2							

（8）US6268549 B1

专利强度	90	申请日	1998.02.18	主IPC	A01H00500000	被引次数	116
名称（英文）	Dna sequence of a gene of hydroxy – phenyl pyruvate dioxygenase and production of plants containing a gene of hydroxy – phenyl pyruvate dioxygenase and which are tolerant to certain herbicides							
名称（中文）	羟苯丙酮酸双加氧酶基因的DNA序列以及含有羟苯丙酮酸双加氧酶基因的抗特定除草剂植物的获得							
摘要	An isolated gene from Pseudomonas is described which expresses a hydoxy phenyl pyruvate dioxygenase. Also described are chimeric genes for introduction into plants to overexpress a hydoxy phenyl pyruvate dioxygenase and produce plants which are tolerant to herbicides.							
法律状态	有效							

表（续）

同族专利	US6268549B1	WO9638567A2	EP0828837A2	AU718982B2	AU6228696A	BG102131A	CA2219979A1	BR9608375A	CN1206358C	FR2734842A1	MA23884A1	NZ311055A	PL189955B1	PL323679A1	SK161597A3	TR9701492T1	HU9900450A3	AT383431T	DE69637402D1	MX9709310A	DK0828837T3	EP0828837B1	AR002169A1	ES2297840T3	CZ9703809A3	PT828837E	CN1192243A	DE69637402T2	FR2734842B1	HU9900450A2	WO9638567A3	CA2219979C	JPH11505729A	BR9608375B1	CO4520296A1	HRP960245A2	KR100431366B1

（9）US6596928 B1

专利强度	90	申请日	1999.07.29	主IPC	A01H00500000	被引次数	32
名称（英文）	Plants synthesizing a modified starch, the generation of the plants, their use, and the modified starch							
名称（中文）	合成一种改性淀粉的植物,产生该植物的方法,其应用,及该改性淀粉							
摘要	The present invention relates to recombinant nucleic acid molecules which contain two or more nucleotide sequences which encode enzymes which participate in the starch metabolism methods for generating transgenic plant cells and plants which synthesize starch which is modified with regard to its phosphate content and its side-chain structure. The present invention furthermore relates to vectors and host cells which contain the nucleic acid molecules according to the invention the plant cells and plants which originate from the methods according to the invention to the starch synthesized by the plant cells and plants according to the invention and to processes for the preparation of this starch.							
法律状态	有效							
同族专利	US20030167529A1	US6596928B1	EP1100937A1	US20070074310A1	US7247769B2	AU772364B2	AU5161999A	BR9912665A	CA2338002A1	CN1169962C	CN1316006A	DE19836098A1	HU0102998A2	PL345829A1	US7385104B2	HU0102998A3	JP2002525036A	WO0008184A1	CA2338002C							

（10）EP1029059 B1

专利强度	90	申请日	1998.11.06	主IPC	A01H00500000	被引次数	1
名称（英文）	Mutated hydroxy-phenyl pyruvate dioxygenase, dna sequence and method for obtaining herbicide-tolerant plants containing such gene							
名称（中文）	突变的羟基苯丙酮酸双氧化酶、基DNA序列和含该基因且耐除草剂的植物的分离							
摘要	The invention concerns a nucleic acid sequence coding for a mutated hydroxy-phenyl pyruvate dioxygenase (HPPD) with improved tolerance to HPPD inhibitors a chimera gene containing said sequence as coding sequence and its use for obtaining plants resistant to certain herbicides.							
法律状态	有效							
同族专利	EP1029059A1	WO9924585A1	WO9924586A1	AU738279B2	AU749323B2	AU1160399A	AU1161499A	CA2309318A1	CA2309322A1	FR2770854B1	ID21426A	MA24814A1	TW591108B	ZA9810076A	EP1029060B1	DE69839569D1	DK1029059T3	BR9815291A2	ES2308820T3	PT1029059E	AT430201T	AT397071T	CN1285875A	EP1029059B1	EP1029060A1	FR2770854A1	DE69840795D1	JP2001522608A	AR017573A1	CO4890885A1	CY1108289T1							

2.杜邦公司核心专利

(1)US6500617 B1

专利强度	91	申请日	1999.04.22	主IPC	C12N01509000	被引次数	81
名称(英文)	Optimization of pest resistance genes using dna shuffling							
名称(中文)	用DNA改组优化害虫抗性基因							
摘要	This invention provides methods of obtaining pest resistance genes that are improved over naturally occurring genes for use in conferring upon plants resistance to pests. The methods involve the use of DNA shuffling of pest resistance genes to produce libraries of recombinant pest resistance genes which are then screened to identify those that exhibit the improved property or properties of interest.							
法律状态	有效							
同族专利	US6500617B1｜EP1073670A1｜WO9957128A1｜AU747190B2｜AU3650899A｜BR9910174A｜CA2325567A1｜CN1314911A｜IL139093D0｜NZ507591A｜WO9957128A8｜JP2002513550A							

(2)US6037523 A

专利强度	91	申请日	1997.06.23	主IPC	A01H00500000	被引次数	72
名称(英文)	Male tissue – preferred regulatory region and method of using same							
名称(中文)	雄性组织优选的调控区以及使用该调控区的方法							
摘要	The present invention relates to an isolated nucleic acid sequence encoding the Ms45 male tissue – preferred regulatory region. In one aspect this invention relates the use of this male tissue – preferred regulatory region in mediating fertility. An example of such use is the production of hybrid seed such as in a male sterility system. The Ms45 male tissue – preferred regulatory region can be operably linked with exogenous genes such as those encoding cytotoxins complementary nucleotidic units and inhibitory molecules. This invention also relates to plant cells plant tissue and differentiated plants which contain the regulatory region in this invention.							
法律状态	有效							
同族专利	US6037523A｜WO9859061A1｜AT286538T｜AU747286B2｜AU8157698A｜BG104095A｜BR9810293A｜CA2293997A1｜EP0994956B1｜CN1149293C｜CN1268183A｜DE69828505D1｜ES2236915T3｜HU0002578A2｜JP3513157B2｜NZ501954A｜RO119957B1｜TR9903234T2｜ZA9805408A｜HU225002B1｜CA2293997C｜DE69828505T2｜HU0002578A3｜WO9859061A9｜PT994956E｜EP0994956A1｜JP2001520523A｜AR016280A1							

(3)US7659120 B2

专利强度	91	申请日	2004.11.10	主IPC	C12N01582000	被引次数	30
名称(英文)	Delta 15 desaturases suitable for altering levels of polyunsaturated fatty acids in oleaginous plants and yeast							
名称(中文)	适于改变油质酵母中多不饱和脂肪酸水平的△15去饱和酶							

表（续）

摘要	The present invention relates to fungal Delta – 15 fatty acid desaturases that are able to catalyze the conversion of linoleic acid（18：2 LA）to alpha – linolenic acid（18：3 ALA）. Nucleic acid sequences encoding the desaturases nucleic acid sequences which hybridize thereto DNA constructs comprising the desaturase genes and recombinant host plants and microorganisms expressing increased levels of the desaturases are described. Methods of increasing production of specific omega – 3 and omega – 6 fatty acids by over – expression of the Delta – 15 fatty acid desaturases are also described herein.
法律状态	有效
同族专利	US20050132441A1 ｜ US20050132442A1 ｜ EP1685239A2 ｜ EP1682566A2 ｜ WO2005047480A2 ｜ WO2005047479A2 ｜ CA2542564A1 ｜ CA2542574A1 ｜ CN101128475A ｜ AU2004290051A1 ｜ AU2004290052A1 ｜ CN1878785A ｜ AU2004290052B2 ｜ EP1682566A4 ｜ EP1685239A4 ｜ WO2005047479A3 ｜ WO2005047480A3 ｜ US20090274816A1 ｜ US7659120B2 ｜ US20100113811A1 ｜ CN1878785B ｜ AU2011200614A1 ｜ JP2007515951A ｜ CN101128475B ｜ US8273957B2 ｜ US20130006004A1 ｜ EP1682566B1 ｜ US20140050838A1 ｜ CA2542574C ｜ EP1685239B1 ｜ JP4916886B2 ｜ US9150836B2

（4）CN101939445 B

专利强度	91	申请日	2008.06.13	主 IPC	C12N01582000	被引次数	3
名称（英文）	Polynucleotides and methods for making plants resistant to fungal pathogens						
名称（中文）	用于制备抗真菌病原体的植物的多核苷酸和方法						
摘要	The present invention relates to coding and can give the polynucleotide sequence of a plurality of genes of the resistance that phytopathogen hair disc spore is belonged to described hair disc spore belong to cause the anthrax stem rot of corn and other cereal rotten leaf spot and dying ack. The seed that also relates to plant and the plant of carrying the mosaic gene that comprises described polynucleotide sequence described polynucleotide sequence strengthens or gives the resistance that phytopathogen hair disc spore is belonged to and prepares the method for described Plants and Seeds. The present invention also provides can be as the sequence of molecule marker described molecule marker again can be for differentiating in corn system the target area from new hybridization and fast and efficiently described a plurality of genes are gradually infiltered other corn system of not carrying described a plurality of genes from carrying the corn system of described a plurality of genes so that their anti – hair disc spores belong to and anti – stem rot is rotten. NRRL B – 308952006.02.22PTA – 74342006.03.13NRRL B – 500502007.06.26						
法律状态	有效						
同族专利	WO2008157432A1 ｜ AR067023A1 ｜ US20090307798A1 ｜ EP2171087A1 ｜ MX2009013801A ｜ CA2703533A1 ｜ ZA200908738A ｜ CN101939445A ｜ US8053631B2 ｜ US20120053334A1 ｜ BRPI0813360A2 ｜ CA2703533C ｜ US8633349B2 ｜ CN101939445B ｜ US20140134622A1 ｜ CL2008001787A1 ｜ EP2171087B1						

（5）US7973212 B2

专利强度	91	申请日	2004.07.27	主 IPC	A01H00104000	被引次数	18
名称（英文）	Soybean plants having superior agronomic performance and methods for their production						
名称（中文）	具有优越农业性能的大豆植物及其生产方法						

表(续)

摘要	This invention provides compositions including favorable alleles of marker loci associated with genetic elements contributing to superior agronomic performance. Also provided are markers for identifying favorable alleles of marker loci associated with genetic elements involved in superior agronomic performance as well as methods employing the markers.
法律状态	有效
同族专利	US20050071901A1 ｜ WO2005012576A2 ｜ BRPI0413253A ｜ CN101437958A ｜ WO2005012576A3 ｜ AR045163A1 ｜ US7973212B2 ｜ US20110258733A1 ｜ US20110283425A1 ｜ CN101437958B ｜ AR086227A2 ｜ US20140208453A1 ｜ US8987548B2 ｜ BRPI0413253B1

(6)US7763773 B2

专利强度	91	申请日	2007.01.24	主 IPC	C12N01582000	被引次数	8
名称(英文)	Engineering single – gene – controlled staygreen potential into plants						
名称(中文)	将单基因控制的保绿潜力工程化进植物中						
摘要	The enzymes of the ACC synthase family are used in producing ethylene. Nucleotide and polypeptide sequences of ACC synthases are provided along with knockout plant cells having inhibition in expression and/or activity in an ACC synthase and knockout plants displaying a staygreen phenotype a male sterility phenotype or an inhibition in ethylene production. Methods for modulating staygreen potential in plants methods for modulating sterility in plants and methods for inhibiting ethylene production in plants are also provided.						
法律状态	有效						
同族专利	US20050050584A1 ｜ EP1663466A2 ｜ WO2005016504A2 ｜ US7230161B2 ｜ US20070192901A1 ｜ CA2529658A1 ｜ BRPI0411874A ｜ CN1871346A ｜ AU2004265250B2 ｜ US20090172844A1 ｜ ZA200510122A ｜ WO2005016504A3 ｜ AU2004265250A1 ｜ AU2004265250C1 ｜ EP1663466A4 ｜ US7763773B2 ｜ US7838730B2 ｜ US20100313304A1 ｜ US20110023195A1 ｜ AU2011202041A1 ｜ US8124860B2 ｜ US8129587B2 ｜ US20120144525A1 ｜ AU2011202041B2 ｜ CN1871346B ｜ US20130254937A1 ｜ CN103333885A ｜ US8779235B2 ｜ US20140310837A1						

(7)US8143473 B2

专利强度	90	申请日	2008.05.23	主 IPC	C12N01582000	被引次数	6
名称(英文)	Dgat genes from yarrowia lipolytica for increased seed storage lipid production and altered fatty acid profiles in soybean						
名称(中文)	用于在大豆中提高种子贮藏油脂的生成和改变脂肪酸谱的来自解脂耶氏酵母的 DGAT 基因						
摘要	Transgenic soybean seed having increased total fatty acid content of at least 10% and altered fatty acid profiles when compared to the total fatty acid content of non – transgenic null segregant soybean seed are described. DGAT genes from Yarrowia lipolytica are used to achieve the increase in seed storage lipids.						
法律状态	有效						
同族专利	US20080295204A1 ｜ WO2008147935A2 ｜ WO2008147935A3 ｜ CA2685309A1 ｜ EP2147109A2 ｜ MX2009012596A ｜ CN101939434A ｜ US20120058246A1 ｜ US8143473B2 ｜ EP2147109B1 ｜ EP2730656A1 ｜ BRPI0810973A2 ｜ US8927809B2 ｜ US20150101080A1 ｜ CN101939434B						

（8）US7696405 B2

专利强度	90	申请日	2004.12.16	主IPC	A01H00100000	被引次数	24
名称（英文）	Dominant gene suppression transgenes and methods of using same						
名称（中文）	显性基因抑制性转基因及其使用方法						
摘要	Pairs of plants are provided in which complementing constructs result in suppression of a parental phenotype in the progeny. Methods to generate and maintain such plants and methods of use of plants generated or maintained by the methods are provided including use of parental plants to produce sterile plants for hybrid seed production. Also provided are regulatory elements for pollen – preferred expression of linked polynucleotides. Also provided are methods for identifying gene function and methods for repressing transmission of transgenes.						
法律状态	有效						
同族专利	US20050246796A1 ｜ WO2005059121A2 ｜ EP1696721A2 ｜ AR047149A1 ｜ CA2549936A1 ｜ BRPI0417742A ｜ US20080182269A1 ｜ US20080184388A1 ｜ US20080184389A1 ｜ AU2004298624A1 ｜ MXPA06006846A ｜ WO2005059121A3 ｜ AU2004298624B2 ｜ AU2009251060A1 ｜ NZ547957A ｜ EP1696721B1 ｜ AT457635T ｜ DE602004025613D1 ｜ US7696405B2 ｜ US20100122367A1 ｜ ES2339559T3 ｜ PT1696721E ｜ US7790951B2 ｜ US20100333231A1 ｜ NZ571825A ｜ AR073857A2 ｜ US7915398B2 ｜ EP2333051A1 ｜ EP2333075A1 ｜ EP2333084A1 ｜ EP2333085A1 ｜ US20110166337A1 ｜ US8067667B2 ｜ US20120011614A1 ｜ AU2009251060B2 ｜ EP2141239A1 ｜ NZ578703A ｜ AU2012200082B2 ｜ AU2012200082A1 ｜ US8293975B2 ｜ ES2422354T3 ｜ EP2141239B1 ｜ US8933296B2 ｜ CA2871472A1 ｜ CN104293826A ｜ CN104293912A ｜ CN104313049A ｜ US20150067913A1 ｜ CA2549936C						

（9）US8623629 B2

专利强度	90	申请日	2009.12.23	主IPC	C12N00924000	被引次数	3
名称（英文）	Polypeptides with xylanase activity						
名称（中文）	具有木聚糖酶活性的多肽						
摘要	Polypeptides with xylanase activity modified to increase bran solubilization and/or xylanase activity. The modification comprises modification of one or more amino acids in position 113 122 or 175 in combination with one or more further amino acid modifications in position 11 12 13 34 54 77 81 82 104 110 113 118 122 141 154 159 162 164 166 175 or 179 wherein the positions are determined as the position corresponding to the position of Bacillus subtilis xylanase (SEQ ID NO 1).						
法律状态	有效						
同族专利	WO2010072226A1 ｜ EP2382311A1 ｜ CN102317451A ｜ US20120021092A1 ｜ EP2382311A4 ｜ US8623629B2						

（10）US6762348 B1

专利强度	90	申请日	2000.03.01	主IPC	A01H00500000	被引次数	16
名称（英文）	Genetic control of plant growth and development						
名称（中文）	植物生长和发育的遗传调控						

表（续）

摘要	The wheat Rht gene and homologues from other species including rice and maize (the D8 gene) useful for modification of growth and/or development characteristics of plants. Transgenic plants and methods for their production.
法律状态	有效
同族专利	US20050060773A1 ｜ US6762348B1 ｜ EP1681349A2 ｜ WO9909174A1 ｜ US7268272B2 ｜ AT323163T ｜ AU738652B2 ｜ AU8737098A ｜ CA2299699A1 ｜ EP1003868B1 ｜ CN1274386A ｜ DE69834192D1 ｜ GB9717192D0 ｜ ES2263214T3 ｜ JP4021615B2 ｜ CN1250723C ｜ DE69834192T2 ｜ PT1003868E ｜ EP1681349A3 ｜ EP1003868A1 ｜ JP2001514893A ｜ CA2299699C ｜ EP1681349B1

3. 孟德尔公司核心专利
（1）US7345217 B2

专利强度	92	申请日	2003.4.10	主 IPC	C12N01529000	被引次数	79
名称（英文）	Polynucleotides and polypeptides in plants							
名称（中文）	植物中的多聚核苷酸和多肽							
摘要	The invention relates to plant transcription factor polypeptides polynucleotides that encode them homologs from a variety of plant species and methods of using the polynucleotides and polypeptides to produce transgenic plants having advantageous properties compared to a reference plant. Sequence information related to these polynucleotides and polypeptides can also be used in bioinformatic search methods and is also disclosed.							
法律状态	有效							
同族专利	US20040045049A1 ｜ US20070061911A9 ｜ US7345217B2 ｜ US20090265807A1 ｜ US20140201864A1 ｜ US8809630B2 ｜ US20150166614A1							

（2）US7135616 B2

专利强度	90	申请日	2003.4.10	主 IPC	C12N01529000	被引次数	84
名称（英文）	Biochemistry – related polynucleotides and polypeptides in plants							
名称（中文）	植物中与生物化学相关的多聚核苷酸和多肽							
摘要	The invention relates to plant transcription factor polypeptides polynucleotides that encode them homologs from a variety of plant species and methods of using the polynucleotides and polypeptides to produce transgenic plants having advantageous properties compared to a reference plant. Sequence information related to these polynucleotides and polypeptides can also be used in bioinformatic search methods and is also disclosed.							
法律状态	有效							
同族专利	US20040019925A1 ｜ US7135616B2							

（3）US7635800 B2

专利强度	91	申请日	2007.3.26	主 IPC	C12N01582000	被引次数	27
名称（英文）	Yield – related polynucleotides and polypeptides in plants							

表（续）

名称（中文）	与产量相关的多聚核苷酸和多肽植物
摘要	The invention relates to plant transcription factor polypeptides polynucleotides that encode them homologs from a variety of plant species and methods of using the polynucleotides and polypeptides to produce transgenic plants having advantageous properties compared to a reference plant. Sequence information related to these polynucleotides and polypeptides can also be used in bioinformatic search methods and is also disclosed.
法律状态	有效
同族专利	EP1420630A2 ｜ US20070209086A1 ｜ AU2002313749A1 ｜ CA2456972A1 ｜ CA2456979A1 ｜ EP1485490A2 ｜ EP1420630A4 ｜ EP1485490A4 ｜ AU2002323142A1 ｜ AU2002324783A1 ｜ US7635800B2 ｜ AT511541T ｜ EP1485490B1 ｜ WO03013227A3 ｜ WO03013227A9 ｜ WO03013228A3 ｜ WO03014327A2 ｜ WO03014327A3 ｜ CA2456972C ｜ CA2456979C ｜ WO03013227A2 ｜ WO03013228A2

（4）US8030546 B2

专利强度	90	申请日	2008.3.17	主IPC	A01H00500000	被引次数	12
名称（英文）	Biotic and abiotic stress tolerance in plants							
名称（中文）	生物和非生物抗压植物							
摘要	Transcription factor polynucleotides and polypeptides incorporated into nucleic acid constructs including expression vectors have been introduced into plants and were ectopically expressed. Transgenic plants transformed with many of these constructs have been shown to be more resistant to disease (in some cases to more than one pathogen) or more tolerant to an abiotic stress (in some cases to more than one abiotic stress). The abiotic stress may include for example salt hyperosmotic stress water deficit heat cold drought or low nutrient conditions.							
法律状态	有效							
同族专利	US20090138981A1 ｜ US8030546B2							

（5）US7960612 B2

专利强度	90	申请日	2008.7.8	主IPC	A01H00500000	被引次数	11
名称（英文）	Plant quality with various promoters							
名称（中文）	不同促进剂对植物质量的影响							
摘要	The invention relates to plant transcription factor polypeptides polynucleotides that encode them homologs from a variety of plant species and methods of using the polynucleotides and polypeptides to produce transgenic plants having advantageous properties including increased soluble solids lycopene and improved plant volume or yield as compared to wild-type or control plants. The invention also pertains to expression systems that may be used to regulate these transcription factor polynucleotides providing constitutive transient inducible and tissue-specific regulation.							
法律状态	有效							
同族专利	US20090049566A1 ｜ US7960612B2							

（6）US7692067 B2

专利强度	91	申请日	2007.6.22	主 IPC	C12N01582000	被引次数	9
名称（英文）	Yield and stress tolerance in transgenic plants							
名称（中文）	提高产量和抗胁迫能力的转基因植物							
摘要	Polynucleotides and polypeptides incorporated into expression vectors have been introduced into plants and were ectopically expressed. The polypeptides of the invention have been shown to confer at least one regulatory activity and confer increased yield greater height greater early season growth greater canopy coverage greater stem diameter greater late season vigor increased secondary rooting more rapid germination greater cold tolerance greater tolerance to water deprivation reduced stomatal conductance altered C/N sensing increased low nitrogen tolerance increased low phosphorus tolerance or increased tolerance to hyperosmotic stress as compared to the control plant as compared to a control plant.							
法律状态	有效							
同族专利	US20080010703A1 ∣ US7692067B2 ∣ US20100186105A1 ∣ US20100186106A1 ∣ US20100192249A1 ∣ US8071846B2 ∣ US8957282B2 ∣ US20150184191A1							

4. 孟山都公司核心专利
（1）US8173870 B2

专利强度	93	申请日	2004.08.20	主 IPC	A01H00500000	被引次数	4
名称（英文）	Fatty acid desaturases from primula							
名称（中文）	来自报春花属植物的脂肪酸去饱和酶							
摘要	The invention relates generally to methods and compositions concerning desaturase enzymes that modulate the number and location of double bonds in long chain poly－unsaturated fatty acids（LC－PUFAs）. In particular the invention relates to methods and compositions for improving omega－3 fatty acid profiles in plant products and parts using desaturase enzymes and nucleic acids encoding for such enzymes. In particular embodiments the desaturase enzymes are Primula 6－desaturases. Also provided are improved soybean oil compositions having SDA and a beneficial overall content of omega－3 fatty acids relative to omega－6 fatty acids.							
法律状态	有效							
同族专利	WO2005021761A1 ∣ US20080063691A1 ∣ CA2535310A1 ∣ MXPA06002028A ∣ CN1871353A ∣ BRPI0413786A ∣ US20090176879A1 ∣ DE602004021001D1 ∣ ES2323644T3 ∣ AU2004268196A1 ∣ ZA200601438A ∣ AT430802T ∣ EP1656449A1 ∣ EP1656449B1 ∣ AU2004268196B2 ∣ PT1656449E ∣ AR045290A1 ∣ DK1656449T3 ∣ US8173870B2 ∣ US8221819B2 ∣ US20130041031A1 ∣ US20130041032A1 ∣ CN1871353B ∣ CA2881252A1 ∣ CA2535310C							

（2）US7838729 B2

专利强度	92	申请日	2007.06.05	主 IPC	A01H001000	被引次数	16
名称（英文）	Chloroplast transit peptides for efficient targeting of dmo and uses thereof							
名称（中文）	用于 DMO 的有效靶向的叶绿体转运肽及其用途							

表（续）

摘要	The invention provides for identification and use of certain chloroplast transit peptides for efficient processing and localization of dicamba monooxygenase（DMO）enzyme in transgenic plants. Methods for producing dicamba tolerant plants methods for controlling weed growth and methods for producing food feed and other products are also provided as well as seed that confers tolerance to dicamba when it is applied pre－or post－emergence.
法律状态	有效
同族专利	WO2008105890A2 ∣ US20090029861A1 ∣ WO2008105890A3 ∣ WO2008105890A8 ∣ AU2007347770A1 ∣ CA2678603A1 ∣ EP2115149A2 ∣ AP200904966D0 ∣ MX2009009104A ∣ US7838729B2 ∣ US20110126307A1 ∣ IL200567D0 ∣ US8084666B2 ∣ CN102321632A ∣ CN102337275A ∣ IL217482D0 ∣ IL217483D0 ∣ US20120151620A1 ∣ EP2527452A2 ∣ EP2527453A2 ∣ EP2527452A3 ∣ BRPI0721384A2 ∣ US8420888B2 ∣ CN102321632B ∣ EP2527453A3 ∣ US20130198886A1 ∣ CN102337275B ∣ CN103361363A ∣ HK1162594A1 ∣ IL200567A ∣ HK1136604A1 ∣ HK1162595A1 ∣ IL217482A ∣ IL217483A ∣ AU2007347770B2 ∣ US8791325B2 ∣ AU2014203480A1 ∣ CN103361363B ∣ AP201408058D0 ∣ AP201408059D0 ∣ AU2014203480B2 ∣ CA2883869A1 ∣ AP3098A ∣ CA2678603C ∣ IN3433CHN2014A ∣ IN3434CHN2014A

（3）US8395020 B2

专利强度	92	申请日	2007.08.31	主IPC	C12N01582000	被引次数	4
名称（英文）	Methods for rapidly transforming monocots						
名称（中文）	快速转化单子叶植物的方法						
摘要	The present invention provides methods for transforming monocot plants via a simple and rapid protocol to obtain regenerated plants capable of being planted to soil in as little as 4－8 weeks. Associated cell culture media and growth conditions are also provided as well as plants and plant parts obtained by the method. Further a method for screening recalcitrant plant genotypes for transformability by the methods of the present invention is also provided. Further a system for expanding priority development window for producing transgenic plants by the methods of the present invention is also provided.						
法律状态	有效						
同族专利	US20080057512A1 ∣ WO2008028115A2 ∣ WO2008028119A2 ∣ WO2008028121A1 ∣ US20080118981A1 ∣ US20080124727A1 ∣ CA2661181A1 ∣ CA2661825A1 ∣ CA2666821A1 ∣ AU2007289105A1 ∣ AU2007289109A1 ∣ AU2007289111A1 ∣ EP2054517A1 ∣ EP2057272A2 ∣ EP2069510A2 ∣ WO2008028115A3 ∣ WO2008028119A3 ∣ CN101528932A ∣ CN101528933A ∣ CN101528934A ∣ MX2009002248A ∣ MX2009002250A ∣ MX2009002252A ∣ EP2057272B1 ∣ AT497008T ∣ DE602007012269D1 ∣ JP2010502193A ∣ JP2010502196A ∣ JP2010502197A ∣ EP2390337A1 ∣ US8124411B2 ∣ US20120180166A1 ∣ AU2007289105B2 ∣ EP2069510B1 ∣ AU2007289109B2 ∣ US8395020B2 ∣ AU2007289111B2 ∣ US8513016B2 ∣ CN101528934B ∣ US20130239253A1 ∣ JP5242570B2 ∣ US8581035B2 ∣ US20140051078A1 ∣ US20140059717A1 ∣ BRPI0716225A2 ∣ BRPI0716373A2 ∣ BRPI0716207A2 ∣ JP5329412B2 ∣ JP5350246B2 ∣ US8847009B2 ∣ US8853488B2 ∣ CN101528933B ∣ US20150013034A1 ∣ US20150017644A1 ∣ CN101528932B ∣ CN104232680A ∣ US8962326B2 ∣ CN104357535A ∣ CA2884022A1 ∣ CA2884046A1 ∣ US20150143587A1 ∣ CA2666821C ∣ CA2661181C ∣ CA2917034A1 ∣ CA2661825C						

（4）US7632985 B2

专利强度	91	申请日	2006.05.26	主 IPC	A01H00100000	被引次数	818
名称（英文）	Soybean event MON89788 and methods for detection thereof							
名称（中文）	提高植物育种的方法和组合物							
摘要	The present invention provides for soybean plant and seed comprising transformation event MON89788 and DNA molecules unique to these events. The invention also provides methods for detecting the presence of these DNA molecules in a sample.							
法律状态	有效							
同族专利	WO2006130436A2 ｜ WO2006130494A2 ｜ WO2006128095A2 ｜ US20060282911A1 ｜ US20060282915A1 ｜ US20060288447A1 ｜ AU2006252680A1 ｜ AU2006252801A1 ｜ EP1883303A2 ｜ EP1885176A2 ｜ EP1885861A2 ｜ CA2609418A1 ｜ CA2609777A1 ｜ CA2609854A1 ｜ AP200704272D0 ｜ AR053496A1 ｜ AR053497A1 ｜ AR054052A1 ｜ UY29570A1 ｜ CN101316513A ｜ KR20080050548A ｜ MX2007014970A ｜ MX2007014971A ｜ MX2007014972A ｜ ZA200710175A ｜ ZA200710177A ｜ CN101252831A ｜ CN101253268A ｜ BRPI0610088A2 ｜ AU2006252680A2 ｜ WO2006128095A3 ｜ WO2006130436A3 ｜ WO2006130436A8 ｜ WO2006130494A3 ｜ RU2007149328A ｜ US7608761B2 ｜ US20100099859A1 ｜ US20100100980A1 ｜ BRPI0610051A2 ｜ BRPI0610654A2 ｜ NZ563718A ｜ EP2275561A1 ｜ AU2011201461A1 ｜ AU2006252801B2 ｜ JP2008545413A ｜ AU2011201461B2 ｜ US7632985B2 ｜ US8053184B2 ｜ US20120070839A1 ｜ CA2609854C ｜ RU2411720C2 ｜ SG179442A1 ｜ AU2006252801C1 ｜ CA2609418C ｜ AP2693A ｜ AR085663A2 ｜ EP1883303B1 ｜ UA94582C2 ｜ US8754289B2 ｜ US20140259221A1 ｜ JP5631544B2 ｜ JP2015006192A ｜ CN104328085A ｜ US20150113686A1 ｜ US9017947B2 ｜ KR101076095B1 ｜ EP2975129A1 ｜ CN101252831B							

（5）US6489542 B1

专利强度	91	申请日	1998.11.04	主 IPC	A01H00500000	被引次数	63
名称（英文）	Methods for transforming plants to express Cry2Ab －endotoxins targeted to the plastids							
名称（中文）	转化植物以表达苏云金芽孢杆菌δ－内毒素的方法							
摘要	Disclosed is a means of controlling plant pests by a novel method of expressing Cry2Ab B. thuringiensis &dgr；－endotoxins in plants targeted to the plastids. The invention comprises novel nucleic acid segments encoding proteins comprising Cry2Ab B. thuringiensis &dgr；－endotoxins. The nucleic acid segments are disclosed as are transformation vectors containing the nucleic acid segments plants transformed with the claimed segments methods for transforming plants and methods of controlling plant infestation by pests.							
法律状态	有效							
同族专利	US20030188336A1 ｜ US6489542B1 ｜ US7064249B2 ｜ EP1127125A1 ｜ US20070028324A1 ｜ AU762748B2 ｜ AU1607500A ｜ BR9915821A ｜ CA2349473A1 ｜ CN1224706C ｜ CN1332800A ｜ IL142947D0 ｜ RU2234531C2 ｜ RU2001115095A ｜ ZA200103254A ｜ UA75570C2 ｜ AR066192A2 ｜ US7700830B2 ｜ US20100319087A1 ｜ EP2292759A1 ｜ EP1127125B1 ｜ AT519846T ｜ US8030542B2 ｜ WO0026371A1 ｜ AR021099A1 ｜ CA2795377A1 ｜ CA2349473C ｜ BR9915821B1 ｜ CA2795377C							

（6）US6063756 A

专利强度	91	申请日	1996.09.24	主 IPC	A01H00500000	被引次数	57
名称（英文）	\multicolumn{7}{l}{Bacillus thuringiensis CryET33 and CryET34 compositions and uses therefor}
名称（中文）	\multicolumn{7}{l}{苏云金芽孢杆菌 CryET33 和 CryET34 组合物及其使用}
摘要	\multicolumn{7}{l}{Disclosed are Bacillus thuringiensis strains comprising novel crystal proteins which exhibit insecticidal activity against coleopteran insects including red flour beetle larvae（Tribolium castaneum）and Japanese beetle larvae（Popillia japonica）. Also disclosed are novel B. thuringiensis crystal toxin genes designated cryET33 and cryET34 which encode the colepteran – toxic crystal proteins CryET33（29 – kDa）crystal protein and the cryET34 gene encodes the 14 – kDa CryET34 crystal protein. The CryET33 and CryET34 crystal proteins are toxic to red flour beetle larvae and Japanese beetle larvae. Also disclosed are methods of making and using transgenic cells comprising the novel nucleic acid sequences of the invention.}
法律状态	\multicolumn{7}{l}{有效}
同族专利	\multicolumn{7}{l}{US20020128192A1｜US20030144192A1｜US6063756A｜US6248536B1｜US6399330B1｜US6949626B2｜US20060051822A1｜US6326351B1｜WO9813498A1｜AT324447T｜AU741704B2｜AU4803397A｜BR9713219A｜EP1015592A1｜DE69735776D1｜IL129160D0｜MXPA99002819A｜PL189474B1｜PL332414A1｜TR9900650T2｜US7385107B2｜AR054156A2｜UY24725A1｜UA75317C2｜US20080274502A1｜CA2267665C｜US7504229B2｜CN100473725C｜KR20000048593A｜CA2267665A1｜CN1241213A｜DE69735776T2｜EP1015592B1｜JP2001523944A｜BR9713219B1｜AR010993A1｜CO4650229A1}

（7）US6429356 B1

专利强度	91	申请日	1997.08.08	主 IPC	A01H00500000	被引次数	33
名称（英文）	\multicolumn{7}{l}{Methods for producing carotenoid compounds, and specialty oils in plant seeds}
名称（中文）	\multicolumn{7}{l}{在植物种子中产生类胡萝卜素化合物及特制油的方法}
摘要	\multicolumn{7}{l}{Methods are provided for producing plants and seeds having altered carotenoid fatty acid and tocopherol compositions. The methods find particular use in increasing the carotenoid levels in oilseed plants and in providing desirable high oleic acid seed oils.}
法律状态	\multicolumn{7}{l}{有效}
同族专利	\multicolumn{7}{l}{US20020092039A1｜US6429356B1｜US6972351B2｜EP1002117A1｜WO9907867A1｜AU8900298A｜CA2299631A1｜CN1275166A｜IN189320B｜JP2001512688A｜AR008156A1}

（8）US7166771 B2

专利强度	91	申请日	2003.09.24	主 IPC	A01H00500000	被引次数	26
名称（英文）	\multicolumn{7}{l}{Coordinated decrease and increase of gene expression of more than one gene using transgenic constructs}
名称（中文）	\multicolumn{7}{l}{用转基因构建体进行多于一个基因的基因表达的协同减少和增加}

表（续）

摘要	The present invention is directed to nucleic acid molecules and nucleic acid constructs and other agents associated with simultaneous up - and down - regulation of expression of RNAs. Specifically it includes methods of simultaneously enhancing the expression of a first RNA at the same time as suppressing the expression of a second RNA. The present invention also specifically provides constructs capable of simultaneously enhancing the expression of a first RNA while at the same time suppressing the expression of a second RNA methods for utilizing such agents and plants containing such agents. The present invention also provides other constructs including polycistronic constructs.
法律状态	有效
同族专利	US20040126845A1 ｜ EP1670307A2 ｜ WO2005030982A2 ｜ US7166771B2 ｜ US20070074305A1 ｜ CA2540049A1 ｜ CN1886042A ｜ KR20080009243A ｜ AU2004276819A1 ｜ AU2004276819A2 ｜ KR20060063997A ｜ AU2004276819B2 ｜ WO2005030982A3 ｜ EP1670307A4 ｜ BRPI0414743A ｜ US7795504B2 ｜ JP2007506437A

（9）US7601888 B2

专利强度	91	申请日	2003.03.21	主IPC	A01H00100000	被引次数	13
名称（英文）	Nucleic acid constructs and methods for producing altered seed oil compositions							
名称（中文）	核酸构建体及其生产改良的种子油组合物的方法							
摘要	The present invention is in the field of plant genetics and provides recombinant nucleic acid molecules constructs and other agents associated with the coordinate manipulation of multiple genes in the fatty acid synthesis pathway. In particular the agents of the present invention are associated with the simultaneous enhanced expression of certain genes in the fatty acid synthesis pathway and suppressed expression of certain other genes in the same pathway. Also provided are plants incorporating such agents and in particular plants incorporating such constructs where the plants exhibit altered seed oil compositions.							
法律状态	有效							
同族专利	US20040006792A1 ｜ US20060080750A1 ｜ EP1484959A2 ｜ AU2003214247A1 ｜ CA2479587A1 ｜ CN1655669A ｜ MXPA04009134A ｜ US20050034190A9 ｜ US20090119805A1 ｜ EP1484959A4 ｜ CN100510084C ｜ US7601888B2 ｜ AU2003214247B2 ｜ AR039113A1 ｜ EP2294915A2 ｜ EP2294915A3 ｜ WO03080802A2 ｜ WO03080802A3 ｜ BR0308614A							

（10）US7166771 B2

专利强度	91	申请日	2003.09.24	主IPC	A01H00100000	被引次数	8
名称（英文）	Soybean seed and oil compositions and methods of making same							
名称（中文）	大豆种子和油的组成以及产生所述种子的方法							

表（续）

摘要	Methods for obtaining soybean plants that produce seed with low linolenic acid levels and moderately increased oleic levels are disclosed. Also disclosed are methods for producing seed with low linolenic acid levels moderately increased oleic levels and low saturated fatty acid levels. These methods entail the combination of transgenes that provide moderate oleic acid levels with soybean germplasm that contains mutations in soybean genes that confer low linolenic acid phenotypes. These methods also entail the combination of transgenes that provide both moderate oleic acid levels and low saturated fat levels with soybean germplasm that contains mutations in soybean genes that confer low linolenic acid phenotypes. Soybean plants and seeds produced by these methods are also disclosed.
法律状态	有效
同族专利	US20070214516A1｜WO2007106728A2｜AR059811A1｜AU2007226680A1｜CA2645148A1｜EP1993349A2｜WO2007106728A3｜MX2008011625A｜CN101500403A｜EP1993349A4｜US20100218269A1｜US7790953B2｜US7943818B2｜US20110239335A1｜BRPI0708748A2｜US20130067621A1｜EP2562260A1｜AU2007226680B2｜US8609953B2｜US20140082774A1｜US20140351996A1｜US9062319B2

（11）US8212113 B2

专利强度	91	申请日	2004.12.14	主IPC	A01H00100000	被引次数	8
名称（英文）	Corn plant MON88017 and compositions and methods for detection thereof						
名称（中文）	玉米植株MON88017和组合物以及检测它们的方法						
摘要	The present invention provides a corn plant designated MON88017 and DNA compositions contained therein. Also provided are assays for detecting the presence of the corn plant MON88017 based on a DNA sequence and the use of this DNA sequence as a molecular marker in a DNA detection method.						
法律状态	有效						
同族专利	WO2005059103A2｜EP1708560A2｜US20080028482A1｜AR047052A1｜CA2547563A1｜AU2004299829B2｜CN1933723A｜UY28673A1｜BRPI0417592A｜MXPA06006729A｜EP1708560A4｜WO2005059103A3｜AU2004299829A1｜AU2004299829A2｜JP2007513641A｜JP2012070734A｜US8212113B2｜GT200400269A｜US20130031679A1｜JP4903051B2｜CN1933723B｜CA2547563C｜US8686230B2｜US20140287406A1｜EP1708560B1｜PT1708560E｜ES2542688T3｜HRP20150814T1｜EP2929779A2｜RS54170B1						

（12）US8362317 B2

专利强度	91	申请日	2008.03.10	主IPC	A01H00100000	被引次数	3
名称（英文）	Preparation and use of plant embryo explants for transformation						
名称（中文）	用于转化的植物胚外植体的制备和用途						
摘要	The present invention relates to excision of explant material comprising meristematic tissue from seeds and storage of such material prior to subsequent use in plant tissue culture and genetic transformation. Methods for tissue preparation storage and transformation are disclosed as is transformable meristem tissue produced by such methods and apparati for tissue preparation.						
法律状态	有效						

表(续)

同族专利	US20080256667A1 ｜ WO2008112633A2 ｜ WO2008112628A2 ｜ WO2008112645A2 ｜ US20080280361A1 ｜ US20090138985A1 ｜ WO2008112645A8 ｜ WO2008112628A3 ｜ WO2008112633A3 ｜ WO2008112645A3 ｜ AU2008226448A1 ｜ AU2008226443A1 ｜ CN101675168A ｜ US8030544B2 ｜ US8044260B2 ｜ US20120054918A1 ｜ EP2118289A2 ｜ EP2118290A2 ｜ EP2126096A2 ｜ US20120073015A1 ｜ US20120077264A1 ｜ EP2450448A1 ｜ AU2008226443B2 ｜ US8357834B2 ｜ EP2118290B1 ｜ US8362317B2 ｜ AU2008226448B2 ｜ US8466345B2 ｜ US20130185830A1 ｜ US20130198899A1 ｜ EP2118289B1 ｜ EP2126096B1 ｜ US20140007299A1 ｜ EP2425709A1 ｜ EP2450448B1 ｜ BRPI0808665A2 ｜ BRPI0808715A2 ｜ BRPI0808716A2 ｜ US8872000B2 ｜ EP2811026A2 ｜ EP2811026A3 ｜ US8937216B2 ｜ US9006513B2 ｜ US20150113683A1 ｜ US20150121574A1 ｜ US20150184170A1 ｜ CN105112438A ｜ CN105219694A

(13)EP1681351 A1

专利强度	91	申请日	1997.09.25	主 IPC	C07K01432500	被引次数	3
名称(英文)	Bacillus thuringiensis CryET29 compositions toxic to coleopteran insects and ctenocephalides spp.						
名称(中文)	对鞘翅类昆虫和栉头蚤属种昆虫有毒的苏云金芽孢杆菌 CryET29 组合物						
摘要	Disclosed is a novel δ – endotoxin, designated CryET29, that exhibits insecticidal activity against siphonopteran insects, including larvae of the cat flea (Cteno – cephalides felis), as well as against coleopteran insects, including the southern corn rootworm (Diabrotica undecimpunctata), western corn rootworm (D. virgif – era), Colorado potato beetle (Leptinotarsa decemlineata), Japanese beetle (Popil – lia japonica), and red flour beetle (Tribolium castaneum). Also disclosed are nucleic acid segments encoding CryET29, recombinant vectors, host cells, and transgenic plants comprising a cryET29 DNA segment. Methods for making and using the disclosed protein and nucleic acid segments are disclosed as well as assays and diagnostic kits for detecting cryET29 and CryET29 sequences in vivo and in vitro.						
法律状态	有效						
同族专利	US20030167521A1 ｜ US20040127695A1 ｜ US6093695A ｜ US6537756B1 ｜ US6686452B2 ｜ EP1681351A1 ｜ WO9813497A1 ｜ US7186893B2 ｜ US20070163000A1 ｜ AT318313T ｜ AU740888B2 ｜ AU4657797A ｜ BR9711554A ｜ CA2267667A1 ｜ EP0932682B1 ｜ CN1245513C ｜ CN1246893A ｜ DE69735305D1 ｜ ES2258284T3 ｜ IL129189D0 ｜ PL332502A1 ｜ TR9900689T2 ｜ KR20000048680A ｜ US7572587B2 ｜ DE69735305T2 ｜ PT932682E ｜ EP0932682A1 ｜ JP2001506973A ｜ BR9711554B1 ｜ CA2267667C						

(14)US6177615 B1

专利强度	91	申请日	1999.02.17	主 IPC	A01H00500000	被引次数	48
名称(英文)	Lepidopteran – toxic polypeptide and polynucleotide compositions and methods for making and using same						
名称(中文)	编码鳞翅目活性的 δ – 内毒素的 DNA 和其用途						

表（续）

摘要	Disclosed are novel synthetically – modified B. thuringiensis nucleic acid segments encoding . delta. – endotoxins having insecticidal activity against lepidopteran insects. Also disclosed are synthetic crystal proteins encoded by these novel nucleic acid sequences. Methods of making and using these genes and proteins are disclosed as well as methods for the recombinant expression and transformation of suitable host cells. Transformed host cells and transgenic plants expressing the modified endotoxin are also aspects of the invention. Also disclosed are methods for modifying altering and mutagenizing specific loop regions between the . alpha. helices in domain 1 of these crystal proteins including Cry1C to produce genetically – engineered recombinant cry * genes and the proteins they encode which have improved insecticidal activity. In preferred embodiments novel Cry1C * amino acid segments and the modified cry1C * nucleic acid sequences which encode them are disclosed.
法律状态	有效
同族专利	US20030101482A1｜US20030195336A1｜US20040221334A1｜US20050155103A1｜US5914318A｜US5942664A ｜US6033874A｜US6153814A｜US6313378B1｜US6177615B1｜US6423828B1｜US6809078B2｜US6825006B2｜ EP0942929A1｜WO9823641A1｜US7256017B2｜AU745431B2｜AU5371798A｜BR9713555A｜CA2272847A1｜ ID23695A｜IL130082D0｜OA11258A｜TR9901179T2｜ZA9710431A｜CN1245502A｜JP2001506490A｜ CO4930292A1｜AR010662A1

（15）US6242241 B1

专利强度	90	申请日	1999.02.19	主 IPC	A01H00500000	被引次数	38
名称（英文）	Polynucleotide compositions encoding broad – spectrum delta – endotoxins						
名称（中文）	广谱 δ – 内毒素						
摘要	Disclosed are novel synthetically – modified B. thuringiensis nucleic acid segments encoding . delta. – endotoxins having insecticidal activity against lepidopteran insects. Also disclosed are synthetic crystal proteins encoded by these novel nucleic acid sequences. Methods of making and using these genes and proteins are disclosed as well as methods for the recombinant expression and transformation of suitable host cells. Transformed host cells and transgenic plants expressing the modified endotoxin are also aspects of the invention. Also disclosed are methods for modifying altering and mutagenizing specific loop regions between the . alpha. helices in domain 1 of these crystal proteins including Cry1C to produce genetically – engineered recombinant Cry * genes and the proteins they encode which have improved insecticidal activity. In preferred embodiments novel Cry1C * amino acid segments and the modified Cry1C * nucleic acid sequences which encode them are disclosed.						
法律状态	有效						
同族专利	US20020064865A1｜US20030017571A1｜US20030182682A1｜US20040171120A1｜US20060014936A1｜ US6242241B1｜US6281016B1｜US6521442B2｜US6538109B2｜US6746871B2｜US6951922B2｜EP0942985A1｜ WO9822595A1｜US7250501B2｜AP9901541D0｜AT276367T｜AU742971B2｜AU5362898A｜BR9713373A｜ CA2272843A1｜CN1210402C｜CN1268180A｜DE69730730D1｜ES2229395T3｜ID25530A｜IL129988D0｜ OA11257A｜TR9901109T2｜EP0942985B1｜DE69730730T2｜PT942985E｜CA2272843C｜IL129988A｜ JP2001502555A｜JP4389075B2						

5.陶氏化学核心专利

（1）US6204435 B1

专利强度	92	申请日	1997.10.30	主IPC	C12N01509000	被引次数	15
名称（英文）	Pesticidal toxins and nucleotide sequences which encode these toxins						
名称（中文）	杀虫毒素及其编码的核苷酸序列						
摘要	Disclosed and claimed are novel Bacillus thuringiensis isolates, pesticidal toxins, genes, and nucleotide probes and primers for the identification of genes encoding toxins active against pests. The primers are useful in PCR techniques to produce gene fragments which are characteristic of genes encoding these toxins. The subject invention provides entirely new families of toxins from Bacillus isolates.						
法律状态	有效						
同族专利	US6204435B1 | EP0938562A2 | WO9818932A2 | AU5098398A | BR9712402A | CA2267996A1 | NZ335086A | KR20000053001A | WO9818932A3 | JP2001502919A | AR016680A2 | AR009138A1						

（2）US8722410 B2

专利强度	91	申请日	2008.10.03	主IPC	C12N01587000	被引次数	3
名称（英文）	Methods for transferring molecular substances into plant cells						
名称（中文）	用于将分子物质转移入植物细胞中的方法						
摘要	Provided are methods for introducing a molecule of interest into a plant cell comprising a cell wall. Methods are provided for genetically or otherwise modifying plants and for treating or preventing disease in plant cells comprising a cell wall.						
法律状态	有效						
同族专利	US20090104700A1 | WO2009046384A1 | AR068690A1 | AU2008308486A1 | CA2701636A1 | EP2195438A1 | CN101889090A | JP2010539989A | RU2010112423A | EP2195438B1 | ES2402341T3 | NZ584406A | RU2495935C2 | US8722410B2 | US20140242703A1 | AU2008308486B2 | JP5507459B2 | BRPI0817911A2						

（3）US6166302 A

专利强度	90	申请日	1996.10.11	主IPC	C12N01509000	被引次数	20
名称（英文）	Modified bacillus thuringiensis gene for lepidopteran control in plants						
名称（中文）	用于在植物中防治鳞翅目昆虫的、修饰的苏云金芽胞杆菌基因						
摘要	Synthetic DNA sequences which are optimized for expression in plants particularly maize and which encode a Bacillus thuringiensis protein that is toxic to specific insects are provided along with methods for the engineering of any synthetic insecticidal gene in maize.						
法律状态	有效						
同族专利	US6166302A | WO9713402A1 | EP0861021A4 | AU708256B2 | AU7446796A | BR9611000A | CN1176577C | IL124020A | RU2224795C2 | JP4030582B2 | CA2234656C | MX9802778A | EP0861021A1 | CA2234656A1 | CN1199321A | EP0861021B1 | AT443437T | DE69638032D1 | ES2330168T3 | JP2000507808A						

（4）US7838733 B2

专利强度	90	申请日	2005.05.02	主IPC	C12N01582000	被引次数	33
名称（英文）	Herbicide resistance genes						
名称（中文）	新除草剂抗性基因						
摘要	The subject invention provides novel plants that are not only resistant to 24 – D and other phenoxy auxin herbicides but also to aryloxyphenoxypropionate herbicides. Heretofore there was no expectation or suggestion that a plant with both of these advantageous properties could be produced by the introduction of a single gene. The subject invention also includes plants that produce one or more enzymes of the subject invention alone or stacked together with another herbicide resistance gene preferably a glyphosate resistance gene so as to provide broader and more robust weed control increased treatment flexibility and improved herbicide resistance management options. More specifically preferred enzymes and genes for use according to the subject invention are referred to herein as AAD（aryloxyalkanoate dioxygenase）genes and proteins. No – ketoglutarate – dependent dioxygenase enzyme has previously been reported to have the ability to degrade herbicides of different chemical classes and modes of action. This highly novel discovery is the basis of significant herbicide tolerant crop trait opportunities as well as development of selectable marker technology. The subject invention also includes related methods of controlling weeds. The subject invention enables novel combinations of herbicides to be used in new ways. Furthermore the subject invention provides novel methods of preventing the formation of and controlling weeds that are resistant（or naturally more tolerant）to one or more herbicides such as glyphosate.						
法律状态	有效						
同族	WO2005107437A2｜AR048724A1｜CA2563206A1｜CN1984558A｜MXPA06012634A｜BRPI0509460A｜AU2005240045A1｜EP1740039A2｜EP1740039A4｜WO2005107437A3｜US20090093366A1｜NZ550602A｜US7838733B2｜CN1984558B｜ZA200608610A｜EP2298901A2｜EP2308976A2｜EP2308977A2｜EP2319932A2｜AU2005240045B2｜US20110124503A1｜CN102094032A｜JP2007535327A｜EP2298901A3｜EP2308976A3｜EP2308977A3｜EP2319932A3｜JP2011200240A｜NZ580248A｜EP1740039B1｜DK1740039T3｜HK1108562A1｜PT1740039E｜ES2389843T3｜SI1740039T1｜DK2308976T3｜DK2308977T3｜EP2298901B1｜EP2308977B1｜EP2308976B1｜DK2298901T3｜ES2406809T3｜ES2407857T3｜ES2408244T3｜SI2298901T1｜SI2308976T1｜PT2298901E｜PT2308976E｜PT2308977E｜NZ596949A｜SI2308977T1｜EP2319932B1｜DK2319932T3｜ES2435247T3｜PT2319932E｜SI2319932T1｜CN102094032B｜JP5409701B2｜JP5285906B2｜HK1156973A1｜CO7141412A2｜CA2897475A1｜US9127289B2｜CA2563206C｜US20150344903A1						

（5）US6242669 B1

专利强度	90	申请日	1999.05.06	主IPC	A01H00500000	被引次数	7
名称（英文）	Pesticidal toxins and nucleotide sequences which encode these toxins						
名称（中文）	杀虫毒素和编码这些毒素的核苷酸序列						
摘要	Disclosed and claimed are novel Bacillus thuringiensis isolates pesticidal toxins genes and nucleotide probes and primers for the identification of genes encoding toxins active against pests. The primers are useful in PCR techniques to produce gene fragments which are characteristic of genes encoding these toxins. The subject invention provides entirely new families of toxins from Bacillus isolates.						
法律状态	有效						

表（续）

同族专利	US20020100080A1 ｜ US6242669B1 ｜ US6656908B2 ｜ EP1075522A2 ｜ WO9957282A2 ｜ AU759579B2 ｜ AU3888399A ｜ BR9915969A ｜ CA2327266A1 ｜ CN1307639A ｜ HU0101991A2 ｜ MXPA00010890A ｜ TR200003264T2 ｜ EP1944372A2 ｜ CN1296482C ｜ HU0101991A3 ｜ WO9957282A3 ｜ CA2327266C ｜ EP1944372A3 ｜ JP2002513574A ｜ AR016989A1 ｜ EP1944372B1 ｜ AT556138T ｜ DK1944372T3 ｜ ES2383997T3 ｜ BR9915969B1

6. 中国核心专利

（1）CN101161675 B

专利强度	90	申请日	2006.10.13	主 IPC 分类	C07K01441500
申请人	中国科学院上海生命科学研究院				
名称	水稻大粒基因及其应用				
摘要	公开了一种药用金线莲组织培养一步成苗快速繁殖方法,主要包括:1)培养基准备,该步骤包括配制,分装,灭菌三步;2)外植体处理和接种,该步骤分为两种情形,当采用自然生长的植株作为外植体时包括清洗,消毒,接种三步;当采用组培无菌苗时直接进行无菌接种;3)培养;4)移栽。本发明以自然生长或组培继代培养产生的金线莲植株中间茎段为外植体,在无菌条件下将含有一个茎节的茎段接种于培养基上,结果表明:最适宜的培养基经过四个月的培养后,每个外植体平均成苗数4.8株,每株平均叶净增3.6张、平均发根数2.5条、平均鲜重净增525.6mg。组培苗移栽至基质中生长良好,3个月后植株成活率达95%以上。本发明可大大缩短金线莲组培成苗时间,显著提高培养效率,降低育苗成本,可作为金线莲种苗生产的重要方法。				
法律状态	授权				

（2）JP5323831 B2

专利强度	90	申请日	2003.08.08	主 IPC 分类	C12N01509000
申请人	中国科学院上海生命科学研究院				
名称	调控植物株高的基因及其应用				
摘要	本发明属于基因技术和植物学领域,公开了一种作物株高调节基因及其应用,所述作物株高调节基因可用于调节作物株高、体积、分蘖、产量、花器大小或种子大小。本发明还公开了一种改良作物的方法。本发明的基因是一个在作物改良上有重要应用价值的基因。				
法律状态	授权				
同族专利	WO2009021448A1｜CN101362799A｜UA109249C2｜AU2008286583A1｜CA2695929A1｜EP2189474A1｜KR20100035717A｜EP2189474A4｜CN101932596A｜US20110093966A1｜JP2010535477A｜RU2010108457A｜RU2458132C2｜AU2008286583B2｜US8461419B2｜US20130247242A1｜JP2013255499A｜KR101246085B1｜JP5323831B2｜BRPI0815352A2｜JP5779619B2｜CA2695929C				

（3）CN101886088 B

专利强度	82	申请日	2013.04.17	主 IPC 分类	C12N01562000
申请人	北京大学				

表（续）

名称	转基因构建体和转基因植物
摘要	本发明涉及转基因构建体和转基因植物。所述转基因构建体用于在植物中表达草甘膦耐受型5-烯醇丙酮酰莽草酸-3-磷酸合酶,所得转基因植物表现出草甘膦耐受性。
法律状态	授权

（4）EP1775344 B1

专利强度	81	申请日	2005.10.11	主IPC分类	C12N00920000
申请人	北京化工大学				
名称	脂肪酶、其基因、产生该酶的亚罗解脂酵母及其应用				
摘要	本发明涉及一种用于制备一种脂肪酶,具体是氨基酸序列为SEQ ID NO:1或其保守突变序列的脂肪酶,还涉及编码该脂肪酶的基因、产生该脂肪酶的亚罗解脂酵母(Yarrowia lipolytica)以及利用该脂肪酶合成酯的方法。				
法律状态	授权				
同族专利	EP1775344A2 | CN1948470A | CN100424170C | EP1775344A3 | EP1775344B1 | AT519841T | DK1775344T3				

（5）EP1835028 B1

专利强度	71	申请日	2005.12.20	主IPC分类	C12N01529000
申请人	华中农业大学				
名称	利用水稻转录因子基因OsNACx提高植物抗旱耐盐能力				
摘要	本发明涉及植物基因工程技术领域。具体涉及一种水稻DNA片段的分离克隆、功能验证及其应用。所述的DNA片段包含水稻抗逆相关转录因子基因OsNACx,它赋予植物对干旱和盐胁迫的耐受能力。将该DNA片段与其外源调节序列直接转入植物体,转基因植物对干旱和盐胁迫的耐受能力显著增强。				
法律状态	授权				
同族专利	WO2006066498A1 | EP1835028A1 | CN1796559A | CN100362104C | CA2592071A1 | US20080263722A1 | BRPI0517493A | AU2005318769A1 | MX2007007567A | EP1835028A4 | ZA200705777A | US7834244B2 | AU2005318769B2 | US201110217776A1 | EP1835028B1 | AT528398T | ES2372607T3 | CA2592071C | US8378173B2				

（6）JP5323831 B2

专利强度	90	申请日	2008.8.11	主IPC分类	C12N01509000
申请人	中国科学院上海生命科学研究院				
名称	调控植物株高的基因及其应用				
摘要	本发明属于基因技术和植物学领域,公开了一种作物株高调节基因,其表达调控序列及其应用,所述作物株高调节基因可用于调节作物株高、体积、分蘖、产量、花器大小或种子大小。本发明还公开了一种改良作物的方法。本发明的基因是一个在作物改良上有重要应用价值的基因。				

表（续）

法律状态	授权
同族专利	WO2009021448A1｜CN101362799A｜UA109249C2｜AU2008286583A1｜CA2695929A1｜EP2189474A1｜KR20100035717A｜EP2189474A4｜CN101932596A｜US20110093966A1｜JP2010535477A｜RU2010108457A｜RU2458132C2｜AU2008286583B2｜US8461419B2｜US20130247242A1｜JP2013255499A｜KR101246085B1｜JP5323831B2｜BRPI0815352A2｜JP5779619B2｜CA2695929C

（7）US7238508 B2

专利强度	72	申请日	2004.8.6	主 IPC 分类	C12N01582000
申请人	四川禾本生物工程有限公司、中国农业科学院生物技术研究所				
名称	高抗草甘膦的 EPSP 合成酶及其编码序列				
摘要	本发明提供了一种新的 5－烯醇丙酮酸莽草酸－3－磷酸合酶（简称为"EPSP 合成酶"），编码 EPSP 合成酶的多核苷酸和经重组技术产生这种 EPSP 合成酶的方法。本发明还公开了编码这种 EPSP 合成酶的多核苷酸的用途。				
法律状态	授权				
同族专利	US20050223436A1｜WO2005014820A1｜US7238508B2｜AU2003255106A1｜CN1833025A｜CN100429311C｜US20090312185A1｜US7893234B2				

（8）US8106276 B2

专利强度	75	申请日	2008.9.29	主 IPC 分类	A01H00100000
申请人	Hunan Hybrid Rice Research Center				
名称	Inbred rice line p64－2s				
摘要	An inbred rice line designated P64－2S is disclosed. The invention relates to the seeds of inbred rice line P64－2S to the plants of inbred rice line P64－2S and to methods for producing a rice plant produced by crossing the inbred rice line P64－2S with itself or another rice plant. The invention further relates to hybrid rice seeds and plants produced by crossing the inbred rice line P64－2S with another rice plant. This invention further relates to growing and producing blends of rice seeds comprised of seeds of inbred rice line P64－2S with rice seed of one two three four or more of another rice hybrid rice variety or rice inbred.				
法律状态	授权				

（9）CN101044840 B

专利强度	78	申请日	2006.03.31	主 IPC 分类	A01H00400000
申请人	贵州科学院				
名称	西洋杜鹃组培快速繁殖及试管开花的方法及所用的培养基				

表（续）

摘要	本发明公开了一种西洋杜鹃组培快速繁殖及试管开花的方法及所用的培养基,特征是,采用嫩茎尖和茎段形成丛生芽的快速繁殖方法,在快速繁殖的基础上对其试管苗进行花芽诱导,它包括外植体的准备、无菌培养系的建立与增殖、试管苗的壮苗和生根培养和试管苗开花诱导等几个步骤。本发明具有培养周期短、分枝生长好、不受季节影响的特点。通常西鹃需 3 个月左右产花,本发明的试管苗只需 2 个月即可开花。
法律状态	授权

（10）CN101492498 B

专利强度	77	申请日	2008.05.27	主 IPC 分类	C07K01441500
申请人	中国农业科学院作物科学研究所				
名称	植物抗逆性相关蛋白及其编码基因 TaERECTA 与应用				
摘要	本发明公开了一种植物抗逆性相关蛋白及其编码基因 TaERECTA 与应用。本发明蛋白,选自如下（a）或（b）:（a）由序列表中序列 2 所示的氨基酸序列组成的蛋白质;（b）将序列表中序列 2 的氨基酸序列经过一个或几个氨基酸残基的取代和/或缺失和/或添加且与植物抗逆相关的由（a）衍生的蛋白质。实验证明,将本发明基因导入植物中,可提高植物的抗逆性,如抗旱性和/或抗盐性和/或耐低温性。而且,本发明基因对单子叶、双子叶植物均适用。因此,本发明基因及其应用对培育抗旱节水、抗盐或耐低温农作物新品种具有重要的意义,适合于推广应用。				
法律状态	授权				

（11）CN101475946 B

专利强度	89	申请日	2009.01.16	主 IPC 分类	C12N15/52（2006.01）I
申请人	上海师范大学				
名称	丹参基焦磷酸合成酶基因及其编码的蛋白质和应用				
摘要	本发明公开了一种丹参基焦磷酸合成酶基因及其编码的蛋白质和应用,填补了从我国传统中药材丹参中分离克隆出基焦磷酸合成酶基因的空白。本发明所提供的基焦磷酸合成酶基因具有 SEQ ID NO.1 中所示的第 73～1167 位核苷酸序列,其编码的蛋白质具有 SEQ ID NO.2 所示的氨基酸序列。本发明的基焦磷酸合成酶基因可通过基因工程技术提高丹参中萜类活性成分丹参酮的含量,有助于丹参药材的品质改良,具有很好的应用前景。				
法律状态	授权				
同族专利	US20010055629A1 | US20030152654A1 | US6030621A | US6187314B1 | US6475534B2 | US6632460B2 | WO9947148A1 | AU741628B2 | AU2824799A | CN1159022C | CN1508542A | GB0024213D0 | GB2352177B | HK1065596A1 | CN100371707C | HK1087176A1 | CN1292704A | CN1740786A | CN1740787A | CN100344957C | HK1087178A1 | CN1267727C | GB2352177A				

（12）CN102138529 B

专利强度	81	申请日	2011.03.31	主 IPC 分类	A01H4/00（2006.01）I
申请人	中国农业大学				
名称	"禾韵"蓝莓组培种苗快速生根繁育的方法				
摘要	本发明公开了一种"禾韵"蓝莓组培种苗快速生根繁育的方法。该方法包括如下步骤:将蓝莓的组培苗蘸生根剂后进行扦插生根培养,得到生根苗。与常规组培育苗方法相比,可以使蓝莓种苗"禾韵 1 号和 2 号"新苗成活率由 50% 上升到 90% 以上,育苗周期由 12 个月缩短到 6 个月,同时新苗质量也有了显著提高。				
法律状态	授权				

（13）CN102124946 B

专利强度	89	申请日	2010.01.27	主 IPC 分类	A01H4/00（2006.01）I
申请人	北京林业大学				
名称	一种芍药组织培养方法				
摘要	本发明提供了一种芍药组织培养方法,其包括对芍药茎尖灭菌消毒的步骤,以及对灭菌消毒后的芍药茎尖进行初代培养、继代培养和生根培养的步骤,其中对芍药茎尖的灭菌消毒分两步进行,保证了消毒彻底且对外植体无伤害,茎尖成活率高。本发明的芍药组织培养方法,操作简单、成本低廉、生根率高,并能实现出瓶移栽,适于多数观赏芍药品种的快速繁殖,同时,采用本发明的组培方法能够保持原品种的优良性状,为良种繁育和产业化生产奠定基础。				
法律状态	授权				
同族专利	US20010055629A1 ｜ US20030152654A1 ｜ US6030621A ｜ US6187314B1 ｜ US6475534B2 ｜ US6632460B2 ｜ WO9947148A1 ｜ AU741628B2 ｜ AU2824799A ｜ CN1159022C ｜ CN1508542A ｜ GB0024213D0 ｜ GB2352177B ｜ HK1065596A1 ｜ CN100371707C ｜ HK1087176A1 ｜ CN1292704A ｜ CN1740786A ｜ CN1740787A ｜ CN100344957C ｜ HK1087178A1 ｜ CN1267727C ｜ GB2352177A				

（14）CN101456909 B

专利强度	76	申请日	2009.01.13	主 IPC 分类	C07K14/415（2006.01）I
申请人	南京农业大学				
名称	一种大豆 HKT 类蛋白及其编码基因与应用				
摘要	本发明公开了一种大豆 HKT 类蛋白及其编码基因与应用,属于生物技术领域。该大豆 HKT 类蛋白,命名为 GmSKC1 蛋白,是具有序列表中的 SEQ ID NO.2 所述氨基酸序列的蛋白质。其编码基因为 GmSKC1 基因 SEQ ID NO.1 的 DNA 序列。本发明大豆 HKT 类蛋白及其编码基因可用于培育耐盐植物品种特别是耐盐大豆品种。GmSKC1 的表达受高盐的诱导,在 150mM? NaCl 的胁迫下,GmSKC1 在大豆的根及叶片等组织中受到强烈诱导,在茎中的表达量呈现基本不变的趋势。过量表达 GmSKC1 的烟草与未转基因烟草相比,其耐盐性显著提高,说明 GmSKC1 基因对提高植物的耐盐能力方面起着重要作用。				
法律状态	授权				

（15）CN101775381 B

专利强度	71	申请日	2010.01.12	主 IPC 分类	C12N9/12（2006.01）I
申请人	北京农业生物技术研究中心				
名称	植物抗逆相关的蛋白激酶及其编码基因与应用				
摘要	本发明公开了一种植物抗逆相关的蛋白激酶及其编码基因与应用。该蛋白是如下 1)或 2)的蛋白质：1)由序列表中序列 2 所示的氨基酸序列组成的蛋白质；2)将序列表中序列 2 的氨基酸残基序列经过一个或几个氨基酸残基的取代和/或缺失和/或添加且与植物抗逆性相关的由 1)衍生的蛋白质。将该蛋白的编码基因导入拟南芥突变体 sos2 - 1 或拟南芥野生型中可提高转基因植株抗盐性和抗旱性。				
法律状态	授权				

（16）CN101486757 B

专利强度	74	申请日	2009.03.06	主 IPC 分类	C07K14/415（2006.01）I
申请人	中国农业科学院作物科学研究所				
名称	一种植物叶绿体发育相关蛋白及其编码基因与应用				
摘要	本发明公开了一种植物叶绿体发育相关蛋白及其编码基因与应用。该蛋白,是具有下述氨基酸残基序列之一的蛋白质:1)序列表中的 SEQ ID NO.1 的氨基酸残基序列;2)将序列表中的 SEQ ID NO.1 氨基酸残基序列经过一个或几个氨基酸残基的取代和/或缺失和/或添加且具有植物叶绿体发育相关功能的由 SEQ ID NO.1 衍生的蛋白质。该水稻叶绿体发育相关蛋白的编码基因被破坏可导致植物叶片白化,将其应用于植物遗传改良等工作,是重要的指示基因,如可作为目的基因应用于水稻育种材料不育系当中,以改变叶片的叶色,用于水稻两系杂交稻制种或遗传育种。				
法律状态	授权				

（17）CN101213942 B

专利强度	72	申请日	2008.01.10	主 IPC 分类	A01H4/00（2006.01）I
申请人	浙江省中药研究所有限公司				
名称	一种药用金线莲组织培养一步成苗快速繁殖方法				
摘要	本发明公开了一种药用金线莲组织培养一步成苗快速繁殖方法,主要包括:1)培养基准备,该步骤包括配制,分装,灭菌三步;2)外植体处理和接种,该步骤分为两种情形,当采用自然生长的植株作为外植体时包括清洗,消毒,接种三步;当采用组培无菌苗时直接进行无菌接种;3)培养;4)移栽。本发明以自然生长或组培继代培养产生的金线莲植株中间茎节为外植体,在无菌条件下将含有一个茎节的茎段接种于培养基上,结果表明:最适宜的培养基经过四个月的培养后,每个外植体平均成苗数 4.8 株,每株平均叶净增 3.6 张、平均发根数 2.5 条、平均鲜重净增 525.6mg。组培苗移栽至基质中生长良好,3 个月后植株成活率达 95% 以上。本发明可大大缩短金线莲组培成苗时间,显著提高培养效率,降低育苗成本,可作为金线莲种苗生产的重要方法。				
法律状态	授权				

（18）CN101220363 B

专利强度	76	申请日	2008.01.25	主 IPC 分类	C12N15/29（2006.01）I
申请人	北京未名凯拓作物设计中心有限公司				
名称	水稻 bZIP 及其基因在提高植物耐逆性能上的应用				
摘要	本发明公开了一组来源于水稻的与耐逆性相关的 bZIP 基因,其编码的蛋白质具有下述氨基酸序列之一:1）序列表中的 SEQ ID No.1、No.3 或 No.5;2）将序列表中 SEQ ID No.1、No.3 或 No.5 的氨基酸残基序列经过一至十个氨基酸残基的取代、缺失或添加,且所衍生的蛋白质具有调控植物耐逆性的功能。实验证明,将本发明的基因转化水稻可提高水稻对高盐、干旱和低温逆境胁迫的耐受性,且对水稻的正常生长和经济性状没有明显的影响。本发明的蛋白及其编码基因对于植物耐逆机制的研究,以及提高植物的耐逆性及相关性状的改良具有重要的理论及实际意义,将在植物（特别是禾谷类作物）的耐逆基因工程改良中发挥重要作用,应用前景广阔。				
法律状态	授权				

（19）CN101011022 B

专利强度	76	申请日	2007.01.30	主 IPC 分类	A01H1/02（2006.01）I
申请人	广东省农业科学院蔬菜研究所				
名称	一种辣椒品种选育的方法				
摘要	本发明提供了一种辣椒品种选育的方法,该方法首先以尖椒材料为母本,尖椒材料为父本,进行杂交,通过系统选育方法选育出一个优质亲本自交系;以尖椒材料为母本,甜椒材料为父本,进行杂交,而后通过系统选育方法选育出另一个优质亲本自交系;以上述两个优质自交系为亲本,利用杂种优势技术,选育出优质辣椒品种。本发明的优质辣椒品种,其果实头尾大小较为一致,外形美观;种植本发明选育出的优质辣椒品种,果实售价比其他品种每公斤高 0.2 元～0.3 元;以每亩（666.667 平方米）1500 公斤计,种植本发明选育出的优质辣椒品种每亩可多收入 300 元～450 元。				
法律状态	授权				

（20）CN102150624 B

专利强度	69	申请日	2011.04.29	主 IPC 分类	A01H4/00（2006.01）I
申请人	南京工业大学				
名称	半夏属植物的组培快繁方法				
摘要	本发明涉及一种半夏属植物的组培快繁方法,属于植物细胞工程技术领域。本发明将半夏无菌叶片、叶柄以及丛生芽等器官作为接种材料,转接到间歇浸没培养反应器中进行增殖诱导、生根和块茎生成培养两个阶段,增殖培养结束后,在无菌条件下将增殖培养基替换为生根及块茎生成培养基以促进半夏块茎形成。本方法大大提高了半夏种苗生产过程中的自动化程度,减少培养时的人力投入,并且可以大大提高增殖率。并且利用反应器生产半夏种苗具有无病原菌,遗传均一稳定等优点。且成活率显著提高,劳动力成本显著降低,为低成本的生产大量高质量的种苗和离体块茎提供保障。在提高半夏属药材种植中的种苗质量的同时降低种苗成本,经济效益明显提高。				
法律状态	授权				

（21）CN101285057 B

专利强度	75	申请日	2007.04.11	主 IPC 分类	C12N9/00（2006.01）I
申请人	中国农业科学院生物技术研究所				
名称	高抗草甘膦的 EPSP 合酶及其编码序列				
摘要	本发明提供了一种新的 5－烯醇丙酮酸莽草酸－3－磷酸合酶（简称为"EPSP 合酶"），编码 EPSP 合酶的多核苷酸和经重组技术产生这种 EPSP 合酶的方法。本发明还公开了编码这种 EPSP 合酶的多核苷酸的用途。				
法律状态	授权				

（22）CN101558742 B

专利强度	71	申请日	2009.05.12	主 IPC 分类	A01H4/00（2006.01）I
申请人	中国林业科学研究院亚热带林业研究所				
名称	一种茶花愈伤组织再生植株的方法				
摘要	本发明主要涉及一种茶花愈伤组织再生植株的方法，按以下步骤进行：剥去山茶花果实种子的内外种皮，接种在 1/2MS 培养基上；无菌苗长至 3 厘米以上时，将小植株幼嫩叶片和茎段接种在愈伤组织诱导培养基上，愈伤组织诱导培养基为 MS＋0.5mg·L－16－BA＋1.0mg·L－12,4－D；愈伤组织长至直径为 1 厘米大小时，转移至愈伤组织分化培养基上，愈伤组织分化培养基为 MS＋mg·L－16－BA20＋0.1mg·L－1IBA＋mg·L－1KT0.1；不定芽长至 0.5cm 时进行分离，壮芽培养基为 MS＋0.2mg·L－16－BA＋0.05mg·L－1NAA；当芽条长至 4－5cm 时，切掉芽条基部，以 1000g·L－1 的 IBA 浸泡芽条的基部，然后接种在 MW＋0.2mg·L－1IBA＋0.2mg·L－1NAA 的培养基上。本发明的有益效果是：本发明培养基配方简单，操作工艺简便，培养时间短，再生频率高，扩繁系数大，有利于大规模生产珍稀山茶花植株及实现外源基因的遗传转化。				
法律状态	授权				

（23）CN101933456 B

专利强度	70	申请日	2009.06.29	主 IPC 分类	A01H4/00（2006.01）I
申请人	西双版纳增靓生物科技有限公司				
名称	铁皮石斛蒴果快繁育苗方法				
摘要	本发明属于生物技术领域，尤其涉及一种珍稀濒危中药材铁皮石斛蒴果的快繁育苗方法。本发明的目的在于利用现代生物技术，在不破坏野生石斛资源的前提下，快速扩繁优质铁皮石斛种苗。一颗铁皮石斛蒴果通过 5～6 月的组培培养可快繁培育出 10 万株以上石斛组培苗，炼苗移栽成活率达到 96％以上。本发明了提高铁皮石斛种苗的扩繁速度和生产量，变野生为家种，实施人工大面积栽培，对濒危紧缺药用植物资源再生和持续利用具有十分积极的影响。				
法律状态	授权				

（24）CN101585871 B

专利强度	71	申请日	2009.06.25	主 IPC 分类	C07K14/415(2006.01)I
申请人	中国农业大学				
名称	耐热性相关蛋白及其编码基因与应用				
摘要	本发明公开了一种耐热性相关的蛋白及其编码基因。本发明所提供的耐热性相关的蛋白,名称为 TaMBF1c(Triticum aestivum Multiprotein Binding Factorlc),来源于普通小麦(Triticum aestivum L.),是如下 1)或 2)的蛋白质:1)由序列表中序列 2 所示的氨基酸序列组成的蛋白质;2)将序列表中序列 2 的氨基酸残基序列经过一个或几个氨基酸残基的取代和/或缺失和/或添加且与耐热性相关的由 1)衍生的蛋白质。耐热相关蛋白 TaMBF1c 及其编码基因对于培育抗逆性提高的作物、林草等新品种具有重要的理论及实际意义,可用于农牧业和生态环境治理所需的抗性植物品种的培育与鉴定。				
法律状态	授权				

（25）CN101161816 B

专利强度	72	申请日	2007.05.31	主 IPC 分类	C12N15/29(2006.01)I
申请人	北京长乐尔生基因技术有限责任公司				
名称	双价抗虫基因的植物表达载体构建及其转基因植物获得方法				
摘要	本发明涉及一种来源于反枝苋(Amaranthusr etroflexus L.)的苋菜凝集素(Amaranthus retroflexus agglutinin,简称 ARA)基因与来源于苏云金芽孢杆菌伴孢晶体蛋白的基因序列—Bt(Bacillus thuringiensis,简称 Bt)的基因序列,将两个基因,构建到同一植物表达载体中,并将该双价抗虫基因的植物表达载体转入到植物中,及其转基因植物获得的方法。				
法律状态	授权				

（26）CN101638662 B

专利强度	70	申请日	2009.09.02	主 IPC 分类	C12N15/56(2006.01)I
申请人	山东农业大学				
名称	辣椒疫霉多聚半乳糖醛酸酶 Pcipg5 基因、蛋白制备方法及其应用				
摘要	本发明属于生物技术领域,特别提供了 1 个克隆自辣椒疫霉菌的多聚半乳糖醛酸酶基因 Pcipg5 及其蛋白质制作技术。立足于基因和蛋白质水平,证明了该基因有效地参与了辣椒疫霉菌侵染辣椒寄主及其导致辣椒叶片疫病病程发生的过程,立足于植物病理学和细胞化学技术进一步证明了该基因编码的蛋白质接种于辣椒叶片后,使叶片接种部位产生了明显的枯萎、皱缩症状,并使受害叶片部位的细胞壁得到明显的降解,既该基因编码一种重要的病程相关蛋白,或者可能是辣椒疫霉菌多聚半乳糖醛酸酶基因簇的一个重要靶标致病基因,本发明为进一步研制辣椒疫霉菌分子检测技术提供了重要的技术储备。				
法律状态	授权				

（27）CN101933455 B

专利强度	76	申请日	2009.07.03	主 IPC 分类	A01H4/00（2006.01）I
申请人	中国科学院上海生命科学研究院				
名称	一种普陀樟的离体繁殖方法				
摘要	提供了普陀樟离体培养的不定芽诱导、伸长、生根等关键步骤的培养基配方和通过离体培养获得大量普陀樟幼苗的具体方法。				
法律状态	授权				

（28）CN101613761 B

专利强度	70	申请日	2009.08.12	主 IPC 分类	C12Q1/68（2006.01）I
申请人	中国农业科学院棉花研究所				
名称	与棉花纤维强度主效基因连锁的 SSR 标记				
摘要	与棉花纤维强度主效基因位点相关的分子标记,用以下方法获得的:利用陆地棉栽培品种中棉所41选系 sGK9708 和陆地棉优质品系 0－153 为亲本构建 F2、F2：3 群体;F2：3 群体家系内每世代自交,直至 F2：6 代,在 F2：6 代进行一次家系内单株选择,再种植两代至 F6：8;用 SSR 引物进行亲本间多态性筛选,构建 RIL 群体连锁图谱;进行多环境下的纤维强度主效 QTL 筛选,筛选出 6 个来自 0－153 的棉花纤维强度性状的 QTLs,5 个为多环境稳定的 QTLs,FS1 连锁标记 NAU2119330;FS2 连锁标记 BNL2572125、BNL1064110、DPL0874210；FS4 连锁标记 NAU1048250、NAU2627350；FS5 连锁标记 BNL1421200、NAU2730450。本发明通过筛选来自优异纤维品质材料中与棉花高强纤维主效基因连锁的 SSR 分子标记,利用这些分子标记进行 DNA 水平上的早期辅助选择可以提高棉花纤维强度的选择效率。				
法律状态	授权				

（29）CN102020706 B

专利强度	74	申请日	2009.09.23	主 IPC 分类	C07K14/415（2006.01）I
申请人	中国科学院植物研究所				
名称	一种生物镉抗性相关蛋白及其编码基因				
摘要	本发明公开了一种生物镉抗性相关蛋白及其编码基因。本发明提供的蛋白质,是如下（a）或（b）的蛋白质:（a）由序列表中序列 1 所示的氨基酸序列组成的蛋白质;（b）将序列 1 的氨基酸序列经过一个或几个氨基酸残基的取代和/或缺失和/或添加且与生物镉抗性相关的由序列 1 衍生的蛋白质。本发明还保护所述蛋白的编码基因以及含有所述编码基因的表达盒、重组表达载体、转基因细胞系或重组菌。实验证明含有所述编码基因的重组菌,对高浓度镉的（1mMCdCl2）抗性显著提高。本发明可应用于培育抗镉重组菌或抗镉转基因植物,具有重大意义。				
法律状态	授权				

（30）CN101361459 B

专利强度	76	申请日	2008.09.19	主 IPC 分类	A01H4/00（2006.01）I
申请人	广州甘蔗糖业研究所				
名称	去除甘蔗宿根矮化病菌、快速繁殖健康甘蔗种苗的方法				
摘要	本发明涉及甘蔗种苗的繁殖生产,提供一种去除甘蔗宿根矮化病菌、快速繁殖健康甘蔗种苗的方法,包括如下步骤:热水处理少量原种并生产、以其再生植株经斑点酶标免疫试验（DB－EIA）检测为阴性的茎尖为外植体,经诱导培养、继代增殖培养、促根培养、假植及二级或三级苗圃扩繁生产健康种苗,并在苗圃扩繁中注意砍种工具（蔗刀）的消毒,在种苗出圃用于大田生产用种前,抽样取蔗茎汁用 DB－EIA 检测 RSD 病菌,确保提供合格种苗。本发明的优点是:能彻底去除甘蔗种苗宿根矮化病原菌,年繁殖系数高达 1 万倍以上,且种苗无变异,具有快速、高效、安全的优点,适合工厂化、规模化、标准化生产甘蔗健康种苗。				
法律状态	授权				

（31）CN101633934 B

专利强度	73	申请日	2008.07.25	主 IPC 分类	C12N15/82（2006.01）I
申请人	西南大学				
名称	表达生长素合成相关基因的植物表达载体及其在棉花纤维性状改良的应用				
摘要	本发明通过将特异启动子与生长素合成酶基因融合,构建特异表达生长素合成酶基因的植物表达载体,将该植物表达载体整合到棉花基因组中,实现了生长素合成酶基因在棉花种皮和纤维中的特异表达;该方法可以显著的增加棉花纤维的产量,改良棉花纤维的品质,为棉花产业和纺织工业提供高品质的纤维。				
法律状态	授权				
同族专利	WO2010009601A1｜CN101633934A｜US20110145947A1｜CN101633934B				

（32）CN101130785 B

专利强度	74	申请日	2007.07.30	主 IPC 分类	C12N15/82（2006.01）I
申请人	北京凯拓三元生物农业技术有限公司				
名称	一个与耐旱相关的水稻 WRKY 基因的克隆及应用				
摘要	本发明所提供了一种来源于水稻的与耐旱性相关的 WRKY 蛋白及其编码基因,将该基因或与之同源的编码相同功能蛋白的 DNA 序列导入植物组织、细胞或器官,再将被转化的植物细胞、组织或器官培育成植株,得到耐旱性提高的转基因植物。实验证明,将本发明的基因转化水稻可显著提高水稻对干旱胁迫的耐受性,且对水稻的正常生长和经济性状没有明显的影响。本发明的蛋白及其编码基因对于植物耐旱机制的研究,以及提高植物的耐旱性及相关性状的改良具有重要的理论及实际意义,将在植物（特别是禾谷类作物）的耐旱基因工程改良中发挥重要作用,应用前景广阔。				
法律状态	授权				

（33）CN101138321 B

专利强度	72	申请日	2007.08.22	主 IPC 分类	A01H4/00（2006.01）I
申请人	浙江省农业科学院				
名称	一种甘蔗脱毒组培快繁的方法				
摘要	本发明涉及一种甘蔗脱毒组培快繁的方法,属植物繁殖技术领域。包括如下步骤:取甘蔗的顶芽或腋芽为外植体,经愈伤组织诱导培养、植株分化培养、增殖培养、生根培养、病毒检测后,大量繁殖脱毒组培苗。本发明的优点是:采用的外植体体积较大,操作容易;接种成活率高;脱毒简便、快捷、彻底;月繁殖系数达 5～10 倍,速度快,适合工厂化育苗,可商品化生产。				
法律状态	授权				

（34）CN101120653 B

专利强度	74	申请日	2007.09.12	主 IPC 分类	A01H1/08（2006.01）I
申请人	桂林亦元生现代生物技术有限公司				
名称	无籽罗汉果及其培育方法				
摘要	本发明将公开无籽罗汉果及其培育方法,其培育方法如下:1)取二倍体罗汉果雌、雄株外植体繁育组培苗;2)取组培继代苗,进行染色体加倍的诱导;3)切取经诱导处理后的雌、雄株的不同部位进行分化培养;4)切取分化培养成的新芽茎尖和茎段进行丛生芽培养;5)将培养成的完整植株进行染色体数目检测,筛选出四倍体植株进行生根培养、炼苗;6)将四倍体植株和二倍体植株按常规技术种植,开花时进行人工授粉杂交,得到交种子;7)将杂交种子繁殖成完整植株,进行染色体数目检测;筛选出三倍体植株,生根培养、炼苗;8)将三倍体植株和二倍体植株种植,开花时用二倍体雄株对三倍体的雌株人工授粉,雌株挂果后得到无籽罗汉果。				
法律状态	授权				

（35）CN101124890 B

专利强度	74	申请日	2006.08.18	主 IPC 分类	A01H4/00（2006.01）I
申请人	上海雷允上科技发展有限公司, 上海市中药研究所				
名称	金线莲组培苗培养方法				
摘要	本发明涉及一种植物组织培养方法,具体涉及金线莲的组培方法及其应用。本发明提供了一种金线莲组培苗培养方法:以野生金线莲为原材料进行诱导培养,通过无激素培养,获得金线莲组培苗无菌培养系,建立适合大规模生产的组培苗培养系统,其培养物的主要有效成分(多糖、氨基酸)与野生金线莲接近且稳定。主要内容包括组培苗培养基的配制;组培苗培养条件;组培苗栽培技术及用途。解决了野生金线莲的自然资源匮乏的问题。				
法律状态	授权				

（36）CN102487817 B

专利强度	72	申请日	2011.11.21	主 IPC 分类	C12N5/04（2006.01）I
申请人	东北林业大学				
名称	花曲柳的离体快繁方法				
摘要	花曲柳的离体快繁方法，涉及一种花曲柳的离体快繁方法及其增殖培养基。是要解决现有花曲柳快繁方法存在步骤烦琐、休眠芽萌发率低、茎芽增殖率低、生根率低、移栽成活率低、成本高的问题。方法：将花曲柳的休眠枝条水培，切取新的枝条带芽茎段预处理，接种到增殖培养基，获得丛生茎芽；以单个茎芽为单位进行切离，再切割成带顶芽的茎段，接种到生根培养基；将再生植株在培养室内敞口炼苗，洗净根系附着的培养基，再移植到栽培基质中培养至长出的新叶完全展开，获得花曲柳苗木，即完成花曲柳的离体快繁。本发明的方法繁殖周期短、速度快、效率高，茎芽增殖率达100%；繁殖成本低；茎芽生根率和移栽成活率均可达90%以上。				
法律状态	授权				

（37）CN102080088 B

专利强度	72	申请日	2009.11.27	主 IPC 分类	C12N15/29（2006.01）I
申请人	创世纪转基因技术有限公司				
名称	一种棉花脱水素类似基因及其应用				
摘要	本发明涉及植物基因工程领域，提供了棉花脱水素类似基因 GhDh1，其核苷酸序列如 SEQ ID NO:1 所示，构建 GhDh1 基因植物表达载体，用根癌农杆菌介导转化烟草，获得转 GhDh1 基因烟草，采用干旱模拟实验验证转 GhDh1 基因烟草，比对照烟草具有更强的耐旱能力，且 GhDh1 基因在烟草中的表达能在一定程度上提高烟草种子在萌发过程中对干旱胁迫的抵抗能力。				
法律状态	授权				
同族专利	CN102080088A｜WO2011063707A1｜CN102080088B				

（38）CN101818157 B

专利强度	71	申请日	2009.12.02	主 IPC 分类	C12N15/32（2006.01）I
申请人	安徽省农业科学院水稻研究所				
名称	一种人工设计的 Bt 抗虫基因及其应用				
摘要	本发明人工设计出一条全新的 Bt 基因，命名为 mCry1Ab，同时构建了 mCry1Ab 基因的表达盒和表达载体，并转化水稻。Cry1Ab/Ac 试纸条检测结果显示，转基因植株体内存在 BT 毒蛋白，且 BT 毒蛋白的平均表达量达 7.23ng/mg。室内和田间抗虫性鉴定都显示转基因植株具有明显的抗虫效果。				
法律状态	授权				

（39）CN101982545 B

专利强度	72	申请日	2010.11.22	主 IPC 分类	C12N15/11（2006.01）I
申请人	深圳华大基因科技有限公司				

表（续）

名称	与谷子株高基因紧密连锁的分子标记 SIsv0053
摘要	本发明属于分子生物学领域，涉及一种分子标记，具体地，涉及一种与谷子株高基因紧密连锁的分子标记，其核苷酸序列如 SEQ ID No.1 所示，或者其为谷子基因组中含有 SEQ ID No.1 所示核苷酸序列的 DNA 片段。本发明还涉及该分子标记的引物、该分子标记在谷子株高基因定位或谷子遗传育种中的用途、一种谷子株高基因定位方法、以及一种谷子育种方法。本发明发现了与谷子株高基因紧密连锁的分子标记 SIsv0053，将谷子基因组 DNA 序列与谷子株高基因联系起来，更有利于谷子分子标记辅助育种体系的建立。
法律状态	授权

（40）CN101974520 B

专利强度	70	申请日	2010.11.22	主 IPC 分类	C12N15/11（2006.01）I
申请人	深圳华大基因科技有限公司				
名称	与谷子株高基因紧密连锁的分子标记 SIsv1118				
摘要	本发明属于分子生物学领域，涉及一种分子标记，具体地，涉及一种与谷子株高基因紧密连锁的分子标记，其核苷酸序列如 SEQ ID No.1 所示，或者其为谷子基因组中含有 SEQ ID No.1 所示核苷酸序列的 DNA 片段。本发明还涉及该分子标记的引物、该分子标记在谷子株高基因定位或谷子遗传育种中的用途、一种谷子株高基因定位方法、以及一种谷子育种方法。本发明发现了与谷子株高基因紧密连锁的分子标记 SIsv1118，将谷子基因组 DNA 序列与谷子株高基因联系起来，更有利于谷子分子标记辅助育种体系的建立。				
法律状态	授权				

（41）CN101766122 B

专利强度	73	申请日	2009.12.31	主 IPC 分类	A01H4/00（2006.01）I
申请人	中国科学院植物研究所				
名称	甜高粱组织培养的方法及其专用培养基				
摘要	本发明公开了一种甜高粱组织培养的方法及其专用培养基。本发明提供的专用培养基是甜高粱幼穗组织培养愈伤组织诱导的专用培养基，是在 MS 基本培养液的基础上，添加水解酪蛋白、脯氨酸、聚乙烯吡咯烷酮（PVP）、维生素 C、2，4－D、ZT、蔗糖和凝胶剂得到的培养基；其中水解酪蛋白的终浓度为 0.3g/L－1g/L，脯氨酸的终浓度为 0.3g/L－1g/L，PVP 的终浓度为 150mg/L－200mg/L，维生素 C 的终浓度为 5mg/L－20mg/L，2，4－D 的终浓度为 1.0mg/L－4.0mg/L，ZT 的终浓度为 0.1mg/L－4mg/L，蔗糖的终浓度为 20g/L－40g/L。本发明的方法是利用甜高粱幼穗为外植体建立组织培养体系，得到再生植株。本发明的方法及专用培养基可得到稳定，重复性良好的高效再生体系。				
法律状态	授权				

（42）CN101736012 B

专利强度	72	申请日	2008.11.27	主 IPC 分类	C12N15/29（2006.01）I
申请人	上海市农业科学院				

表（续）

名称	一种来源于甘蓝型油菜的抗逆 ERF 转录因子基因
摘要	本发明提供了一种甘蓝型油菜抗逆 ERF 转录因子基因及其制备方法和用途。所述的油菜抗逆 ERF 转录因子基因是 BnaERFB1-2-Hy15，其碱基序列如 SEQ ID No 1。本发明利用聚合酶扩增技术从油菜幼苗中克隆 <img file = "d2008102035353a0001083645qietu. GIF" wi = "76" he = "84" /> 蓝型油菜抗逆 ERF 转录因子的基因序列,所获得的 ERF 转录因子基因能用于植物转化,提高植物抗逆性。
法律状态	授权

（43）CN101724031 B

专利强度	71	申请日	2009.12.29	主 IPC 分类	C07K14/415（2006.01）I
申请人	中国科学院遗传与发育生物学研究所				
名称	一种与水稻穗型相关蛋白及其编码基因与应用				
摘要	本发明公开了一种与水稻穗型相关蛋白及其编码基因与应用。该蛋白是如下 a) 或 b) 的蛋白质:a)由序列表中序列 4 所示的氨基酸序列组成的蛋白质;b)将序列表中序列 4 所示的氨基酸序列经过一个或几个氨基酸残基的取代和/或缺失和/或添加且与植物穗型相关的由 a) 衍生的蛋白质。功能互补实验和转基因实验证明,本发明所提供的蛋白及其编码基因控制植物穗型表型,具体如能够促使植物呈现直立穗型表型,本发明蛋白及其编码基因对加强直立穗型水稻育种研究,拓宽现有直立穗型品种遗传基础具有重要意义,在水稻的遗传育种中将发挥重大作用。				
法律状态	授权				

（44）CN101182353 B

专利强度	76	申请日	2007.11.08	主 IPC 分类	C07K14/415（2006.01）I
申请人	中国科学院遗传与发育生物学研究所				
名称	水稻耐逆性相关受体类蛋白 OsSIK1 及其编码基因与应用				
摘要	本发明公开了一种植物耐逆相关蛋白及其编码基因与应用。该植物耐逆性相关蛋白,是如下（a）或（b）的蛋白质:(a)由序列表中序列 2 所示的氨基酸序列组成的蛋白质;(b)将序列表中序列 2 的氨基酸序列经过一个或几个氨基酸残基的取代和/或缺失和/或添加且与植物耐逆性相关的由序列 2 衍生的蛋白质。将该植物耐逆性相关蛋白的编码基因导入植物细胞,可获得对干旱和盐等非生物逆境胁迫耐受力增强的转基因植物品种。				
法律状态	授权				
同族专利	CN101182353A|WO2009060418A2|AR069253A1|CN101182353B|WO2009060418A3				

（45）CN101838647 B

专利强度	75	申请日	2009.12.31	主 IPC 分类	C12N15/113（2010.01）I
申请人	深圳华大基因科技有限公司				
名称	一种启动子 BgIosP587、其制备方法及用途				

表（续）

摘要	本发明涉及一种启动子,特别是一种单子叶植物例如水稻的启动子,以及所述启动子的制备方法及用途。本发明所述启动子具有 SEQ ID NO:1 所示的核苷酸序列,或其具有启动子功能的选自如下的变体:1)在高等严紧条件下与 SEQ ID NO:1 所示的核苷酸序列杂交的核苷酸序列,2)对 SEQ ID NO:1 所示的核苷酸序列进行一个或多个碱基的取代、缺失、添加修饰的核苷酸序列,和 3)与 SEQ ID NO:1 所示的核苷酸序列具有至少 90% 的序列同一性的核苷酸序列。本发明还涉及所述启动子的制备方法以及所述启动子在调控单子叶植物中目的基因表达中的用途。
法律状态	授权

（46）CN101411305 B

专利强度	71	申请日	2008.11.25	主 IPC 分类	C12N5/04(2006.01)I
申请人	华南师范大学				
名称	一种花生离体快速繁殖的方法				
摘要	本发明公开一种花生离体快速繁殖的方法,该方法是在现有组织培养花生离体繁殖所包括的如下四个步骤:(1)外植体表面消毒、(2)诱导不定芽发生、(3)不定芽伸长培养和(4)生根培养的基础上,对步骤(2)中的不定芽发生培养基以及诱导不定芽培养条件和步骤(3)中的芽伸长培养基以及培养条件进行了优化改进。本发明采用 4 - 吡效隆作为主要成分,促进植物组织发生不定芽,与已有促进不定芽发生的物质相比,作用浓度低,效果显著,在不定芽发生过程中外植体接近培养基面的组织不会出现黑色,促进芽生长。本发明方法与已有促进不定芽伸长的方法相比,无须增加专用设备,赤霉素与细胞分裂素类使用浓度小,成本低,伸长培养所需时间短且效果显著。因导入植物细胞,可获得对干旱和盐等非生物逆境胁迫耐受力增强的转基因植物品种。				
法律状态	授权				

（47）CN101386645 B

专利强度	73	申请日	2008.10.29	主 IPC 分类	C07K14/415(2006.01)I
申请人	中国农业科学院作物科学研究所				
名称	一种植物耐盐蛋白及其编码基因与应用				
摘要	本发明公开了一种植物耐盐蛋白及其编码基因与应用。该植物耐盐蛋白,是具有下述氨基酸残基序列之一的蛋白质:1)序列表中的 SEQ ID No.2 的氨基酸残基序列;2)将序列表中的 SEQ ID No.2 的氨基酸残基序列经过一个或几个氨基酸残基的取代和/或缺失和/或添加且具有植物耐盐功能的蛋白质。实验表明,该蛋白具有很高的耐盐性,将该蛋白的编码基因转入植物中,可提高植物的耐盐性。				
法律状态	授权				

（48）CN101182544 B

专利强度	73	申请日	2007.11.15	主 IPC 分类	C12N15/82(2006.01)I
申请人	上海柏泰来生物技术有限公司				
名称	转 ads 基因提高青蒿中青蒿素含量的方法				

表(续)

摘要	本发明是一种生物技术领域的转 ads 基因提高青蒿中青蒿素含量的方法。本发明从青蒿中克隆紫穗槐二烯合成酶 ADS 基因,构建含 ads 基因的植物表达载体,用根癌农杆菌介导,将 ads 基因转入青蒿并再生出植株,PCR 检测外源目的基因 ads 的整合情况,高效液相色谱法及蒸发光散射检测器测定转基因青蒿中青蒿素的含量,筛选获得青蒿素含量提高的转基因青蒿植株。本发明获得的转基因青蒿中青蒿素的含量显著提高,最高达到非转化对照植株的 2.3 倍,从而提供了一种提高青蒿中青蒿素含量的方法,为利用转基因青蒿大规模生产青蒿素打下了基础。
法律状态	授权

附表 2　生物肥料领域主要的高价值核心专利

1. US6596272 B2

专利强度	90	申请日	2001.3.1	主 IPC	C05F01108000	被引次数	33
申请人	Ultra Biotech Limited						
主要技术点	酵母菌						
名称(英文)	Biological fertilizer compositions comprising poultry manure						
名称(中文)	包括家禽粪便的生物肥料组合物						
摘要	The present invention provides biological fertilizer compositions that comprise yeast cells and poultry manure. The yeast cells of the invention have an enhanced ability to fix atmospheric nitrogen decompose phosphorus minerals and compounds decompose potassium minerals and compounds decompose complex carbon compounds overproduce growth factors overproduce ATP decompose undesirable chemicals suppress growth of pathogenic microorganisms or reduce undesirable odor. The biological fertilizer composition of the invention can replace mineral fertilizers in supplying nitrogen phosphorus and potassium to crop plants. Methods of manufacturing biological fertilizer compositions and methods of uses are also encompassed.						
法律状态	有效						
同族专利	US20020187552A1 | US20040168492A1 | US20060024281A1 | US6596272B2 | US6979444B2 | US7422997B2						

2. US6596273 B2

专利强度	90	申请日	2001.3.1	主 IPC	C05F01108000	被引次数	33
申请人	Ultra Biotech Limited						
主要技术点	酵母菌						
名称(英文)	Biological fertilizer compositions comprising swine manure						
名称(中文)	包括猪粪的生物肥料组合物						

表（续）

摘要	The present invention provides biological fertilizer compositions that comprise yeast cells and swine manure. The yeast cells of the invention have an enhanced ability to fix atmospheric nitrogen decompose phosphorus minerals and compounds decompose potassium minerals and compounds decompose complex carbon compounds overproduce growth factors overproduce ATP decompose undesirable chemicals suppress growth of pathogenic microorganisms or reduce undesirable odor. The biological fertilizer composition of the invention can replace mineral fertilizers in supplying nitrogen phosphorus and potassium to crop plants. Methods of manufacturing biological fertilizer compositions and methods of uses are also encompassed.
法律状态	有效
同族专利	US20030005734A1 | US20030230126A1 | US20060024282A1 | US6596273B2 | US6994850B2

3. US6828132 B2

专利强度	86	申请日	2002.7.9	主 IPC	C05F01108000	被引次数	33
申请人	Ultra Biotech Limited						
主要技术点	酵母菌						
名称（英文）	Biological fertilizer compositions comprising garbage						
名称（中文）	包括垃圾的生物肥料组合物						
摘要	The present invention provides biological fertilizer compositions that comprise yeast cells and garbage. The yeast cells of the invention have an enhanced ability to fix atmospheric nitrogen decompose phosphorus minerals and compounds decompose potassium minerals and compounds decompose complex carbon compounds overproduce growth factors overproduce ATP decompose undesirable chemicals suppress growth of pathogenic microorganisms or reduce undesirable odor. The biological fertilizer composition of the invention can replace mineral fertilizers in supplying nitrogen phosphorus and potassium to crop plants. Methods of manufacturing biological fertilizer compositions and methods of uses are also encompassed.						
法律状态	失效						
同族专利	US20030044964A1 | US20050150264A1 | US6828132B2						

4. US6761886 B2

专利强度	86	申请日	2001.3.1	主 IPC	C05F01108000	被引次数	30
申请人	Ultra Biotech Limited						
主要技术点	酵母菌						
名称（英文）	Biological fertilizer compositions comprising cattle manure						
名称（中文）	包括牛粪的生物肥料组合物						

表(续)

摘要	The present invention provides biological fertilizer compositions that comprise yeast cells and cattle manure. The yeast cells of the invention have an enhanced ability to fix atmospheric nitrogen decompose phosphorus minerals and compounds decompose potassium minerals and compounds decompose complex carbon compounds overproduce growth factors overproduce ATP decompose undesirable chemicals suppress growth of pathogenic microorganisms or reduce undesirable odor. The biological fertilizer composition of the invention can replace mineral fertilizers in supplying nitrogen phosphorus and potassium to crop plants. Methods of manufacturing biological fertilizer compositions and methods of uses are also encompassed.
法律状态	失效
同族专利	US20020187900A1 | US6761886B2

5. CN101168491 B

专利强度	84	申请日	2006.10.24	主IPC	C05G00304000
申请人	北京新纪元三色生态科技有限公司				
主要技术点	光合菌、芽孢杆菌、放线菌和乳酸菌				
名称	一种微生物土壤修复剂及其制备方法和应用				
摘要	本发明涉及一种微生物土壤修复剂。本发明还涉及该微生物土壤修复剂的制备方法,将含有光合菌、芽孢杆菌、放线菌和乳酸菌的液体微生物肥吸附于草炭、沸石粉等一种或多种天然有机肥中,按比例搅拌而成。本发明还涉及所述微生物土壤修复剂在修复土壤中的应用效果,通过施用此发明,将有益微生物带入土壤中,利用微生物技术转移、吸收、降解和转化土壤中的污染物,调节土壤pH值,消除土壤板结,抑制土传病害,达到改良土壤结构的目的,使土壤恢复到原生态结构。其次,本发明中大量的活菌群体定植于作物根系中,使作物根部迅速生长、深扎,可提高农产品的产量、质量、品质,是有机农业的理想肥料,在农业可持续发展中有着广阔前景。				
法律状态	有效				

6. CN1830917 B

专利强度	81	申请日	2006.3.15	主IPC	C05F01700000
申请人	郭云征				
主要技术点	EM活菌				
名称	一种速效有机复合肥的制备方法				
摘要	一种速效有机复合肥的制备方法,属肥料技术领域。其制备方法为:a.制备有机肥提取液:将食用菌糠或秸秆粉2~6、畜禽新鲜粪便2~7、水1~4、氮源0.05~0.4、EM活菌微生物制剂0.1~0.3等原料混匀堆置发酵,过滤取其液体,蒸发浓缩得到有机肥提取液;b.复配:在有机肥提取液中加入黄腐酸和氨基酸,其中:有机肥提取液5.5~9.5;黄腐酸0.5~2;氨基酸0.5~2;制成速效有机复合肥。本发明有效成分含量高且肥效均衡、效力迅速且持久、作用广泛、施用量少、施用方便。施用后,可使作物增产10%~20%。				
法律状态	有效				

7. CN101023780 B

专利强度	81	申请日	2007.3.27	主IPC	A23K00118000
申请人	武汉合缘绿色生物工程有限公司				
主要技术点	酵素菌				
名称	酵素菌生物净水虾蟹营养料及制备方法				
摘要	本发明公开一种酵素菌生物净水虾蟹营养料及制备方法,该营养料由微生物菌剂、有机料、无机料、高蛋白物料、微量元素等按一定比例制成,制备步骤是:首先按组分和质量选配原料;其次是将选配好的原料进行粉碎;第三是将粉碎好的原料进行混合均匀;第四是将混合好的物料进行发酵消毒;第五是将发酵、消毒后的物料进行干燥;第六是检验;第七是计量包装。本发明配方合理、含有丰富的营养成分,能改善水质,提高虾、蟹幼苗成活率,净水兼饵功能,营养价值高。方法易行,操作方便,广泛适用于各种虾、蟹幼苗及成鱼养殖。				
法律状态	有效				

8. CN101209933 B

专利强度	79	申请日	2006.12.27	主IPC	C05F01700000
申请人	中国科学院沈阳应用生态研究所				
主要技术点	光合细菌、放线菌、酵母菌				
名称	一种精制生物有机肥及其制备方法				
摘要	本发明涉及农作物肥料的一种,具体为一种利用畜禽粪和味精渣生产的精制生物有机肥及其制备方法。精制生物有机肥包括畜禽粪30%～50%,味精渣20%～30%,褐煤10%～30%,豆饼粉2%～8%,骨粉2%～5%,米糠1%～2%。经多种有益微生物菌群的作用,制成含有作物所必需营养元素的生物有机肥。本发明的优点:制备方法简单,成本低,无污染,能够改善作物品质,是一种环境友好型有机肥料,适合于大面积推广应用。				
法律状态	有效				

9. CN101935249 B

专利强度	78	申请日	2009.12.17	主IPC	C12N00120000
申请人	上海绿乐生物科技有限公司				
主要技术点	解磷菌、解钾菌				
名称	一种颗粒型复合微生物菌剂及其制备方法和应用				
摘要	本发明涉及一种颗粒型复合微生物菌剂,所述的颗粒型复合微生物菌剂按质量百分比,由以下组分组成:粉状复合微生物菌剂80%～90%,磷矿粉8%～14%,中微量元素2%～6%,所述的粉状复合微生物菌剂是由单一菌种的发酵菌液分别用麦饭石进行吸附,所述的菌种是枯草芽孢杆菌,巨大芽孢杆菌和胶冻样芽孢杆菌。本发明还提供了颗粒型复合微生物菌剂的制备方法和应用。本发明为微生物菌剂颗粒生产提供了一种良好载体:麦饭石具有良好的吸附性、溶出性、矿化性和生物活性等多种特性,为微生物菌剂的吸附提供了良好的载体,生产出的肥料具有较好的外观,肥料强度明显增加,大大地提高了肥料的利用率、长效性,也有利于产品的贮存和运输。				
法律状态	有效				

10. CN101289345 B

专利强度	77	申请日	2008.6.18	主 IPC	C05G00300000
申请人	石家庄开发区德赛化工有限公司				
主要技术点	解磷菌				
名称	一种增效复合肥及其制备方法				
摘要	本发明公开了一种增效复合肥及其制备方法。本发明的增效复合肥是在普通复合肥中加入聚天冬氨酸或其盐和解磷剂,其中复合肥、聚天冬氨酸或其盐、解磷剂在增效复合肥中的质量百分含量为:复合肥75.0%~99.98%、聚天冬氨酸或其盐5.0%~0.01%、解磷剂20.0%~0.01%。解磷剂是草酸、柠檬酸、酒石酸、丙烯酸、沸石粉、腐植酸的一种或者几种的组合。本发明的增效复合肥的制备方法是利用现有的团粒法生产化肥的设备和工艺,将聚天冬氨酸或其盐、解磷剂通过设置在造粒机前的计量装置计量后加入到造粒机中。本发明的增效复合肥能够大大促进了作物对氮、磷、钾及微量元素的充分吸收,全面提高肥料利用率,提高了作物的品质。				
法律状态	有效				

11. CN101284741 B

专利强度	76	申请日	2008.5.5	主 IPC	C12N00114000
申请人	张仙峰				
主要技术点	EM 菌、抗生菌、发酵菌				
名称	生物有机肥料				
摘要	本发明涉及一种农业用生物有机肥料,特别是一种对土壤具有抑盐改土作用的生物有机肥料,其特征是:它包括如下按质量百分比配制的原料:腐植酸10%~45%;有机质10%~50%;植物秸秆10%~45%;麦饭石10%~20%;油页岩10%~20%;生物菌0.5%~5%;烟碱水0.5%~2%;苦参0.2%~3%;醋酸0.5%~5%。它可以有效地改变土壤,促进植物的生长。				
法律状态	有效				

12. CN101643704 B

专利强度	76	申请日	2008.8.7	主 IPC	C12N00114000
申请人	中国科学院沈阳应用生态研究所				
主要技术点	霉菌				
名称	一种溶磷草酸青霉菌 P8				
摘要	本发明提供了一种溶磷草酸青霉菌 P8,草酸青霉菌 P8 具有溶解土壤中多种难溶磷的作用,适合南方的红壤、北方的黑土、褐土、潮土等多种土壤类型,具有提高作物产量,活化土壤难溶磷、防止磷肥的土壤化学固定,提高磷肥利用效率的多种作用功能。				
法律状态	有效				

13. CN101665773 B

专利强度	75	申请日	2008.12.23	主 IPC	C12N00120000
申请人	中国农业科学院农业环境与可持续发展研究所;福建省农业科学院农业生物资源研究所;开创阳光环保科技发展(北京)有限公司				
主要技术点	芽孢杆菌、酵母菌、链霉菌				
名称	一种微生物菌剂及其制备方法和畜禽粪便的处理方法				
摘要	本发明提供了一种微生物菌剂及其制备方法,和使用该微生物菌剂的畜禽粪便的处理方法。本发明提供的微生物菌剂能够快速的分解畜禽粪便有机物,有效地去除畜禽粪便中的臭味,降低粪便中的有害物质含量。此外,本发明提供的畜禽粪便的处理方法中,由于畜禽的养殖是在接种有本发明提供的微生物菌剂的基料上进行的,因此畜禽的粪便排泄后,畜禽粪便中的有害物质可以直接在基料中经微生物的发酵而分解;从而使畜禽粪便和使用后的基料可以用作生产有机肥的原料,使畜禽粪便能够完成由废弃物向有机肥料等的转变,并彻底解决了因规模化畜禽养殖而产生的粪便对环境的污染问题。				
法律状态	有效				

14. CN101575252 B

专利强度	75	申请日	2009.4.27	主 IPC	C05G00304000
申请人	贵州华农生物肥业有限公司				
主要技术点	酵母菌				
名称	茶叶专用有机复混肥及其配制方法				
摘要	本发明公开一种茶叶专用有机复混肥,包括:腐植酸铵磷钾肥料为19%～24%、磷肥为5%～6%、钾肥为5%～6%、氮肥为20%～22%、微量元素为1%～4%和活性有机物料45%～50%。由于所述茶叶专用有机复混肥提供更多营养,使茶叶生长快,因而可以提高其茶叶产量。同时使用所述茶叶专用有机复混肥的茶叶含有更多人体需要的矿物质和微量元素,因而能提高茶叶的品质。本发明还提供一种茶叶专用有机复混肥配制方法。				
法律状态	有效				

15. CN101225007 B

专利强度	75	申请日	2008.2.3	主 IPC	C05G00100000
申请人	武汉市科洋生物工程有限公司				
主要技术点	解磷菌、乳酸菌、光合细菌、霉菌、酵母菌				
名称	水产养殖专用生物渔肥及制备方法				

表（续）

摘要	本发明公开了一种水产养殖专用生物渔肥及制备方法。它的主要组成原料为:微生物制剂、无机肥、发酵有机物、氨基酸螯合微量元素、复合多矿、水质改良剂。水产养殖专用生物渔肥制备方法包括下述步骤:微生物制剂的生产;发酵有机物的生产;复合氨基酸螯合微量元素的生产;成品的生产。其优点在于:抑制有害藻类的生长繁殖,促进鱼类适口饵料的大量生长繁殖;有效改良水质和净化水体环境;提高鱼体免疫力,减少病害发生;用量少,节约成本;使用方便,气味温和,不污染水体,产品绿色、环保。生产方法的优点是:生产过程融合现代生物工程技术、低温干燥技术、喷雾干燥技术、超微粉碎技术等于一体,渔肥产品质量稳定,综合成本较低。
法律状态	有效

16. CN101333510 B

专利强度	75	申请日	2008.8.5	主 IPC	C12N00120000
申请人	海南农丰宝肥料有限公司				
主要技术点	解磷菌、霉菌、酵母菌				
名称	一种处理污泥制备生物有机肥料的方法及其专用发酵剂				
摘要	本发明公开了一种处理污泥制备生物有机肥料的方法及其专用发酵剂。本发明所提供的污泥发酵剂,它的活性成分由枯草芽孢杆菌、嗜热脂肪芽孢杆菌、黑曲霉、嗜热侧孢霉和酿酒酵母菌组成。本发明所提供的处理污泥制备生物有机肥料的方法,是将污泥与辅料混合,再接种本发明的污泥发酵剂进行发酵,得到腐熟污泥,再向其中接入细黄链霉菌继续进行培养,得到生物有机肥料。本发明处理污泥制备生物有机肥料的方法,技术工艺简易,设备投资少,污泥发酵脱水、除臭、腐熟效果好,是一种污泥无害化、资源化及循环利用的实用技术。				
法律状态	有效				

17. CN101585723 B

专利强度	74	申请日	2008.6.20	主 IPC	C05F01110000
申请人	青岛聚大洋海藻工业有限公司				
主要技术点	真菌、酵母菌、放线菌和细菌				
名称	海藻生物长效肥的制备方法				
摘要	本发明涉及一种海藻生物长效肥的制备方法,以提取海藻胶、卡拉胶、琼胶后的海藻渣作为活性载体,变废为宝,将海藻提取物内含有的多种海藻生物活性物质和易被植物吸收的整合型营养元素、养分全部包裹,构成缓慢释放系统,使肥效缓慢、长久释放,提供植物整个生长期对营养的需求;采用低温萃取工艺提取海藻中的营养成分,保证海藻活性成分不受破坏,提高了产品有效的营养成分含量;采用特殊的生化工艺,加入具有增效作用的多功能发酵菌种,主要有真菌、酵母菌、放线菌和细菌有益微生物复合而成,他们互不拮抗,在发酵过程中协同作战,通过大量繁殖过程中强大的生化反应完成海藻生物营养成分的有效提取,属无毒、无污染、纯天然海藻生物有机肥。				
法律状态	有效				

18. CN101468927 B

专利强度	74	申请日	2007.12.27	主 IPC	C05G00100000
申请人	袁洋				
主要技术点	解磷菌				
名称	生物有机无机复合肥料产品及其生产方法				
摘要	本发明涉及一种化肥及其生产方法,具体说是一种生物有机无机复合肥料产品及其生产方法。本发明的生物有机无机复合肥料产品,包括肥料核心以及包裹在肥料核心外面的包衣,肥料核心为在处理味精厂废水所得的富含氨基酸、有机质等营养成分的浓缩废液中,添加腐植酸、无机氮磷钾原料,通过喷浆涂布造粒生产而成的颗粒,所述的包衣至少包含动物油脂、淀粉和骨胶以及芽孢杆菌成分。本发明的产品集速效、缓效和长效功能为一体,有机、无机和生物物料于一身。本发明的生产方法以能向微生物提供脂类等养料并且容易降解的动物油脂、淀粉和骨胶为芽孢杆菌制剂载体,克服了将芽孢杆菌制剂与其他肥料成分相混合,易造成菌剂污染和毒杀菌种现象。				
法律状态	有效				

19. CN101215208 B

专利强度	74	申请日	2008.1.18	主 IPC	C09K01714000
申请人	师进				
主要技术点	EM 菌液				
名称	高活性生物营养保水剂及制备方法				
摘要	本发明提供了一种高活性生物营养保水剂,该保水剂采用高吸水树脂为主剂,以 1% ~10% 的丙三醇水溶液为表面交联剂,同时复合 10% ~20% 的腐植酸盐/黄腐酸盐溶液和 10% 的高活性生物菌(如),制备出高活性的生物营养保水剂。本发明具有较高的生物活性,应用于农林业,其增产、增效、环保、改土能力大大加强;本发明采用酸性条件下复合高活性生物制剂,有利于菌种存活和繁殖,低温下干燥不杀死菌种,并有利于菌种休眠储存。				
法律状态	有效				

20. CN101602623 B

专利强度	73	申请日	2009.7.14	主 IPC	C05G00100000
申请人	武汉诚亿生物制品有限公司				
主要技术点	光合菌、乳酸菌、酵母菌、放线菌、解磷菌、解钾菌和固氮菌				
名称	一种微生物有机肥和复混肥及其制作方法				

表（续）

摘要	一种微生物有机肥和复混肥及其制作方法,属于肥料生产领域。首先把鸡粪、草炭、红糖、尿素、磷矿粉、米糠或麦麸、发酵菌按比例配好后进行发酵,发酵后再添加功能菌便制得微生物有机肥;在制得的微生物有机肥中按比例加入无机肥、中微量元素、腐植酸、生物蛋白和功能菌后充分搅拌,再进行制粒、抛光、烘干、分筛后便制得复混肥。所述功能菌包括光合菌、乳酸菌、酵母菌、革兰氏阳性放线菌、解磷菌、解钾菌和固氮菌。本发明制得的肥料能够有效改善作物生长的生态环境,提高作物的品质,抑制病虫害、杀死病原菌,且所含中微量元素种类多、量足、肥效高,使用时只需一次施肥,节省人力,不污染环境。
法律状态	有效

21. CN101284747 B

专利强度	73	申请日	2008.5.9	主IPC	C05G00100000
申请人	广东省农业科学院土壤肥料研究所				
主要技术点	腐熟促进剂				
名称	一种花卉有机－无机缓释肥及其制备方法				
摘要	本发明公开了一种花卉有机－无机缓释肥及其制备方法,该缓释肥含有以下质量百分比的物质:一次发酵产物45%～70%;化肥2%～35%;调理剂5%～30%;包膜材料3%～25%;黏着剂1%～10%;活性物质0%～15%;密封剂0%～12%;将一次发酵产物、化肥和调理剂混合进行堆肥的二次发酵,再将二次发酵产物粉碎后压模成型;最后对压模成型的复混肥颗粒均匀喷涂包膜材料和黏着剂,从而制得花卉有机－无机缓释肥;本发明的花卉有机－无机缓释肥营养全面、堆肥化过程快,腐熟度好,易于花卉吸收,而且生产工艺简单、使用方便。				
法律状态	有效				

22. CN101774845 B

专利强度	72	申请日	2009.12.17	主IPC	C05G00300000
申请人	赵东科				
主要技术点	腐熟促进剂				
名称	一种高效生物有机肥及其生产工艺				
摘要	一种高效生物有机肥,由下述质量比的原料制成:畜禽粪便55%～60%,秸秆20%～25%,油渣5%～10%,腐植酸10%～15%,速腐剂0.1%～0.3%,微量元素0.5%～1%。本发明采用生物菌剂好氧发酵降解工艺、低温干燥工艺和制粒工艺,生产出的生物有机肥含有大量有益微生物,能分解生物活性物质,改良土壤结构,恢复土壤自我生产能力,改善生态环境和养殖环境,提高养殖业经济效益。且肥效期长、肥效稳定,具有促进作物生根、壮秧、促生长、抗病、早熟、增色等无公害功能。				
法律状态	有效				

23. CN101337841 B

专利强度	72	申请日	2008.8.11	主 IPC	C05F01700000
申请人	新疆山川秀丽生物有限公司				
主要技术点	腐熟促进剂				
名称	一种棉秆微生物肥料的生产方法				
摘要	本发明涉及一种棉秆微生物肥料的生产方法,该方法利用棉秆添加腐熟剂生产微生物肥料,将粉碎后的棉秆、动物粪便、无机肥、风化煤和腐熟剂混合均匀,再加水搅拌混合均匀,经过堆积发酵转化腐殖质肥料,该方法具有快速分解棉秆木质素,纤维素,充分利用棉秆有效成分,提高土壤有机质等特点。本发明与已有技术相比,其优点是功能性菌种迅速生长,缩短棉秆腐熟时间,同时杀灭有关害虫,该肥料生产成本低,适宜于推广使用,从而克服了棉秆还田法中存在的不足和环境污染的问题。				
法律状态	有效				

24. CN101200385 B

专利强度	72	申请日	2006.12.13	主 IPC	C05F01108000
申请人	四川艾蒙爱生物科技有限公司				
主要技术点	侧孢芽孢杆菌、枯草芽孢杆菌				
名称	用侧孢芽孢杆菌、枯草芽孢杆菌制备复合微生物肥料				
摘要	本发明公开了用侧孢芽孢杆菌、枯草芽孢杆菌制备复合微生物肥料的方法。这种复合微生物肥料的成分为:有机肥料50%～70%,无机肥料20%～40%,微生物菌2%～8%。微生物菌特指:侧孢芽孢杆菌、枯草芽孢杆菌。它的制备过程:1、将侧孢芽孢杆菌、枯草芽孢杆菌种在 PDA 培养基斜面上制成菌悬液,然后喷洒在载体上作成孢子粉。2、将畜禽粪25%～30%、餐厨垃圾10%～15%、泥炭15%～20%、菌渣15%～20%、秸秆粉10%～15%、硫酸钾5%～10%、磷酸一钙和过磷酸钙5%～15%、钙镁磷肥3%～5%、硼泥5%～10%、硫酸亚铁0.5%～1%、石膏1%～2%、石灰1%～1.5%配料拌匀,调节含水分在55%～60%范围,发酵槽发酵后制成有机肥料。3、将2%～8%的侧孢芽孢杆菌、枯草芽孢杆菌孢子粉与20%～40%的无机肥料和50%～70%的有机肥料作搅拌均匀后送滚筒造粒机造粒,经烘干、冷却、筛分后待装。				
法律状态	有效				

25. CN101200387 B

专利强度	72	申请日	2006.12.13	主 IPC	C05G00100000
申请人	四川艾蒙爱生物科技有限公司				
主要技术点	侧孢芽孢杆菌、枯草芽孢杆菌				
名称	用侧孢芽孢杆菌、枯草芽孢杆菌制备微生物有机肥料				

表（续）

摘要	本发明公开了用侧孢芽孢杆菌、枯草芽孢杆菌制备微生物有机肥料的方法。这种微生物有机肥料的组分为：畜禽粪 25%～30%、餐厨垃圾 15%～20%、腐植酸 15%～20%、菌渣 15%～20%，磷肥 5%～15%、钾肥 5%～10%、秸秆 10%～15%、微生物菌 3%～7%、微量元素 1%～1.5%。微生物菌特指：侧孢芽孢杆菌（Bacillus Laterosporus）和枯草芽孢杆菌（Bacillus Subtilis）。它的制备过程是：1. 将侧孢芽孢杆菌、枯草芽孢杆菌种在 PDA 培养基斜面上制成菌悬液，然后喷洒在载体上作成孢子粉。2. 将畜禽粪 25%～30%、餐厨垃圾 10%～15%、泥炭 15%～20%、菌渣 15%～20%、秸秆粉 10%～15%、硫酸钾 5%～10%、磷酸一钙和过磷酸钙 5%～15%、钙镁磷肥 3%～5%、硼泥 5%～10%、硫酸亚铁 0.5%～1%、石膏 1%～2%、石灰 1%～1.5% 配料拌匀，调节含水分在 55%～60% 范围，放进发酵槽。同时均匀加入酵素菌，机械化翻抛，以疏松物料，增大氧气量。经 25 天左右发酵后进行烘干、粉碎成成品待装。
法律状态	有效

26. CN101870610 B

专利强度	72	申请日	2010.6.14	主IPC	C05G00300000
申请人	湖南省中科农业有限公司				
主要技术点	固氮菌、解磷菌、解钾菌、放线菌、酵母菌、芽孢杆菌				
名称	一铵型高效精制多菌种生物有机肥及其制备方法				
摘要	本发明公开的一铵型高效精制多菌种生物有机肥及其制备方法，涉及农用肥料领域，由有机质废弃物 44～54 份、氯化钾 10～15 份、腐植酸 10～15 份、中微量元素 0.4～0.6 份、微生物 0.4～0.6 份、尿素 5～10 份、磷酸一铵 10～15 份、氯化铵 5～10 份按质量份额混合、造粒而成，具有多菌共生环境较好、生物活性较强、肥效较高，有机质、有效微生物群体和化学养分三者齐全，且具有控缓释效果等特点，应用本发明的一铵型高效精制多菌种生物有机肥，能够培肥地力、提高化肥利用率、改善农产品品质、增强植物抗病虫害和抗旱能力、抑制农作物对重金属及农药等有害物质的吸收、净化和修复土壤等，可适合各种作物和土壤使用。				
法律状态	有效				

27. CN101870609 B

专利强度	72	申请日	2010.6.14	主IPC	C05G0030000
申请人	湖南省中科农业有限公司				
主要技术点	固氮菌、解磷菌、解钾菌、放线菌、酵母菌、芽孢杆菌				
名称	磷钙型高效精制多菌种生物有机肥及其制备方法				
摘要	本发明公开的磷钙型高效精制多菌种生物有机肥及其制备方法，涉及农用肥料领域，由有机质废弃物 44～54 份、氯化钾 10～15 份、腐植酸 10～15 份、中微量元素 0.4～0.6 份、微生物 0.4～0.6 份、尿素 5～10 份、过磷酸钙 5～15 份、磷酸二铵 5～15 份按质量份额混合、造粒而成，具有多菌共生环境较好、生物活性较强、肥效较高，有机质、有效微生物群体和化学养分三者齐全，且具有控缓释效果等特点，应用本发明的磷钙型高效精制多菌种生物有机肥，能够培肥地力、提高化肥利用率、改善农产品品质、增强植物抗病虫害和抗旱能力、抑制农作物对重金属及农药等有害物质的吸收、净化和修复土壤等，可适合各种作物和土壤使用。				
法律状态	有效				

28. CN101955382 B

专利强度	71	申请日	2010.8.16	主IPC	C05F00904000
申请人	广州农冠生物科技有限公司				
主要技术点	枯草芽孢杆菌、木霉菌				
名称	一种餐厨垃圾处理方法及其处理系统				
摘要	一种餐厨垃圾处理方法,其包括以下步骤:(1)分类筛选:将收集的餐厨垃圾按照有机物和无机物分类,有机物等待处理;(2)破碎:将分离出来的有机物进行破碎,获得粒度均一的垃圾颗粒混合物;(3)发酵处理:向破碎后的垃圾颗粒混合物中添加发酵剂,进行第一次发酵处理,获得发酵物;(4)油脂分离:将发酵液中的油脂类物质分离出来,并滤除;(5)干湿分离:将发酵物进行干湿分离,获得固体有机物和液体有机物;(6)沉淀:将液体有机物进行沉淀,去除沉淀;(7)制备肥料:将固体有机物和液体有机物分别制得固态肥料和液态肥料。本发明的处理方法,将餐厨垃圾处理后制成肥料使用,营养物质可再利用,更环保。				
法律状态	有效				

29. CN101889629 B

专利强度	71	申请日	2010.6.13	主IPC	A23K00110000
申请人	中山大学				
主要技术点	EM菌液				
名称	利用黑水虻幼虫处理餐厨垃圾的方法及物料配方				
摘要	本发明属于环保领域,涉及一种利用黑水虻幼虫处理餐厨垃圾的方法。包括这些步骤:将餐厨垃圾粗碎后添加辅料,得到黑水虻幼虫培养料,再在黑水虻幼虫培养料表面接入黑水虻卵,黑水虻卵孵化的幼虫取黑水虻幼虫培养料,使垃圾得到处理和清除。在黑水虻幼虫老熟前,在黑水虻幼虫培养料堆放区域的外部连接一个虫体收集容器,该虫体收集容器内装有干燥的米糠粉,用以引导收集老熟的黑水虻幼虫。剩余的经处理的黑水虻幼虫培养料,经烘干后制成生物有机肥,本发明方法的处理能力强,处理速度较普通堆肥快,处理周期4~5天;经处理后,食品垃圾容量减少10%~30%,食品垃圾异味减少;处理垃圾的同时还获得优质生物有机肥和优质昆虫生物蛋白。				
法律状态	有效				

30. CN101712579 B

专利强度	71	申请日	2009.9.15	主IPC	C05G00300000
申请人	珠海市园艺研究所				
主要技术点	EM微生物菌群				
名称	利用城市生活污泥制作花卉有机缓释肥的方法				
摘要	本发明提供了一种利用城市生活污泥制作花卉有机缓释肥的方法。该方法的大致流程为:原始污泥→晾晒脱水→粉碎→添加微生物和膨胀物→堆沤发酵→烘干→粉碎→过筛→添加无机肥料→造粒→二次烘干→冷却→筛分→计量包装。本发明提供的制作花卉有机缓释肥的方法生产工艺简单,生产成本低,综合利用城市污水处理产生的生活污泥,化害为利、变废为宝,实现污泥减量化、无害化和资源化提供了有效的技术方法和途径。				
法律状态	有效				

31. CN101070255 B

专利强度	71	申请日	2007.5.27	主 IPC	C05F00904000
申请人	福建农林大学				
主要技术点	酵母菌、乳酸菌				
名称	烟杆堆肥的方法及产品				
摘要	一种烟杆堆肥方法,以烤烟茎秆为主材料,配合城市泔水或畜禽粪便或化学氮肥的 1 种或多种,加入酵母菌和乳酸菌,通过好氧堆肥法制成烟秆堆肥;烤烟茎秆堆肥的堆料 C/N 比调节为 26～30/1,水分含量调节为 60%～65%,条垛高度为 1.5 米左右,7d 左右翻堆一次;腐熟后,还需粉碎、分筛、包装。该方法生产有机肥可充分利用农业生产与生活的废弃物,产品可广泛应用于各种农作物及果树生产,能较好改善作物品质,改良培肥地力,净化环境。				
法律状态	有效				

32. CN101993305 B

专利强度	71	申请日	2010.10.15	主 IPC	C05G00300000
申请人	领先生物农业股份有限公司				
主要技术点	枯草芽孢杆菌、硅酸盐细菌				
名称	一种复合微生物菌剂及其生产方法				
摘要	本发明涉及一种复合微生物菌剂及其生产方法。所述的复合微生物菌剂是是由颗粒状物料核芯、石蜡保护涂层和在所述核芯与所述保护涂层之间的微生物菌剂包裹层组成的。优异产品结构可以保证所述复合微生物菌剂中的有效微生物含量高,产品性能稳定,适应各种农作物的需求,肥效高,与现有生物肥料相比,使用本发明复合微生物菌剂可以达到粮食作物增产 10%～15%,经济作物增产 8%～14%,蔬菜增产 15%～20%,水果增产 15%～25%。采用本发明的生产方法,产品的成粒率可高达95%,产品颗粒强度高,由于颗粒物料水分低,降低了能源过程的能源消耗,提高了烘干设备生产效率,降低了烘干设备的投资。				
法律状态	有效				

33. CN101318854 B

专利强度	71	申请日	2008.7.15	主 IPC	C05F01700000
申请人	江西汇仁药业有限公司				
主要技术点	有机肥料发酵菌、有机肥料活菌剂				
名称	一种利用中药渣制备的有机肥料				
摘要	本发明涉及一种利用中药渣制备的有机肥料及其制备方法,所述方法包括以下步骤:将中药渣切碎,加入菌种,搅拌均匀,堆放发酵,经过翻堆,再进行静态包发酵,水分≤25%时,打粗粉,晾干,水分≤20%,打细粉,出成品。				
法律状态	有效				

34. CN101108779 B

专利强度	71	申请日	2007.6.20	主 IPC	C05G00100000
申请人	广西禾鑫生物科技有限公司				
主要技术点	芽孢杆菌、乳酸菌、酵母菌				
名称	以糖蜜发酵废液及滤泥生产有机无机复混肥的方法				
摘要	本发明以糖蜜发酵废液及滤泥生产有机无机复混肥的方法,涉及通过发酵生产肥料的方法,解决大规模连续回收加工糖蜜发酵废液的问题。本发明的方法用质量百分比0.4%～0.6%甘蔗渣制的生物腐植酸对65%～68%的滤泥、10%～12%的蔗渣粉和1.5%～2.5%的麦麸以及17%～19.9%的调整剂等物料在较短时间内充分连续发酵;开堆后烘干得到含水10%～12%的已发酵物,粉碎成滤泥有机肥。把含水90%的糖蜜发酵废液用三效强制循环式浓缩系统再经二效刮蒸式超浓缩系统浓缩成含水26%～28%的超浓缩液。按质量百分比把30%～33%的超浓缩液与9%～10%的上述生物腐植酸搅拌混合均匀后加入32%～34%的化肥和25%～27%的滤泥有机肥搅拌,经干式挤压造粒成有机无机复混肥。				
法律状态	有效				

35. CN101195549 B

专利强度	71	申请日	2007.11.30	主 IPC	C05G00100000
申请人	上海绿乐生物科技有限公司				
主要技术点	有机物料腐熟剂				
名称	一种多功能生物有机肥的生产方法				
摘要	本发明提供了一种多功能生物有机肥的生产方法。本发明的技术方案是将枯草芽孢杆菌(Bacillus subtilis),巨大芽孢杆菌(Bacillus megaterium)和胶陈样芽孢杆菌(Bacillusmucilaginosus)单独发酵生产,发酵后的菌液分别用稻壳粉吸附,将三种吸附后的单一菌剂按照1:0.8～1.2:1.5～2.5的比例混合、粉碎,得到复合微生物菌剂。将味精生产过程中得到的水解渣处理后,加入微量元素原材料,再加入占总质量4%～7%的复合微生物菌剂,即得到所需的生物有机肥料。该方法生产工艺简单,有利于规模化生产。				
法律状态	有效				

36. CN101597187 B

专利强度	71	申请日	2009.7.2	主 IPC	C05F01108000
申请人	上海绿乐生物科技有限公司				
主要技术点	有机物料腐熟剂				
名称	一种用于水产养殖的复合微生物肥料的生产方法及肥料				

表（续）

摘要	本发明提供了一种用于水产养殖的复合微生物肥料及其生产方法。该方法采用味精生产过程中的发酵滤饼为原料,将发酵滤饼与熟石灰混合、粉碎,然后利用稻壳粉分别吸附发酵的红色无硫细菌(Purple nonsulfur bacteria)、枯草芽孢杆菌(Bacillussubtilis)和胶胨样芽孢杆菌(Bacillus mucilagimosus krassilm)后,按1.5~2.5:1.5~2.5:1的比例混合吸附后的单一菌剂,将混合后的菌剂按5%~15%的比例加入到发酵滤饼原料中,同时加入无机肥料,混合后得到用于水产养殖的复合微生物肥料。该复合微生物肥料中有效活菌数≥2×10^{7}个/克,总养分(N+P$_2$O$_5$+K$_2$O)为6%~25%,有机质含量为15%~30%。本发明的生产方法工艺简单,生产的复合微生物肥料能有效提高水产养殖的产量和质量。
法律状态	有效

37. CN101544522 B

专利强度	70	申请日	2009.4.30	主IPC	C05G00300000
申请人	山东省农业科学院土壤肥料研究所				
主要技术点	沼气微生物菌剂				
名称	一种沼液膏体肥料及其制备方法				
摘要	本发明沼液膏体肥料涉及利用沼液生产一种膏体状有机复混肥料的制备技术,特别涉及一种利用畜禽粪便沼液和腐植酸类原料混合制取膏体肥料的方法与应用,属于新型有机肥料技术领域及农业废弃物资源循环利用技术领域。它主要成分为沼液,并且添加了尿素、磷酸二铵、硫酸钾、氨化褐煤、增稠剂及其他添加剂;将尿素、磷酸二铵、硫酸钾、氨化褐煤、增稠剂及其他添加剂加入沼液中混合搅拌均匀,磨碎制成膏状即可。本发明利用沼液制备膏体肥,是废弃物的资源化,并且制备方法简便,所需设备简单,易于在肥料工业中推广应用。该肥料溶解性好、养分齐全、增产及品质改善效果显著。可广泛应用于蔬菜、瓜果、粮食、林木及各种经济作物。				
法律状态	有效				

38. CN101429066 B

专利强度	70	申请日	2008.11.22	主IPC	C05G00100000
申请人	寿光蔡伦中科肥料有限责任公司				
主要技术点	酵母菌				
名称	利用造纸污泥制备有机肥的方法				
摘要	本发明公开了一种利用造纸污泥制备有机肥的方法,为采用造纸污泥与调理剂等成分混合后经高温好氧发酵、后熟、粉碎、筛分后混入氮、磷、钾等肥料以及中微量元素后制备而成的有机肥料。本发明工艺简便易行,无害化效果显著,避免环境污染,且养分损失少,生产的有机肥料可广泛用于蔬菜、果树、中草药、花卉等经济作物以及小麦、玉米、水稻等大田作物。				
法律状态	有效				

39. CN101973803B

专利强度	70	申请日	2010.10.15	主 IPC	C05G00100000
申请人	湖南省中科农业有限公司				
主要技术点	固氮菌、解磷菌、解钾菌、芽孢杆菌、放线菌、酵母菌				
名称	一种沼渣高效多菌种活性生物肥及其制备方法				
摘要	本发明公开的一种沼渣高效多菌种活性生物肥及其制备方法,涉及农用肥料领域,由沼渣 44~54 份、氯化钾 10~15 份、腐植酸 10~15 份、中微量元素 0.4~0.6 份、微生物 0.4~0.6 份、尿素 5~10 份、磷酸一铵 10~15 份和氯化铵 5~10 份按质量份额混合、造粒而成,具有多菌共生环境较好、生物活性较强、肥效较高,有机质、有效微生物群体和化学养分三者齐全,且具有控缓释效果等特点,本发明的沼渣高效多菌种活性生物肥,既可用作水稻肥料,也可用作旱粮及蔬菜、瓜果和果树肥料;应用后,能够培肥地力、提高化肥利用率、改善农产品品质、增强植物抗病虫害和抗旱能力、净化和修复土壤等。				
法律状态	有效				

40. CN101270003B

专利强度	70	申请日	2008.4.9	主 IPC	C05F01700000
申请人	李克彦				
主要技术点	解磷菌				
名称	生物有机肥料及其制备方法				
摘要	本发明公开的一种沼渣高效多菌种活性生物肥及其制备方法,涉及农用肥料领域,由沼渣 44~54 份、氯化钾 10~15 份、腐植酸 10~15 份、中微量元素 0.4~0.6 份、微生物 0.4~0.6 份、尿素 5~10 份、磷酸一铵 10~15 份和氯化铵 5~10 份按质量份额混合、造粒而成,具有多菌共生环境较好、生物活性较强、肥效较高,有机质、有效微生物群体和化学养分三者齐全,且具有控缓释效果等特点,本发明的沼渣高效多菌种活性生物肥,既可用作水稻肥料,也可用作旱粮及蔬菜、瓜果和果树肥料;应用后,能够培肥地力、提高化肥利用率、改善农产品品质、增强植物抗病虫害和抗旱能力、净化和修复土壤等。				
法律状态	有效				

41. CN1830917 B

专利强度	81	申请日	2006.3.15	主 IPC	C05F01700000
申请人	郭云征				
主要技术点	EM 活菌				
名称	一种速效有机复合肥的制备方法				
摘要	一种速效有机复合肥的制备方法,属肥料技术领域。其制备方法为:a. 制备有机肥提取液:将食用菌糠或秸秆粉 2~6、畜禽新鲜粪便 2~7、水 1~4、氮源 0.05~0.4、EM 活菌微生物制剂 0.1~0.3 等原料混匀堆置发酵,过滤取其液体,蒸发浓缩得到有机肥提取液;b. 复配:在有机肥提取液中加入黄腐酸和氨基酸,其中:有机肥提取液 5.5~9.5;黄腐酸 0.5~2;氨基酸 0.5~2;制成速效有机复合肥。本发明有效成分含量高且肥效均衡、效力迅速且持久、作用广泛、施用量少、施用方便。施用后,可使作物增产 10%~20%。				
法律状态	有效				

42. CN101023780 B

专利强度	81	申请日	2007.3.27	主IPC	A23K00118000
申请人	武汉合缘绿色生物工程有限公司				
主要技术点	酵素菌				
名称	酵素菌生物净水虾蟹营养料及制备方法				
摘要	本发明公开一种酵素菌生物净水虾蟹营养料及制备方法,该营养料由微生物菌剂、有机料、无机料、高蛋白物料、微量元素等按一定比例制成,制备步骤是:首先按组分和质量选配原料;其次是将选配好的原料进行粉碎;第三是将粉碎好的原料进行混合均匀;第四是将混合好的物料进行发酵消毒;第五是将发酵、消毒后的物料进行干燥;第六是检验;第七是计量包装。本发明配方合理、含有丰富的营养成分,能改善水质,提高虾、蟹幼苗成活率,净水兼饵功能,营养价值高。方法易行,操作方便,广泛适用于各种虾、蟹幼苗及成鱼养殖。				
法律状态	有效				

43. CN101209933 B

专利强度	79	申请日	2006.12.27	主IPC	C05F01700000
申请人	中国科学院沈阳应用生态研究所				
主要技术点	光合细菌、放线菌、酵母菌				
名称	一种精制生物有机肥及其制备方法				
摘要	本发明涉及农作物肥料的一种,具体为一种利用畜禽粪和味精渣生产的精制生物有机肥及其制备方法。精制生物有机肥包括畜禽粪30%～50%,味精渣20%～30%,褐煤10%～30%,豆饼粉2%～8%,骨粉2%～5%,米糠1%～2%。经多种有益微生物菌群的作用,制成含有作物所必需营养元素的生物有机肥。本发明的优点:制备方法简单,成本低,无污染,能够改善作物品质,是一种环境友好型有机肥料,适合于大面积推广应用。				
法律状态	有效				

44. CN101935249 B

专利强度	78	申请日	2009.12.17	主IPC	C12N00120000
申请人	上海绿乐生物科技有限公司				
主要技术点	解磷菌、解钾菌				
名称	一种颗粒型复合微生物菌剂及其制备方法和应用				
摘要	本发明涉及一种颗粒型复合微生物菌剂,所述的颗粒型复合微生物菌剂按质量百分比,由以下组分组成:粉状复合微生物菌剂80%～90%,磷矿粉8%～14%,中微量元素2%～6%,所述的粉状复合微生物菌剂是由单一菌种的发酵菌液分别用麦饭石进行吸附,所述的菌种是枯草芽孢杆菌,巨大芽孢杆菌和胶冻样芽孢杆菌。本发明还提供了颗粒型复合微生物菌剂的制备方法和应用。本发明为微生物菌剂颗粒生产提供了一种良好载体:麦饭石具有良好的吸附性、溶出性、矿化性和生物活性等多种特性,为微生物菌剂的吸附提供了良好的载体,生产出的肥料具有较好的外观,肥料强度明显增加,大大地提高了肥料的利用率、长效性,也有利于产品的贮存和运输。				
法律状态	有效				

45. CN101289345 B

专利强度	77	申请日	2008.6.18	主 IPC	C05G00300000
申请人	石家庄开发区德赛化工有限公司				
主要技术点	解磷菌				
名称	一种增效复合肥及其制备方法				
摘要	本发明公开了一种增效复合肥及其制备方法。本发明的增效复合肥是在普通复合肥中加入聚天冬氨酸或其盐和解磷剂,其中复合肥、聚天冬氨酸或其盐、解磷剂在增效复合肥中的质量百分含量为:复合肥75.0%～99.98%、聚天冬氨酸或其盐5.0%～0.01%、解磷剂20.0%～0.01%。解磷剂是草酸、柠檬酸、酒石酸、丙烯酸、沸石粉、腐植酸的一种或者几种的组合。本发明的增效复合肥的制备方法是利用现有的团粒法生产化肥的设备和工艺,将聚天冬氨酸或其盐、解磷剂通过设置在造粒机前的计量装置计量后加入到造粒机中。本发明的增效复合肥能够大大促进了作物对氮、磷、钾及微量元素的充分吸收,全面提高肥料利用率,提高了作物的品质。				
法律状态	有效				

46. CN101284741 B

专利强度	76	申请日	2008.5.5	主 IPC	C12N00114000
申请人	张仙峰				
主要技术点	EM 菌、抗生菌、发酵菌				
名称	生物有机肥料				
摘要	本发明涉及一种农业用生物有机肥料,特别是一种对土壤具有抑盐改土作用的生物有机肥料,其特征是:它包括如下按质量百分比配制的原料:腐植酸10%～45%;有机质10%～50%;植物秸秆10%～45%;麦饭石10%～20%;油页岩10%～20%;生物菌0.5%～5%;烟碱水0.5%～2%;苦参0.2%～3%;醋酸0.5%～5%。它可以有效地改变土壤,促进植物的生长。				
法律状态	有效				

47. CN101643704 B

专利强度	76	申请日	2008.8.7	主 IPC	C12N00114000
申请人	中国科学院沈阳应用生态研究所				
主要技术点	霉菌				
名称	一种溶磷草酸青霉菌 P8				
摘要	本发明提供了一种溶磷草酸青霉菌 P8,草酸青霉菌 P8 具有溶解土壤中多种难溶磷的作用,适合南方的红壤、北方的黑土、褐土、潮土等多种土壤类型,具有提高作物产量,活化土壤难溶磷、防止磷肥的土壤化学固定,提高磷肥利用效率的多种作用功能。				
法律状态	有效				

48. CN101665773 B

专利强度	75	申请日	2008.12.23	主IPC	C12N00120000
申请人	中国农业科学院农业环境与可持续发展研究所;福建省农业科学院农业生物资源研究所;开创阳光环保科技发展(北京)有限公司				
主要技术点	芽孢杆菌、酵母菌、链霉菌				
名称	一种微生物菌剂及其制备方法和畜禽粪便的处理方法				
摘要	本发明提供了一种微生物菌剂及其制备方法,和使用该微生物菌剂的畜禽粪便的处理方法。本发明提供的微生物菌剂能够快速的分解畜禽粪便有机物,有效地去除畜禽粪便中的臭味,降低粪便中的有害物质含量。此外,本发明提供的畜禽粪便的处理方法中,由于畜禽的养殖是在接种有本发明提供的微生物菌剂的基料上进行的,因此畜禽的粪便排泄后,畜禽粪便中的有害物质可以直接在基料中经微生物的发酵而分解;从而使畜禽粪便和使用后的基料可以用作生产有机肥的原料,使畜禽粪便能够完成由废弃物向有机肥料等的转变,并彻底解决了因规模化畜禽养殖而产生的粪便对环境的污染问题。				
法律状态	有效				

49. CN101575252 B

专利强度	75	申请日	2009.4.27	主IPC	C05G00304000
申请人	贵州华农生物肥业有限公司				
主要技术点	酵母菌				
名称	茶叶专用有机复混肥及其配制方法				
摘要	本发明公开一种茶叶专用有机复混肥,包括:腐植酸铵磷钾肥料为19%～24%、磷肥为5%～6%、钾肥为5%～6%、氮肥为20%～22%、微量元素为1%～4%和活性有机物料45%～50%。由于所述茶叶专用有机复混肥提供更多营养,使茶叶生长迅速,提高其茶叶产量。同时使用所述茶叶专用有机复混肥的茶叶含有更多人体需要的矿物质和微量元素,因而能提高茶叶的品质。本发明还提供一种茶叶专用有机复混肥配制方法。				
法律状态	有效				

50. CN101225007 B

专利强度	75	申请日	2008.2.3	主IPC	C05G00100000
申请人	武汉市科洋生物工程有限公司				
主要技术点	解磷菌、乳酸菌、光合细菌、霉菌、酵母菌				
名称	水产养殖专用生物渔肥及制备方法				

表（续）

摘要	本发明公开了一种水产养殖专用生物渔肥及制备方法。它的主要组成原料为:微生物制剂、无机肥、发酵有机物、氨基酸螯合微量元素、复合多矿、水质改良剂。水产养殖专用生物渔肥制备方法包括下述步骤:微生物制剂的生产;发酵有机物的生产;复合氨基酸螯合微量元素的生产;成品的生产。其优点在于:抑制有害藻类的生长繁殖,促进鱼类适口饵料的大量生长繁殖;有效改良水质和净化水体环境;提高鱼体免疫力,减少病害发生;用量少,节约成本;使用方便,气味温和,不污染水体,产品绿色、环保。生产方法的优点是:生产过程融合现代生物工程技术、低温干燥技术、喷雾干燥技术、超微粉碎技术等于一体,渔肥产品质量稳定,综合成本较低。
法律状态	有效

51. CN101333510 B

专利强度	75	申请日	2008.8.5	主 IPC	C12N00120000
申请人	海南农丰宝肥料有限公司				
主要技术点	解磷菌、霉菌、酵母菌				
名称	一种处理污泥制备生物有机肥料的方法及其专用发酵剂				
摘要	本发明公开了一种处理污泥制备生物有机肥料的方法及其专用发酵剂。本发明所提供的污泥发酵剂,它的活性成分由枯草芽孢杆菌、嗜热脂肪芽孢杆菌、黑曲霉、嗜热侧孢霉和酿酒酵母菌组成。本发明所提供的处理污泥制备生物有机肥料的方法,是将污泥与辅料混合,再接种本发明的污泥发酵剂进行发酵,得到腐熟污泥,再向其中接入细黄链霉菌继续进行培养,得到生物有机肥料。本发明处理污泥制备生物有机肥料的方法,技术工艺简易,设备投资少,污泥发酵脱水、除臭、腐熟效果好,是一种污泥无害化、资源化及循环利用的实用技术。				
法律状态	有效				

52. CN101585723 B

专利强度	74	申请日	2008.6.20	主 IPC	C05F01110000
申请人	青岛聚大洋海藻工业有限公司				
主要技术点	真菌、酵母菌、放线菌和细菌				
名称	海藻生物长效肥的制备方法				
摘要	本发明涉及一种海藻生物长效肥的制备方法,以提取海藻胶、卡拉胶、琼胶后的海藻渣作为活性载体,变废为宝,将海藻提取物内含有的多种海藻生物活性物质和易被植物吸收螯合型营养元素、养分全部包裹,构成缓慢释放系统,使肥效缓慢、长久释放,提供植物整个生长期对营养的需求;采用低温萃取工艺提取海藻中的营养成分,保证海藻活性成分不受破坏,提高了产品有效的营养成分含量;采用特殊的生化工艺,加入具有增效作用的多功能发酵菌种,主要有真菌、酵母菌、放线菌和细菌有益微生物复合而成,他们互不抗拮,在发酵过程中协同作战,通过大量繁殖过程中强大的生化反应完成海藻生物营养成分的有效提取,属无毒、无污染、纯天然海藻生物有机肥。				

表（续）

法律状态	有效

53. CN101468927 B

专利强度	74	申请日	2007.12.27	主 IPC	C05G00100000
申请人	袁洋				
主要技术点	解磷菌				
名称	生物有机无机复合肥料产品及其生产方法				
摘要	本发明涉及一种化肥及其生产方法，具体说是一种生物有机无机复合肥料产品及其生产方法。本发明的生物有机无机复合肥料产品，包括肥料核心以及包裹在肥料核心外面的包衣，肥料核心为在处理味精厂废水所得的富含氨基酸、有机质等营养成分的浓缩废液中，添加腐植酸、无机氮磷钾原料，通过喷浆涂布造粒生产而成的颗粒，所述的包衣至少包含动物油脂、淀粉和骨胶以及芽孢杆菌成分。本发明的产品集速效、缓效和长效功能为一体，有机、无机和生物物料于一身。本发明的生产方法以能向微生物提供脂类等养料并且容易降解的动物油脂、淀粉和骨胶为芽孢杆菌制剂载体，克服了将芽孢杆菌制剂与其他肥料成分相混合，易造成菌剂污染和毒杀菌种现象。				
法律状态	有效				

54. CN101215208 B

专利强度	74	申请日	2008.1.18	主 IPC	C09K01714000
申请人	师进				
主要技术点	EM 菌液				
名称	高活性生物营养保水剂及制备方法				
摘要	本发明提供了一种高活性生物营养保水剂，该保水剂采用高吸水树脂为主剂，以1%~10%的丙三醇水溶液为表面交联剂，同时复合10%~20%的腐植酸盐/黄腐酸盐溶液和10%的高活性生物菌（如），制备出高活性的生物营养保水剂。本发明具有较高的生物活性，应用于农林业，其增产、增效、环保、改土能力大大加强；本发明采用酸性条件下复合高活性生物制剂，有利于菌种存活和繁殖，低温下干燥不杀死菌种，并有利于菌种休眠储存。				
法律状态	有效				

55. CN101602623 B

专利强度	73	申请日	2009.7.14	主 IPC	C05G00100000
申请人	武汉诚亿生物制品有限公司				
主要技术点	光合菌、乳酸菌、酵母菌、放线菌、解磷菌、解钾菌和固氮菌				
名称	一种微生物有机肥和复混肥及其制作方法				

表（续）

摘要	一种微生物有机肥和复混肥及其制作方法,属于肥料生产领域。首先把鸡粪、草炭、红糖、尿素、磷矿粉、米糠或麦麸、发酵菌按比例配好后进行发酵,发酵后再添加功能菌便制得微生物有机肥;在制得的微生物有机肥中按比例加入无机肥、中微量元素、腐植酸、生物蛋白和功能菌后充分搅拌,再进行制粒、抛光、烘干、分筛后便制得复混肥。所述功能菌包括光合菌、乳酸菌、酵母菌、革兰氏阳性放线菌、解磷菌、解钾菌和固氮菌。本发明制得的肥料能够有效改善作物生长的生态环境,提高作物的品质,抑制病虫害、杀死病原菌,且所含中微量元素种类多、量足、肥效高,使用时只需一次施肥,节省人力,不污染环境。
法律状态	有效

56. CN101284747 B

专利强度	73	申请日	2008.5.9	主IPC	C05G00100000
申请人	广东省农业科学院土壤肥料研究所				
主要技术点	腐熟促进剂				
名称	一种花卉有机–无机缓释肥及其制备方法				
摘要	本发明公开了一种花卉有机–无机缓释肥及其制备方法,该缓释肥含有以下质量百分比的物质:一次发酵产物45%～70%;化肥2%～35%;调理剂5%～30%;包膜材料3%～25%;黏着剂1%～10%;活性物质0%～15%;密封剂0%～12%;将一次发酵产物、化肥和调理剂混合进行堆肥的二次发酵,再将二次发酵产物粉碎后压模成型;最后对压模成型的复混肥颗粒均匀喷涂包膜材料和黏着剂,从而制得花卉有机–无机缓释肥;本发明的花卉有机–无机缓释肥营养全面、堆肥化过程快,腐熟度好,易于花卉吸收,而且生产工艺简单、使用方便。				
法律状态	有效				

57. CN101774845 B

专利强度	72	申请日	2009.12.17	主IPC	C05G00300000
申请人	赵东科				
主要技术点	腐熟促进剂				
名称	一种高效生物有机肥及其生产工艺				
摘要	一种高效生物有机肥,由下述质量比的原料制成:畜禽粪便55%～60%,秸秆20%～25%,油渣5%～10%,腐植酸10%～15%,速腐剂0.1%～0.3%,微量元素0.5%～1%。本发明采用生物菌剂好氧发酵降解工艺、低温干燥工艺和制粒工艺,生产出的生物有机肥含有大量有益微生物,能分解生物活性物质,改良土壤结构,恢复土壤自我生产能力,改善生态环境和养殖环境,提高养殖业经济效益。且肥效期长、肥效稳定,具有促进作物生根、壮秧、促生长、抗病、早熟、增色等无公害功能。				
法律状态	有效				

58. CN101337841 B

专利强度	72	申请日	2008.8.11	主IPC	C05F01700000
申请人	新疆山川秀丽生物有限公司				
主要技术点	腐熟促进剂				
名称	一种棉秆微生物肥料的生产方法				
摘要	本发明涉及一种棉秆微生物肥料的生产方法,该方法利用棉秆添加腐熟剂生产微生物肥料,将粉碎后的棉秆、动物粪便、无机肥、风化煤和腐熟剂混合均匀,再加水搅拌混合均匀,经过堆积发酵转化腐殖质肥料,该方法具有快速分解棉秆木质素,纤维素,充分利用棉秆有效成分,提高土壤有机质等特点。本发明与已有技术相比,其优点是功能性菌种迅速生长,缩短棉秆腐熟时间,同时杀灭有关害虫,该肥料生产成本低,适宜于推广使用,从而克服了棉秆还田法中存在的不足和环境污染的问题。				
法律状态	有效				

59. CN101200385 B

专利强度	72	申请日	2006.12.13	主IPC	C05F01108000
申请人	四川艾蒙爱生物科技有限公司				
主要技术点	侧孢芽孢杆菌、枯草芽孢杆菌				
名称	用侧孢芽孢杆菌、枯草芽孢杆菌制备复合微生物肥料				
摘要	本发明公开了用侧孢芽孢杆菌、枯草芽孢杆菌制备复合微生物肥料的方法。这种复合微生物肥料的成分为:有机肥料50%~70%,无机肥料20%~40%,微生物菌2%~8%。微生物菌特指:侧孢芽孢杆菌、枯草芽孢杆菌。它的制备过程:1、将侧孢芽孢杆菌、枯草芽孢杆菌种在PDA培养基斜面上制成菌悬液,然后喷洒在载体上作成孢子粉。2、将畜禽粪25%~30%、餐厨垃圾10%~15%、泥炭15%~20%、菌渣15%~20%、秸秆粉10%~15%、硫酸钾5%~10%、磷酸一钙和过磷酸钙5%~15%、钙镁磷肥3%~5%、硼泥5%~10%、硫酸亚铁0.5%~1%、石膏1%~2%、石灰1%~1.5%配料拌匀,调节含水分在55%~60%范围,发酵槽发酵后制成有机肥料。3、将2%~8%的侧孢芽孢杆菌、枯草芽孢杆菌孢子粉与20%~40%的无机肥料和50%~70%的有机肥料作搅拌均匀后送滚筒造粒机造粒,经烘干、冷却、筛分后待装。				
法律状态	有效				

60. CN101200387 B

专利强度	72	申请日	2006.12.13	主IPC	C05G00100000
申请人	四川艾蒙爱生物科技有限公司				
主要技术点	侧孢芽孢杆菌、枯草芽孢杆菌				
名称	用侧孢芽孢杆菌、枯草芽孢杆菌制备微生物有机肥料				

表（续）

摘要	本发明公开了用侧孢芽孢杆菌、枯草芽孢杆菌制备微生物有机肥料的方法。这种微生物有机肥料的组分为：畜禽粪 25%～30%、餐橱垃圾 15%～20%、腐植酸 15%～20%、菌渣 15%～20%，磷肥 5%～15%、钾肥 5%～10%、秸秆 10%～15%、微生物菌 3%～7%、微量元素 1%～1.5%。微生物菌特指：侧孢芽孢杆菌（Bacillus Laterosporus）和枯草芽孢杆菌（Bacillus Subtilis）。它的制备过程是：1. 将侧孢芽孢杆菌、枯草芽孢杆菌种在 PDA 培养基斜面上制成菌悬液，然后喷洒在载体上作成孢子粉。2. 将畜禽粪 25%～30%、餐厨垃圾 10%～15%、泥炭 15%～20%、菌渣 15%～20%、秸秆粉 10%～15%、硫酸钾 5%～10%、磷酸一钙和过磷酸钙 5%～15%、钙镁磷肥 3%～5%、硼泥 5%～10%、硫酸亚铁 0.5%～1%、石膏 1%～2%、石灰 1%～1.5% 配料拌匀，调节含水分在 55%～60% 范围，放进发酵槽。同时均匀加入酵素菌，机械化翻抛，以疏松物料、增大氧气量。经 25 天左右发酵后进行烘干、粉碎成成品待装。
法律状态	有效

61. CN101870610 B

专利强度	72	申请日	2010－6－14	主 IPC	C05G00300000
申请人	湖南省中科农业有限公司				
主要技术点	固氮菌、解磷菌、解钾菌、放线菌、酵母菌、芽孢杆菌				
名称	一铵型高效精制多菌种生物有机肥及其制备方法				
摘要	本发明公开的一铵型高效精制多菌种生物有机肥及其制备方法，涉及农用肥料领域，由有机质废弃物 44～54 份、氯化钾 10～15 份、腐植酸 10～15 份、中微量元素 0.4～0.6 份、微生物 0.4～0.6 份、尿素 5～10 份、磷酸一铵 10～15 份、氯化铵 5～10 份按质量份额混合、造粒而成，具有多菌共生环境较好、生物活性较强、肥效较高，有机质、有效微生物群体和化学养分三者齐全，且具有控缓释效果等特点，应用本发明的一铵型高效精制多菌种生物有机肥，能够培肥地力、提高化肥利用率、改善农产品品质、增强植物抗病虫害和抗旱能力、抑制农作物对重金属及农药等有害物质的吸收、净化和修复土壤等，可适合各种作物和土壤使用。				
法律状态	有效				

62. CN101870609 B

专利强度	72	申请日	2010.6.14	主 IPC	C05G0030000
申请人	湖南省中科农业有限公司				
主要技术点	固氮菌、解磷菌、解钾菌、放线菌、酵母菌、芽孢杆菌				
名称	磷钙型高效精制多菌种生物有机肥及其制备方法				
摘要	本发明公开的磷钙型高效精制多菌种生物有机肥及其制备方法，涉及农用肥料领域，由有机质废弃物 44～54 份、氯化钾 10～15 份、腐植酸 10～15 份、中微量元素 0.4～0.6 份、微生物 0.4～0.6 份、尿素 5～10 份、过磷酸钙 5～15 份、磷酸二铵 5～15 份按质量份额混合、造粒而成，具有多菌共生环境较好、生物活性较强、肥效较高，有机质、有效微生物群体和化学养分三者齐全，且具有控缓释效果等特点，应用本发明的磷钙型高效精制多菌种生物有机肥，能够培肥地力、提高化肥利用率、改善农产品品质、增强植物抗病虫害和抗旱能力、抑制农作物对重金属及农药等有害物质的吸收、净化和修复土壤等，可适合各种作物和土壤使用。				
法律状态	有效				

63. CN101955382 B

专利强度	71	申请日	2010.8.16	主 IPC	C05F00904000
申请人	广州农冠生物科技有限公司				
主要技术点	枯草芽孢杆菌、木霉菌				
名称	一种餐厨垃圾处理方法及其处理系统				
摘要	一种餐厨垃圾处理方法,其包括以下步骤:(1)分类筛选:将收集的餐厨垃圾按照有机物和无机物分类,有机物等待处理;(2)破碎:将分离出来的有机物进行破碎,获得粒度均一的垃圾颗粒混合物;(3)发酵处理:向破碎后的垃圾颗粒混合物中添加发酵剂,进行第一次发酵处理,获得发酵物;(4)油脂分离:将发酵液中的油脂类物质分离出来,并滤除;(5)干湿分离:将发酵物进行干湿分离,获得固体有机物和液体有机物;(6)沉淀:将液体有机物进行沉淀,去除沉淀;(7)制备肥料:将固体有机物和液体有机物分别制得固态肥料和液态肥料。本发明的处理方法,将餐厨垃圾处理后制成肥料使用,营养物质可再利用,更环保。				
法律状态	有效				

64. CN101889629 B

专利强度	71	申请日	2010.6.13	主 IPC	A23K00110000
申请人	中山大学				
主要技术点	EM 菌液				
名称	利用黑水虻幼虫处理餐厨垃圾的方法及物料配方				
摘要	本发明属于环保领域,涉及一种利用黑水虻幼虫处理餐厨垃圾的方法。包括这些步骤:将餐厨垃圾粗碎后添加辅料,得到黑水虻幼虫培养料,再在黑水虻幼虫培养料表面接入黑水虻卵,黑水虻卵孵化的幼虫取黑水虻幼虫培养料,使垃圾得到处理和清除。在黑水虻幼虫老熟前,在黑水虻幼虫培养料堆放区域的外部连接一个虫体收集容器,该虫体收集容器内装有干燥的米糠粉,用以引导收集老熟的黑水虻幼虫。剩余的经处理的黑水虻幼虫培养料,经烘干后制成生物有机肥,本发明方法的处理能力强,处理速度较普通堆肥快,处理周期4~5天;经处理后,食品垃圾容量减少10%~30%,食品垃圾异味减少;处理垃圾的同时还获得优质生物有机肥和优质昆虫生物蛋白。				
法律状态	有效				

65. CN101712579 B

专利强度	71	申请日	2009.9.15	主 IPC	C05G00300000
申请人	珠海市园艺研究所				
主要技术点	EM 微生物菌群				
名称	利用城市生活污泥制作花卉有机缓释肥的方法				

表(续)

摘要	本发明提供了一种利用城市生活污泥制作花卉有机缓释肥的方法。该方法的大致流程为:原始污泥→晾晒脱水→粉碎→添加微生物和膨胀物→堆沤发酵→烘干→粉碎→过筛→添加无机肥料→造粒→二次烘干→冷却→筛分→计量包装。本发明提供的制作花卉有机缓释肥的方法生产工艺简单,生产成本低,综合利用城市污水处理产生的生活污泥,化害为利、变废为宝,实现污泥减量化、无害化和资源化提供了有效的技术方法和途径。
法律状态	有效

66. CN101070255 B

专利强度	71	申请日	2007.5.27	主IPC	C05F00904000
申请人	福建农林大学				
主要技术点	酵母菌、乳酸菌				
名称	烟杆堆肥的方法及产品				
摘要	一种烟杆堆肥方法,以烤烟茎秆为主材料,配合城市泔水或畜禽粪便或化学氮肥的1种或多种,加入酵母菌和乳酸菌,通过好氧堆肥法制成烟杆堆肥;烤烟茎秆堆肥的堆料C/N比调节为26～30/1,水分含量调节为60%～65%,条垛高度为1.5米左右,7d左右翻堆一次;腐熟后,还需粉碎、分筛、包装。该方法生产有机肥可充分利用农业生产与生活的废弃物,产品可广泛应用于各种农作物及果树生产,能较好改善作物品质,改良培肥地力,净化环境。				
法律状态	有效				

67. CN101993305 B

专利强度	71	申请日	2010.10.15	主IPC	C05G00300000
申请人	领先生物农业股份有限公司				
主要技术点	枯草芽孢杆菌、硅酸盐细菌				
名称	一种复合微生物菌剂及其生产方法				
摘要	本发明涉及一种复合微生物菌剂及其生产方法。所述的复合微生物菌剂是是由颗粒状物料核芯、石蜡保护涂层和在所述核芯与所述保护涂层之间的微生物菌剂包裹层组成的。优异产品结构可以保证所述复合微生物菌剂中的有效微生物含量高,产品性能稳定,适应各种农作物的需求,肥效高,与现有生物肥料相比,使用本发明复合微生物菌剂可以达到粮食作物增产10%～15%,经济作物增产8%～14%,蔬菜增产15%～20%,水果增产15%～25%。采用本发明的生产方法,产品的成粒率可高达95%,产品颗粒强度高,由于颗粒物料水分低,降低了能源过程的能源消耗,提高了烘干设备生产效率,降低了烘干设备的投资。				
法律状态	有效				

68. CN101318854 B

专利强度	71	申请日	2008.7.15	主IPC	C05F01700000
申请人	江西汇仁药业有限公司				

表(续)

主要技术点	有机肥料发酵菌、有机肥料活菌剂
名称	一种利用中药渣制备的有机肥料
摘要	本发明涉及一种利用中药渣制备的有机肥料及其制备方法,所述方法包括以下步骤:将中药渣切碎,加入菌种,搅拌均匀,堆放发酵,经过翻堆,再进行静态包发酵,水分≤25%时,打粗粉,晾干,水分≤20%,打细粉,出成品。
法律状态	有效

69. CN101108779 B

专利强度	71	申请日	2007.6.20	主IPC	C05G00100000
申请人	广西禾鑫生物科技有限公司				
主要技术点	芽孢杆菌、乳酸菌、酵母菌				
名称	以糖蜜发酵废液及滤泥生产有机无机复混肥的方法				
摘要	本发明以糖蜜发酵废液及滤泥生产有机无机复混肥的方法,涉及通过发酵生产肥料的方法,解决大规模连续回收加工糖蜜发酵废液的问题。本发明的方法用质量百分比0.4%~0.6%甘蔗渣制的生物腐植酸对65%~68%的滤泥、10%~12%的蔗渣粉和1.5%~2.5%的麦麸以及17%~19.9%的调整剂等物料在较短时间内充分连续发酵;开堆后烘干得到含水10%~12%的已发酵物料,粉碎成滤泥有机肥。把含水90%的糖蜜发酵废液用三效强制循环式浓缩系统再经二效刮蒸式超浓缩系统浓缩成含水26%~28%的超浓缩液。按质量百分比把30%~33%的超浓缩液与9%~10%的上述生物腐植酸搅拌混合均匀后加入32%~34%的化肥和25%~27%的滤泥有机肥搅拌,经干式挤压造粒成有机无机复混肥。				
法律状态	有效				

70. CN101195549 B

专利强度	71	申请日	2007.11.30	主IPC	C05G00100000
申请人	上海绿乐生物科技有限公司				
主要技术点	有机物料腐熟剂				
名称	一种多功能生物有机肥的生产方法				
摘要	本发明提供了一种多功能生物有机肥的生产方法。本发明的技术方案是将枯草芽孢杆菌(Bacillus subtilis),巨大芽孢杆菌(Bacillus megaterium)和胶陈样芽孢杆菌(Bacillusmucilaginosus)单独发酵生产,发酵后的菌液分别用稻壳粉吸附,将三种吸附后的单一菌剂按照1:(0.8~1.2):(1.5~2.5)的比例混合、粉碎,得到复合微生物菌剂。将味精生产过程中得到的水解渣处理后,加入微量元素原材料,再加入占总质量4%~7%的复合微生物菌剂,即得到所需的生物有机肥料。该方法生产工艺简单,有利于规模化生产。				
法律状态	有效				

71. CN101597187 B

专利强度	71	申请日	2009.7.2	主IPC	C05F01108000
申请人	上海绿乐生物科技有限公司				
主要技术点	有机物料腐熟剂				
名称	一种用于水产养殖的复合微生物肥料的生产方法及肥料				
摘要	本发明提供了一种用于水产养殖的复合微生物肥料及其生产方法。该方法采用味精生产过程中的发酵滤饼为原料,将发酵滤饼与熟石灰混合、粉碎,然后利用稻壳粉分别吸附发酵的红色无硫细菌(Purple nonsulfur bacteria)、枯草芽孢杆菌(Bacillussubtilis)和胶胨样芽孢杆菌(Bacillus mucilagimosus krassilm)后,按(1.5~2.5):(1.5~2.5):1的比例混合吸附后的单一菌剂,将混合后的菌剂按5%~15%的比例加入到发酵滤饼原料中,同时加入无机肥料,混合后得到用于水产养殖的复合微生物肥料。该复合微生物肥料中有效活菌数≥2×10^{7}个/克,总养分(N+P$_2$O$_5$+K$_2$O)为6%~25%,有机质含量为15%~30%。本发明的生产方法工艺简单,生产的复合微生物肥料能有效提高水产养殖的产量和质量。				
法律状态	有效				

72. CN101544522 B

专利强度	70	申请日	2009.4.30	主IPC	C05G00300000
申请人	山东省农业科学院土壤肥料研究所				
主要技术点	沼气微生物菌剂				
名称	一种沼液膏体肥料及其制备方法				
摘要	本发明沼液膏体肥料涉及利用沼液生产一种膏体状有机复混肥料的制备技术,特别涉及一种利用畜禽粪便沼液和腐植酸类原料混合制取膏体肥料的方法与应用,属于新型有机肥料技术领域及农业废弃物资源循环利用技术领域。它主要成分为沼液,并且添加了尿素、磷酸二铵、硫酸钾、氨化褐煤、增稠剂及其他添加剂;将尿素、磷酸二铵、硫酸钾、氨化褐煤、增稠剂及其他添加剂加入沼液中混合搅拌均匀,磨碎制成膏状即可。本发明利用沼液制备膏体肥,是废弃物的资源化,并且制备方法简便,所需设备简单,易于在肥料工业中推广应用。该肥料溶解性好、养分齐全、增产及品质改善效果显著。可广泛应用于蔬菜、瓜果、粮食、林木及各种经济作物。				
法律状态	有效				

73. CN101429066 B

专利强度	70	申请日	2008.11.22	主IPC	C05G00100000
申请人	寿光蔡伦中科肥料有限责任公司				
主要技术点	酵母菌				
名称	利用造纸污泥制备有机肥的方法				
摘要	本发明公开了一种利用造纸污泥制备有机肥的方法,为采用造纸污泥与调理剂等成分混合后经高温好氧发酵、后熟、粉碎、筛分后混入氮、磷、钾等肥料以及中微量元素后制备而成的有机肥料。本发明工艺简便易行,无害化效果显著,避免环境污染,且养分损失少,生产的有机肥料可广泛用于蔬菜、果树、中草药、花卉等经济作物以及小麦、玉米、水稻等大田作物。				
法律状态	有效				

74. CN101973803 B

专利强度	70	申请日	2010.10.15	主IPC	C05G00100000
申请人	湖南省中科农业有限公司				
主要技术点	固氮菌、解磷菌、解钾菌、芽孢杆菌、放线菌、酵母菌				
名称	一种沼渣高效多菌种活性生物肥及其制备方法				
摘要	本发明公开的一种沼渣高效多菌种活性生物肥及其制备方法,涉及农用肥料领域,由沼渣44~54份、氯化钾10~15份、腐植酸10~15份、中微量元素0.4~0.6份、微生物0.4~0.6份、尿素5~10份、磷酸一铵10~15份和氯化铵5~10份按质量份额混合、造粒而成,具有多菌共生环境较好、生物活性较强、肥效较高,有机质、有效微生物群体和化学养分三者齐全,且具有控缓释效果等特点,本发明的沼渣高效多菌种活性生物肥,既可用作水稻肥料,也可用作旱粮及蔬菜、瓜果和果树肥料;应用后,能够培肥地力、提高化肥利用率、改善农产品品质、增强植物抗病虫害和抗旱能力、净化和修复土壤等。				
法律状态	有效				

75. CN101270003 B

专利强度	70	申请日	2008.4.9	主IPC	C05F01700000
申请人	李克彦				
主要技术点	解磷菌				
名称	生物有机肥料及其制备方法				
摘要	本发明公开的一种沼渣高效多菌种活性生物肥及其制备方法,涉及农用肥料领域,由沼渣44~54份、氯化钾10~15份、腐植酸10~15份、中微量元素0.4~0.6份、微生物0.4~0.6份、尿素5~10份、磷酸一铵10~15份和氯化铵5~10份按质量份额混合、造粒而成,具有多菌共生环境较好、生物活性较强、肥效较高,有机质、有效微生物群体和化学养分三者齐全,且具有控缓释效果等特点,本发明的沼渣高效多菌种活性生物肥,既可用作水稻肥料,也可用作旱粮及蔬菜、瓜果和果树肥料;应用后,能够培肥地力、提高化肥利用率、改善农产品品质、增强植物抗病虫害和抗旱能力、净化和修复土壤等。				
法律状态	有效				

附表3　生物农药领域主要的高价值核心专利

1. 拜耳公司核心专利

(1) US7250561 B1

专利强度	94	申请日	1997.7.10	主IPC	A01H00500000	被引次数	17
名称(英文)	Chimera gene with several herbicide resistant genes, plant cell and plant resistant to several herbicides						
名称(中文)	嵌合体基因与几种除草剂抗性基因,植物细胞和几种除草剂抗性植物						
摘要	1. Chimeric gene containing several herbicide tolerance genes plant cell and plant which are tolerant to several herbicides. 2. The plant is tolerant to several herbicides at the same time in particular to the inhibitors of HPPD and to those of EPSPS to the dihalohydroxybenzonitriles. 3. Use for removing weeds from plants with several herbicides.						

表（续）

法律状态	有效
同族专利	EP0937154A2 ｜ WO9802562A2 ｜ US7250561B1 ｜ US20080028481A1 ｜ AU734878B2 ｜ AU3625997A ｜ BR9710340A｜CA2261094C｜CN1154741C｜EA2980B1｜EA3140B1｜FR2751347B1｜HU223788B1｜NZ334188A ｜ PL190393B1 ｜ PL331165A1 ｜ TR9900117T2 ｜ ZA9706296A ｜ HU9903774A3 ｜ KR20000023830A ｜ CZ9900113A3 ｜ CA2261094A1 ｜ CN1230996A ｜ FR2751347A1 ｜ HU9903774A2 ｜ WO9802562A3 ｜ US20100029481A1 ｜ BR9710340B1 ｜ US7935869B2 ｜ JP2000517166A ｜ US20120005769A1 ｜ CO4770898A1 ｜ CU22809A3 ｜ US20130157854A1 ｜ AR007884A1
备注	涉案专利（先正达）

（2）US8268751 B2

专利强度	93	申请日	2004.10.30	主IPC	A01N04340000	被引次数	29
名称（英文）	Combination of active substances with insecticidal properties							
名称（中文）	具有杀虫特性的活性物质结合物							
摘要	The invention relates to novel insecticidal active compound combinations consisting firstly of anthranilamides and secondly of further insecticidally active compounds from the group of the pyrethroids which combinations are highly suitable for controlling animal pests such as insects.							
法律状态	有效							
同族专利	EP1686859A1 ｜ WO2005048713A1 ｜ BRPI0416560A ｜ KR20060126498A ｜ RU2006120438A ｜ US20080070863A1 ｜ AU2004290502A1 ｜ RU2381651C2 ｜ JP2007510683A ｜ AU2004290502B2 ｜ EP1686859B1 ｜ US8268751B2 ｜ KR101140334B1 ｜ JP4949031B2 ｜ AU2004290502C1 ｜ BRPI0416560B1							

（3）US8415274 B2

专利强度	93	申请日	2004.9.28	主IPC	A01N04356000	被引次数	270
名称（英文）	Synergistic fungicidal active substance combinations							
名称（中文）	协同杀真菌活性物质的组合							
摘要	Novel active compound combinations comprising a carboxamide of the general formula（I）（group 1）in which A R1 R2 and R3 are as defined in the description and the active compound groups（2）to（23）listed in the description have very good fungicidal properties.							
法律状态	有效							
同族专利	EP1675461A1｜WO2005034628A1｜US20070060579A1｜CA2541646A1｜DE10347090A1｜MXPA06003779A｜ RU2006115441A ｜ NO20062099A ｜ BRPI0415449A ｜ AU2004279674A1 ｜ ECSP066493A ｜ ZA200602860A ｜ NZ546472A ｜ RU2381650C2 ｜ EP2220940A2 ｜ RU2008142559A ｜ EP2220940A3 ｜ AU2004279674B2 ｜ MA28090A1 ｜ AT524069T ｜ CR8278A ｜ US20120015910A1 ｜ EP2220935A3 ｜ EP2220936A3 ｜ EP2220937A3 ｜ EP2220938A3｜EP2220939A3｜EP2220939A2｜EP2220935A2｜EP2220936A2｜EP2220937A2｜EP2220938A2｜ EP1675461B1 ｜ EP2229815A2 ｜ EP2229815A3 ｜ CA2541646C ｜ NZ583592A ｜ PL1675461T3 ｜ TWI361045B ｜ CA2799277A1 ｜ CA2799398A1 ｜ CA2799788A1 ｜ US8415274B2 ｜ EP2220939B1 ｜ US20130196981A1 ｜ US20130197018A1｜PT2229815E｜RU2490890C2｜ES2424335T3｜CA2799277C｜UA86208C2｜UA88418C2｜ BRPI0415449B1 ｜ RU2490890C9 ｜ EP2220935B1 ｜ EP2220937B1 ｜ EP2220938B1 ｜ EP2220936B1 ｜ EP2229815B1 ｜ NO335622B1 ｜ TW200526122A ｜ NO20141329A ｜ CA2799788C ｜ US9006143B2 ｜ US9049867B2 ｜ CA2799398C							

（4）CA2518620 C

专利强度	92	申请日	2004.3.2	主IPC	C07D20738000	被引次数	0
名称（英文）	2,4,6 – phenyl substituted cyclic ketoenols						
名称（中文）	2,4,6 – 苯基取代的环酮 – 烯醇						
摘要	The present invention relates to novel 246 – phenyl – substituted cyclic ketoenols of the formula（I）（see formula I）in which W X Y and CKE have the abovementioned meaningsto a plurality of processes for their preparation and to their use as pesticides and/or herbicides. Moreover the invention relates to selectively herbicidal compositions containing firstly 246 – phenyl – substituted cyclic ketoenols and secondly a compound which improves crop plant tolerance.						
法律状态	有效						
同族专利	EP1606254A1 ｜ WO2004080962A1 ｜ US20070015664A1 ｜ AU2004220445A1 ｜ BRPI0408378A ｜ CA2518620A1 ｜ CN1787994A ｜ DE10311300A1 ｜ RU2005131728A ｜ KR20050108385A ｜ ZA200507279A ｜ CN101195599A ｜ RU2353615C2 ｜ AU2004220445B2 ｜ AR043555A1 ｜ US7888285B2 ｜ US20110092368A1 ｜ EP1606254B1 ｜ AT509010T ｜ JP2006520338A ｜ PT1606254E ｜ ES2365334T3 ｜ KR101065624B1 ｜ CA2518620C ｜ CN102516155A ｜ CN101195599B ｜ UA83825C2 ｜ JP5201833B2						

（5）US8299036 B2

专利强度	92	申请日	2004.10.10	主IPC	A01N04322000	被引次数	79
名称（英文）	Active agent combinations with insecticidal and acaricidal properties						
名称（中文）	具有杀虫和杀螨活性的活性剂的组合						
摘要	The invention relates to novel insecticidal active compound combinations comprising firstly cyclic ketoenols or other acaricidally active compounds and secondly further insecticidally active compounds from the group of the anthranilamides which combinations are highly suitable for controlling animal pests such as insects and unwanted acarids.						
法律状态	有效						
同族专利	WO2005048712A1 ｜ EP1686858A1 ｜ US20080027114A1 ｜ BRPI0416035A ｜ CN1901798A ｜ KR20060121159A ｜ AT425666T ｜ DE10353281A1 ｜ AU2004290501A1 ｜ DE502004009184D1 ｜ ZA200603762A ｜ ES2322364T3 ｜ WO2005048712A8 ｜ EP1686858B1 ｜ EP1982594A1 ｜ US20100168042A1 ｜ IL175582D0 ｜ CN101933518A ｜ CN1901798B ｜ JP2007510682A ｜ JP4754495B2 ｜ AU2004290501B2 ｜ KR100858869B1 ｜ US8299036B2 ｜ CN101933518B ｜ EP1686858B8 ｜ US8778895B2 ｜ ES2477491T3 ｜ AU2004290501C1 ｜ EP1982594B1 ｜ PT1982594E ｜ BRPI0416035B1						

（6）US7868025 B2

专利强度	91	申请日	2005.11.21	主IPC	A01N04340000	被引次数	118
名称（英文）	Pesticide						
名称（中文）	杀虫剂						

表（续）

摘要	The present invention provides a composition comprising synergistic amounts of a compound of the formula（I）wherein X E R A and Z are as defined herein and at least one fungicidal active compound as defined herein. The compositions of the present invention find use as pesticides.
法律状态	有效
同族专利	US20020006940A1｜US20030027813A1｜US6114362A｜US6297263B1｜US6423726B2｜US7008903B2｜US20060079401A1｜EP1609361A2｜EP0772397B1｜WO9603045A1｜AT313954T｜AU693238B2｜AU3112795A｜BG101157A｜CA2195964A1｜BR9508434A｜CN1162083C｜CN1541535A｜CZ9700077A3｜DE4426753A1｜DE59511034D1｜DK0772397T3｜ES2252745T3｜FI970311A｜HU221136B1｜JP2006137770A｜PL318286A1｜SK10597A3｜UA72173C2｜CN1899043A｜JP3868484B2｜MX9700584A｜RU2006121460A｜KR100386956B1｜KR977004350A｜MX210447B｜MX244411B｜JP4014616B2｜CA2636785A1｜RO117226B1｜RU2286060C2｜CA2195964C｜CN1159142A｜CN1315385C｜EP0772397A1｜PL193743B1｜EP1609361A3｜US20100041659A1｜US20100210691A1｜US7868025B2｜US7884049B2｜HUT77052A｜JPH10502933A｜CA2752111A1｜CA2752201A1｜CA2752308A1｜RU2431960C2｜CA2636785C｜FI970311A0｜US8410021B2｜CA2752201C

（7）US8324390 B2

专利强度	91	申请日	2009.12.17	主 IPC	C07D40100000	被引次数	52
名称（英文）	Tetrazole – substituted anthranilamides as pesticides						
名称（中文）	作为杀虫剂的被四唑取代的邻氨基苯甲酰胺						
摘要	The present invention relates to tetrazole – substituted anthranilamides of the formula（I）in which R1 R2 R3 R4 R5 n X and Q have the meanings given in the descriptionnd to their use as insecticides and/or acaricides also in combination with other agents such as penetrants and/or ammonium salts or phosphonium salts.						
法律状态	有效						
同族专利	WO2010069502A2｜US20100256195A1｜WO2010069502A3｜UY32339A｜AR074782A1｜CA2747035A1｜WO2010069502A8｜EP2379526A2｜TW201034574A｜MX2011006319A｜KR20110112354A｜CN102317279A｜AU2009328584A1｜PE08382011A1｜CO6390028A2｜JP2012512208A｜EP2484676A2｜US8324390B2｜EP2484676A3｜NZ593481A｜CN103435596A｜EP2484676B1｜CN103435596B｜PE24492014A1｜CN102317279B｜ES2535276T3｜EP2379526B1｜TWI475956B｜PT2484676E						

（8）JP5346297 B2

专利强度	90	申请日	2007.11.22	主 IPC	C07D20954000	被引次数	0
名称（英文）	Biphenyl substituted spirocyclic ketoenols						
名称（中文）	联苯基取代的螺环酮烯醇						

表（续）

摘要	Biphenyl substituted spirocyclic ketoenol derivatives (I) are new. Biphenyl substituted spirocyclic ketoenol derivatives of formula (I) are new. X ： halo (halo) alkyl or (halo) alkoxy; Z ： optionally substituted fluorophenyl; W 1 > Y 1 > H halo (halo) alkyl or (halo) alkoxy; CKE ： pyrrolone derivative of formula (a) or furone derivative of formula (b); CAB 1 > optionally saturated cyclic compound (optionally substituted and containing at least a heteroatom); G ： H E or a group of formula (−CO−R 1 >)(−C(=L)−M−R 2 >) (−SO 2 −R 3 >)(−P(=L)(R 4 >)(R 5 >)) or (−C(=L)−N(R 6 >)(R 7 >)); E ： metal ion or ammonium ion; L M ： O or S; R 1 > alkyl alkenyl alkoxyalkyl alkylthioalkyl polyalkoxyalkyl (all optionally substituted with halo) cycloalkyl (interrupted through at least a heteroatom and optionally substituted with halo alkyl or alkoxy) phenyl phenylalkyl hetaryl phenoxyalkyl or hetaryloxyalkyl; R 2 > alkyl alkenyl alkoxyalkyl polyalkoxyalkyl (all optionally substituted with halo) cycloalkyl phenyl or benzyl (all optionally substituted); R 3 > − R 5 > alkyl alkoxy alkylamino dialkylamino alkylthio alkenylthio cycloalkylthio (all optionally substituted with halo) or phenyl benzyl phenoxy or phenylthio (all optionally substituted); and either R 6 > R 7 > alkyl cycloalkyl alkenyl alkoxy alkoxyalkyl (all optionally substituted with halo) phenyl or benzyl (both optionally substituted) or H; or NR 6 > R 7 > a ring optionally interrupted by O or S. Independent claims are included for：(1) the preparation of (I); (2) an agent comprising active substance combination of (I) and at least a compound which improves the compatibility of culture plant e. g. 4 − dichloroacetyl − 1 − oxa − 4 − aza − spiro[4.5] − decane 1 − dichloroacetyl − hexahydro − 338a − trimethylpyrrolo[12 − a] − pyrimidin − 6 (2H) − one 4 − dichloroacetyl − 34 − dihydro − 3 − methyl − 2H − 14 − benzoxazine 5 − chloro − quinolin − 8 − oxy − acetic acid − (1 − methyl − hexylester)3 − (2 − chloro − benzyl) − 1 − (1 − methyl − 1 − phenyl − ethyl) − urea 24 − dichloro − phenoxy acetic acid piperidin − 1 − thiocarboxylic acid − S − 1 − methyl − 1 − phenylethylester 22 − di − chloro − N − (2 − oxo − 2 − (2 − prope nylamino) − ethyl) − N − (2 − propenyl) − acetamide 22 − dichloro − NN − di − 2 − prop enyl − acetamide 46 − dichloro − 2 − phenyl − pyrimidine 1 − (24 − dichloro − phenyl) − 5 − trichlormethyl − 1H − 124 − triazol − 3 − carboxylic acid − ethylester 2 − chloro − 4 − trifluoromethyl − thiazol − 5 − carboxylic acid − phenylmethylester and 3 − dichloroacetyl − 5 − (2 − furanyl) − 22 − dimethy l − oxazolidine; (3) a composition comprising (I) and at least one salt compound of formula ((R 26 >)(R 28 >)D + >(R 29 >)(R 27 >))n (R 30 >)n − > (III); (4) a preparation of parasite combating agents and/or herbicides comprising mixing (I) with diluting agent and/or surface active agent; (5) a method for increasing the effect of pesticide and/or herbicides containing (I) using ready − made agent (syringe broth) and (III); (6) N − acylamino acid ester compound of formula (II); (7) carboxylic acid ester compound of formula (III); (8) phenyl acetic acid derivative of formula (XVI) or (XIX); (9) acylamino acid compound of formula (XVII); (10) an aminonitrile derivative of formula ((A)(B 1 >) − C − ((NH)2) (CN))(XX); (11) a substituted phenyl − nitrile compound of formula (XXI); and (12) phenylacetic acid ester compound of formula (XXIII). D ： N or phosphor; R 26 > − R 29 > 1 − 8C alkyl 1 − 8C alkylene (both optionally substituted with halo NO 2 or CN) or H; n ： 1 − 4; and R 30 > inorganic or organic ion. [Image] [Image] [Image] [Image] − ACTIVITY ： Herbicide; Antiparasitic; Plant Protectant; Insecticide; Acaricide. − MECHANISM OF ACTION ： None given.
法律状态	有效
同族专利	DE102006057036A1 ｜ WO2008067911A1 ｜ AU2007327961A1 ｜ CA2671179A1 ｜ EP2099751A1 ｜ KR20090087083A ｜ CN101547899A ｜ MX2009004995A ｜ ZA200903746A ｜ JP2010511643A ｜ TW200838424A ｜ US20110306499A1 ｜ CN102408326A ｜ CO6170404A2 ｜ RU2009125431A ｜ AU2007327961B2 ｜ CN102408326B ｜ CL2007003486A1 ｜ BRPI0719717A2 ｜ JP5346297B2 ｜ US9000189B2

（9）JP5530593 B2

专利强度	90	申请日	2005.6.30	主 IPC	A01N04368000	被引次数	0
名称（英文）	Herbicide						
名称（中文）	除草剂						
摘要	The present invention discloses a herbicide combinations containing an active substance of component（B）and（A）. Component（A）is a salt there of or herbicides one or more formula（I）, R 1 where in						
法律状态	有效						
同族专利	US20060019829A1 ｜ US20060014642A1 ｜ WO2006007947A1 ｜ EP1771071A1 ｜ DE102004034571A1 ｜ AU2005263406A1 ｜ CA2574137A1 ｜ NO20070942A ｜ AP200703903D0 ｜ CN1997279A ｜ DE502005003013D1 ｜ AR049984A1 ｜ BRPI0513459A ｜ DK1771071T3 ｜ ES2301024T3 ｜ MX2007000624A ｜ ECSP077178A ｜ GT200500195A ｜ PT1771071E ｜ ZA200610566A ｜ EA010725B1 ｜ AT387090T ｜ EP1771071B1 ｜ EA200700320A1 ｜ IL180692D0 ｜ NZ552622A ｜ CN1997279B ｜ MA28705B1 ｜ JP2008506642A ｜ SG170118A1 ｜ AU2005263406B2 ｜ MY137769A ｜ AP2339A ｜ EG25171A ｜ US8236729B2 ｜ CA2574137C ｜ UA85429C2 ｜ JP5530593B2						

（10）JP5156164 B2

专利强度	90	申请日	2001.5.31	主 IPC	C07D27720000	被引次数	0
名称（英文）	Hetaryl － substituted heterocyclic compounds						
名称（中文）	杂芳基取代的杂环化合物						
摘要	A group of the formula CZ 1 Z 2 Z 3 are as Z 3 and 1, Z 2 Z is H or is defined in claim 1, R 3 and R 2 is H, respectively, of each alkyl having up to 4 carbon atoms in the case, haloalkyl, alkenyl, haloalkenyl, alkynyl, haloalkynyl, or acyl,（C 1 － C 6）R 4 is H, － alkyl or（C 1 － C 6 is an alkoxy）－ ; each R 8 and 6, R 7 R 5, R is H,（C 1 － C 4）－ alkyl,（C 1 － C 3）－ haloalkyl, halogen,（C 1 － C 3）－ alkoxy,（C 1 － C 3）－ haloalkoxy, or there is cyano; A is a direct bond or O or CH 2, on the other hand the component（B）, a monocot and especially valid in（B1）surface or herbicides which are particularly suitable for pre － emergence treatment against dicotyledonous weeds, in（B2）on foliage and an effective herbicide that is particularly suitable for budding post － processing on dicotyledonous weed monocot or especially, and（B3 It is a herbicide of one or several herbicides suitable for budding post － processing or pre － emergence treatment against dicotyledonous weeds, from the group of compounds consisting of a monocot or a valid and in foliage and on）the surface. Herbicide combinations of the present invention is used in weed control.						
法律状态	有效						
同族专利	US20040009877A1 ｜ US20040220243A1 ｜ US6767864B2 ｜ EP1296979A1 ｜ US7141533B2 ｜ AT315037T ｜ AU7635401A ｜ CA2411111A1 ｜ CN1230435C ｜ CN1436187A ｜ DE10029077A1 ｜ DE50108624D1 ｜ DK1296979T3 ｜ ES2254453T3 ｜ MXPA02012400A ｜ CN100363361C ｜ AU2001276354B2 ｜ AR028698A1 ｜ CN1683370A ｜ EP1296979B1 ｜ CA2411111C ｜ KR100820600B1 ｜ TWI290142B ｜ JP2004503552A ｜ KR20030025924A ｜ WO0196333A1 ｜ BR0111625A ｜ JP5156164B2						

（11）CN101328484 B

专利强度	90	申请日	2004.2.20	主 IPC	C12N01532000	被引次数	0
名称（英文）	Delta – endotoxin genes and methods for their use						
名称（中文）	δ – 内毒素基因及其使用方法						
摘要	Compositions and methods for conferring pesticidal activity to bacteria plants plant cells tissues and seeds are provided. Compositions comprising a coding sequence for a delta – endotoxin and delta – endotoxin – associated polypeptides are provided. The coding sequences can be used in DNA constructs or expression cassettes for transformation and expression in plants and bacteria. Compositions also comprise transformed bacteria plants plant cells tissues and seeds. In particular isolated delta – endotoxin and delta – endotoxin – associated nucleic acid molecules are provided. Additionally amino acid sequences corresponding to the polynucleotides are encompassed. In particular the present invention provides for isolated nucleic acid molecules comprising nucleotide sequences encoding the amino acid sequences shown in in SEQ ID NOS:3 5 7 9 11 14 16 18 20 22 24 27 and 29 and the nucleotide sequences set forth in SEQ ID NOS:1 2 4 6 8 10 12 13 15 17 19 21 23 25 26 and 28 as well as variants and fragments thereof.						
法律状态	失效						
同族专利	EP1594966A2 ｜ WO2004074462A2 ｜ AU2004213873A1 ｜ CA2516349A1 ｜ CN1761753A ｜ NZ541929A ｜ CN101328484A ｜ CN100413966C ｜ EP1947184A2 ｜ EP1947184A3 ｜ NZ567340A ｜ ES2316963T3 ｜ AU2009201315A1｜ AT412054T｜ EP1594966B1 ｜ WO2004074462A3 ｜ AU2004213873B2 ｜ AU2004213873B8 ｜ AU2004213873C1｜ NZ570682A ｜ NZ578677A ｜ EP1947184B1 ｜ AT503835T ｜ NZ588825A ｜ CN101328484B ｜ AU2009201315B2 ｜ CA2843744A1 ｜ CA2516349C						

（12）US6140358 A

专利强度	90	申请日	1998.9.29	主 IPC	A01N03736000	被引次数	33
名称（英文）	Substituted phenyl keto enols as pesticides and herbicides						
名称（中文）	作为杀虫剂和除草剂的取代的苯基酮烯醇						
摘要	The present invention relates to novel compounds of the formula (I)##STR1## in which Het represents one of the groups ##STR2## in which A B D G V W X Y and Z are as defined in the description processes and intermediates for their preparation and to their use as pesticides and herbicides.						
法律状态	有效						
同族专利	US20010004629A1 ｜ US6140358A ｜ US6271180B2 ｜ US6388123B1 ｜ US6486343B1 ｜ EP0891330B1 ｜ WO9736868A1 ｜ AU725852B2 ｜ AU2290097A ｜ CA2250417A1 ｜ BR9708425A ｜ CN1535956A ｜ CN1631879A ｜ DE59712592D1 ｜ IL126357A ｜ TR9801990T2 ｜ ES2259804T3 ｜ KR20000004994A ｜ CN1215390A ｜ EP0891330A1 ｜ IL126357D0 ｜ JP4153040B2 ｜ JP2000507564A ｜ BR9708425B1						

（13）US7968107 B2

专利强度	90	申请日	2005.3.4	主 IPC	A01N02500000	被引次数	101
名称（英文）	Oil – based suspension concentrates						
名称（中文）	油基悬浮剂						

表（续）

摘要	New oil – based suspension concentrates composed ofat least one room – temperature – solid active agrochemical substanceat least one losed penetrantat least one vegetable oil or mineral oilat least one nonionic surfactant and/or at least one anionic surfactant andoptionally one or more additives from the groups of the emulsifiers foam inhibitors preservatives antioxidants colorants and/or inert filler materialsa process for producing these suspension concentrates and their use for applying the active substances comprised.
法律状态	有效
同族专利	WO2005084435A2 ｜ EP1725104A2 ｜ US20070281860A1 ｜ DE102004011007A1 ｜ KR20060131948A ｜ CN1929743A ｜ BRPI0508525A ｜ RU2006135187A ｜ AU2005220023A1 ｜ CN100435637C ｜ ZA200607375A ｜ WO2005084435A3 ｜ AU2005220023B2 ｜ IL177741D0 ｜ US7968107B2 ｜ JP2007527425A ｜ RU2386251C2 ｜ UA88635C2 ｜ BRPI0508525B1 ｜ TW200539799A

（14）US6828275 B2

专利强度	90	申请日	2003.1.21	主IPC	A01N04702000	被引次数	64
名称（英文）	Synergistic insecticide mixtures							
名称（中文）	协同杀虫混合物							
摘要	The invention relates to insecticidal mixtures of fipronil and agonists or antagonists of nicotinic acetylcholine receptors for the protection of industrial materials and plants.							
法律状态	有效							
同族专利	US20030134857A1 ｜ US20050009883A1 ｜ US6828275B2 ｜ US7659228B2							

（15）US8372418 B2

专利强度	90	申请日	2008－7－18	主IPC	A01N02510000	被引次数	38
名称（英文）	Polymer composite film with biocide functionality							
名称（中文）	具有杀菌功能的聚合物复合膜							
摘要	Polymer composite material with biocide functionality preferably for the use in agriculture comprising at least one base polymer compound and at least one biocide active ingredient wherein the biocide active ingredient is an organic biocide that can be emitted from the polymer composite material by diffusion and/or osmosis and method of its production.							
法律状态	有效							
同族专利	WO2009012887A1｜US20090156406A1｜PE06702009A1｜AU2008280568A1｜AR068080A1｜CA2693944A1｜EP2170044A1｜KR20100043187A｜IL202650D0｜CN101754676A｜CO6270183A2｜JP2010533780A｜RU2010105918A｜TW200922465A｜CR11212A｜MA31515B1｜EP2529927A2｜US20130130911A1｜EG26037A｜US8372418B2｜RU2480986C2｜CN101754676B｜IL226292D0｜EP2529927A3｜CN103477922A｜EP2170044B1｜ES2454647T3｜PT2170044E｜BRPI0814787A2｜AU2008280568B2｜JP5345616B2							

（16）CA2400425 C

专利强度	90	申请日	2001.2.6	主IPC	A01N04312000	被引次数	0
名称（英文）			Active substance combinations comprising insecticidal and acaricidal properties				
名称（中文）		包含杀虫和杀螨活性的活性物质组合物					
摘要		The novel active compound combinations of certain cyclic ketoenols and the active compounds（1）to（23）listed in the description have very good insecticidal andacaricidal properties.					
法律状态		有效					
同族专利		US20030083371A1	US20040044071A1	US6653343B2	US7091233B2	US20060128796A1	EP1263287B1	US7232845B2	AT301931T	AU775704B2	AU3024901A	CA2400425A1	CN1400864A	DE10007411A1	DE50107115D1	EG22825A	ES2244581T3	IL151068D0	MXPA02008011A	PL356369A1	ZA200205784A	HU0204343A3	AR031553A1	SV2002000315A	CN1262187C	HU0204343A2	EP1263287A1	CO5231190A1	IL151068A	CA2400425C	JP2003523977A	TWI310300B	WO0160158A1	GT200100024A	BR0108427A	BR0108427B1	JP4928700B2	HN2001000025A						

（17）US8410289 B2

专利强度	90	申请日	2005.6.18	主IPC	C07D20726000	被引次数	127
名称（英文）		Spirocyclic 3'–alkoxytetramic acids and –tetronic acids					
名称（中文）		3–烷氧基螺环特特拉姆酸和特窗酸					
摘要		The invention relates to novel 3 alkoxy spirocyclic tetramic and tetronic acids of formula（I）wherein A B D Q1 Q2 G W X Y and Z are as defined in the description to several methods and intermediate products for the production and the use thereof in the form of pesticides and/or herbicides and/or microbicides to selective herbicide agents 3 alkoxy spicrorylic tetramic and tetronic acids and to at least one compound which improves cultivated plants compatibility.					
法律状态		有效					
同族专利		WO2006000355A1	EP1761490A1	DE102004030753A1	AU2005256426A1	CA2572141A1	AR050420A1	BRPI0511071A	CN101006056A	US20090029858A1	RU2007102591A	CN101863794A	EP2246328A1	ZA200610747A	JP2008503521A	EP1761490B1	AT523489T	KR20070035045A	ES2371080T3	CN101006056B	AU2005256426B2	PL1761490T3	US8410289B2	CN101863794B	UA87857C2	JP5053841B2						

2. 杜邦公司核心专利

（1）US7863220 B2

专利强度	94	申请日	2004.12.16	主IPC	C07D23942000	被引次数	50
名称（英文）		Herbicidal pyrimidines					
名称（中文）		嘧啶除草剂					

表（续）

摘要	Compounds of Formula I and their N – oxides and agriculturally suitable salts are disclosed which are useful for controlling undesired vegetation wherein R1 is cyclopropyl optionally substituted with 1 – 5 R5 isopropyl optionally substituted with 1 – 5 R6 or phenyl optionally substituted with 1 – 3 R7；R2 is （（O）jC（R15）（R16））kR；R is CO2H or a herbicidally effective derivative of CO2H；R3 is halogen cyano nitro OR20 SR21 or N（R22）R23；R4 is N（R24）R25 or NO2；j is 0 or 1；and k is 0 or 1；provided that when k is 0 then j is 0；and R5 R6 R7 R15 R16 R20 R21 R22 R23 R24 and R25 are as defined in the disclosure. Also disclosed are compositions comprising the compounds of Formula I and a method for controlling undesired vegetation which involves contacting the vegetation or its environment with an effective amount of a compound of Formula I. Also disclosed are compositions comprising a compound of Formula I and at least one additional active ingredient selected from the group consisting of an other herbicide and a herbicide safener.
法律状态	有效
同族专利	EP1694651A1 ｜ WO2005063721A1 ｜ US20070197391A1 ｜ AR046790A1 ｜ CA2548058A1 ｜ KR20060114345A ｜ BRPI0417279A ｜ MXPA06007033A ｜ UY28678A1 ｜ AU2004309325A1 ｜ ECSP066645A ｜ WO2005063721B1 ｜ IL175866D0 ｜ US7863220B2 ｜ PE07472005A1 ｜ NZ547251A ｜ AU2004309325B2 ｜ MA28274A1 ｜ EG24843A ｜ JP2007534649A ｜ EP1694651B1 ｜ AT529412T ｜ US20110077156A1 ｜ ES2375479T3 ｜ TWI355894B ｜ CN102675218A ｜ CA2548058C ｜ GEP20125626B ｜ KR101180557B1 ｜ MY148489A ｜ JP4991311B2 ｜ US8802597B2 ｜ IL175866A ｜ US20140350251A1 ｜ TW200520689A ｜ CN102675218B

（2）US7964378 B2

专利强度	92	申请日	2006.12.12	主IPC	C12P00740000	被引次数	32
名称（英文）	Production of peracids using an enzyme having perhydrolysis activity						
名称（中文）	使用具有过水解活性的酶生产过酸						
摘要	A method is provided for producing peroxycarboxylic acids from carboxylic acid esters. More specifically carboxylic acid esters are reacted with an inorganic peroxide such as hydrogen peroxide in the presence of an enzyme catalyst having perhydrolysis activity derived from Bacillus sp. To produce peroxycarboxylic acids.						
法律状态	有效						
同族专利	WO2008073139A1 ｜ EP2121951A1 ｜ CN101558161A ｜ US20100041752A1 ｜ US20100152292A1 ｜ US7951567B2 ｜ US7964378B2 ｜ JP2010512165A ｜ EP2471941A1 ｜ CN101558161B ｜ JP5276600B2						

（3）US7696232 B2

专利强度	92	申请日	2004.1.26	主IPC	A01N04340000	被引次数	54
名称（英文）	Anthranilamide arthropodicide treatment						
名称（中文）	邻氨基苯甲酰胺节肢动物处理剂						
摘要	This invention pertains to methods for protecting a propagule or a plant grown therefrom from invertebrate pests comprising contacting the propagule or the locus of the propagule with a biologically effective amount of a compound of Formula I its N – oxide or an agriculturally suitable salt thereof wherein A and B and R1 through R8 are as defined in the disclosure. This invention also relates to propagules treated with a compound of Formula I and compositions comprising a Formula I compound for coating propagules.						

表(续)

法律状态	有效
同族专利	US20040209923A1 ｜ CA2458163A1 ｜ EP1427285A1 ｜ IL159947D0 ｜ JP3770495B2 ｜ MXPA04002648A ｜ NZ532269A ｜ PL369981A1 ｜ ZA200400413A ｜ KR20040035857A ｜ RU2292138C2 ｜ HU0401893A3 ｜ ES2291500T3 ｜ DE60221994D1 ｜ DK1427285T3 ｜ CN1713819A ｜ RU2004111986A ｜ PT1427285E ｜ AT370656T ｜ DE60221994T2 ｜ HU0401893A2 ｜ EP1427285B1 ｜ CN100539840C ｜ US7696232B2 ｜ IL159947A ｜ US20100152194A1 ｜ PL206331B1 ｜ AR036606A1 ｜ KR100783260B1 ｜ MX248274B ｜ TWI283164B ｜ JP2005502716A ｜ CA2458163C ｜ WO03024222A1 ｜ MY136698A ｜ US20130031677A1 ｜ HU228906B1 ｜ US8637552B2 ｜ US20140141972A1 ｜ BR0212993A

(4)US7902231 B2

专利强度	91	申请日	2007.4.18	主 IPC	A01N04340000	被引次数	51
名称(英文)	Anthropodicidal anthranilamides						
名称(中文)	杀节肢动物的邻氨基苯甲酰胺						
摘要	This invention provides compounds of Formula 1 their N – oxides and agriculturally suitable salts wherein R1 R2 R3 R4a R4b and R5 are as defined in the disclosure. Also disclosed are methods for controlling invertebrate pests comprising contacting the invertebrate pests or their environment with a biologically effective amount of a compound of Formula 1 or a composition comprising a compound of Formula 1.						
法律状态	有效						
同族专利	US20040198984A1 ｜ US20070225336A1 ｜ US7232836B2 ｜ CA2454485A1 ｜ EP1416797A1 ｜ EG23419A ｜ IL159509D0｜JP3729825B2｜JP2005041880A｜MXPA04001320A｜NZ530443A｜PL369024A1｜HU0600675A2｜ AU2002355953B2 ｜ CN1678192A ｜ CN100391338C ｜ KR100655348B1 ｜ CA2454485C ｜ AT469549T ｜ KR20040030071A｜MX253292B｜DE60236599D1｜ES2343568T3｜AR036872A1｜PT1416797E｜DK1416797T3 ｜CO5550395A2｜TWI225774B｜US20110124857A1｜US20110124871A1｜PL208090B1｜JP2004538328A｜ PL208897B1｜JP4334445B2｜EP1416797B1｜US7902231B2｜WO03015519A1｜HU0600675A3｜MY142327A｜ US20130123247A1 ｜ US20130190313A1 ｜ US20130190362A1 ｜ US20130190259A1 ｜ IL159509A ｜ US20140030243A1 ｜ HU229611B1 ｜ BR0212023A ｜ BR0212023B1 ｜ US8148521B2 ｜ US8158802B2 ｜ US20120171183A1 ｜ BR122012024636B1 ｜ US8921400B2 ｜ US9029365B2 ｜ US9049861B2 ｜ US9049862B2						

(5)CN101014247 B

专利强度	91	申请日	2005.6.30	主 IPC	A01N04356000	被引次数	0
名称(英文)	Synergistic mixtures of anthranilamide invertebrate pest control agents						
名称(中文)	邻氨基苯甲酰胺无脊椎动物害虫控制剂的协同混合物						

表（续）

摘要	Disclosed are mixtures and compositions for controlling invertebrate pests relating to combinations comprising (a)3 – bromo – N – [4 – chloro – 2 – methyl – 6 – [(methylamino) carbonyl] phenyl] – 1 – (3 – chloro – 2 – pyridinyl) – 1H – pyrazole – 5 – carboxami de and its N oxides and suitable salts thereof and a component (b) wherein the component (b) is at least one compound or agent selected from neonicotinoids cholinesterase inhibitors sodium channel modulators chitin synthesis inhibitors ecdysone agonists lipid biosynthesis inhibitors macrocyclic lactones GABA – regulated chloride channel blockers juvenile hormone mimics ryanodine receptor ligands octopamine receptor ligands mitochondrial electron transport inhibitors nereistoxin analogs pyridalyl flonicamid pymetrozine dieldrin metaflumizone biological agents and suitable salts of the foregoing. Also disclosed are methods for controlling an invertebrate pest comprising contacting the invertebrate pest or its environment with a biologically effective amount of a mixture or composition of the invention.
法律状态	有效
同族专利	WO2006007595A2丨EP1778012A2丨US20080027046A1丨AR049661A1丨AU2005262309A1丨CA2569478A1丨BRPI0512433A丨KR20070054602A丨CN101014247A丨UY28997A1丨MXPA06014898A丨AT429808T丨EP2060179A2丨EP2060180A1丨EP2060181A1丨EP2060182A1丨ES2324171T3丨WO2006007595A3丨EP1778012B1丨DK1778012T3丨SI1778012T1丨EA200900621A1丨EA200700258A1丨PT1778012E丨EA012928B1丨IL179847D0丨NZ551814A丨AU2010203325A1丨AU2010203326A1丨AU2010203328A1丨AU2010203331A1丨MX269555B丨EP2258191A1丨EP2263458A1丨EP2263459A1丨EP2263460A1丨EP2263461A1丨AU2005262309B2丨EP2266401A1丨EP2266402A1丨EP2274980A1丨EP2274981A1丨EP2281458A1丨DE602005014242D1丨AU2011200931A1丨AU2011200933A1丨AU2011200936A1丨NZ583337A丨NZ583339A丨MA28699B1丨JP2008505121A丨NZ583336A丨US8022067B2丨US20110293533A1丨EA201100294A1丨EA201100295A1丨AU2010203325B2丨AU2010203326B2丨AU2010203328B2丨AU2010203331B2丨EP2060179B1丨EP2060180B1丨EP2060182B1丨JP4829882B2丨ES2397604T3丨EP2060179A3丨MY140405A丨IL216195D0丨IL216196D0丨IL216197D0丨IL216198D0丨AT545339T丨AT546046T丨AT546047T丨AU2011200931B2丨AU2011200933B2丨AU2011200936B2丨EA016238B1丨EP2060181B1丨ES2382145T3丨NZ589725A丨NZ589726A丨ES2382582T3丨ES2382584T3丨ES2382145T8丨EP2266402B1丨EP2281458B1丨HRP20090344T1丨ES2386096T3丨TW201210484A丨TW201210485A丨TW201210486A丨TW201210487A丨PT2060181E丨EP2258191B1丨EP2263458B1丨EP2263459B1丨EP2263460B1丨ES2389703T3丨GT200500179A丨ES2390013T3丨KR20120098918A丨IL179847A丨CN103081919A丨CA2812975A1丨EP2263461B1丨CN102823604A丨CN102823620A丨EP2274981B1丨CN101014247B丨HRP20120991T1丨DK2263458T3丨PT2263458E丨ES2397211T3丨ES2397523T3丨ES2397525T3丨ES2399072T3丨KR20130014603A丨ES2399669T3丨JO2540B丨CA2569478C丨GT200500179AA丨GT200500179BA丨MY149632A丨MY149634A丨MY149635A丨MY149636A丨EA019843B1丨EA019922B1丨KR101291921B1丨KR101359883B1丨KR101240006B1丨TWI454217B丨TWI454218B丨TWI454219B丨TWI454220B丨US8937089B2丨CN102823604B丨CN103081919B

（6）US8021654 B2

专利强度	91	申请日	2009.3.13	主IPC	A01N06300000	被引次数	37
名称（英文）		Methods of treating pigs with bacillus strains					
名称（中文）		用芽孢杆菌治疗猪的方法					

表（续）

摘要	Disclosed are methods of administering at least two Bacillus strains to a pig such as female breeding stock nursery pigs or other pigs. The Bacillus strains inhibit Clostridium in litters borne to the pig. The Bacillus strains also are useful when administered to herds lacking symptoms of Clostridium infection. Administration of the Bacillus strains improves performance of female breeding stock and in piglets borne by the female breeding stock.
法律状态	有效
同族专利	US20090280090A1 ∣ US8021654B2 ∣ US20120100118A1 ∣ US8506951B2 ∣ US20140010792A1 ∣ US9011836B2

（7）US7612030 B2

专利强度	91	申请日	2006.4.28	主IPC	C11D00339000	被引次数	32
名称（英文）	Enzymatic production of peracids using perhydrolytic enzymes						
名称（中文）	过水解酶法生产使用过酸						
摘要	A process is provided to produce a concentrated aqueous peracid solution in situ using at least one enzyme having perhydrolase activity in the presence of hydrogen peroxide（at a concentration of at least 500 mM）under neutral to acidic reaction conditions from suitable carboxylic acid esters（including glycerides）and/or amides substrates. The concentrated peracid solution produced is sufficient for use in a variety of disinfection and/or bleaching applications.						
法律状态	有效						
同族专利	WO2006119060A1 ∣ US20070105740A1 ∣ EP1877566A1 ∣ CN101166828A ∣ DE602006005234D1 ∣ US7612030B2 ∣ US20100016429A1 ∣ EP1877566B1 ∣ US8163801B2 ∣ CN101166828B						

（8）US8105810 B2

专利强度	91	申请日	2009.10.1	主IPC	C12P00740000	被引次数	51
名称（英文）	Method for producing peroxycarboxylic acid						
名称（中文）	生产过氧羧酸的方法						
摘要	Disclosed herein are two-component enzymatic peracid generation systems and methods of using such systems wherein the first component comprises a formulation of at least one enzyme catalyst having perhydrolysis activity a carboxylic acid ester substrate and a cosolvent and wherein the second component comprises a source of peroxygen in water. The two components are combined to produce an aqueous peracid formulation useful as e.g. a disinfecting or bleaching agent. Specifically organic cosolvents are used to control the viscosity of a substrate-containing component and to enhance the solubility of the substrate in an aqueous reaction formulation without causing substantial loss of perhydrolytic activity of the enzyme catalyst.						
法律状态	有效						

表（续）

同族专利	US20100086510A1 ｜ US20100086534A1 ｜ US20100086535A1 ｜ US20100086621A1 ｜ US20100087528A1 ｜ US20100087529A1 ｜ WO2010039953A1 ｜ WO2010039956A1 ｜ WO2010039958A1 ｜ WO2010039960A1 ｜ WO2010039961A1 ｜ AU2009298420A1 ｜ CA2736907A1 ｜ EP2342324A1 ｜ EP2342325A1 ｜ EP2342327A1 ｜ EP2342328A1 ｜ EP2342349A1 ｜ US8030038B2 ｜ MX2011003528A ｜ CN102239255A ｜ CN102239256A ｜ CN102239257A ｜ CN102239264A ｜ US8062875B2 ｜ US20110300121A1 ｜ CN102264893A ｜ CN102264894A ｜ US20110305683A1 ｜ US20110306103A1 ｜ US20110306667A1 ｜ US20120016025A1 ｜ US8105810B2 ｜ EP2342326A1 ｜ WO2010039959A1 ｜ JP2012504418A ｜ JP2012504419A ｜ JP2012504420A ｜ JP2012504421A ｜ JP2012504422A ｜ JP2012504692A ｜ US8148314B2 ｜ US8148316B2 ｜ US20120094342A1 ｜ US8252562B2 ｜ US8283142B2 ｜ US8293221B2 ｜ US20120276609A1 ｜ US8304218B2 ｜ US8334120B2 ｜ US8337905B2 ｜ US8445247B2 ｜ US20130004479A1 ｜ US8367597B2 ｜ US8486380B2 ｜ CN102239264B ｜ CN102264893B ｜ CN102264894B ｜ JP5656845B2 ｜ EP2342324B1 ｜ JP5665747B2 ｜ JP5694938B2 ｜ JP5701762B2 ｜ DK2342324T3

（9）US7622641 B2

专利强度	91	申请日	2006.8.22	主 IPC	C12N01582000	被引次数	88
名称（英文）	Methods and compositions for providing tolerance to multiple herbicides						
名称（中文）	对多种除草剂的耐受性的组合物和方法提供						
摘要	Methods and compositions are provided related to improved plants that are tolerant to more than one herbicide. Particularly the invention provides plants that are tolerant of glyphosate and are tolerant to at least one ALS inhibitor and methods of use thereof. The glyphosate/ALS inhibitor－tolerant plants comprise a polynucleotide that encodes a polypeptide that confers tolerance to glyphosate and a polynucleotide that encodes an ALS inhibitor－tolerant polypeptide. In specific embodiments a plant of the invention expresses a GAT polypeptide and an HRA polypeptide. Methods to control weeds improve plant yield and increase transformation efficiencies are provided.						
法律状态	有效						
同族专利	WO2007024782A2 ｜ WO2007024866A2 ｜ US20070061917A1 ｜ US20070079393A1 ｜ US20070130641A1 ｜ US20070074303A1 ｜ AR055128A1 ｜ AR057091A1 ｜ UY29761A1 ｜ US20080234130A1 ｜ CA2620002A1 ｜ CA2625371A1 ｜ KR20080052606A ｜ BRPI0615088A2 ｜ AP200804392D0 ｜ AU2006283504A1 ｜ EP1917360A2 ｜ EP1931791A2 ｜ ECSP088304A ｜ EA200800622A1 ｜ WO2007024782A3 ｜ WO2007024866A3 ｜ US20090264290A1 ｜ MX2008002615A ｜ MX2008002616A ｜ US7803992B2 ｜ NZ568867A ｜ EA201000757A1 ｜ BRPI0615087A2 ｜ MA29777B1 ｜ JP2009505654A ｜ US7973218B2 ｜ CR9757A ｜ AU2006283504B2 ｜ EP1931791B1 ｜ AT544861T ｜ US7622641B2 ｜ RS20080076A ｜ CA2620002C ｜ MEP3508A ｜ US8203033B2 ｜ US20120157308A1 ｜ CA2625371C ｜ US20130288898A1						

（10）US7875634 B2

专利强度	91	申请日	2007.6.8	主 IPC	A01N04356000	被引次数	53
名称（英文）	Cyano anthranilamide insecticides						
名称（中文）	氰基邻氨基苯甲酰胺杀虫剂						

表（续）

摘要	This invention provides compounds of Formula 1 N – oxides and suitable salts thereof wherein R1 is Me Cl Br or F；R2 is F Cl Br C1 – C4 haloalkyl or C1 – C4 haloalkoxy；R3 is F Cl or Br；R4 is H；C1 – C4 alkyl C3 – C4 alkenyl C3 – C4 alkynyl C3 – C5 cycloalkyl or C4 – C6 cycloalkylalkyl each optionally substituted with one substituent selected from the group consisting of halogen CN Sme S（O）Me S（O）2Me and Ome；R5 is H or Me；R6is H F or Cl；and R7is H F or Cl. Also disclosed are methods for controlling an invertebrate pest comprising contacting the invertebrate pest or its environment with a biologically effective amount of a compound of Formula 1 an N – oxide thereof or a suitable salt of the compound（e. g. as a composition described herein）. This invention also pertains to a composition for controlling an invertebrate pest comprising a biologically effective amount of a compound of Formula 1 an N – oxide thereof or a suitable salt of the compound and at least one additional component selected from the group consisting of a surfactant a solid diluent and a liquid diluent.
法律状态	有效
同族专利	US20060111403A1 ｜ EP1599463A1 ｜ US7247647B2 ｜ US20070264299A1 ｜ WO2004067528A1 ｜ AU2004207848A1｜CA2512242A1｜CN1829707A｜EG23536A｜JP3764895B1｜JP3770500B2｜JP2006028159A｜ MA27622A1 ｜ MD20050219A ｜ MXPA05007924A ｜ RU2005127049A ｜ ZA200505310A ｜ NZ541112A ｜ KR20070036196A｜PL378413A1｜UA81791C2｜RU2343151C2｜MD3864B2｜CN100441576C｜BRPI0406709A｜ WO2004067528B1 ｜ AU2004207848B2 ｜ AR042943A1 ｜ US7875634B2 ｜ JP2006515602A ｜ PL209772B1 ｜ US20110319452A1 ｜ EP2264022A1 ｜ RS20050582A ｜ IL169529A ｜ MY136662A ｜ HRP20050745A2 ｜ CA2512242C ｜ TWI352085B ｜ KR100921594B1 ｜ MY146472A ｜ EP1599463B1 ｜ US8475819B2 ｜ DK1599463T3 ｜ ES2424840T3 ｜ PT1599463E ｜ SI1599463T1 ｜ ES2429016T3 ｜ MX254990B ｜ MX281291B ｜ US20130189228A1 ｜ HRP20050745B1 ｜ EP2264022B1 ｜ RS53629B1

（11）US8772007 B2

专利强度	91	申请日	2004.12.3	主IPC	C12N00914000	被引次数	63
名称（英文）	Perhydrolase						
名称（中文）	过水解酶						
摘要	The present invention provides methods and compositions comprising at least one perhydrolase enzyme for cleaning and other applications. In some particularly preferred embodiments the present invention provides methods and compositions for generation of peracids. The present invention finds particular use in applications involving cleaning bleaching and disinfecting.						
法律状态	有效						
同族专利	WO2005056782A2｜EP1689859A2｜CA2547709A1｜BRPI0417233A｜US20080145353A1｜CN1981035A｜ MXPA06005652A｜WO2005056782A3｜EP1689859B1｜AT500322T｜EP2295554A2｜DE602004031662D1｜ CN1981035B｜DK1689859T3｜ES2361838T3｜EP2295554A3｜PT1689859E｜EP2292743A2｜EP2292743A3｜ DK2295554T3｜HK1105428A1｜EP2295554B1｜CN103333870A｜EP2664670A1｜DK2292743T3｜US8772007B2｜ US20140302003A1｜EP2292743B1｜EP2664670B1						

（12）US8748477 B2

专利强度	90	申请日	2005.11.3	主 IPC	A01N02500000	被引次数	38
名称（英文）	\multicolumn{7}{l}{Formulations containing insect repellent compounds}
名称（中文）	\multicolumn{7}{l}{含有驱虫剂化合物的制剂}
摘要	\multicolumn{7}{l}{Dihydronepetalactone a minor natural constituent of the essential oil of catmints（Nepeta spp.）such as Nepeta cataria has been identified as an effective insect repellent compound. Synthesis of dihydronepetalactone may be achieved by hydrogenation of nepetalactone the major constituent of catmint essential oils. This compound and compositions thereof which also has fragrance properties may be used commercially for its insect repellent properties.}
法律状态	\multicolumn{7}{l}{有效}
同族专利	\multicolumn{7}{l}{US20060223878A1 ｜ WO2006050519A1 ｜ EP1806969A1 ｜ AU2005301975A1 ｜ CA2584354A1 ｜ KR20070083916A ｜ CN101090630A ｜ BRPI0516881A ｜ IL182629D0 ｜ JP2008519050A ｜ US8748477B2 ｜ US20140288167A1 ｜ KR20140103188A ｜ CA2584354C}

（13）US7550420 B2

专利强度	90	申请日	2006.10.27	主 IPC	C11D00942000	被引次数	31
名称（英文）	\multicolumn{7}{l}{Enzymatic production of peracids using perhydrolytic enzymes}
名称（中文）	\multicolumn{7}{l}{使用过水解酶法生产过酸}
摘要	\multicolumn{7}{l}{A process is provided to produce a concentrated aqueous peracid solution in situ using at least one enzyme having perhydrolase activity in the presence of hydrogen peroxide（at a concentration of at least 500 mM）under neutral to acidic reaction conditions from suitable carboxylic acid esters（including glycerides）and/or amides substrates. The concentrated peracid solution produced is sufficient for use in a variety of disinfection and/or bleaching applications.}
法律状态	\multicolumn{7}{l}{有效}
同族专利	\multicolumn{7}{l}{US20070042924A1 ｜ US7550420B2 ｜ US20090239948A1 ｜ US20090247631A1 ｜ US7780911B2 ｜ US8063008B2}

（14）CN1988803 B

专利强度	90	申请日	2005.7.22	主 IPC	A01N04356000	被引次数	0
名称（英文）	\multicolumn{7}{l}{Mixtures of anthranilamide invertebrate pest control agents}
名称（中文）	\multicolumn{7}{l}{邻氨基苯甲酰胺的混合物控制无脊椎动物害虫}
摘要	\multicolumn{7}{l}{Disclosed are mixtures and compositions for controlling invertebrate pests relating to combinations comprising（a）3 - bromo - N - ［ 4 - cyano - 2 - methyl - 6 ［（methylamino）carbonyl］phenyl］ - 1 - （3 - chloro - 2 - pyridinyl） - 1H - pyrazole - 5 - carboxamide an N - oxide or a salt thereof Formula（1）and（b）at least one invertebrate pest control agent selected from neonicotinoids cholinesterase inhibitors sodium channel modulators chitin synthesis inhibitors ecdysone agonists lipid biosynthesis inhibitors macrocyclic lactones GABA - regulated chloride channel blockers juvenile hormone mimics ryanodine receptor ligands octopamine receptor ligands mitochondrial electron transport inhibitors nereistoxin analogs pyridalyl flonicamid pymetrozine dieldrin metaflumizone biological agents and salts of the foregoing. Also disclosed are methods for controlling an invertebrate pest comprising contacting the invertebrate pest or its environment with a biologically effective amount of a mixture or composition of the invention.}

表（续）

法律状态	有效
同族专利	WO2006068669A1 | EP1771070A1 | AU2005319651A1 | CA2568560A1 | CN1988803A | KR20070047794A | UY29034A1 | US20090104145A1 | AR050185A1 | BRPI0513632A | MX2007000928A | AT422150T | DE602005012627D1 | GT200500201A | DK1771070T3 | ES2320578T3 | SI1771070T1 | EA011585B1 | EA200700162A1 | NZ551281A | PT1771070E | IL179499D0 | EP1771070B1 | AU2005319651B2 | MA28792B1 | JP2008507582A | MY140912A | CN1988803B | CN102283205A | CA2568560C | JP2013028629A | JO2544B | IL179499A | CN102283205B | KR101249646B1 | MX280667B | JP5134954B2

（15）US7232844 B2

专利强度	90	申请日	2004.10.13	主IPC	A61K00800000	被引次数	11
名称（英文）	Insect repellent compounds							
名称（中文）	驱蚊剂的化合物							
摘要	Dihydronepetalactone a minor natural constituent of the essential oil of catmints（Nepeta spp.）such as Nepeta cataria has been identified as an effective insect repellent compound. Synthesis of dihydronepetalactone may be achieved by hydrogenation of nepetalactone the major constituent of catmint essential oils. This compound which also has fragrance properties may be used commercially for its insect repellent properties.							
法律状态	有效							
同族专利	US20030235601A1 | US20050069568A1 | US20050112166A1 | EP1484967A1 | US7232844B2 | US20070231357A1 | AU2003214243A1 | CA2479123A1 | CN1642420A | MXPA04008994A | RU2004130863A | ZA200406233A | AU2003214243B2 | CN100521939C | JP2005520837A | KR20040097182A | WO03079786A1 | EP1484967B1 | CA2479123C | ES2397512T3 | BR0308639A							

3. 孟山都核心专利
（1）US7070795 B1

专利强度	94	申请日	1999.6.4	主IPC	A01N02514000	被引次数	88
名称（英文）	Particles containing agricultural active ingredients							
名称（中文）	包含农业活性成分的颗粒							
摘要	One or more agricultural active ingredients（such as fungicides or insecticides）are entrapped in polymeric matrixes to form particles having a diameter in the range from about 0.2 to about 200 microns. The particles are applied to soil to seeds or to plants and release the active ingredient（s）at a rate sufficiently low to avoid phytoxicity but at a rate sufficiently high to provide effective amounts of the active ingredient（s）preferably throughout the growing period of the plant.							
法律状态	有效							
同族专利	US7070795B1 | US20060193882A1 | WO9900013A2 | AU751267B2 | AU8172798A | EP0994650B1 | DE69821940D1 | PL342112A1 | CZ9904677A3 | PL195763B1 | CA2294332C | US7452546B2 | CZ299866B6 | CA2294332A1 | DE69821940T2 | WO9900013A3 | EP0994650A2 | AR013151A1							

（2）US7939721 B2

专利强度	93	申请日	2007.6.5	主IPC	C12N01582000	被引次数	38
名称（英文）	Cropping systems for managing weeds							
名称（中文）	控制杂草的种植制度							
摘要	The invention provides cropping systems for managing weeds in crop environments. The cropping systems comprise in one embodiment transgenic plants that display tolerance to an auxin – like herbicide such as dicamba. Method for minimizing the development of herbicide resistant weeds are also provided.							
法律状态	有效							
同族专利	WO2008051633A2 ｜ US20080305952A1 ｜ AU2007309337A1 ｜ EP2076121A2 ｜ CA2667099A1 ｜ WO2008051633A3 ｜ WO2008051633A8 ｜ AP200904864D0 ｜ KR20090075868A ｜ MX2009004512A ｜ CO6210707A2 ｜ US7939721B2 ｜ US20110245080A1 ｜ KR20110132484A ｜ EP2454940A2 ｜ EP2454940A3 ｜ GT200900099A ｜ BRPI0718138A2 ｜ KR101321152B1 ｜ KR101321213B1 ｜ CA2667099C							

（3）US7855326 B2

专利强度	92	申请日	2007.6.5	主IPC	A01H00500000	被引次数	59
名称（英文）	Methods for weed control using plants having dicamba – degrading enzymatic activity							
名称（中文）	使用具有麦草畏降解酶活性的植物控制杂草的方法							
摘要	The invention provides methods for weed control with dicamba and related herbicides. It was found that pre – emergent applications of dicamba at or near planting could be made without significant crop damage or yield loss. The techniques can be combined with the herbicide glyphosate to improve the degree of weed control and permit control of herbicide tolerant weeds.							
法律状态	有效							
同族专利	WO2007143690A2 ｜ US20080119361A1 ｜ AU2007256618A1 ｜ CA2653739A1 ｜ WO2007143690A3 ｜ WO2007143690A8｜MX2008015743A｜US7855326B2｜EP2023719A2｜US20110152096A1｜BRPI0712682A2｜ GT200800275A ｜ AU2007256618B2 ｜ US8629328B2 ｜ USRE45048E1 ｜ CA2653739C							

（4）US6858634 B2

专利强度	92	申请日	2001.9.10	主IPC	A01N02510000	被引次数	41
名称（英文）	Controlled release formulations and methods for their production and use							
名称（中文）	控释剂和它们的生产方法和用途							
摘要	Controlled release formulations for pesticides and herbicides contain an active ingredient a matrix polymer and a matrix polymer plasticizer which is present in an amount sufficient to provide a release rate for the active ingredient from the formulation that matches a selected release rate. Methods for making and using the formulation and seeds and plants that have been treated with the formulations are also included.							
法律状态	有效							
同族专利	US20020103086A1 ｜ US6858634B2 ｜ AU9082501A ｜ WO0221913A2 ｜ WO0221913A3							

（5）US7687434 B2

专利强度	92	申请日	2001.12.19	主 IPC	A01N02526000	被引次数	26
名称（英文）		Method of improving yield and vigor of plants					
名称（中文）	提高植物产量和活力的方法						

摘要	A method of improving the yield and vigor of agronomic plants in particular leguminous plants such as soybeans involves treating such plants and/or the propagation material of plants with a composition that includes an active agent such as a fungicide that has no significant activity against fungal plant pathogens of the treated plant. When the plant is not wheat a preferred agent of this type is 45 – dimethyl – N – (2 – propenyl) – 2 – (trimethylsilyl) – 3 – thiophenecarboxamide (silthiofam). Plants and plant propagation material such as seeds that have been treated by the novel method are also described.
法律状态	有效
同族专利	US20030060371A1 ┃ US20030114308A1 ┃ US20050233905A1 ┃ US7098170B2 ┃ WO02051246A9 ┃ EP1343374A1 ┃ BR0116490A ┃ CA2432180A1 ┃ CN1531395A ┃ MXPA03005659A ┃ WO02051246A1 ┃ HU0400950A3 ┃ AU2002241718A1 ┃ AR033411A1 ┃ HU0400950A2 ┃ US7687434B2 ┃ CN1531395B ┃ CA2432180C ┃ BR0116490B1 ┃ HU229876B1

（6）US6660690 B2

专利强度	92	申请日	2001.10.1	主 IPC	A01N05100000	被引次数	33
名称（英文）	Seed treatment with combinations of insecticides						
名称（中文）	随着杀虫剂的组合处理种子						

摘要	A method of preventing damage to the seed and/or shoots and foliage of a plant by a pest includes treating the seed from which the plant grows with a composition that includes a combination of at least one pyrethrin or synthetic pyrethroid and at least one other insecticide selected from the group consisting of an oxadiazine derivative a chloronicotinyl a nitroguanidine a pyrrol a pyrazone a diacylhydrazine a triazole a biological/fermentation product a phenyl pyrazole an organophosphate and a carbamate. It is preferred that when the other insecticide is an oxadiazine derivative the pyrethroid is selected from the group consisting of taufluvalinate flumethrin trans – cyfluthrin kadethrin bioresmethrin tetramethrin phenothrin empenthrin cyphenothrin prallethrin imiprothrin allethrin and bioallethrin. The treatment is applied to the unsown seed. In another embodiment the seed is a transgenic seed having at least one heterologous gene encoding for the expression of a protein having pesticidal activity against a first pest and the composition has activity against at least one second pest. Treated seeds are also provided.
法律状态	有效
同族专利	US20020115565A1 ┃ US6660690B2 ┃ US20040220199A1 ┃ EP1322166A2 ┃ AU1343502A ┃ CA2424096A1 ┃ CN1499932A ┃ MXPA03003074A ┃ DE60128116D1 ┃ ES2286153T3 ┃ MX237325B ┃ AU2002213435A8 ┃ AR030984A1 ┃ PT1322166E ┃ AT360365T ┃ DE60128116T2 ┃ EP1322166B1 ┃ WO0228186A2 ┃ WO0228186A3 ┃ CA2424096C ┃ BR0114435A

（7）EP1681351 A1

专利强度	91	申请日	1997.9.25	主 IPC	C07K01432500	被引次数	34
名称（英文）			Bacillus thuringiensis cryet29 compositions toxic to coleopteran insects and ctenocephalides spp.				
名称（中文）			对鞘翅类昆虫和栉头蚤属种昆虫有毒的苏云金芽孢杆菌 CryET29 组合物				
摘要			Disclosed is a novel 未 – endotoxin designated CryET29 that exhibits insecticidal activity against siphonopteran insects including larvae of the cat flea（Cteno – cephalides felis）as well as against coleopteran insects including the southern corn rootworm（Diabrotica undecimpunctata）western corn rootworm（D. virgif – era）Colorado potato beetle（Leptinotarsa decemlineata）Japanese beetle（Popil – lia japonica）and red flour beetle（Tribolium castaneum）. Also disclosed are nucleic acid segments encoding CryET29 recombinant vectors host cells and transgenic plants comprising a cryET29 DNA segment. Methods for making and using the disclosed protein and nucleic acid segments are disclosed as well as assays and diagnostic kits for detecting cryET29 and CryET29 sequences in vivo and in vitro.				
法律状态			有效				
同族专利			US20030167521A1｜US20040127695A1｜US6093695A｜US6537756B1｜US6686452B2｜EP1681351A1｜WO9813497A1｜US7186893B2｜US20070163000A1｜AT318313T｜AU740888B2｜AU4657797A｜BR9711554A｜CA2267667A1｜EP0932682B1｜CN1245513C｜CN1246893A｜DE69735305D1｜ES2258284T3｜IL129189D0｜PL332502A1｜TR9900689T2｜KR20000048680A｜US7572587B2｜DE69735305T2｜PT932682E｜EP0932682A1｜JP2001506973A｜BR9711554B1｜CA2267667C				

（8）US7943819 B2

专利强度	91	申请日	2006.9.15	主 IPC	C12N01582000	被引次数	39
名称（英文）			Methods for genetic control of insect infestations in plants and compositions thereof				
名称（中文）			遗传控制植物害虫和其组合方法				
摘要			The present invention relates to control of pest infestation by inhibiting one or more biological functions. The invention provides methods and compositions for such control. By feeding one or more recombinant double stranded RNA molecules provided by the invention to the pest a reduction in pest infestation is obtained through suppression of gene expression. The invention is also directed to methods for making transgenic plants that express the double stranded RNA molecules and to particular combinations of transgenic pesticidal agents for use in protecting plants from pest infestation.				
法律状态			有效				
同族专利			WO2007035650A2｜US20070124836A1｜AR055169A1｜UY29800A1｜CA2622687A1｜CN101310020A｜AP200804416D0｜AU2006292362A1｜EP1924696A2｜CN101365795A｜ECSP088291A｜WO2007035650A3｜CN101365796A｜BRPI0616181A2｜ZA200803338A｜SV2009002845A｜RU2008114846A｜SG166097A1｜US7943819B2｜EP2330207A2｜TW200804596A｜CR9821A｜EP1924696B1｜EP2426208A1｜AT548459T｜EP2431473A1｜EP2330207A3｜EP2439278A1｜EP2439279A1｜CN102409050A｜US20120137387A1｜CA2812343A1｜AU2006292362B2｜AP201306736D0｜TWI390037B｜CA2622687C｜RU2478710C2｜US20140013471A1｜US8759611B2｜UA98445C2				

（9）US7771749 B2

专利强度	91	申请日	2002.7.9	主IPC	A61K00914000	被引次数	33
名称（英文）	Lignin – based microparticles for the controlled release of agricultural actives						
名称（中文）	农业中的控制释放活性成分木质素微粒						
摘要	A method of producing lignin – based matrix microparticles for the controlled release of an agricultural active includes forming an emulsion of an organic solution in an aqueous solution wherein the organic solution contains a lignin derivative and an agricultural active in a volatile organic solvent and the aqueous solution contains an emulsifier; and removing the organic solvent thereby producing microparticles having a matrix comprising the lignin derivative within which the agricultural active is distributed. Small spherical lignin – based matrix microparticles that release an agricultural active at a controlled rate are described as are plants and plant propagation materials that are treated with such microparticles.						
法律状态	有效						
同族专利	US20030013612A1 ｜ AT318078T ｜ CA2452509A1 ｜ EP1404176B1 ｜ DE60209356D1 ｜ ES2259092T3 ｜ MXPA04000236A｜AU2002318286B2｜US20080234129A1｜DE60209356T2｜EP1404176A1｜US7771749B2｜ CA2452509C｜WO03005816A1｜BR0210948A｜BR0210948B1						

（10）US6645497 B2

专利强度	90	申请日	2001.11.30	主IPC	A61P04300000	被引次数	27
名称（英文）	Polynucleotide compositions encoding broad – spectrum delta endotoxins						
名称（中文）	多核苷酸组合物编码广谱δ内毒素						
摘要	Disclosed are novel synthetically – modified B. thuringiensis chimeric crystal proteins having improved insecticidal activity against coleopteran dipteran and lepidopteran insects. Also disclosed are the nucleic acid segments encoding these novel peptides. Methods of making and using these genes and proteins are disclosed as well as methods for the recombinant expression and transformation of suitable host cells. Transformed host cells and transgenic plants expressing the modified endotoxin are also aspects of the invention.						
法律状态	有效						
同族专利	US20030119158A1 ｜ US20040093637A1 ｜ US6017534A ｜ US6110464A ｜ US6156573A ｜ US6326169B1 ｜ US6221649B1 ｜ US6645497B2 ｜ US6962705B2 ｜ ZA9710429A ｜ US20080182279A1 ｜ US7455981B2 ｜ US20090023653A1 ｜ AR062573A2 ｜ US7618942B2 ｜ US20090143298A1 ｜ US7927598B2 ｜ AR011013A1 ｜CO4700555A1						
备注	涉案专利						

（11）US6593273 B2

专利强度	90	申请日	2001.10.1	主IPC	A01N05100000	被引次数	51
名称（英文）	Method for reducing pest damage to corn by treating transgenic corn seeds with pesticide						
名称（中文）	用杀虫剂处理转基因玉米种子以减少病虫危害玉米的方法						

表（续）

摘要	A method to protect corn against feeding damage by one or more pests includes the treatment of corn seed having a transgenic event that is targeted against at least one of the pests with a pesticide in an amount that is effective against the same or another of the one or more pests. Seeds having such protection are also disclosed.
法律状态	有效
同族专利	US20030018992A1 ｜ US6593273B2 ｜ EP1322171A2 ｜ AU1134202A ｜ CA2424028A1 ｜ CN1476295A ｜ MXPA03003073A｜EP1322171B1｜MX237326B｜AT432010T｜DE60138819D1｜ES2325482T3｜CA2424028C｜ WO0230205A2｜WO0230205A3｜BR0114434A

（12）US8034997 B2

专利强度	90	申请日	2006.8.30	主IPC	C12N01582000	被引次数	18
名称（英文）	Nucleotide sequences encoding insecticidal proteins						
名称（中文）	编码杀虫蛋白的核苷酸序列						
摘要	The present invention provides nucleotide sequences encoding an insecticidal protein exhibiting lepidopteran inhibitory activity as well as a novel insecticidal protein referred to herein as a Cry1A. 105 insecticide transgenic plants expressing the insecticide and methods for detecting the presence of the nucleotide sequences or the insecticide in a biological sample.						
法律状态	有效						
同族专利	WO2007027777A2｜AR055406A1｜CA2617803A1｜KR20080052623A｜BRPI0615657A2｜AU2006284857A1｜ CN101268094A｜EP1919935A2｜ECSP088228A｜EA200800448A1｜WO2007027777A3｜WO2007027777B1｜ ZA200800916A ｜ US20090238798A1 ｜ CR9747A ｜ IL189718D0 ｜ MX2008002802A ｜ JP2009505679A ｜ US8034997B2 ｜ US20110307978A1 ｜ AU2006284857B2 ｜ EA015908B1 ｜ NZ566028A ｜ CA2771677A1 ｜ CA2617803C ｜ CN101268094B ｜ HN2008000346A ｜ CN102766652A ｜ EP1919935B1 ｜ US8344207B2 ｜ KR101156893B1｜PT1919935E｜AP2519A｜US20130095488A1｜ES2400809T3｜UA96421C2｜JP4975747B2｜ IL189718A						

4.陶氏化学核心专利
（1）US6127180 A

专利强度	93	申请日	1997.4.18	主IPC	C12N01509000	被引次数	15
名称（英文）	Pesticidal toxins						
名称（中文）	杀虫毒素						
摘要	The subject invention concerns new classes of pesticidal toxins and the polynucleotide sequences which encode these toxins. Also described are novel pesticidal isolates of Bacillus thuringiensis.						
法律状态	有效						
同族专利	US20030167522A1 ｜ US6083499A ｜ US6127180A ｜ US6548291B1 ｜ US6624145B1 ｜ US6893872B2 ｜ EP0914439A2 ｜ WO9740162A2 ｜ CA2251560A1 ｜ JP3948682B2 ｜ DE69738689D1 ｜ ES2306458T3 ｜ KR20000010538A｜AT395417T｜EP0914439B1｜WO9740162A3｜CA2251560C｜JP2000509273A						
备注	涉案专利						

（2）US8288422 B2

专利强度	92	申请日	2010.2.16	主IPC	A01N04340000	被引次数	43
名称（英文）	Insecticidal n – substituted（6 – halooalkylpyridin – 3 – yl）– alkyl sulfoximines						
名称（中文）	杀虫N – 取代的(6 – 卤代烷基吡啶 – 3 – 基)烷基亚磺酰亚胺						
摘要	N – Substituted（6 – haloalkylpyridin – 3 – yl）alkyl sulfoximines are effective at controlling insects.						
法律状态	有效						
同族专利	US20070203191A1｜WO2007095229A2｜AR059437A1｜UY30140A1｜CA2639911A1｜AU2007215167A1｜EP1989184A2｜CN101384552A｜WO2007095229A3｜KR20080107366A｜ZA200806317A｜US7687634B2｜US20100144794A1｜US20100144803A1｜US20100152245A1｜NZ569786A｜US20100179099A1｜BRPI0707633A2｜CN101384552B｜JP2009526074A｜EP1989184B1｜AT515497T｜EP2351740A1｜CN102153506A｜US8013164B2｜ES2365427T3｜TW200804259A｜AU2007215167B2｜CN102153506B｜JP2012072165A｜HK1127061A1｜US8193364B2｜US20120231953A1｜US8269016B2｜ES2415511T3｜US8288422B2｜US20120316067A1｜US20120329740A1｜EP2351740B1｜TW201309635A｜TWI398433B｜HK1155451A1｜US8598214B2｜US8669278B2｜US20140135362A1｜CA2639911C｜CL2007000353A1｜JP4975046B2｜KR101364430B1｜US20150080432A1｜US9012654B2						

（3）US6204435 B1

专利强度	91	申请日	1997.10.30	主IPC	C12N01509000	被引次数	38
名称（英文）	Pesticidal toxins and nucleotide sequences which encode these toxins						
名称（中文）	杀虫毒素和编码这些毒素的核苷酸序列						
摘要	Disclosed and claimed are novel Bacillus thuringiensis isolates pesticidal toxins genes and nucleotide probes and primers for the identification of genes encoding toxins active against pests. The primers are useful in PCR techniques to produce gene fragments which are characteristic of genes encoding these toxins. The subject invention provides entirely new families of toxins from Bacillus isolates.						
法律状态	有效						
同族专利	US6204435B1｜EP0938562A2｜WO9818932A2｜AU5098398A｜BR9712402A｜CA2267996A1｜NZ335086A｜KR20000053001A｜WO9818932A3｜JP2001502919A｜AR016680A2｜AR009138A1						

（4）US6896905 B2

专利强度	91	申请日	2001.12.13	主IPC	A01N02512000	被引次数	18
名称（英文）	Porous particles, their aqueous dispersions, and method of preparation						
名称（中文）	多孔颗粒水性分散体及其制备方法						
摘要	A method of forming by polymerization in an aqueous dispersion at pressures in excess of one atmosphere a plurality of porous particles having at least one polymeric phase and at least one pore filling phase wherein the pore filling phase includes a pore filler and a fugitive substance is disclosed. Replacement of the fugitive substance with a replacement gas is further disclosed. Porous particles having a polymeric phase and pores containing a pore filler and optionally a gaseous phase are also disclosed as are their aqueous dispersions.						
法律状态	有效						

表（续）

同族专利	US20030007990A1 ∣ US6896905B2 ∣ AU1542502A ∣ BR0200387A ∣ CN1370794A ∣ JP2002256005A ∣ MXPA02001594A ∣ EP1236762B1 ∣ DE60217203D1 ∣ CN1283697C ∣ KR20020067621A ∣ DE60217203T2 ∣ EP1236762A1

（5）US6156328 A

专利强度	91	申请日	1999.2.1	主IPC	A01N02518000	被引次数	22
名称（英文）	Insecticide – containing foam sheet and process for the preparation thereof							
名称（中文）	含杀虫剂的泡沫片材及其制备方法							
摘要	A polymer foam sheet having a thickness of at least 0.3 cm an average cell size of at least 0.1 mm and at least one pyrethrum compound dispersed in the polymer matrix wherein the total amount of pyrethrum compounds in the sheet based on the weight of the foam solids therein is from 1 part per million（ppm）to 20000 ppm.							
法律状态	有效							
同族专利	US6156328A ∣ AU2479000A ∣ CN1185931C ∣ CN1334701A ∣ NO20013740A ∣ TR200102202T2 ∣ TW574025B ∣ CA2357733C ∣ NO327036B1 ∣ CA2357733A1 ∣ NO20013740D0 ∣ JP2002535344A ∣ JP4689835B2 ∣ WO0044224A1							

（6）CN101553111 B

专利强度	90	申请日	2006.10.27	主IPC	A01H00500000	被引次数	0
名称（英文）	Novel herbicide resistance genes							
名称（中文）	新除草剂抗性基因							
摘要	The invention provides novel plants that are not only resistant to 24 – D but also to pyridyloxyacetate herbicides. Heretofore there was no expectation or suggestion that a plant with both of these advantageous properties could be produced by the introduction of a single gene. The subject invention also includes plants that produce one or more enzymes of the subject invention ′stacked′together with one or more other herbicide resistance genes. The subject invention enables novel combinations of herbicides to be used in new ways. Furthermore the subject invention provides novel methods of preventing the development of and controlling strains of weeds that are resistant to one or more herbicides such as glyphosate. The preferred enzyme and gene for use according to the subject invention are referred to herein as AAD – 12 （AryloxyAlkanoate Dioxygenase）. This highly novel discovery is the basis of significant herbicide tolerant crop trait and selectable marker opportunities.							
法律状态	有效							
同族专利	WO2007053482A2∣ AR056590A1∣ CA2628263A1∣ WO2007053482A3∣ AU2006308959A1∣ EP1947926A2∣ ZA200803982A∣ CN101553111A∣ JP2009513139A∣ US20110203017A1∣ BRPI0618025A2∣ EP1947926A4∣ NZ567807A∣ EP2484202A1∣ EP2484767A1∣ AU2006308959B2∣ US8283522B2∣ JP2013046624A∣ US20130035233A1∣ NZ595200A∣ CN101553111B∣ CN103361316A∣ JP5155869B2∣ NZ608188A∣ EP1947926B1∣ US8916752B2∣ JP5647204B2∣ DK1947926T3∣ ES2528914T3∣ US20150080218A1							

（7）EP1498413 B1

专利强度	90	申请日	2001.1.12	主 IPC	C07D21379000	被引次数	0
名称（英文）		4 – aminopicolinates and their use as herbicides					
名称（中文）		4 – 氨基吡啶甲酸酯和它们作为除草剂的应用					
摘要		4 – Aminopicolinic acids having halogen alkoxy alkylthio aryloxy heteroaryloxy or trifluormethyl substituents in the 3 – 5 – and 6 – positions and their amine and acid derivatives of formula（I）wherein X represents H halogen C1 – C6 alkoxy C1 – C6 alkylthio aryloxy nitro or trifluoromethyl；Y represents halogen C1 – C6 alkoxy C1 – C6 alkylthio aryloxy heteroaryloxy or trifluoromethyl；Z represents halogen C1 – C6 alkoxy C1 – C6 alkylthio aryloxy or nitro；and W represents – NO2 – N3 – NR1R2 – N = CR3R4 or – NHN = CR3R4 are potent herbiciedes demonstrating a broad spectrum of weed control.					
法律状态		有效					
同族专利		EP1498413A1｜AU760286B2｜AU2945301A｜CA2396874A1｜CN1416419A｜IL150701D0｜MXPA02006933A｜NO20023370A｜NZ520244A｜PL356588A1｜RU2220959C1｜ZA200205557A｜EP1246802B1｜DE60127233D1｜HU0204118A3｜AR026836A1｜DK1246802T3｜ES2279817T3｜KR20050053748A｜NO323777B1｜RU2002121652A｜PT1246802E｜AT356807T｜CN1281591C｜DE60127233T2｜EP1246802A1｜HU0204118A2｜NO20023370D0｜CA2396874C｜CO5231161A1｜JP2009149611A｜KR100560326B1｜TWI235747B｜IL150701A｜JP2003519685A｜EP1498413B1｜AT522506T｜CR6696A｜ES2368326T3｜DK1498413T3｜JP4388724B2｜PT1498413E｜WO0151468A1｜PL212932B1｜HU228505B1｜CR20130237A｜JP4986977B2｜BR0107649B1｜BR0107649A｜BR0117327B1					

（8）US7838733 B2

专利强度	90	申请日	2008.5.22	主 IPC	C12N01582000	被引次数	13
名称（英文）		Herbicide resistance genes					
名称（中文）		除草剂抗性基因					
摘要		The subject invention provides novel plants that are not only resistant to 24 – D and other phenoxy auxin herbicides but also to aryloxyphenoxypropionate herbicides. Heretofore there was no expectation or suggestion that a plant with both of these advantageous properties could be produced by the introduction of a single gene. The subject invention also includes plants that produce one or more enzymes of the subject invention alone or tacked together with another herbicide resistance gene preferably a glyphosate resistance gene so as to provide broader and more robust weed control increased treatment flexibility and improved herbicide resistance management options. More specifically preferred enzymes and genes for use according to the subject invention are referred to herein as AAD（aryloxyalkanoate dioxygenase）genes and proteins. No 伪 – ketoglutarate – dependent dioxygenase enzyme has previously been reported to have the ability to degrade herbicides of different chemical classes and modes of action. This highly novel discovery is the basis of significant herbicide tolerant crop trait opportunities as well as development of selectable marker technology. The subject invention also includes related methods of controlling weeds. The subject invention enables novel combinations of herbicides to be used in new ways. Furthermore the subject invention provides novel methods of preventing the formation of and controlling weeds that are resistant（or naturally more tolerant）to one or more herbicides such as glyphosate.					
法律状态		有效					

表（续）

同族专利	WO2005107437A2｜AR048724A1｜CA2563206A1｜CN1984558A｜MXPA06012634A｜BRPI0509460A｜AU2005240045A1｜EP1740039A2｜EP1740039A4｜WO2005107437A3｜US20090093366A1｜NZ550602A｜US7838733B2｜CN1984558B｜ZA200608610A｜EP2298901A2｜EP2308976A2｜EP2308977A2｜EP2319932A2｜AU2005240045B2｜US20110124503A1｜CN102094032A｜JP2007535327A｜EP2298901A3｜EP2308976A3｜EP2308977A3｜EP2319932A3｜JP2011200240A｜NZ580248A｜EP1740039B1｜DK1740039T3｜HK1108562A1｜PT1740039E｜ES2389843T3｜SI1740039T1｜DK2308976T3｜DK2308977T3｜EP2298901B1｜EP2308977B1｜EP2308976B1｜DK2298901T3｜ES2406809T3｜ES2407857T3｜ES2408244T3｜SI2298901T1｜SI2308976T1｜PT2298901E｜PT2308976E｜PT2308977E｜NZ596949A｜SI2308977T1｜EP2319932B1｜DK2319932T3｜ES2435247T3｜PT2319932E｜SI2319932T1｜CN102094032B｜JP5409701B2｜JP5285906B2｜HK1156973A1｜CO7141412A2

（9）US8715745 B2

专利强度	90	申请日	2010.1.14	主IPC	A01N03326000	被引次数	18
名称（英文）	Fungicidal compositions including hydrazone derivatives and copper							
名称（中文）	包括腙衍生物和铜的杀菌组合物							
摘要	The present invention relates to the use of hydrazone compounds and copper for controlling the growth of fungi.							
法律状态	有效							
同族专利	WO2010083307A2｜WO2010083310A2｜WO2010083314A2｜WO2010083316A2｜WO2010083318A2｜WO2010083319A2｜WO2010083322A2｜WO2010083314A3｜WO2010083310A3｜WO2010083322A3｜WO2010083307A3｜WO2010083319A3｜WO2010083316A3｜WO2010083318A3｜EP2376435A2｜EP2376436A2｜EP2376437A2｜EP2376438A2｜EP2376439A2｜EP2376440A2｜EP2376441A2｜US20120009274A1｜US20120010075A1｜US20120021065A1｜US20120021066A1｜US20120107416A1｜US20120141597A1｜US20120148682A1｜US8455394B2｜US8461078B2｜US8476194B2｜US8715745B2							

（10）US7432227 B2

专利强度	90	申请日	2004.4.2	主IPC	A01N04340000	被引次数	27
名称（英文）	6 - alkyl or alkenyl - 4 - aminopicolinates and their use as herbicides							
名称（中文）	4 - 氨基吡啶甲酸酯和它们作为除草剂的应用							
摘要	4 - Aminopicolinic acids having alkyl or alkenyl substituents in the 6 - position and their amine and acid derivatives are potent herbicides demonstrating a broad spectrum of weed control.							
法律状态	有效							
同族专利	US20040198608A1｜EP1608624A2｜WO2004089906A2｜AU2004228666A1｜BRPI0408935A｜CA2517486A1｜CN1764646A｜MXPA05010615A｜NO20054378A｜RU2005133716A｜US7432227B2｜KR20050119178A｜UA82358C2｜NZ542142A｜CN100519532C｜ZA200507570A｜WO2004089906A3｜AU2004228666B2｜AR043829A1｜IL171093A｜EP1608624B1｜AT502925T｜DE602004031930D1｜ES2359917T3｜ES2359918T3｜JP2006523236A｜DK1608624T3｜PT1608624E｜NO330763B1｜CR7979A｜JP4624990B2｜KR101086146B1｜RU2332404C2｜CA2517486C｜BRPI0408935B1							

（11）US7001903 B2

专利强度	90	申请日	2003.12.12	主IPC	A61K03100000	被引次数	92
名称（英文）	Synergistic insecticidal mixtures						
名称（中文）	协同杀虫混合物						
摘要	The invention relates to insecticidal mixtures of spinosyns and agonists or antagonists of nicotinic acetylcholine receptors for protecting plants against attack by pests.						
法律状态	有效						
同族专利	US20030092641A1 ┃ US20040127520A1 ┃ US6444667B1 ┃ US6686387B2 ┃ US7001903B2 ┃ EP1082014B1 ┃ WO9960857A1 ┃ AU757771B2 ┃ AU4263499A ┃ BR9910699A ┃ CN1240280C ┃ CN1311632A ┃ DE19823396A1 ┃ TW402484B ┃ CN100403903C ┃ ES2201758T3 ┃ HK1040161A1 ┃ HK1086721A1 ┃ CN1714644A ┃ EP1082014A1 ┃ CO5060502A1 ┃ JP2002516258A ┃ AR019847A1 ┃ JP4767412B2 ┃ BR9910699B1 ┃ MY129271A						

5. 先正达核心专利
（1）CN101242739 B

专利强度	91	申请日	2006.6.28	主IPC	A01N02500000	被引次数	0
名称（英文）	Liquid compositions for treating plant propagation materials						
名称（中文）	用于处理植物繁殖材料的液体组合物						
摘要	The present invention includes a kind of quick – drying fluid composition said composition comprises at least one fungicide and at least one insecticide. The present invention further comprises treatment of plant propagation material especially comprise the method for the cutting seed antagonism pest of stem tuber promote the method for cutting seed suberification reduce the liquid pesticidal method of the drying time on cutting seed and agricultural chemicals selectivity is loaded to the method for cutting seed epidermis part.						
法律状态	有效						
同族专利	WO2007005470A2 ┃ CA2612236A1 ┃ AR053941A1 ┃ EP1903861A2 ┃ US20080318881A1 ┃ MX2007015864A ┃ AU2006266053A1 ┃ CN101242739A ┃ EP1903861A4 ┃ WO2007005470A3 ┃ ZA200710911A ┃ RU2008102565A ┃ IL188315D0 ┃ BRPI0612583A2 ┃ MA30129B1 ┃ US7968109B2 ┃ JP2009500333A ┃ NZ564510A ┃ RU2409029C2 ┃ AU2006266053B2 ┃ EG25261A ┃ MX286661B ┃ JP5107914B2 ┃ CN101242739B ┃ UA92020C2 ┃ CA2612236C						

（2）EP1484415 B1

专利强度	91	申请日	1999.7.2	主IPC	C12N01509000	被引次数	0
名称（英文）	Method of alleviating pest infestation in plants						
名称（中文）	减轻植物虫害的方法						

表（续）

摘要	A plant cell comprises a DNA sequence from a plant pest which is critical for the plant pest's survival, growth, proliferation or reproduction. The DNA sequence or a fragment thereof is cloned in a suitable vector in an orientation relative to promoter(s) such that said promoter(s) is capable of initiating transcription of said DNA sequence to dsRNA upon binding of an appropriate transcription factor to said promoter(s). The plant pest may be a plant pest that feeds on the plant. Also provided is a plant comprising the plant cell. Also provided is a method of producing a plant resistant to plant pest infestation, which method comprises identifying a DNA sequence from said pest which is critical for its survival, growth, proliferation, or reproduction. The method also comprises cloning the DNA sequence or a fragment thereof in a suitable vector in an orientation relative to promoter(s) such that said promoter(s) is capable of initiating transcription of said DNA sequence to dsRNA upon binding of an appropriate transcription factor to said promoter(s). The method also comprises introducing said vector into the plant.
法律状态	有效
备注	异议专利
同族专利	US20040133943A1	US20040187170A1	US20030061626A1	EP1093526A2	AU769223B2	AU4907999A	BR9911802A	CA2332619A1	EP1197567A3	CN1198938C	CN1323354A	CN1657620A	DE1093526T1	DE29924298U1	DE29924299U1	GB0020485D0	GB0118514D0	GB0206600D0	GB2362885A	GB9827152D0	HK1029142A1	HU0103571A2	IL140467D0	IS5802A	GB2362885B	GB2370275B	MXPA00012955A	NO20010019A	NZ509182A	PL347978A1	RU2240349C2	ZA200007653A	CN1900319A	KR20070041607A	EP1484415A3	DE69940984D1	CZ20010014A3	GB2349885A	KR20060071438A	EP2045336A2	DK1197567T3	AT433500T	ES2320527T3	JP2009112311A	AT419383T	GB2370275A	HU0103571A3	NO20010019D0	GB2349885B	EP1197567B1	EP1484415A2	EP1197567A2	DK1484415T3	DE69940219D1	KR100563295B1	KR20010074639A	KR20040066200A	MX234065B	ES2327334T3	JP4353639B2	PT1197567E	PT1484415E	IL140467A	IL181727D0	PL201425B1	EP2045336A3	NO327729B1	JP2002519072A	EP2374901A1	US8114980B2	EP1484415B1	PL213379B1	WO0001846A3	CA2789083A1	CZ303494B6	CA2332619C	IS2816B	JP2014058514A	PL216779B1	CY1108920T1	CY1109324T1	WO0001846A2	CZ304897B6

(3) US6391883 B1

专利强度	91	申请日	2000.6.26	主IPC	A01N04342000	被引次数	35
名称（英文）	Bicyclic amines						
名称（中文）	二环胺						
摘要	A compound of formula (I): wherein R1 represents a group of formula (A) where each of W X Y and Z and Z represents either a group CR or the nitrogen atom provided that not more than two of W X Y and Z represent the nitrogen atom and where each R present is independently selected from hydrogen and halogen atoms and cyano amino hydrazino acylamino hydroxy alkyl hydroxyalkyl alkoxy haloalkyl haloalkoxy alkenyl alkenyloxy alkoxyalkenyl alkynyl carboxylic acyl alkoxycarbonyl aryl and heterocyclyl groups said groups comprising up to 6 carbon atoms and wherein R2 represents hydrogen or cyano or a group selected from alkyl aryl heteroaryl aralkyl heteroarylalkyl alkenyl aralkenyl alkynyl alkoxycarbonyl alkanesulfonyl arenesulfonyl alkanyloxycarbonyl aralkyloxycarbonyl aryloxycarbonyl heterocyclylalkyl carbamyl or dithiocarboxyl groups said groups comprising from 1 to 15 carbon atoms said groups being optionally substituted with one or more substituents selected from halogen cyano carboxyl carboxylic acyl carbamyl alkoxycarbonyl alkoxy alkylenedioxy hydroxy nitro haloalkyl alkyl amino acylamino imidate and phosphonato groups; and acid addition salts and quaternary ammonium salts and N – oxide derived therefrom. The compounds are useful as insecticides.						

表（续）

法律状态	有效
同族专利	US5922732A ｜ US6207676B1 ｜ US6391883B1 ｜ US6573275B1 ｜ WO9637494A1 ｜ EP0828739B1 ｜ AP803A ｜ AT223913T ｜ AU710540B2 ｜ AU5698896A ｜ BG102066A ｜ CA2217064A1 ｜ BR9609112A ｜ CN1066730C ｜ DE69623614D1 ｜ DZ2037A1 ｜ EA468B1 ｜ ES2183950T3 ｜ GB2301819A ｜ GB2301819B ｜ GB9510459D0 ｜ GB9609978D0 ｜ ID25629A ｜ IL118254A ｜ MA23880A1 ｜ NZ307596A ｜ OA10537A ｜ PL323453A1 ｜ SI9620088A ｜ SK157897A3 ｜ TR9701427T1 ｜ ZA9603875A ｜ HU9802708A3 ｜ MX9708899A ｜ CZ9703687A3 ｜ EP0828739A1 ｜ CN1185154A ｜ DE69623614T2 ｜ HU9802708A2 ｜ IL118254D0 ｜ PT828739E ｜ JP4276699B2 ｜ HU226985B1 ｜ JPH11505826A ｜ KR100386035B1 ｜ TNSN96078A1 ｜ AR003419A1

（4）CA2487494 C

专利强度	90	申请日	2003.6.4	主 IPC	C07D47110000	被引次数	0
名称（英文）	Spiroindolinepiperidine derivatives						
名称（中文）	螺二氢吲哚哌啶衍生物						
摘要	Insecticidal acaricidal nematicidal or molluscicidal compounds of formula （I）wherein Y is a single bond C = O C = S or C = （O）q where q is 0 1 or 2；and R1 R2 R3 R4 R8 R9 and R10 are as defined in the claims or salts or N – oxides thereof processes for preparing them and compositions containing them.						
法律状态	有效						
同族专利	US20060106045A1 ｜ EP1880996A1 ｜ EP1515969A1 ｜ AU2003240071A1 ｜ CA2487494A1 ｜ CN1662535A ｜ GB0213715D0 ｜ IL165226D0 ｜ MA27365A1 ｜ MXPA04012349A ｜ NZ536734A ｜ ZA200410058A ｜ KR20050019135A ｜ CN1944431A ｜ AP1850A ｜ UA81767C2 ｜ CN101318958A ｜ AP200503198D0 ｜ AU2003240071B2 ｜ CN101574084A ｜ AT478870T ｜ AR040208A1 ｜ DE60333919D1 ｜ TW200402265A ｜ EA014223B1｜ CO5621237A2 ｜ DK1515969T3 ｜ PT1515969E ｜ ES2351188T3 ｜ SI1515969T1 ｜ CN101318958B ｜ JP2006501170A ｜ CA2487494C ｜ CN1662535B ｜ KR101013428B1 ｜ IL165226A ｜ IL213984D0 ｜ TWI343784B ｜ US20120010220A1 ｜ EP1515969B1 ｜ JP4837913B2 ｜ WO03106457A1 ｜ CN101574084B ｜ BR0312129A ｜ BR0312129B1 ｜ EP1880996B1						

（5）CN101213301 B

专利强度	90	申请日	2006.5.31	主 IPC	C12N01511300	被引次数	0
名称（英文）	Rnai for control of insects and arachnids						
名称（中文）	用于防治昆虫和蜘蛛类动物 RNAi						
摘要	The present invention describes a new non – compound based approach for insect and/or arachnid control. The present inventors have identified for the first time novel targets for RNAi which can effectively control insect and/or arachnid pest populations. Accordingly the invention provides both nucleotide and amino acid sequences for the novel targets. Also provided are RNA constructs including double stranded RNA regions for mediating RNAi in insects DNA constructs expression vectors host cells and compositions for controlling insects and/or arachnids using RNAi. Finally the invention also provides for the use of the constructs vectors host cells and compositions in control of insects and/or arachnids populations and suitable kits for use in an RNAi based method of controlling insect and/or arachnid pests.						

表（续）

法律状态	有效
同族专利	WO2006129204A2	EP1907546A2	CA2610644A1	CN101213301A	WO2006129204A3	US20100011654A1	JP2008541752A	EP2500429A2	JP2013013408A	US8759306B2	CN101213301B	US20140348893A1

（6）US6884754 B1

专利强度	90	申请日	2002.9.27	主IPC	A01N02502000	被引次数	12
名称（英文）	Aqueous compositions for seed treatment						
名称（中文）	用于种子处理的液体组合物						
摘要	An aqueous composition suitable for applying fungicides to plant propagation materials is provided comprising water and a blend of the following components by weight：a）2%～10% of a surface－active agent comprising a1）at least one anionic surfactant；b）0.5%～10% of at least one polymer selected from water－dispersible polymers and water－soluble film－forming polymers；c）4%～20% of at least one inorganic solid carrier；and d）3%～20% of at least one antifreeze agent. In one embodiment the composition comprises a fungicidally effective amount of at least one fungicidally active compound. The inventive composition is storage stable ready －to－apply（RTA）ecologically and toxicologically favorable and has good fungicidal efficacy.						
法律状态	有效						
同族专利	US20050209103A1	US6884754B1	US7199081B2					

（7）US7071188 B2

专利强度	90	申请日	2002.6.13	主IPC	A61K03153500	被引次数	4
名称（英文）	Composition and method for improving plant growth						
名称（中文）	用于改善植物生长的组合物和方法						
摘要	The present invention relates to plant－protecting active ingredient mixtures having synergistically enhanced action and to a method of improving the growth of plants comprising applying to the plants or the locus thereof at least three active ingredient components together. Specifically a mixture of fludioxonil（I）metalaxyl（II）and a strobilurin fungicide（III）achieves markedly enhanced action against plant pathogens and is suitable for improving the growth of plants when applied to plants parts of plants seeds or at their locus of growth.						
法律状态	有效						
同族专利	US20030130119A1	US7071188B2	EP1416793A2	CA2449831A1	MXPA03011494A	AU2002306164A1	CA2449831C	EP1416793A4	AR034504A1	CR7200A	WO02102148A2	WO02102148A3	AR087297A2						

6.巴斯夫核心专利

（1）US8404263 B2

专利强度	91	申请日	2009.6.15	主IPC	A01N02500000	被引次数	37
名称（英文）	Agrochemical formulations comprising a pesticide，an organic uv－photoprotective filter and coated metal－oxide nanoparticles						

表（续）

名称（中文）	一种包括农药，有机紫外光滤波器和包覆的金属氧化物纳米颗粒的农药制剂
摘要	The resent invention relates to an agrochemical formulation comprising a pesticide an organic UV photoprotective filter and coated metal oxide nanoparticles. It also relates to a method for preparing said formulation. Further on it also relates to the use of a mixture of an organic UV photoprotective filter and coated metal oxide nanoparticles in agrochemical formulations and the use of a agrochemical formulation according to the invention for stabilizing a pesticide against UV irradiation. Further on it relates to a method of combating harmful insects and/or phytopathogenic fungi which comprises contacting plants soil or habitat of plants in or on which the harmful insects and/or phytopathogenic fungi are growing or may grow plants or soil to be protected from attack or infestation by said harmful insects and/or phytopathogenic fungi with an effective amount of the formulation according to the invention to a method of controlling undesired vegetation which comprises allowing a herbicidal effective amount of said formulation to act on plants their habitat.
法律状态	有效
同族专利	WO2009153231A2｜WO2009153231A3｜AR072260A1｜AU2009259456A1｜CA2727153A1｜MX2010013530A｜EP2306818A2｜US20110111957A1｜KR20110043608A｜EA201100029A1｜CN102202502A｜IL209890D0｜JP2011524874A｜MA32476B1｜US8404263B2｜CR11833A｜JP5559777B2

（2）US8153560 B2

专利强度	90	申请日	2008.2.22	主IPC	A01N04378000	被引次数	10
名称（英文）	Pesticidal active mixtures comprising aminothiazoline compounds							
名称（中文）	含氨噻唑啉的具有杀虫活性混合物							
摘要	Pesticidal mixtures comprising aminothiazoline compounds The present invention relates to pesticidal mixtures comprising as active compounds 1）at least one aminothiazoline compound I of the Formula（I）wherein R1 R2 R3 R4 R5 and R6 are defined in the description；and 2）at least one active compound II selected from a group A comprising acetylcholine esterase inhibitors GABA－gated chloride channel antagonists sodium channel modulators nicotinic acetylcholine receptor agonists/antagonists chloride channel activators juvenile hormone mimics compounds affecting the oxidative phosphorylation inhibitors of the chitin biosynthesis moulting disruptors inhibitors of the MET voltage－dependent sodium channel blockers inhibitors of the lipidsynthesis and other compounds as defined in the description in synergistically effective amounts. The invention relates further to methods and use of these mixtures for combating insects arachnids or nematodes in and on plants and for protecting such plants being infested with pests especially also for protecting seeds.							
法律状态	有效							
同族专利	WO2008104503A1｜UY30945A1｜AR065576A1｜EP2063711A1｜PE06272009A1｜AU2008220893A1｜CA2679254A1｜CR11045A｜ECSP099643A｜CN101621928A｜MX2009008403A｜KR20090116821A｜US20100056469A1｜IL200229D0｜EA200901143A1｜MA31255B1｜JP2010520230A｜TW200900005A｜US8153560B2｜CL2008000632A1｜BRPI0807371A2｜JP5511393B2							

（3）US6060502 A

专利强度	90	申请日	1999.3.22	主IPC	A01N04336000	被引次数	18
名称（英文）	Pesticidal sulfur compounds							

表（续）

名称（中文）	杀虫的硫化合物
摘要	Pyrazole pyrrole and imidazole derivatives having formula（I）or（II）：##STR1## wherein . dbd. X is . dbd. NR. sup. 3 . dbd. O or an electron pair and Q comprises certain pyrazole pyrrole and imidazole structures which together with the remaining substituents are defined in the description are useful for controlling arthropod nematodes helminth or protozoan pests.
法律状态	有效
同族专利	US6060502A

（4）US7872067 B2

专利强度	90	申请日	2005.6.7	主IPC	C08G01808000	被引次数	42
名称（英文）	Amphiphilic polymer compositions and their use						
名称（中文）	两亲性聚合物组合物及其应用						
摘要	The present invention relates to amphiphilic polymer compositions to a process for their preparation and to their use for preparing aqueous active compound compositions of water－insoluble active compounds in particular active compounds for crop protection. The amphiphilic polymer compositions can be obtained by reactinga）at least one hydrophobic polymer P1 which carries functional groups R1 which are reactive toward isocyanate groups and which is constructed of ethylenically unsaturated monomers M1 comprising：a1）at least 10% by weight based on the total amount of monomers M1 of monomers M1a of the formula I in which X is oxygen or a group N4；R1 R2 R3 and R4 are as defined in the claims and the description；a2）up to 90% by weight based on the total amount of monomers M1 of neutral monoethylenically unsaturated monomers M1b whose solubility in water at 25？ C. is less than 50 g/l and which are different from the monomers M1a；anda3）up to 30% by weight based on the total amount of monomers M1 of ethylenically unsaturated monomers M1c which are different from the monomers M1a and M1bb）at least one hydrophilic polymer P2 which carries functional groups R2 which are reactive toward isocyanate groupsc）with at least one compound V which contains isocyanate groups and with respect to the isocyanate groups has a functionality of at least 1.5.						
法律状态	有效						
同族专利	WO2005121201A1 ｜ EP1756188A1 ｜ AR049208A1 ｜ AT380212T ｜ CA2567660A1 ｜ BRPI0511688A ｜ DE502005002170D1 ｜ CN1965011A ｜ US20080287593A1 ｜ ES2296187T3 ｜ ZA200700155A ｜ EP1756188B1 ｜ CN100567358C ｜ RU2378293C2 ｜ IL179296D0 ｜ US7872067B2 ｜ JP2008501833A ｜ JP4718551B2 ｜ IL179296A ｜ CA2567660C ｜ RU2006145880A						

（5）EP1102538 B1

专利强度	90	申请日	1999.3.30	主IPC	C07D29502000	被引次数	0
名称（英文）	Plant growth regulator compositions						
名称（中文）	植物生长调节剂组合物						

表(续)

摘要	The invention provides novel mepiquat plant growth regulator compositions which have improved hygroscopicity and corrosion characteristics. The novel mepiquat plant growth regulator compositions of the invention can be readily prepared from technical mepiquat chlorid inter alia by electrochemical ion exchange processes or by quaternization of N－methylpiperidine with dimethylcarbonate as starting material.
法律状态	有效
同族专利	US6224734B1｜US6248694B1｜US6288009B1｜EP1102538A1｜WO9952368A1｜AT285682T｜AU745558B2｜AU751354B2｜AU3419299A｜BR9909567A｜CA2327854A1｜CN1173630C｜CN1296382A｜DE69922968D1｜EG22274A｜ES2234251T3｜HU0101692A2｜IL138406A｜MXPA00009873A｜PL343532A1｜RU2273637C2｜TR200002952T2｜ZA200006413A｜CZ20003758A3｜CA2327854C｜DE69922968T2｜EP1102538B1｜HU0101692A3｜IL138406D0｜CO5070583A1｜CZ301968B6｜JP2002511395A｜AR019041A1｜BR9909567B1｜PE04202000A1

7. 中国核心专利

（1）US6187314 B1

专利强度	89	申请日	1999.03.19	主 IPC 分类	A61K35/78
申请人	上海市杏灵科技药业股份有限公司				
名称	银杏叶组合物及制备方法与应用				
摘要	本发明提供了由银杏叶中提取出的不同的组合物,所述的组合物含有新的活性成分,本发明同时提供组合物及该组合物中单个成分的制备方法,本发明提供了该组合物不同的应用。				
法律状态	授权				
同族专利	US20010055629A1｜US20030152654A1｜US6030621A｜US6187314B1｜US6475534B2｜US6632460B2｜WO9947148A1｜AU741628B2｜AU2824799A｜CN1159022C｜CN1508542A｜GB0024213D0｜GB2352177B｜HK1065596A1｜CN100371707C｜HK1087176A1｜CN1292704A｜CN1740786A｜CN1740787A｜CN100344957C｜HK1087178A1｜CN1267727C｜GB2352177A				

（2）CN101953346 B

专利强度	81	申请日	2008.05.27	主 IPC 分类	A01N43/50（2006.01）I
申请人	浙江新农化工股份有限公司				
名称	含噻唑锌的杀菌组合物				
摘要	本发明提供一种含噻唑锌的杀菌组合物,其含有活性化合物Ⅰ和杀菌活性化合物Ⅱ,其中所述活性化合物Ⅰ为噻唑锌,所述杀菌活性化合物Ⅱ为任意一种选自甲氧基丙烯酸酯类杀菌剂、三唑类杀菌剂、酰胺类杀菌剂、咪唑类杀菌剂、二羧酰亚胺类杀菌剂、氨基甲酸酯类杀菌剂、抗菌素类杀菌剂、噁唑类杀菌剂、吗啉类杀菌剂、嘧啶类杀菌剂、喹啉类杀菌剂、二硫代氨基甲酸盐类杀菌剂或其他选定杀菌剂的杀菌活性化合物。				
法律状态	授权				

（3）CN101322494 B

专利强度	81	申请日	2008.05.27	主 IPC 分类	A01N43/50(2006.01)I
申请人	江苏龙灯化学有限公司				
名称	农药组合物及其制备和使用方法				
摘要	一种农药组合物,该农药组合物含有唑类化合物和N,N-二烷基长链烷基酰胺。在组合物中加入足够量的N,N-二烷基长链烷基酰胺用来阻止或抑制施用该组合物时唑类化合物的结晶。组合物中优选的N,N-二烷基长链烷基酰胺为通式为I的化合物:其中:(a)R1 和 R2 个代表烷基.含 2 个碳原子,R 代表烷基,含 10 到 30 个碳原子,或(b)R1 和 R2 各代表烷基,含 3 个碳原子,R 代表烷基,含 9 到 30 个碳原子,或(c)R1 和 R2 各代表烷基,含 4 到 12 个碳原子,R 代表烷基,含 6 到 30 个碳原子;该组合物中的活性物质为杀菌剂时,该制剂会更有效。特别是杀菌剂选自戊唑醇,环唑醇,灭菌唑,己唑醇,粉唑醇,腈菌唑,苯醚甲环唑,烯唑醇,丙环唑,三环唑,灭菌唑,氟菌唑,氟硅唑,叶菌唑一种或几种。				
法律状态	授权				
同族专利	CN101069501A｜WO2008145063A1｜CN101322494A｜BRPI0705235A2｜AR066730A1｜EP2164322A1｜MX2009012823A｜EP2164322A4｜BRPI0803723A2｜RU2009146754A｜CO6321127A2｜US20120071530A1｜RU2484626C2｜CN103229768A｜CN101322494B｜EP2164322B1｜US8653121B2｜ES2459292T3｜UA91482C2｜CL2008001544A1｜CL2013001747A1｜CL2013001748A1｜CN103229768B				

（4）CN101072764

专利强度	80	申请日	2005.08.15	主 IPC 分类	A61P35/00 (2006.01)I
申请人	香港理工大学；韦恩州立大学等				
名称	抑制蛋白酶体的(-)-表没食子儿茶素没食子酸酯衍生物				
摘要	(-)-EGCG 是最丰富的儿茶素,其被认为是化学预防及抗癌剂。然而,(-)-EGCG 具有至少一个局限性:其生物利用度差。本发明提供了具有下列通式的化合物,其中 R11、R12、R13、R21、R22、R2、R3 和 R4 均各自独立地选自-H 和 C1-C10 酰氧基;以及 R5 选自-H、C1-C10 烷基、C2-C10 烯基、C2-C10 炔基、C3-C7 环烷基、苯基、苯甲基和 C3-C7 环烯基,同时,最后提到的 7 个基团中的每一个都可用 1 到 6 个卤素原子的任意组合取代;R11、R12、R13、R21、R22、R2、R3 和 R4 中至少有一个是-H,这些化合物被证实其用作蛋白酶体抑制剂以减少肿瘤细胞生长的未被保护对应物更有效。				
法律状态	授权				
同族专利	WO2006017981A1｜EP1778663A1｜US20080176931A1｜CN101072764A｜EP1778663A4｜WO2006017981A9｜JP2008509939A｜US8193377B2｜US20120232135A1｜CN101072764B｜US8710248B2｜JP5265915B2｜US20140213802A1				

（5）CN101278675 B

专利强度	79	申请日	2007.04.06	主 IPC 分类	A01N47/24(2006.01)I
申请人	海利尔药业集团股份有限公司				
名称	一种含有多抗霉素与代森锰锌的杀菌组合物				

表（续）

摘要	本发明为一种含有多抗霉素与代森锰锌的杀菌组合物,它含有多抗霉素和代森锰锌等有效成分,多加工成可湿性粉剂、可溶性粉剂、水分散粒剂、可分散粒剂等剂型。其有效成分多抗霉素与代森锰锌的质量比例为:多抗霉素:代森锰锌＝(1～100):(100～1);将其用于防治果树上的病害时,防治效果明显高于多抗霉素与代森锰锌单剂,能很好地防治果树上的多种病害且价格便宜,具有明显的推广价值。
法律状态	授权

（6）CN101720791 B

专利强度	78	申请日	2008.10.24	主 IPC 分类	A01N65/20(2009.01)I
申请人	沈阳东大迪克化工药业有限公司				
名称	一种苦参碱纯植物源杀虫剂				
摘要	本发明涉及一种苦参碱纯植物源杀虫剂,其特征在于:按质量计,其组成成分包括,苦参总碱0.5～5份,活性乳化剂5～25份,有机溶剂10～40份,纯净水30～60份,且上述基本成分的四种物质份数之和为100。本发明产品全部为天然有机成分,不含任何化学农药,对天敌与环境安全。				
法律状态	授权				

（7）CN102093389 B

专利强度	78	申请日	2009.12.09	主 IPC 分类	C07D498/14
申请人	华东理工大学				
名称	双联和氧桥杂环新烟碱化合物及其制备方法				
摘要	本发明涉及吡虫啉硝基亚甲基类似物和二醛构建的双联和氧桥杂环新烟碱化合物及其制备方法和用途,提供了具有式(A)或(B)所示结构的化合物、或者所述化合物的光学异构体或农药学上可接受的盐。本发明还涉及包含上述化合物或者其光学异构体或农药学上可接受的盐的农用组合物,所述农用组合物的用途,以及上述化合物或者其光学异构体或农药学上可接受的盐的制备方法。所述化合物及其衍生物对同翅目、鳞翅目等农林业害虫,例如蚜虫、飞虱、粉虱、叶蝉、蓟马、棉铃虫、菜青虫、小菜蛾、斜纹夜蛾、黏虫等具有高的杀虫活性。				
法律状态	授权				
同族专利	WO2011069456A1｜CN102093389A｜MX2012006663A｜CR20120361A｜AU2010330474A1｜CA2783504A1｜IL220237D0｜US20120245126A1｜KR20120094111A｜EP2511279A1｜EP2511279A4｜CO6561790A2｜JP2013513553A｜CA2783504C｜RU2012127868A｜US8809319B2｜JP5600750B2｜CN102093389B｜AU2010330474B2｜UA106256C2｜KR101504575B1				

（8）US20010014322 A1

专利强度	77	申请日	1998.05.15	主 IPC 分类	
申请人	信谊药厂				
名称	一种有益的微生物组合物,微生物的新型防护材料,及其制备方法和用途				

表（续）

摘要	本发明提供了一种可行的和有益的微生物组合物包括三的乳酸产生细菌：双歧杆菌新菌株（CCTCC M 98003 6 - 1 号），嗜酸乳杆菌 YIT 2004（CCTCC 数 M 98004）和粪链球菌（CCTCC M 98005 更 0027 号）。本发明还提供保护的乳酸菌冻干形式的生产和制备该组合物的方法的可行性材料。最后，本发明提供的组合物的各种用途。
法律状态	授权

（9）CN101130762 B

专利强度	76	申请日	2007.08.07	主 IPC 分类	C12N1/20（2006.01）I
申请人	中国农业科学院植物保护研究所				
名称	对鞘翅目害虫高效的苏云金芽孢杆菌 cry8H 基因、蛋白及其应用				
摘要	本发明涉及"对鞘翅目害虫高效的苏云金芽孢杆菌 cry8H 基因、蛋白及其应用"属于生物防治技术领域。本发明对鞘翅目害虫高毒力的 cry8H 基因的核苷酸序列，如 SEQ ID NO1 所示，人工设计合成的可以在植物中表达的 cry8H 基因的核苷酸序列如 SEQ ID NO3 所示。该人工设计的 cry8H 基因转化植物，获得的转基因植物都具有抗华北大黑鳃金龟（Holotrichiaoblita）、铜绿丽金龟（Anomala corpulenta）和暗黑鳃金龟（Holotrichia parallela）性能。				
法律状态	专利实施许可合同备案的生效、变更及注销				
同族专利	CN101130762A	WO2009018739A1	CN101130762B			

（10）CN101637157 B

专利强度	76	申请日	2008.07.30	主 IPC 分类	A01N37/36（2006.01）I
申请人	中国中化股份有限公司、沈阳化工研究院有限公司				
名称	一种杀真菌剂组合物				
摘要	本发明提供一种含有 A、B 两种活性组分的杀真菌剂组合物及其防治多种农业真菌病害的用途。组合物中活性组分 A 选自两种甲氧基丙烯酸酯类化合物之一，如下所示：化合物 A1 化合物 A2 活性组分 B 选自以下杀菌剂品种之一：硫代氨基甲酸盐类化合物或其盐、脂肪族类化合物或其盐、氨基甲酸酯类化合物或其盐、恶唑类化合物或其盐、噻唑类化合物或其盐、酰胺类化合物或其盐、有机磷类化合物或其盐、咪唑类化合物或其盐、抗生素类化合物或其盐、嘧啶类化合物或其盐、三唑类化合物或其盐。				
法律状态	授权				

（11）CN101731284 B

专利强度	75	申请日	2009.12.03	主 IPC 分类	A01N65/12（2009.01）I
申请人	河海大学				
名称	从黄花蒿中提取抑藻活性成分的方法及抑藻方法				

表（续）

摘要	本发明公开了一种从黄花蒿中提取抑藻活性成分的方法及抑藻方法,属于水体污染控制领域。为解决现有抑藻技术成本高、生态风险大、存在二次污染等问题,本发明公开了一种从陆生植物黄花蒿中提取和制备抑藻剂的方法。本发明的制备方法包括如下步骤:将烘干、粉碎后的黄花蒿使用石油醚、乙酸乙酯分级提取,石油醚提取液用稀酸洗涤后,使用稀碱反萃取得到有效成分和乙酸乙酯提取液依次用稀酸、稀碱洗涤后所得的有效成分合并,得到抑藻剂。此方法具有简单易行,成本低廉等优点,可以广泛应用于池塘、水库、湖泊等水体。
法律状态	授权

(12) CN101755820 B

专利强度	75	申请日	2009.10.22	主 IPC 分类	A01N53/08(2006.01)I
申请人	深圳诺普信农化股份有限公司				
名称	含有多杀菌素的农药悬浮剂及其制备方法				
摘要	本发明提供了一种含有多杀菌素的农药悬浮剂及其制备方法,该悬浮剂含有活性成分多杀菌素,活性成分阿维菌素、甲氨基阿维菌素苯甲酸盐、高效氯氟氰菊酯、高效氯氰菊酯、虫螨腈、氟啶脲、丁醚脲、虱螨脲、噻虫嗪或丁烯氟虫腈,以及分散剂、润湿剂、功能性助剂及其他助剂和水。该制备方法为将活性成分、各助剂与水混合成均相的浆状物后,通入砂磨机经砂磨至平均粒径为2~4微米。本发明的悬浮剂平均粒径小,产品悬浮率高,性能稳定,二年内常温存放析水量极小,而且,由于制剂悬浮率高,且添加的功能性助剂增加了展着性、渗透性,从而提高了产品药效作用。				
法律状态	授权				

(13) CN101019535 B

专利强度	74	申请日	2007.02.14	主 IPC 分类	A01N43/653(2006.01)I
申请人	山东省烟台市农业科学研究院				
名称	含有克菌丹的具有协和作用的杀菌剂组合物				
摘要	本发明公开的具有协和作用的杀菌剂组合物,活性组分包括克菌丹和至少一种三唑类杀菌剂化合物。其中克菌丹与三唑类杀菌剂化合物的质量比为40∶1~1∶40,占组合物总质量的1%至90%。组合物中加入适量功能性助剂和载体可以制成悬浮剂、可湿性粉剂、水分散粒剂、微乳剂、水乳剂等。该组合杀菌剂可用于防治卵菌、子囊菌、担子菌、半知菌等引起的多种病害,具有增效、兼治、延缓抗药性等重要作用。				
法律状态	授权				

(14) CN101233864 B

专利强度	74	申请日	2007.12.10	主 IPC 分类	A01N65/44(2009.01)I
申请人	山东省烟台市农业科学研究院				
名称	含有克菌丹的具有协和作用的杀菌剂组合物				

表（续）

摘要	本发明公开的具有协和作用的杀菌剂组合物,活性组分包括克菌丹和至少一种三唑类杀菌剂化合物。其中克菌丹与三唑类杀菌剂化合物的质量比为40∶1～1∶40,占组合物总质量的1%至90%。组合物中加入适量功能性助剂和载体可以制成悬浮剂、可湿性粉剂、水分散粒剂、微乳剂、水乳剂等。该组合杀菌剂可用于防治卵菌、子囊菌、担子菌、半知菌等引起的多种病害,具有增效、兼治、延缓抗药性等重要作用。
法律状态	授权

（15）CN101575574 B

专利强度	74	申请日	2009.06.11	主IPC分类	C12N1/14（2006.01）I
申请人	山东省烟台市农业科学研究院				
名称	含有克菌丹的具有协和作用的杀菌剂组合物				
摘要	本发明公开的具有协和作用的杀菌剂组合物,活性组分包括克菌丹和至少一种三唑类杀菌剂化合物。其中克菌丹与三唑类杀菌剂化合物的质量比为40∶1～1∶40,占组合物总质量的1%至90%。组合物中加入适量功能性助剂和载体可以制成悬浮剂、可湿性粉剂、水分散粒剂、微乳剂、水乳剂等。该组合杀菌剂可用于防治卵菌、子囊菌、担子菌、半知菌等引起的多种病害,具有增效、兼治、延缓抗药性等重要作用。				
法律状态	授权				

（16）CN101785455 B

专利强度	74	申请日	2010.02.05	主IPC分类	A01N25/04（2006.01）I
申请人	深圳诺普信农化股份有限公司				
名称	一种农药油悬剂及其制备方法				
摘要	本发明提供了一种农药油悬剂及其制备方法,该农药油悬剂包含农药活性成分、乳化剂、消泡剂之外,还包含有分散介质,该分散介质为油酸甲酯或油酸甲酯与植物油的混合物。制备农药油悬剂的方法是按配方将分散介质与乳化剂混合乳化;再加入其余组分混合成浆状物;将浆状物通过砂磨机经砂磨制得油悬剂。本发明农药油悬剂平均粒径小、分散稳定性高,在植物叶片上具有良好的展着性、渗透性,提高了产品的药效;农药油悬剂的制备方法工艺简单、成本低,便于工业化生产,具有广阔的生产应用前景。				
法律状态	授权				

（17）CN101790978 B

专利强度	74	申请日	2009.12.02	主IPC分类	A01N25/04（2006.01）I
申请人	深圳诺普信农化股份有限公司				
名称	一种农药水乳剂及其制备方法				

表(续)

摘要	本发明公开了一种以超声乳化制备农药水乳剂的方法及由此方法制得的农药水乳剂。与现有技术相比,以本发明方法制得的农药水乳剂粒径范围较窄,因此具有稳定性好、药效高等优点,同时,与目前通用的高剪切和均质乳化相比,超声乳化制备水乳剂具有制备方便、生产效率高、成本低、乳化质量高等优点。
法律状态	授权

(18)CN101953364 B

专利强度	74	申请日	2010.11.12	主IPC分类	A01N53/06(2006.01)I
申请人	江苏扬农化工股份有限公司、江苏优士化学有限公司				
名称	一种电热卫生香片及其应用				
摘要	本发明提供一种电热卫生香片,含有活性成分、挥散剂和载体;所述活性成分为式(1)所示结构的拟除虫菊酯化合物;所述挥散剂由乙酰柠檬酸的低级脂肪醇酯和$C_4 \sim C_{20}$的饱和二元脂肪酸酯复配而成;每片载体上含活性成分22mg~200mg,含挥散剂50mg~1000mg。本发明所述的电热卫生香片可以在较长时间内极为有效的防除飞翔性卫生害虫如蝇类。				
法律状态	授权				

(19)CN101589718 B

专利强度	73	申请日	2009.06.18	主IPC分类	A01N43/90(2006.01)I
申请人	浙江省农业科学院				
名称	一种高含量三环唑悬浮剂及其制备方法				
摘要	本发明公开了一种高含量三环唑悬浮剂及其制备方法,属于农药制备技术领域。该悬浮剂其组分与各组分的质量百分比含量为:三环唑60%~80%,植物皂素2%~15%,烷基酚聚氧乙烯醚羧酸盐2%~15%,增稠剂0.1%~1.0%,余量为水;经(1)植物皂素制备;(2)烷基酚聚氧乙烯醚羧酸盐制备;及(3)按配方称量,混匀后在胶体磨中研磨等步骤制备而成。本发明主要以植物源表面活性剂——植物皂素,部分替代了石化类表面活性剂,提高了产品的安全性和环境相容性;制备成的高含量三环唑悬浮剂,不仅提升了药效,也较大地降低了产品的生产、包装及田间使用成本。本发明可在大田生产与农药企业推广应用。				
法律状态	授权				

(20)CN101731220 B

专利强度	73	申请日	2009.12.25	主IPC分类	A01N43/16(2006.01)I
申请人	浙江大学				
名称	壳聚糖在防治植物青枯病中的应用				

表(续)

摘要	本发明公开了一种壳聚糖在防治番茄青枯病中的应用。本发明制剂能显著增加番茄植株的诱导抗性,降低番茄青枯病的发生率,同时也能促进番茄植株的生长。采用本发明制剂防治番茄青枯病简单易行,成本较低。
法律状态	授权

(21)CN101999393 B

专利强度	73	申请日	2010.01.28	主 IPC 分类	A01N51/00(2006.01)I
申请人	深圳诺普信农化股份有限公司				
名称	一种农药组合物				
摘要	本发明适用于防治蓟马,提供了一种农药组合物,其中的有效成分为噻虫胺;和阿维菌素或甲氨基阿维菌素苯甲酸盐。该农药组合物具有如下优点:(1)对蓟马有增效作用,且有强渗透性和内吸性,能杀死藏在花瓣内蓟马;(2)与阿维菌素或甲氨基阿维菌素苯甲酸盐单剂相比,田间防效明显提高;(3)与噻虫胺单剂相比,田间用量明显减少;(4)组合物中两者有效成分的作用机理互不相同,组合物的应用有助于延缓蓟马的抗性发展,延长药剂使用寿命;(5)田间试验表明该农药组合物对农业上常见的刺吸式口器害虫也有较好的田间防治效果。				
法律状态	授权				

(22)CN101297648 B

专利强度	72	申请日	2007.11.22	主 IPC 分类	A01N43/54(2006.01)I
申请人	北京燕化永乐农药有限公司				
名称	一种含有菇类蛋白多糖的杀菌剂组合物				
摘要	本发明属于农药技术领域,涉及一种杀菌剂组合物,其特征在于含有宁南霉素和菇类蛋白多糖,杀菌剂组合物质量百分比配分:宁南霉素 0.1%~20%,菇类蛋白多糖 0.1%~10%。本杀菌剂组合物可以配制成水剂、悬浮剂、可湿性粉剂。本杀菌剂组合物用于病毒病的控制,具有明显的增产及改善作物品质的作用。				
法律状态	专利权人的姓名或者名称、地址的变更				

(23)CN101606517 B

专利强度	72	申请日	2009.07.27	主 IPC 分类	A01N25/04(2009.01)I
申请人	北京燕化永乐农药有限公司				
名称	一种含有菇类蛋白多糖的杀菌剂组合物				
摘要	本发明属于农药技术领域,涉及一种杀菌剂组合物,其特征在于含有宁南霉素和菇类蛋白多糖,杀菌剂组合物质量百分比组分:宁南霉素 0.1%~20%,菇类蛋白多糖 0.1%~10%。本杀菌剂组合物可以配制成水剂、悬浮剂、可湿性粉剂。本杀菌剂组合物用于病毒病的控制,具有明显的增产及改善作物品质的作用。				
法律状态	专利权人的姓名或者名称、地址的变更				

（24）CN101632355 B

专利强度	72	申请日	2009.08.31	主 IPC 分类	A01N25/12（2006.01）I
申请人	桂林集琦生化有限公司、郭正、陈铖				
名称	一种含有机硅表面活性剂的农药水分散粒剂及其制备方法				
摘要	本发明涉及一种含有机硅表面活性剂的农药水分散粒剂及其制备方法。将一种或几种农药活性成分与润湿剂、分散剂、崩解剂、稳定剂、载体经气流粉碎后充分搅拌混合均匀，然后依次加入有机硅表面活性剂、消泡剂及黏结剂水溶液，边加入边搅拌均匀，于捏合机中捏合，制成可塑性的物料。最后将此物料送进挤出造粒机进行造粒。通过干燥、筛分得到水分散粒剂成品。本发明的农药制剂，具有良好的润湿性、较强的黏附力、扩展能力和好的渗透能力，可明显提高农药的利用率及药效。				
法律状态	授权				

（25）CN101642099 B

专利强度	72	申请日	2009.08.31	主 IPC 分类	A01N25/30（2006.01）I
申请人	桂林集琦生化有限公司、郭正、陈铖				
名称	一种含有机硅表面活性剂的农药悬浮剂及其制备方法				
摘要	本发明涉及一种含有有机硅表面活性剂的农药悬浮剂及其制备方法。将一种或几种农药活性成分混合均匀后，再加入润湿分散剂、有机硅表面活性剂，以及增稠剂、稳定剂、消泡剂、防冻剂、触变剂、pH 调节剂等其他辅助成分和去离子水一起于球磨机中球磨制成悬浮剂。本发明的农药制剂，表面张力低，在靶标表面润湿性好，渗透能力强，药效好，可明显提高农药的利用率。				
法律状态	授权				

（26）CN101695295 B

专利强度	72	申请日	2009.10.19	主 IPC 分类	A01N25/02（2006.01）I
申请人	深圳诺普信农化股份有限公司				
名称	一种植物源绿色环保溶剂及其制备方法				
摘要	本发明适用于农药溶剂技术领域，提供了一种植物源绿色环保溶剂，同时提供干馏松脂制备植物源绿色环保溶剂的方法。所述的植物源绿色环保溶剂含有如下质量百分比的组分：蒎烯 10%～40%、D-柠檬 10%～40%、长叶烯 5%～15%、莰烯 5%～15%、脱氢枞酸 3%～15%、蒎烷 1%～10% 以及抗氧剂 0～2%。所述的制备方法包括如下步骤：（1）取松脂粉碎、脱水；（2）干馏，收集裂解液；（3）碱液洗涤，静置分离，分馏；（4）脱水；（5）加入抗氧剂溶解均匀即得所述的植物源绿色环保溶剂。本发明所采用的原料为松树松脂，价格低廉；制备方法工艺简单、环保、耗能少，裂解所得是以萜烯类化合物等安全环保组分为主，裂解组分可以控制；产品成本低，不与民争食，安全环保。				
法律状态	授权				

(27)CN101773128 B

专利强度	72	申请日	2010.02.03	主 IPC 分类	A01N43/90(2006.01)I
申请人	中国科学院西双版纳热带植物园				
名称	一种小桐子专用生长调节剂及其应用				
摘要	本发明公开了一种小桐子专用生长调节剂及其应用。将细胞分裂素溶解于氢氧化钠溶液里,再用蒸馏水稀释成细胞分裂素浓度为 0.02mg/mL ~ 100mg/mL 的母液;将 2 ~ 9999 份母液、1 ~ 10 份表面活性剂与 0 ~ 9997 份蒸馏水混合均匀,得到该生长调节剂。于小桐子花芽出现前后 10 天内,将该生长调节剂均匀喷雾于小桐子全株直至有液滴滴下。在小桐子植株的每个开花期喷施 1 ~ 3 次后,产生的总花数、雌花比例、果实数量和种子产量分别是未处理小桐子的 3.6 倍、4.3 倍、4.5 倍和 3.9 倍。同时,种子含油率也由 31.67% 提高到 34.76%,增加了 9.8% 左右。本发明操作简便,成本低廉,经济效益显著,具有很好的应用前景。				
法律状态	授权				
同族专利	CN101773128A丨WO2011094903A1丨CN101773128B				

(28)CN101796949 B

专利强度	72	申请日	2009.12.31	主 IPC 分类	A01N37/28(2006.01)I
申请人	青岛星牌作物科学有限公司				
名称	一种植物杀虫保护剂及应用				
摘要	本发明属于农药技术领域,具体涉及一种植物杀虫保护剂及应用。本发明提供了抑食肼与有机磷类(Ⅰ)或拟除虫菊酯类(Ⅱ)或昆虫生长调节剂类(Ⅲ)或大环内酯类(Ⅳ)或杂环类(Ⅴ)杀虫成分或氨基甲酸酯类(Ⅵ)或沙蚕毒素类(Ⅶ)杀虫剂进行复配的植物杀虫保护剂及应用。该复配杀虫组合物显著地增强了杀虫效果,至少同时具有了触杀、胃毒、内吸、拒食 4 种作用方式,给植物全方位的保护,并且不同的作用方式有利于延缓害虫抗药性的产生,扩大害虫防治谱。该组合物可广泛应用于多种咀嚼式口器、刺吸式口器、舐吸式口器、锉吸式口器害虫的防治。				
法律状态	授权				

(29)CN101984807 B

专利强度	72	申请日	2010.07.22	主 IPC 分类	A01N25/04(2006.01)I
申请人	福建诺德生物科技有限责任公司				
名称	一种以松脂基植物油为溶剂的乳油制剂及其制备方法				
摘要	一种以松脂基植物油为溶剂的乳油制剂及其制备方法,涉及一种农药制剂。提供一种采用植物来源的松脂基植物油为溶剂,不含任何芳烃类等不环保有机溶剂,环保性能高,生产施用安全的以松脂基植物油为溶剂的乳油制剂及其制备方法。其原料组成及其以质量百分数计含有农药活性成分 0.5% ~ 60%、助溶剂 0 ~ 15%、乳化剂 5% ~ 25%,余为松脂基植物油。将农药活性成分、松脂基植物油、助溶剂、乳化剂混合均质剪切,即得以松脂基植物油为溶剂的乳油制剂。				
法律状态	专利权人的姓名或者名称、地址的变更				

（30）CN102067851 B

专利强度	72	申请日	2011.01.20	主 IPC 分类	A01N47/12（2006.01）I
申请人	陕西美邦农药有限公司				
名称	一种含多抗霉素与甲氧基丙烯酸酯类的杀菌组合物				
摘要	本发明公开了一种含有多抗霉素与甲氧基丙烯酸酯类化合物的杀菌组合物,含有 A 和 B 的杀菌组合物,A 选自多抗霉素,B 选自以下任意一种杀菌剂:嘧菌酯、醚菌酯、苯醚菌酯、吡唑醚菌酯、烯肟菌酯,且 A、B 两种活性组分的质量份数比为 1:72～72:1。它可防治多种作物病害,并具有明显的增效作用,并扩大了杀菌谱,对霜霉病、疫病、炭疽病、白粉病、斑点落叶病、叶斑病、黑星病、稻瘟病等病害都有较高活性;并且减少了农药用药量,降低了农药在作物上的残留量,减轻了环境污染。				
法律状态	授权				

（31）CN102972396 B

专利强度	72	申请日	2007.03.08	主 IPC 分类	A01N25/30（2006.01）I
申请人	莫门蒂夫性能材料股份有限公司				
名称	抗水解的有机改性三硅氧烷表面活性剂				
摘要	本发明描述了具有基础式:MDM" 的三类三硅氧烷表面活性剂,其中在不同的 M 和 M" 基团上的取代基和 D 基团上的聚氧化烯烃侧取代基结合在一起使得该表面活性剂在 6.0～7.5 的 pH 范围之外的碱性或酸性条件下抗水解。该组合物可用于农业、家庭和化妆品应用中。				
法律状态	授权				

（32）CN103070168 B

专利强度	72	申请日	2007.03.08	主 IPC 分类	A01N25/30（2006.01）I
申请人	莫门蒂夫性能材料股份有限公司				
名称	抗水解的有机改性三硅氧烷表面活性剂				
摘要	本发明描述了具有基础式:MDM" 的三类三硅氧烷表面活性剂,其中在不同的 M 和 M" 基团上的取代基和 D 基团上的聚氧化烯烃侧取代基结合在一起使得该表面活性剂在 6.0～7.5 的 pH 范围之外的碱性或酸性条件下抗水解。该组合物可用于农业、家庭和化妆品应用中。				
法律状态	授权				

（33）CN101011062 B

专利强度	71	申请日	2007.02.06	主 IPC 分类	A01N55/10（2006.01）I
申请人	张家港市骏博化工有限公司				
名称	一种有机硅农药增效剂及其制备方法				

表(续)

摘要	本发明公开了一种具有极低表面张力的有机硅农药增效剂及其具有副反应少、收率高的制备方法;它的化学结构式为:其中:$Me = CH_3$;$R_1 = CH_3$;$R_2 = H,CH_3,C_4H_9$;$x = 0 \sim 3$;$y = 1 \sim 2$;$a = 510$;$b = 0 \sim 3$。所述的制备方法是:将含氢硅氧烷和端烯基聚醚按计量投入反应釜中,在N2保护下,升温并快速搅拌,加入适量的铂-1.3-二乙烯基四甲基二硅氧烷-乙酰丙酮作为催化剂,自然升温至110℃左右,由浑浊变为透明,加入碳酸氢钠,压滤,得到所需的有机硅农药增效剂,其适用于各类除草剂、杀虫剂、杀菌剂、植物生长调节剂、生物农药和叶面肥。
法律状态	专利权的终止

(34)CN101060778 B

专利强度	71	申请日	2005.09.30	主IPC分类	A01N3/02(2006.01)I
申请人	花之生命有限公司				
名称	含有泡腾剂的花肥供给机械装置				
摘要	在可透过或可半透过的容器中供给时,产生即时的完全均一混合的新型插花组合物。不需要单独的混合,所得溶液没有pH梯度。这一结果通过在组合物中包含一种或多种引起气体泡腾的化合物得到。				
法律状态	授权				

(35)CN101283691 B

专利强度	71	申请日	2008.05.27	主IPC分类	A01N65/06(2009.01)I
申请人	陈纪文				
名称	松墨天牛定位型引诱剂和其产卵型引诱剂				
摘要	本发明公开了一种松墨天牛定位型引诱剂和产卵型引诱剂。定位型引诱剂的组分以及其质量配比是:纯天然松针提取物6%~10%,乙醇含量为65%~80%的乙醇溶液90%~94%。产卵型引诱剂的乙醇含量在65%~80%之间,一种产卵型引诱剂I号组分及含量为松墨天牛定位型引诱剂20%~30%、生松香乙醇饱和溶液60%~70%,余量为乙醇溶液。产卵型引诱剂II号组分及含量为松墨天牛定位型引诱剂20%~30%、树龄大于3年的松墨天牛寄主树韧皮部乙醇提取液60%~70%,余量为乙醇溶液。使用本发明所提供的松墨天牛定位型引诱剂,以及产卵型引诱剂,可以降低林间天牛成虫种群密度80%~90%,从而使得松材线虫病枯死木下降70%~80%。				
法律状态	授权				

(36)CN101356927 B

专利强度	71	申请日	2008.03.31	主IPC分类	C12N1/20(2006.01)I
申请人	华南理工大学				
名称	蛭弧菌在消除海产品及其养殖水体中致病性弧菌的应用				

表（续）

摘要	本发明公开了蛭弧菌在消除海产品及其养殖水体中致病性弧菌的应用,在污染了致病性弧菌的海产品和/或养殖水体中加入蛭弧菌浓缩液,使蛭弧菌的浓度至少达到102pfu/ml。海产品食用前、运输过程以及养殖水体中应用本法时,蛭弧菌浓度范围分别为104pfu/ml～1012pfu/ml、103pfu/ml～1011pfu/ml、102pfu/ml～106pfu/ml。采用生物方法,安全清除食用前和/或运输过程中海产品所携带的致病性弧菌99%以上;而其养殖水体中致病性弧菌也可控制在10cfu/ml以内。本发明适合于海产品食用或加工前的预处理、运输过程及其养殖过程,特别有利于减少或消除化学药物如抗生素的残留,从根本上避免海产品食物中毒事件的发生。
法律状态	授权

(37) CN101361483 B

专利强度	71	申请日	2008.10.14	主IPC分类	A01N37/10(2006.01)I
申请人	中国农业科学院作物科学研究所				
名称	一种玉米抗低温增产调节剂及其制备方法				
摘要	本发明涉及一种玉米抗低温增产调节剂及其制备方法,所述玉米抗低温增产调节剂含有如下浓度的组分:聚天冬氨酸盐100g/L,植物生长调节剂20.05g/L～30.05g/L,活性剂和展着剂65g/L～67g/L,溶剂为水。本发明玉米抗低温增产调节剂能够使玉米增产20%以上,同时能够提高玉米抗冷性和抗倒伏能力。				
法律状态	授权				

(38) CN101390513 B

专利强度	71	申请日	2008.10.17	主IPC分类	A01N25/30(2006.01)I
申请人	中国农业大学				
名称	烯效唑-环糊精包合物,其制备方法及用途				
摘要	本发明提供了一种植物生长调节剂,其通过将烯效唑溶解于适量有机溶剂中,与环糊精或其衍生物,进行包合反应,再经干燥制得。本发明烯效唑-环糊精包合物其烯效唑的溶解度、缓释性能和生物利用率得到了显著提高,对于控制小麦、大豆、玉米、水稻等作物茎节伸长,防止旺长和倒伏中能发挥显著作用。				
法律状态	授权				

(39) CN101519639 B

专利强度	71	申请日	2008.02.27	主IPC分类	C12N1/20(2006.01)I
申请人	中国科学院生态环境研究中心				
名称	防治植物真菌病害的多黏类芽孢杆菌及其生产方法				

表（续）

摘要	本发明涉及一株防治植物真菌病害的多黏类芽孢杆菌及其生产方法,属于生物农药技术领域。本发明采用的菌株是多黏类芽孢杆菌 EBL－O6 菌株,分离自小麦叶面,保藏于中国微生物菌种保藏管理委员会普通微生物中心,保藏编号:CGMCC No.2377。该菌株可以防治植物多种真菌病害,提高作物产量。本发明利用味精废水来发酵多黏类芽孢杆菌,制备生防菌剂,该工艺生产的多粘类芽孢杆菌生防剂能有效防治多种植物真菌病害,并且生产成本低廉,操作简单,还可以有效利用味精废水,减少环境污染。
法律状态	授权

（40）CN101538182 B

专利强度	71	申请日	2009.04.15	主 IPC 分类	C05G3/00(2006.01)I
申请人	吴成祥				
名称	一种功能复肥及其生产装置与制造方法				
摘要	本发明公开了一种功能复肥及其生产装置与制造方法,是由氮磷钾大量元素、硫钙镁中量元素、铜铁锌钼硼硅微量元素,沸石粉、膨润土、肥料增效剂,再与植物生长调节剂三因结合融为一体,研制功能复肥并根据植物特性的差异研制成专用型功能复肥。并由夹层钢构造粒塔、电控导热油炉、物料升降机、尿素速融器、全自动包装机、(机器人)码垛机、成品叉车以及相关辅助设备组成的功能复肥自动化节能生产工艺装置,通过上述装置制造功能复肥产品,建设工期短,比传统高塔工艺节约固定资产投资40%,降低生产成本20%,节约综合能耗20%,全年任何季节均可生产,不受外界气候和温湿度影响,均可生产出晶莹剔透的低成本、不同规格的专用型功能复肥产品,不但节约用肥量,提高作物产量,还可以明显改善和提高农产品品质,确保农产品质量安全。				
法律状态	授权				

（41）CN101669492 B

专利强度	71	申请日	2009.10.16	主 IPC 分类	A01N43/90(2006.01)I
申请人	深圳诺普信农化股份有限公司				
名称	一种增效农用杀虫组合物				
摘要	一种增效农用杀虫组合物,其特征在于含有活性成分 A 和活性成分 B,活性成分 A 是指哌虫啶,活性成分 B 是指阿维菌素或甲氨基阿维菌素苯甲酸盐,其中活性成分 A 与活性成分 B 的质量比为100:1～1:10,其优选的质量比是30: 1～10: 1,两种活性成分在组合物中的总质量百分含量为5%～60%。组合物剂型为可湿性粉剂、悬浮剂、微乳剂、水乳剂或水分散性粒剂中的一种或多种。本发明组合物可用于防治危害多种农作物的飞虱或蚜虫。				
法律状态	授权				

（42）CN101690474 B

专利强度	71	申请日	2009.10.16	主 IPC 分类	A01N25/02(2006.01)I
申请人	深圳诺普信农化股份有限公司				
名称	一种植物源溶剂的制备方法				

表（续）

摘要	本发明提供一种植物源绿色环保溶剂的制备方法,尤其是涉及一种超声催化裂解松树松脂制备植物源绿色环保溶剂的方法。本发明所涉及的制备植物源绿色环保溶剂的原料全部来自松树松脂,价格低廉;本发明采用的超声催化裂解方法工艺简单、裂解条件温和、环保、耗能少;裂解产物以萜烯类化合物等安全环保组分为主;得到的植物源绿色环保溶剂产率高,价格低廉,不与民争食,安全环保。
法律状态	授权

（43）CN101796955 B

专利强度	71	申请日	2009.12.31	主 IPC 分类	A01N47/38（2006.01）I
申请人	青岛星牌作物科学有限公司				
名称	一种复配杀菌组合物及应用				
摘要	本发明属于农药复配的技术领域,具体涉及一种复配杀菌组合物及其在防治谷物、果树和蔬菜作物真菌、细菌病害方面的应用。该复配杀菌组合物,包括有效成分 A 和 B,其中 A 为咪鲜胺或其金属盐复合物,B 为选自戊唑醇、抑霉唑硫酸盐、乙嘧酚、乙嘧酚磺酸酯、啶菌噁唑、噻呋酰胺、双炔酰菌胺、噻唑菌胺、多抗霉素、多抗霉素 B、噻霉酮、噁唑菌酮、二氰蒽醌或噻唑锌中的至少一种,该复配组合物,高效、低毒、低残留、对环境相容性好、成本低。				
法律状态	授权				

（44）CN101940225 B

专利强度	71	申请日	2010.09.21	主 IPC 分类	A01N65/20（2009.01）I
申请人	福州圣德莉信息技术有限公司				
名称	一种复合抗菌剂及其制备方法				
摘要	本发明提供了一种复合抗菌剂及其制备方法,所述复合抗菌剂含有以下组分:大豆提取液、甘氨酸、ε-多聚赖氨酸、苯扎氯铵和二癸基二甲基氯化铵;所述复合抗菌剂各组分的质量份数为:水 100 份,大豆提取液 0.5~10 份,甘氨酸 0.5~2.5 份,ε-多聚赖氨酸 0.005~3.0 份,苯扎氯铵 0.1~5.0 份,二癸基二甲基氯化铵 0.1~6.0 份。将上述大豆提取液加水稀释后,按比例加入甘氨酸、ε-多聚赖氨酸、苯扎氯铵和二癸基二甲基氯化铵,即得到本发明的复合抗菌剂。本发明的复合抗菌剂是一种对人畜无害,具有高杀菌能力的新型抗菌剂,可用于各种杀菌消毒场所,具有成本低、应用范围广、杀菌效果好等优点。				
法律状态	专利权人的姓名或者名称、地址的变更				

（45）CN101486619 B

专利强度	70	申请日	2009.03.02	主 IPC 分类	C05G3/00（2006.01）I
申请人	中国海洋大学生物工程开发有限公司				
名称	海藻尿素的制备方法				

表（续）

摘要	本发明提供一种海藻尿素的制备方法,先进行浓缩海藻提取液的制备,在尿素的造粒过程中,将浓缩海藻提取液与熔融尿素溶液均匀混合,其中,浓缩海藻提取液与尿素加入质量比例为50~200:1000,然后在造粒塔造粒,制成海藻尿素产品。浓缩海藻提取液与熔融尿素造粒后,浓缩海藻提取液最终以海藻精华固形物的形式存在,其在海藻尿素中的质量百分含量为0.5%~2%,尿素质量百分含量为98%~99.5%。将海藻与尿素的结合,可大大提高尿素的吸收利用率,同时还起到抑制尿素成分的快速分解和减缓流失的作用,有效地解决现有施肥中存在的一些土壤恶化的问题。
法律状态	专利权人的姓名或者名称、地址的变更

（46）CN101642092 B

专利强度	70	申请日	2009.06.26	主IPC分类	A01N25/02(2006.01)I
申请人	深圳诺普信农化股份有限公司				
名称	植物源绿色环保溶剂及其制备方法				
摘要	本发明提供一种植物源绿色环保溶剂及其制备方法,其是通过在一定催化剂作用下对松脂进行微波裂解而得到环保溶剂的,所述溶剂中含有15%~35%质量比的α蒎烯、15%~40%质量比的D-柠烯、5%~15%质量比的长叶烯、5%~15%质量比的莰烯、1%~5%质量比的萜烯醇、0~2%质量比的抗氧剂。与现有技术相比,本发明植物源绿色环保溶剂的原料全部来自松树松脂,价格低廉,同时为林产化工产品找到了新的出路,作为农药的天然载体取代了安全环保性差的芳烃类溶剂和极性溶剂,减少有毒有害有机溶剂在环境中的释放,而且制备条件温和、简单、耗能低。				
法律状态	授权				

（47）CN101223879 B

专利强度	70	申请日	2007.11.19	主IPC分类	A01N43/54(2006.01)I
申请人	中国计量学院				
名称	一种防治蔬菜真菌病害的微生物农药的制备方法				
摘要	本发明公开了一种防治蔬菜真菌病害微生物农药的制备方法,属于微生物技术领域。该方法利用一种从浙江省杭州市临安区天目山采集的土样中分离筛选出的淀粉酶产色链霉菌D,经过菌种的活化培养、发酵培养、发酵物提取,将所提纯的活性化合物配以农用药物辅料等步骤,制备成多种剂型的农用药物。该微生物农药可用于防治黄瓜枯萎病和番茄灰霉病等蔬菜真菌病害,其防治效果较常规化学药剂略优,且安全。				
法律状态	专利权的终止				

参 考 文 献

[1] 国家发展和改革委员会高技术产业司.中国生物产业发展报告.2010[M].北京:化学工业出版社,2011.

[2] 洪华珠.生物农药[M].武汉:华中师范大学出版社,2009.

[3] 杨瑞文,赵士熙.农业可持续发展概论[M].北京:中国农业出版社,2006.

[4] 全国农业技术推广服务中心.绿色农药,绿色植保[M].北京:中国农业出版社,2003.

[5] 李思经.农业生物技术研究及其产业化[M].北京:中国农业科学技术出版社,2002.

[6] 姜成林,徐丽华.微生物资源开发利用[M].北京:中国轻工业出版社,2001.

[7] 马大龙.生物技术药物[M].北京:科学出版社,2001.

[8] 黄大昉.农业微生物基因工程[M].北京:科学出版社,2001.

[9] 孙东升.经济全球化与中国农产品贸易研究[D].北京:中国农业科学院,2001.

[10] 张大弟.农药污染与防治[M].北京:化学工业出版社,2001.

[11] 刘熙东.生物农业主要产业专利分析报告[J].农业网络信息,2017(08):110-114.

[12] 季凯文,钟静婧.我国生物农业发展的现实基础与路径选择[J].江苏农业科学,2017(14):1-4.

[13] 范丙全.我国生物肥料研究与应用进展[J].植物营养与肥料学报,2017(06):1 602-1 613.

[14] 李仕科.生物肥料的功效与应用[J].新农业,2017(17):16-17.

[15] 刘杰,杨波,郭炜,等.黑龙江省生物肥料产业现状与发展建议[J].黑龙江农业科学,2017(03):132-134.

[16] 魏巍.区域生物农业发展规划研究:以苏州漕湖生物农业发展规划为例[D].南京:南京农业大学,2016.

[17] 季凯文.国外生物农业发展动态及其对我国的启示[J].江西科学,2016,34(2):257-261.

[14] 唐金梅,陈建国.全基因组选择在植物育种中的研究进展[J].贵州农业科学,2016,44(8):1-5.

[18] 杨艳萍,董瑜,邢颖,等.欧盟新型植物育种技术的研究及监管现状[J].生物技术通报,2016,32(2):1-6.

[19] 江洪波,赵晓勤,毛开云.我国生物农业发展态势分析[J].生物产业技术,2015(6):85-95.

[20] 郭亮虎,逯腊虎,张婷,等.植物全基因组选择育种研究进展与前景[J].山西农业科学,2015,43(11):1 558-1 562.

[21] 万洪波.生物肥料在新疆果树生产中的应用研究[D].乌鲁木齐:新疆农业大学,2015.

[22] 曾艳.美国、日本及印度植物育种公共政策的经验与借鉴[J].世界农业,2015(9):83-86.

[23] 陈焕春.我国生物农业产业发展分析对策[J].兽医导刊,2014(17):8-9.

[24] 牛越.生物肥料的专利地图分析[D].南京:南京农业大学,2014.

[25] 戴小枫.2012年生物农业发展态势分析[J].生物产业技术,2013(3):38-41.

[26] 赵桂芹.国内外植物育种领域专利申请现状研究[J].现代农业科技,2013(6):341-342.

[27] 黄耿.我国生物农药推广存在的问题与对策研究[D].成都:西南财经大学,2013.

[28] 韩本勇,胡学礼,程达.云南省生物农业产业发展的SWOT分析与对策[J].安徽农业科学,2011,39(29):18 367-18 369.

[29] 张春梅.生物肥料项目的投资估算研究[D].青岛:中国海洋大学,2011.

[30]　郭荣.我国生物农药的推广应用现状及发展策略[J].中国生物防治学报,2011,27(1):124-127.

[31]　杜世章.转基因育种技术发展研究综述[J].绵阳师范学院学报.2011,30(8):58-62.

[32]　王娟,余渝,孔宪辉,等.棉花转基因育种研究现状与前景展望[J].安徽农学通报,2010,16(15):59-60.

[33]　招衡,张翼翩.生物农药及其未来研究和应用[J].世界农药,2010,32(2):16-24.

[34]　赵国臣.生物农药应用现状及发展建议[J].民营科技,2011(3):217-218.

[35]　曹琴仙,于森.基于内容分析法的专利文献应用研究[J].现代情报,2007,27(12):147-150.

[36]　徐卯林,周如美,陆成彬,等.我国农业科研院所种子产业再发展的对策[J].中国种业.2009(6):5-7.

[37]　吴楚.国内外转基因育种研发动态[J].北京农业,2008(32):1-3.

[38]　江覃德.世界种业发展趋势与我国种业发展对策(上)[J].种子科技,2005,23(3):125-128.

[39]　叶曙光.欧洲发达国家种子产业发展特点及启示[J].种子世界,2004(6):56-57.